THE RED ATLAS

САКАНА
СASИГАЯ
храм Тосемия
музей
оз. Синобадзу-Ике
Кейсей-Уэно
КИКУДЗАКА
больн.
спортзал
Коракуэн
Хонго-Сантёме
КОСУГА
парк Коракуэн
стад.
ЮДЗИМА
ГОКЕН
Сузхиротё
театр
Суйдобаси
Иидабаси
Отяномидзу
Акихабара
КАНДА
Авадзите
Канда
ДЗИМБО
музей
казармы
каз.
НИСИКИ
МОТОСИРО
клуб
оз. Сиратори-Хори
английское посольство
императорский дворец
императорский сад
зал собраний
гараж
Отемати
отель
МУРО
Мицукосимаэ
универмаг
Нихомбаси
ДОРИ
Токио
ул. Тиёда Дори
Кёбаси
Хаттёбори
Гидзидомаэ
Р А Й О Н
Т И Ё Д А
Б У Н К Ё
Т А Й Т О
Ё Н
К А Н Д А

THE
レッド・アトラス
RED
恐るべきソ連の世界地図
ATLAS

ジョン・デイビス　アレクサンダー・J・ケント　藤井留美＝訳

THE RED ATLAS
by John Davies and Alexander J. Kent

Licensed by The University of Chicago, Chicago, Illinois, U.S.A.
through Tuttle-Mori Agency, Inc., Tokyo.
Japanese translation published
by Nikkei National Geographic Inc.

この本で取りあげた貴重な地図をつくった人びとに。
そして次の時代はもっとなごやかな世界になっていることを願いながら、
若い世代であるアビゲイル、エドワード、ソフィアに。

レッド・アトラス
恐るべきソ連の世界地図
目次

第四章 復活……189
ソ連崩壊後の地図発見とその重要性

《序文》

ジェームズ・ライゼン

ベルリンの壁崩壊から三〇年近くが経過しても、冷戦時代の知られざる秘密は尽きることがない。

なかには美しい秘密もある。

四〇年にわたる冷戦のにらみあいのなかで、東西両陣営は、秘密のベールに包まれた巨大なインフラを支えに情報戦を展開していた。米国とソ連、およびそれぞれの同盟国がスパイ活動に余念がなかったのは、人類が経験したことのない大戦争に備えてのことだ。

待つ、見張る、記憶する、記録する——それがスパイの基本だ。特殊カメラや高高度偵察機、人工衛星が使われることもあるが、通りを無言で歩きながら観察するのもスパイ活動だ。

冷戦時代には、こうしたスパイ活動から機密報告書がまとめられ、ワシントンやロンドン、モスクワが相手陣営の動向を知るのに役だった。そこに記された内部情報が、軍隊の配備という大きな戦略を左右したこともあっただろう。

また地図がつくられることもあった。スパイ活動のみならず、政策決定、外交、侵略、占領に役だつきわめて詳細な地図だ。機密報告書よりも具体的で、戦術的な情報が盛りこまれている。戦車隊はどの道路を通ってどの橋を渡ればよいか、駆逐艦が停泊できる深さの港はどれか、大将や提督は地図を頼りに判断することができた。

冷戦が終わり、超大国が築きあげた秘密のインフラは無用となった。しかし最近になって、その多くが再発見され、別の目的に転用されている。たとえば米国中西部につくられた巨大なミサイル格納庫は、さまざまな施設が完備したマンションに改修されている。

そしてこの『レッド・アトラス』では、長年秘密にされていたソ連の軍用地図を紹介する。そのなかには、当時ソ連にとって最大の敵だった米英の地図も多数含まれている。

かつて極秘扱いだった地図を眺めると、米国と英国の読者にとっては当前の、でも少々落ちつかない事実を突きつけられる。それは、ロシア人が米国人と英国人を見張っていたように、向こうもこちらを監視していたということだ。彼らは上空から、あるいは路上からじっと観察し、細かいところまで見落とさなかった。

米国民にとって、自国が偵察機やスパイ衛星でソ連を監視するのは当たり前のこと。だがソ連も同じことをやっていた。スパイ衛星を米国上空に飛ばして、成長していく米国の姿を雲の上からじっと見ていたのだ。冷戦のあいだも、米国や英国の姿は変容していく。高速道路やショッピングセンターが建設され、郊外の住宅地が開発される。ソ連にとって脅威となる軍事基地も新設されていった。ソ連の地図作成者たちは、そうした最新状況をくまなく地図に書きこんでいく。ときには、新しいランドマークが西側の地図より早く反映されることもあった。

それだけではない。ソ連が作成した米英の地図には、西側の一般の地図には載っていない秘密の場所まで記されていたのだ。

ソ連の地図には、工場の名称だけでなく、そこで何が製造されているかという詳細も含まれている。上空からの画像だけではぜったいわからない内容だ。ソ連のスパイが足で歩きまわって工場の役割を突きとめたのだろうか。それともほかに情報源があったのか。米英の政府にもぐりこんだスパイが機密を流したとか？　だが答えは見つからない。

冷戦時にソ連が手がけた地図作成事業は、世界最大級の規模だった。そこから生まれた地図を眺めていると、世界の見かたが変わってくる。ソ連は私たちをどう見ていたのか。地図作成者が重要だと判断して記載した内容は、ソ連が米英に対して重視していた事柄にほかならない。

ソ連政府は、自国と東欧の枢軸国、対立する西側諸国、それ以外の地域についても、正確な地図を極秘でつくるという野望を持っていた。実際にソ連軍参謀本部軍事測量局が作成した地図は一〇〇万枚以上になる。

ソ連時代につくられた軍用地図は質も高かった。二〇〇一年末、米国がアフガニスタン侵攻を開始したとき、パイロットが参考にしたのはソ連製の古い地図だった。それから一か月後、タリバン政権を粉砕するための本格的な空爆作戦が始まったが、そこでも役に立ったのは、ソ連の占領下にあった一九八〇年代に作成された軍用地図だった。米国の情報機関は、アフガニスタンの最新の衛星写真を処理・配信するのに手間取っていたのだ。

ソ連の軍用地図は、自国の領土についても詳細かつ実直に記載していた。そのいっぽう、冷戦中に市民や観光客向けに売られていた地図は、ずさんでまちがいだらけだった。外国の侵略を極度に恐れるスターリン主義のせいで、旅行者から情報を隠し、注意をそらすために、あえて劣悪で誤解させる地図にしていたのだ。

ソ連の軍用地図は、長く忘れられていた芸術品の趣きがある。色彩、線、記号の使いかたはアール・デコ風でもあり、精緻な美しさに思わず見とれる。熟練のわざが見てとれる地図の数々は、軍事目的で大量に作成された無味乾燥なものではない。工場建物の正面、道路や橋までていねいに描かれ、森の木も一本ずつわかる精密さだ。進軍するソ連軍将校の用に供するのが目的だが、つくった人間はそれ以上のことを考えていたにちがいない。

米英の都市や町といった目印が、キリル文字で記されているのも謎めいた雰囲気をかもしだす。私たちは敵国の芸術的感覚を通じて、自分の町を見ているのだ。ロシア人がつくったニューヨーク、シカゴ、ロサンゼルス、ロンドンの地図は奇妙な味わいがある。もしソ連が侵略に成功し、戦争に勝利していたら、これがソ連占領下の正式な地図になっていたのだろうか。

いまはＧＰＳ機能付きスマートフォンやカーナビが当たり前の時代。どの道を進めばいいか、どこで渋滞が発生し、スピード違反の取締装置がどこに設置されているか、音声が教えてくれる。もはや紙の地図は時代遅れかもしれない。

それでも歴史的な意義と、その美しさは少しも色あせないのだ。

文中記号凡例

*収録されている図は、最初の数字が章番号と一致しています。Aは付記を示します。

*( )は原著の注記、〔 〕は訳者・編集部による注です。

*[ ]は巻末の参考文献一覧の番号を示しています。

【本書の読み方】

本書掲載の地図はすべて個人所蔵。

五〇年の歳月を経ていることから、見づらいものもあることをご理解いただきたい。

本文角カッコ内の番号は巻末の参考文献一覧を参照のこと。

補足情報、リンク、地図画像はhttp://redatlasbook.comを参照されたい。

レッド・アトラス

恐るべきソ連の世界地図

《はじめに》

本書が推理小説である理由

これは、実際に関わっていない人間だけが語れる物語だ。題材は、スターリンが始めた秘密プロジェクト。五〇年にわたって続いた大がかりなもので、従事した数千人は秘密厳守を誓わされた。世界最大の地図作成事業であるそのプロジェクトでは、おそらく世界で最も興味をそそる地図がつくられた。冷戦が終結してかなりの年月を経た今日でも、それらの地図はロシアでは「機密」扱いだ。関わった人びとは口を閉ざし、地図の多くはどこかにしまいこまれている。この驚くべき事業はけっして語られず、地図が公開されることもほとんどなかった。ところがソビエト連邦がとつぜん崩壊してバルト三国が独立したとき、その存在が部分的に明らかになった。あわてて破棄された文書のなかに大量の地図があったのだ。けれども関係者の証言を得ることは難しかった。

この本を書いたのは、英国の二人の地図愛好家だ。私たちは世界各地をめぐり、長い時間をかけて収集した大量の地図を細かく分析した。この本は、二〇世紀の歴史や政治地理に興味のある人だけでなく、一般読者も対象にしている。発見された実物から推測できる範囲で、壮大なプロジェクトの規模と内容を記しているが、正直言って「何がわかってないかもわかっていない」のが実際のところだ。未発見の地図もまだ多くあると思われるが、それが出てくるようなことがあれば、物語の筋書きも変わっていくだろう。

地図に何が書かれ、何が割愛されているか。どこが正確で、どこが誤っているか。

それらを手がかりに、地図が作成された経緯を推理していく。おたがいが疑心暗鬼で、核攻撃の脅威とつねに隣あわせだったあの時代に、ソ連の地図作成者たちはどうやって資本主義国の情報を収集し、都市の街路や建物、工場、交通機関、インフラを地図に記していったのだろう。私たちは探偵よろしく、集めた証拠を並べ、結論を導きだしていった。知りえないことを憶測で書くのは慎み、この一大プロジェクトの目的をめぐる仮説や議論も別の誰かにおまかせしよう。

この本は四つの章と七つの付記、および参考文献で構成されている。また専用ウェブサイト（http://redatlasbook.com）にも補足情報や地図画像を収録している。

第一章は、帝政時代に発展したロシアの地図作成技術について触れる。第二、三章は冷戦時代にソ連軍がつくった地図に的をしぼる。第二章は地図そのものに着目し、系統、縮尺、仕様などを見ていく。第三章は、収集したデータの解釈や誤解の例を引きながら、地図がつくられた過程を明らかにする。第四章は鉄のカーテンが取りはらわれ、ソ連が崩壊したあと、西側で発見された地図についてだ。旧体制の遺産となった地図は、信頼できる唯一の情報源として長くその価値を保ち、「余生」を送った。

付記一にはソ連時代の地図を多数収録し、様式や仕様が時代とともに変化していく過程を示した。その他の付記にも、地図作成史上に残る傑作を読みとくための参考情報を記載してある。

第一章

戦争と平和

物語の背景——ナポレオンのロシア遠征からソビエト連邦の崩壊まで

この本を読んでいるあなたが地球上のどこにいようと、そこはソ連が少なくとも一度は詳細な地図にしている。第二次世界大戦中、スターリンが軍に命じた地図作成計画は、冷戦期に入っても後継者によって続行された。ソ連全土に置かれた地図作成室で、ソ連の技術者がピラミッドからペンタゴンまでせっせと地図作成に励んでいたのだ。膨大な量にのぼる地図の存在が明らかになったのは、ごく最近のことだ。

ソ連でつくられた地図は詳細をきわめ、過去のどんな国土地形図より情報量が多い。橋ひとつとっても、高さや寸法のほか、荷重、主要建材まで記されている。さらに橋がかかっている川の幅、方向、水深、川床が粘性土かどうかまで教えてくれる。森ならば樹木の種類、高さ、太さ、間隔。工場であれば名称と製造物。また縮尺ごとに統一された仕様があり、記号、投影法、図郭線〔一定の区画の範囲を示す線。多くは四角い輪郭をとる〕の使いかたが決まっている。

ソ連の地図は驚嘆するできばえだが、同時に背筋も寒くなる。自分がいま暮らす都市や、子ども時代を過ごした場所が独特の配色と記号で描かれ、そのうえ地名が見慣れないキリル文字なのだ。思わず視線が釘づけになる。軍事活動の一環でひそかにつくられたと聞けば、さらに興味も増すだろう。彼らはどこまで知っていたのか？　私の住む界隈も地図になっていた？　いったいどうやって？　まちがいはないのか？　この本では、史上例を見ない地図作成事業に細部まで光を当てながら、そんな疑問に答えていこう。

ソ連の地図作成

ナポレオン一世を撃退したアレクサンドル一世から、ヒトラーと戦ったスターリンまで、ロシアの指導者が作戦計画を立てるときに頼みにしていたのは、軍事測量所（およびその後継組織）が作成した地図だった。国の経済を発展させるうえでも地図は不可欠だった。それはどの国でも同じだが、ロシアの国土はけたはずれに広く、地形も気候も複雑であったために、世界で例を見ないほど才能あふれる測地学者、地形学者、測量士、地図作成者を輩出することになった。

ロシア帝国最初の詳細な地図は、一八〇一年にサンクトペテルブルク地図作成所がつくった。一インチが二〇露里〔一露里は約一〇六六メートル〕、つまり八四万分の一という縮尺で、百葉地図と呼ばれるようになった。一八一二年一月にはロシア軍事測量所が創設される。その五か月後、ナポレオン一世はロシア遠征を開始する。大軍を率いてネマン川を越えたものの、作戦は失敗に終わった。一八四〇年には、ヨーロッパロシアの大部分が網羅された一〇露里（四二万分の一）地図が出版されていた。帝政ロシア初期のこうした地図は、アレクセイ・ポストニコフ著『地図に描かれたロシア』[28]で見ることができる。現在のフィンランドやポーランドを含むヨーロッパロシアが地図化の中心となる傾向は、第二次世界大戦まで続いた。

ソビエト連邦による近代的な地形図作成事業は、一九一七年の十月革命後に始まった。一九一八年には、縮尺一〇〇万分の一の地図が完成する。ドイツの地理学者アルブレヒト・ペンクが提唱し、一九一三年から作成が始まった一〇〇万分の一国際図（ＩＭＷ）の図郭線が初めて採用された地図だ（図2-10）。

一九一九年、レーニンの命令で地図作成に関するあらゆる活動とその管理が国家の統制下に入った。一九二一年には、軍用地形図（一万分の一、二万五〇〇〇分の一、五万分の一、一〇万分の一、二〇万分の一、五〇万分の一、一〇〇万分の一）の標準仕様が定められる。三年後の一九二四年には、写真測量術（航空写真術）を使ったメートル法の最初の地図が登場する。縮尺の種類が多いおかげで、ある場所の地形や街並みを読みとったり、地域全体の戦略を立てたりと、あらゆる軍事活動で役だった。

一九三九年、モロトフ＝リッベントロップ協定とも呼ばれる独ソ不可侵条約が締結され、東欧諸国はドイツとソ連のなわばりに入った。ポーランドは両国のあいだで分割され、ソ連はバルト三国とフィンランドを侵略する勢いだった。ヒトラーとスターリンが手を結んだおかげで、翌一九四〇年には独ソ商業協定も結ばれ、政治と経済の協力関係も固まった。ヒトラーの思惑に疑念はぬぐえなかったものの、スターリンはナチスドイツが当面の脅威になるとは考えなかった。

ソ連の地形図はその後も改定が繰りかえされた。一九四〇年に定められた仕様では、森林の種類や道路の幅まで記入することが求められ、当時としては他国よりはるかに詳細だった。一九四一年六月二二日、ドイツがバルバロッサ作戦を開始してソ連に奇襲攻撃をしかける。対するソ連が軍を総動員したことから、地勢情報の編集がいっそう重要度を増してきた。それは軍事作戦を支えるのみならず、世界を共産主義化するというソ連の壮大な目的にも欠かせないものだった。

第二次世界大戦以降は、ソ連国外の町や都市が一万分の一や二万五〇〇〇分の一といった大縮尺でひそかに地図化されるようになる。どの国のどの町の地図であっても、文字書体、色、記号、投影法といった仕様は徹底的に統一された。おもしろいのは判型がばらばらなことだ。その場所の地形や町の広がりに応じて、作成者が最適な大きさを選ぶことができた。仕様が改良されるにつれ、都市景観の表現も精緻になり、とりわけ戦略的に重要な建物の分類は細かくなった。初期は色数も少なく（薄茶、濃茶、青、緑）、濃茶に青を重ねて印刷することで、黒っぽく強調する工夫もされていた。

その後、色版の数は増やされていった。たとえば一九六四年に制作された北アイルランド、ベルファストの地図は、重要な建物と周辺を区別するのに、それまでにない色調の茶色が使われている（図1‐1）。一九七〇年代初頭には、色版は一〇枚になっていた（薄青、濃青、薄緑、濃緑、薄黄、橙、紫、灰、茶、黒）。これによって使用する記号も増え、重要な建物は三種類（軍事・通信、政府・行政、軍需産業）に分けて表示できるようになった。

地図は大判で多色刷りであるにもかかわらず、ほとんどずれが出ていない。軍用地図印刷所の職工がいかに優秀だったかわかる。また湿度管理が徹底し、電力供給が安定していたこともうかがえる。

もちろん情報源は地図だけではない。一九六二年、ゼニット衛星の打ちあげが成功したことで、偵察衛星画像の重要性も高まった（図1‐2）。それでも地図には、工場の名称やそこで製造される物品、橋の荷重など、遠隔探査では知りえない情報が含まれている。地形の詳細だけでなく、廃線となった鉄道、昔あった路面電車の路線やフェリー航路まで書きこまれているのだ。ソ連の地図作成者は、ひょっとすると役に立つかもしれない情報、手に入った情報を漏らさず追加していったのだろう。

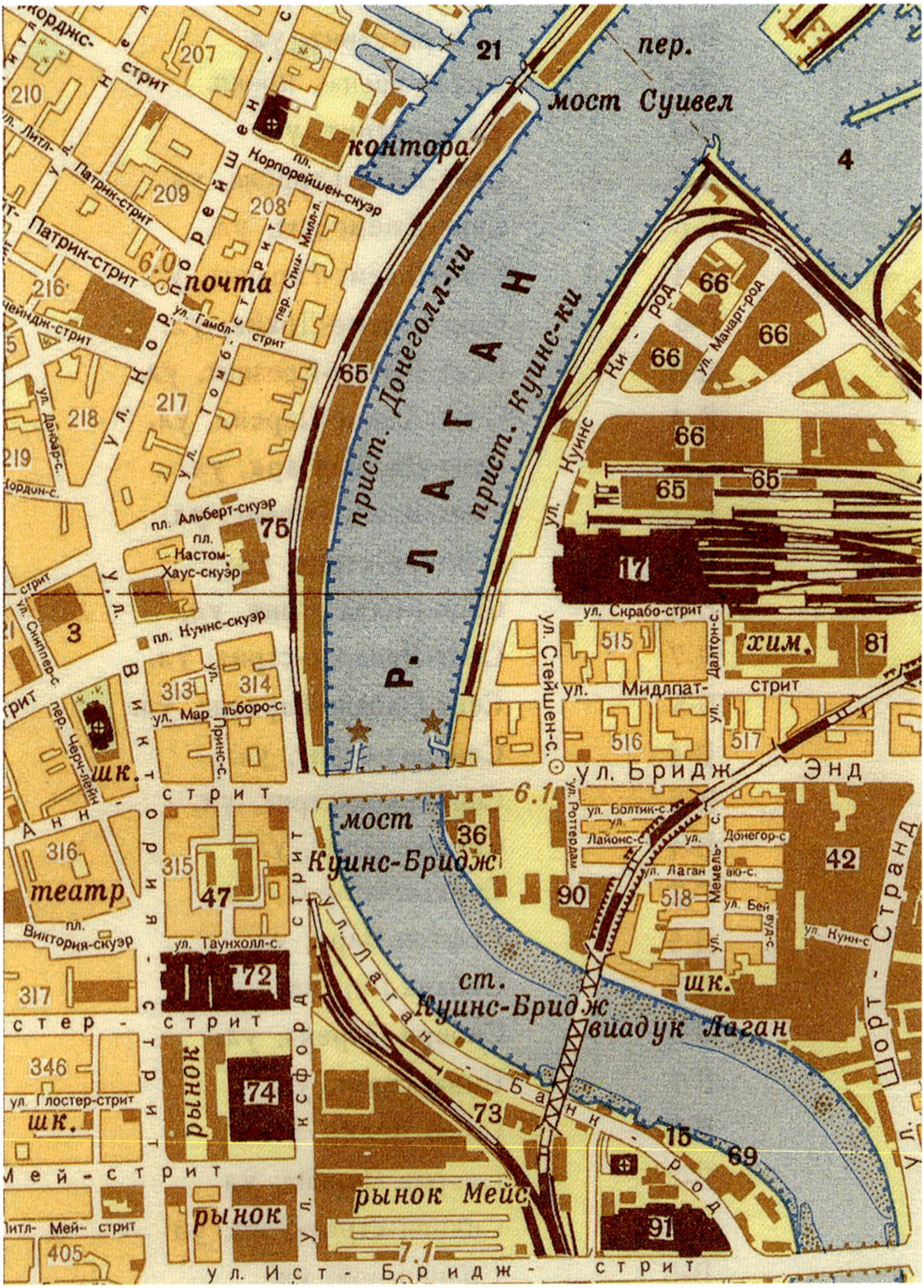

1-1 ベルファスト、1万分の1(1964)。

1-2 偵察衛星ゼニットの帰還モジュール。撮影のための開口部が見える。
マリアンナ・ネシナ撮影。

国際協力が不可欠だったＩＭＷは、計画された二五〇〇枚のうち半分も実現できず、失敗に終わった。いっぽうでソ連軍が生みだした地図は数百万枚になると思われる。ソ連の領土を縮尺一〇万分の一で網羅した地図だけでも、一九五四年までに一万三一三三枚にのぼった――ＩＭＷの一〇倍である。

何を見せるか、いかに見せるか。地図作成にはそうした取捨選択がかならずついてまわる。今日のデジタルマッピングと異なり、静的メディアである紙の地図は、あらゆる種類の情報を同時に、しかも読みやすく示すことが求められる。ましてや詳細な地図ともなると、デザインと製図の高度なわざが不可欠だ。地図づくりに際して行なわれた取捨選択は、地図作成者や、国家の価値観を反映するだけではない。地図は地理空間に関する秘密情報庫だ。たった一枚の地図でも、幅広く集めた情報を編集した苦心の跡があり、内容豊かな地形データベースとなっている。ほかの国でつくられた地図とちがって、ソ連の地図は過去の集積でもある。廃用になって久しいインフラの痕跡もしっかり記載されているからだ。ソ連の地図作成者の目には、すべてが意味のある重要な情報だったのだろう。

世界の情勢は、地図が作成された当時から激変した。残された地図をいま眺めると、まったくちがう意味を帯びてくる。鉄のカーテンの向こう側は世界をどう見ていたか、その一端を知ることができるのだ。秘密と恐怖のベールが取りはらわれた地図は魅力的で、発見の楽しみがある。地図が持つ意味や役割はひとつではない。一枚の地図がどう活用され、どんな風に世界を変えていくのか。つねに新しい可能性が生まれていることを、ソ連時代の地図が教えてくれる。

第二章

世界を紙に描きだす

ソ連がつくった世界地図の様式・内容・記号

地図は権力の道具だ。円滑な国家運営に注力するというスターリンの決断が、世界に例のない地理空間情報の遺産を生みだすことになった。戦後、軍事および民事の地形測量局の優先順位を上げるようにというスターリンの命令に従い、ソ連全土を測量して一〇万分の一地形図が作成された。航空写真測量の比重は高まりつつあったとはいえ、まだ中心は地上測量だった。

この大事業が完了したのは一九五四年。できあがった一〇万分の一測量図をもとに、より小縮尺の二〇万分の一、五〇万分の一の地図もつくられた。ただしこれらの地図が公表されることはなかった。一般に手に入るのは二五〇万分の一の地図だけで、細部を見るには不向きなばかりか、歪曲や誤りだらけだった。もっぱら観光客向けのこの公式地図は、ソ連閣僚評議会測地・地図作成中央管理部（GUGK）の発行だった（図2‐1、2‐2）。GUGKはソ連軍参謀本部軍事測量局（VTU）とつながりが深く、いわば姉妹組織の関係にあった。

一九七〇年代に入ると、行政機関が使える詳細な地図が必要になってきたことから、SK‐63と呼ばれる種類の地図が誕生した。これは図郭線の方式がまったく異なり、測地学的データは入っていないが、それ以外は正確な地図である。そして一九八七年には、約二〇万枚におよぶソ連全土の二万五〇〇〇分の一地図が完成した。

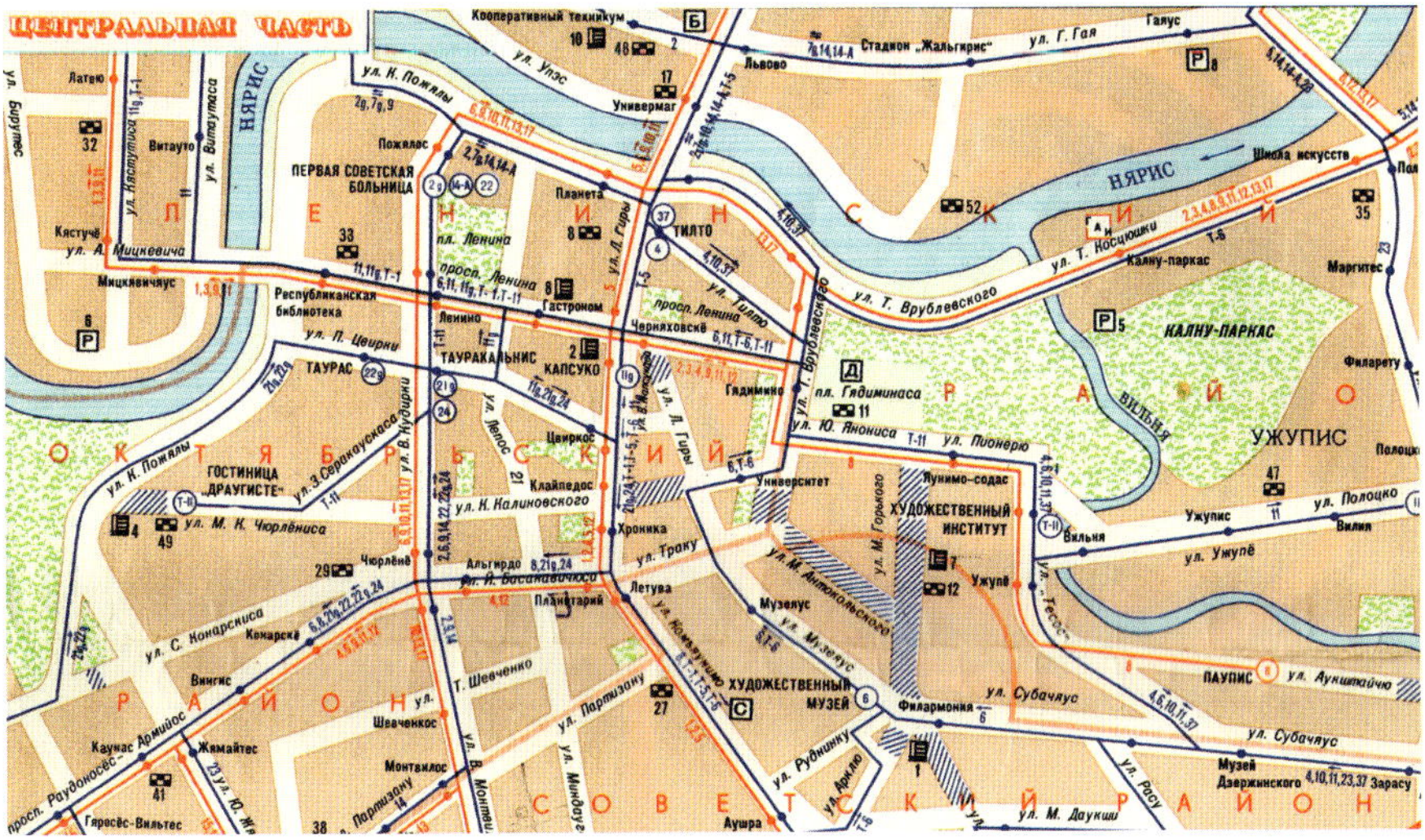

2-1 リトアニア、ビリニュスの公式地図内の市内中心部拡大図。1981年GUGK発行。縮尺表記なし。図3-49の軍用地図と比較されたい。裏面には地元バス路線、全国バス・鉄道路線図、街路名索引、観光名所一覧が記載されている。

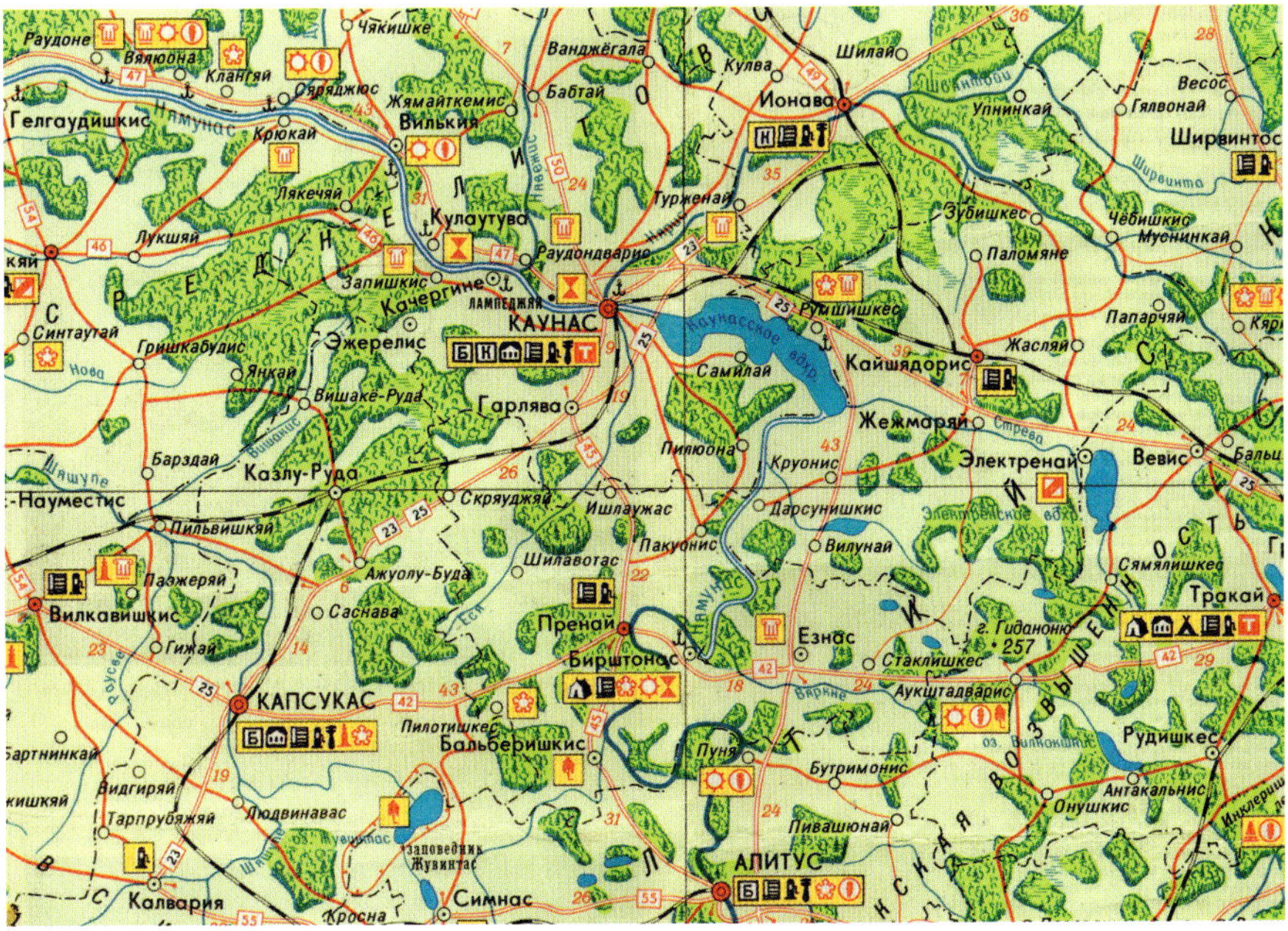

2-2 リトアニアの公式観光地図(抜粋)。1980年GUGK発行。縮尺表記なし。裏面には観光名所の写真と説明がある。

対象は世界に

だが、ソ連国土の地図はほんの序の口に過ぎなかった。ソ連が極秘に進めていた壮大な計画は、想像をはるかに上回る壮大なものだった。ソ連軍の軍事測量局（ＶＴＵ）は、世界のほぼ全域を網羅する詳細な地図をつくろうとしていたのだ。この計画の全容はいまだ解明されていないが、過去に例のない地形図作成事業であったことはまちがいない。作成された地図は、一〇〇万枚をゆうに超えるという推測もある[50]。

地図は大きく三種類に分けられる。

●地形図
・軍事用（ＳＫ‐42）
・民事用（ＳＫ‐63）

●市街図
・軍事用（ＳＫ‐42）
・民事用（ＳＫ‐63）

●特殊地図　三〇万分の一地形図、市町村の大縮尺地図、航空地図、長方形地形図

記号体系

地図の種類についてはあとで詳述するが、すべてに共通しているのが、他に類を見ない総合的な記号・注釈体系である。何を、どこまで正確かつ詳細に、そしてどのように地図に載せるかが統一・標準化されており、それを数百個にもなる地図記号——いわば地図の「語彙」だ——で表現する。どの地図も例外なくそれに準拠しているのだ。

こうした記号体系と仕様は、地図の種類や縮尺、対象地域に関係なく一律に適用される包括的なもので、一九四〇年代から一九九〇年代まで改良が進められた。地形や交通機関、文化的な特徴を統一された形式で表現することで、見る者の理解を助けてくれる。

建物の目的と種類、礼拝所の宗教、植生や耕作地の種類と密度、地形や海岸をできるかぎり詳細に区別するため、導入された記号は数百種類にもなる。付記四ではその一部を紹介している。非耐火の建物が多い地域や、高層建築物が大半を占める中心部が、色とケバ線で区別されているのだ。地名の文字は、大きさと字体を変えておよそ二〇種類に階層化されており、都市や町の規模と状態を細かく示す。河川も同様で、航行可能であれば大文字、そうでなければ小文字となる。

地図をつくったり、使ったりする者が興味をそそられるのは、移動手段と「踏破しやすさ」の記載だろう。鉄道、道路、山道、フェリー、橋が克明に記され、進行の妨げとなる森林や河川の存在もわかる。

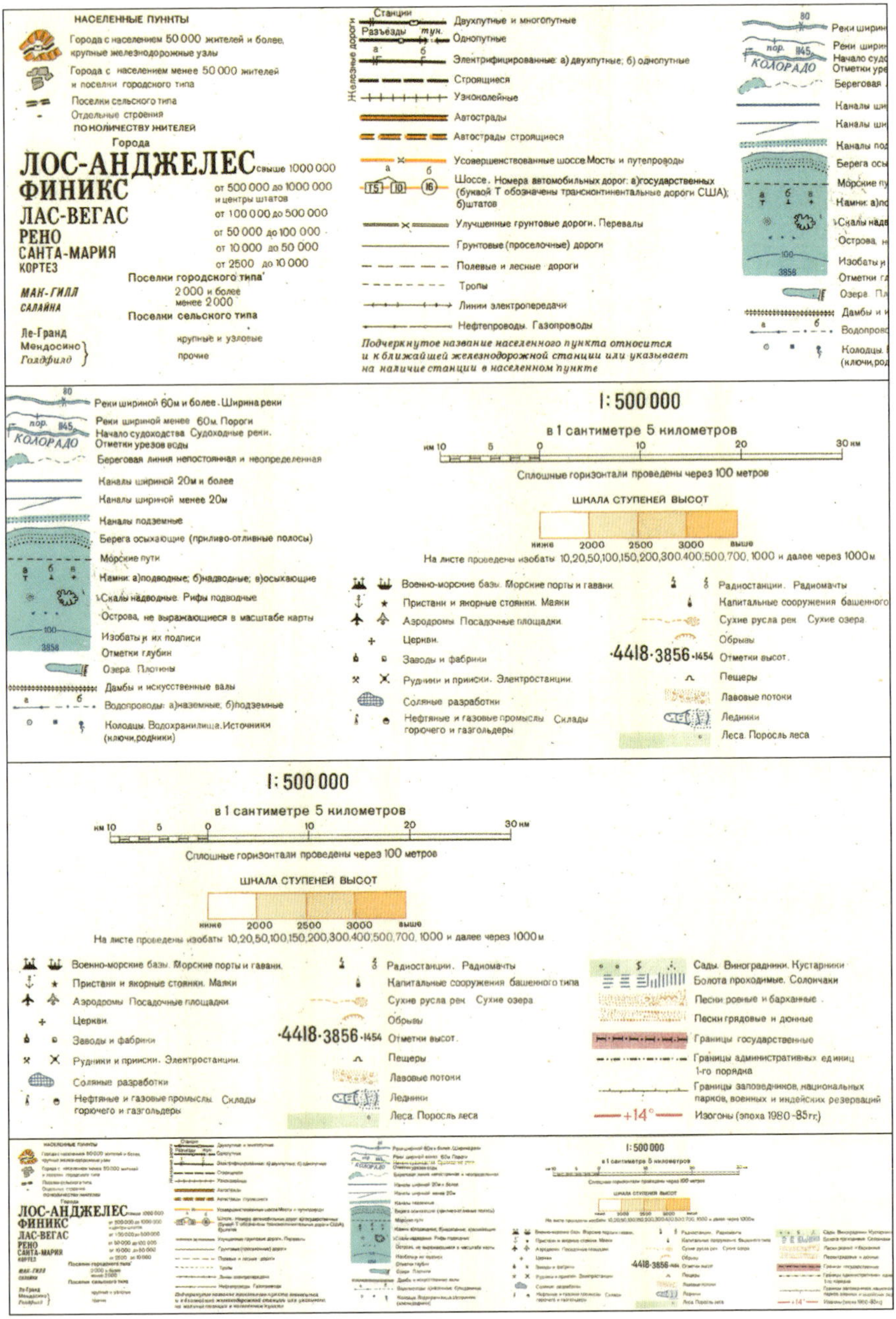

2-3 コロラド州コーテズの50万分の1地図J-12-4(1981)の欄外部分。機密扱いではない小縮尺地図にも簡略化された形で凡例が記載されている。

記号と色だけでなく、注釈で重要な数字や特徴を補っている。

鉄道に関しては、単線・複線の区別、電化の有無、駅舎の位置と重要度までわかる。道路と線路は、状態の良し悪し、本数、道幅、表面の素材、さらには遊びの幅も記されている。山岳道路ならば通行可能な期間と道幅、フェリーや橋なら積載量も示されている。森林のなかを走る道路や線路は、樹木の種類と平均的な高さと太さ、木と木の距離がわかるようになっている。河川は流れの速さ、水深、川底の状態も書かれている。もちろん、すべての地図にこれらすべての情報が入っているわけではない。それでも入手の難しいデータが、ソ連領以外の地図にも詳細に示されているのは驚きだ。情報収集に関しては、第三章でくわしく論じる。

記号、色、注釈の規則は、小縮尺地図（図2-3）であれば欄外に最小限記してあるが、大縮尺の地形図ではまったく書かれていない。ただし将校用の手引書[39]や地図作成者のための便覧[40]にきちんと定義されている。後者の便覧は二二〇ページもある。研修目的で、簡略化された多色刷りのポスターもつくられた（図2-4から2-8）。記号一覧表が英語に訳されている版もある[1、7、9]。

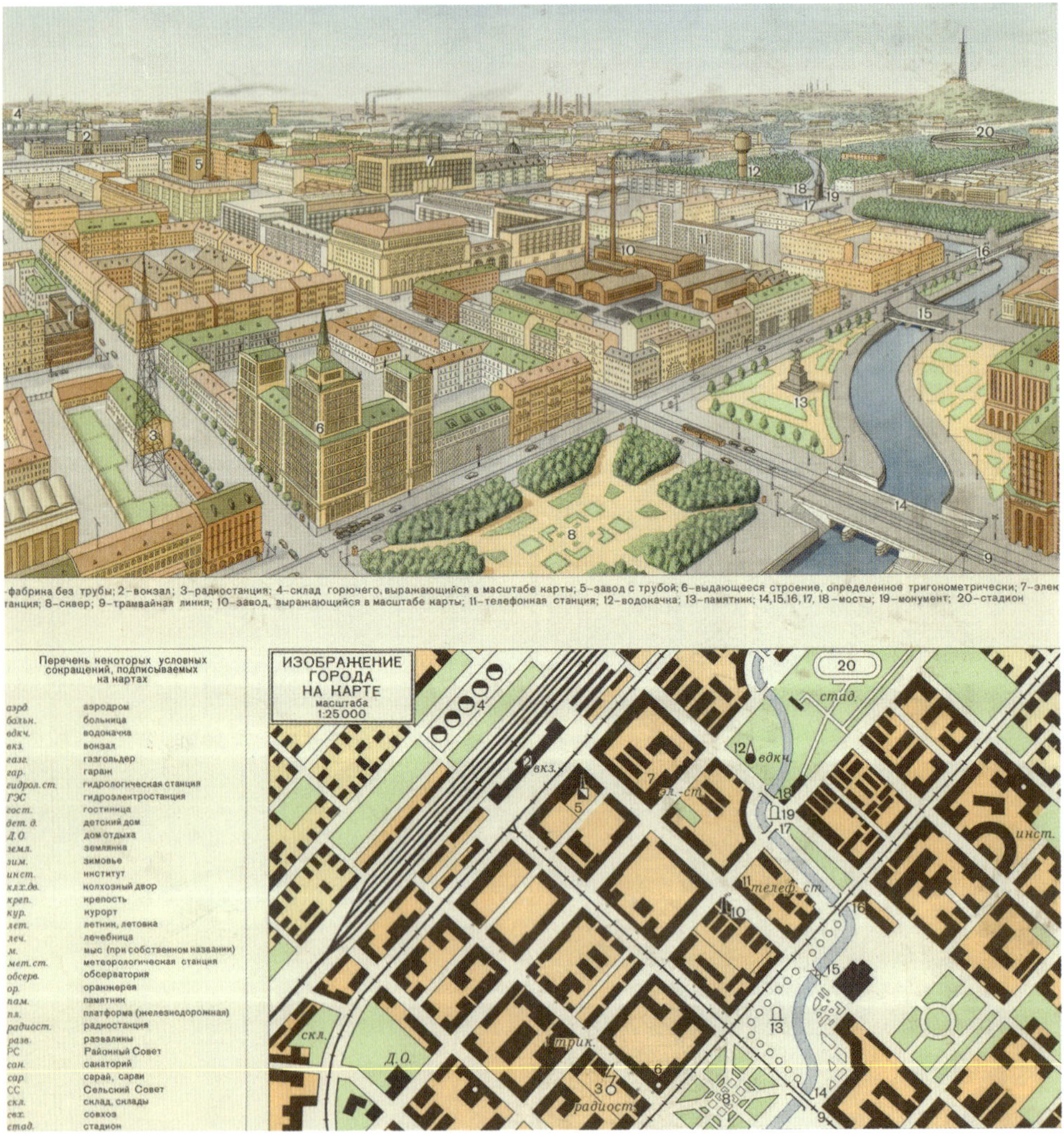

2-4 研修用ポスター1「市街地」(1968)の一部。ポスターの大きさはおよそ900mm×580mmで統一されている。

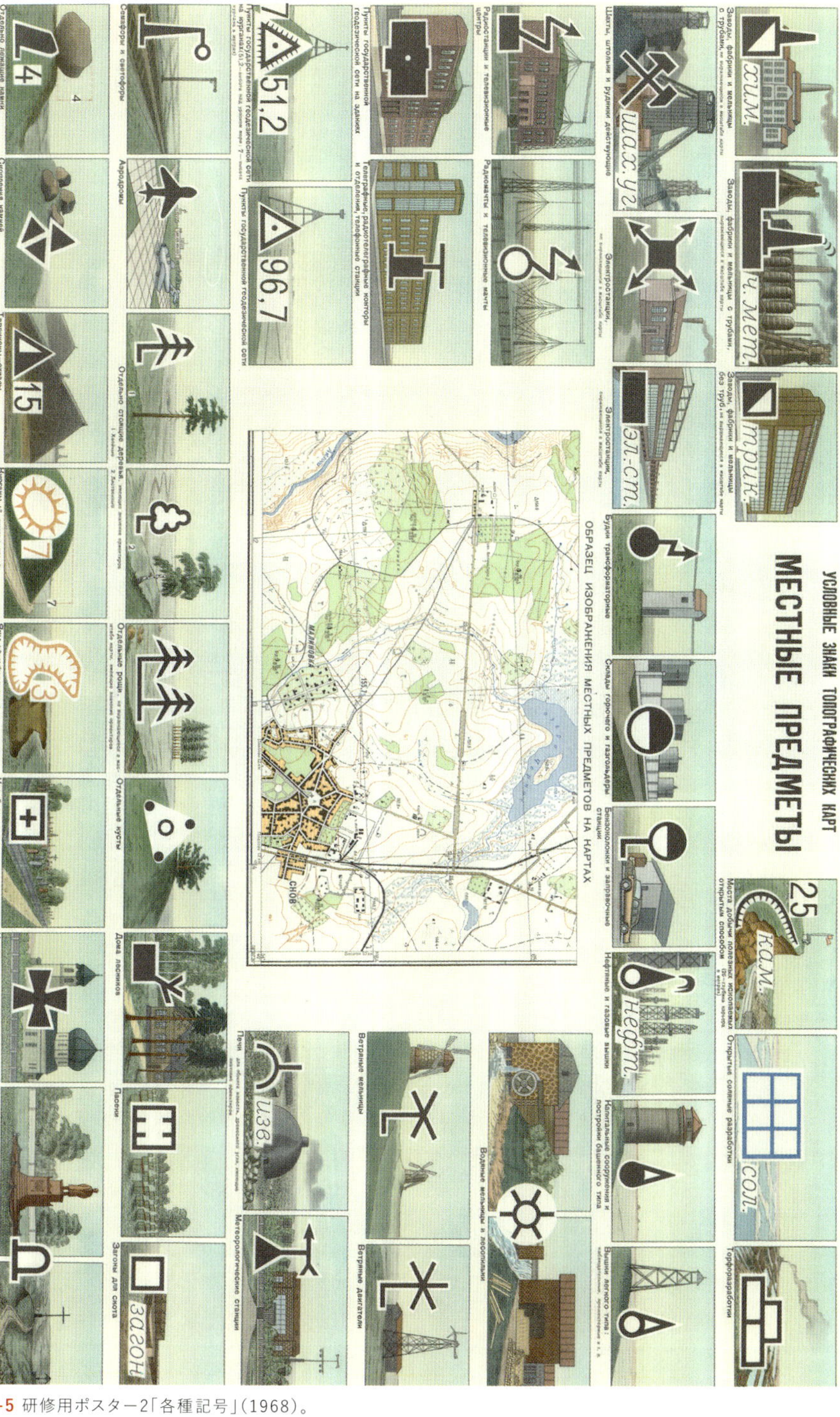

2-5 研修用ポスター2「各種記号」(1968)。

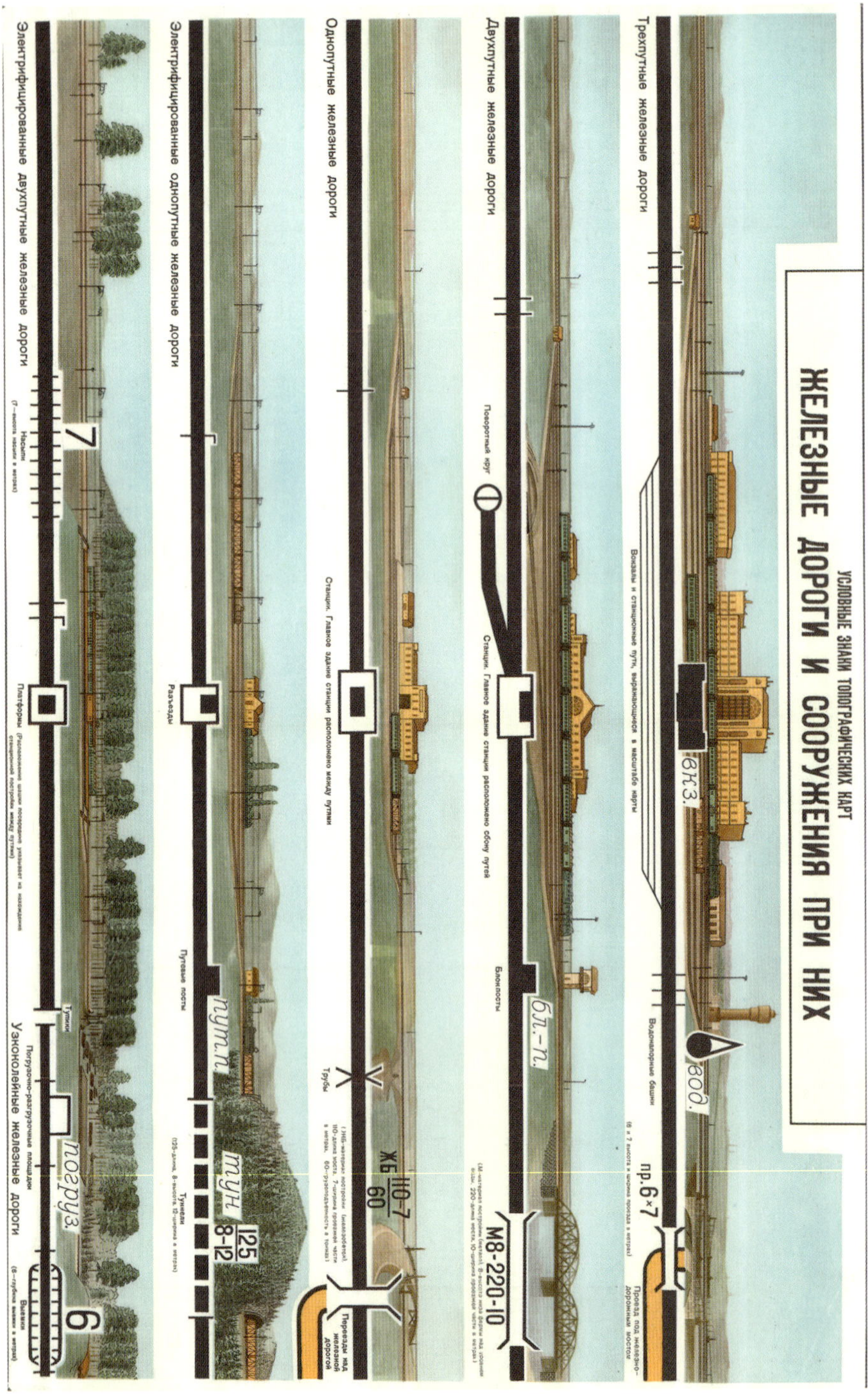

2-6 研修用ポスター3「鉄道と関連構築物」(1985)。

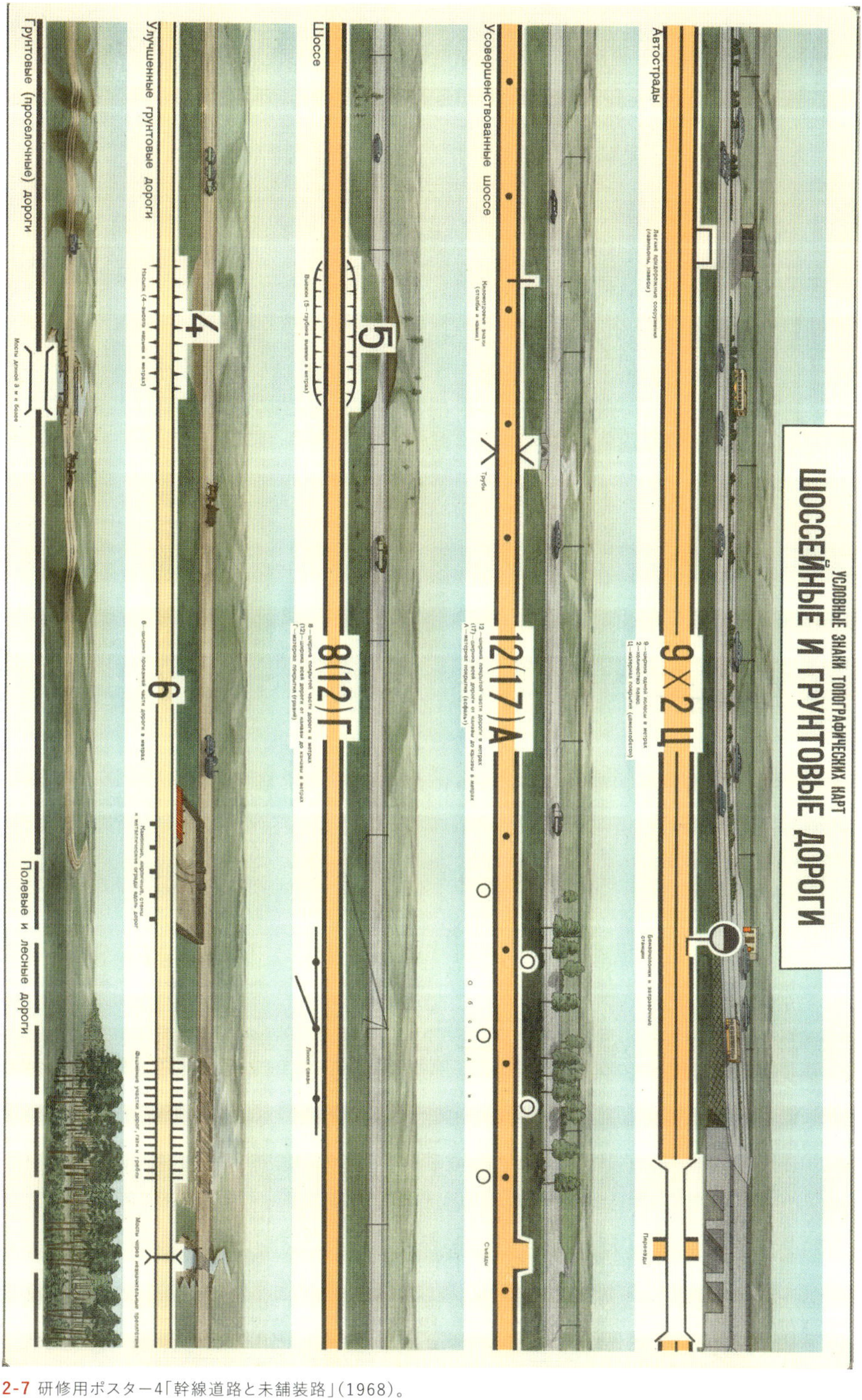

2-7 研修用ポスター4「幹線道路と未舗装路」(1968)。

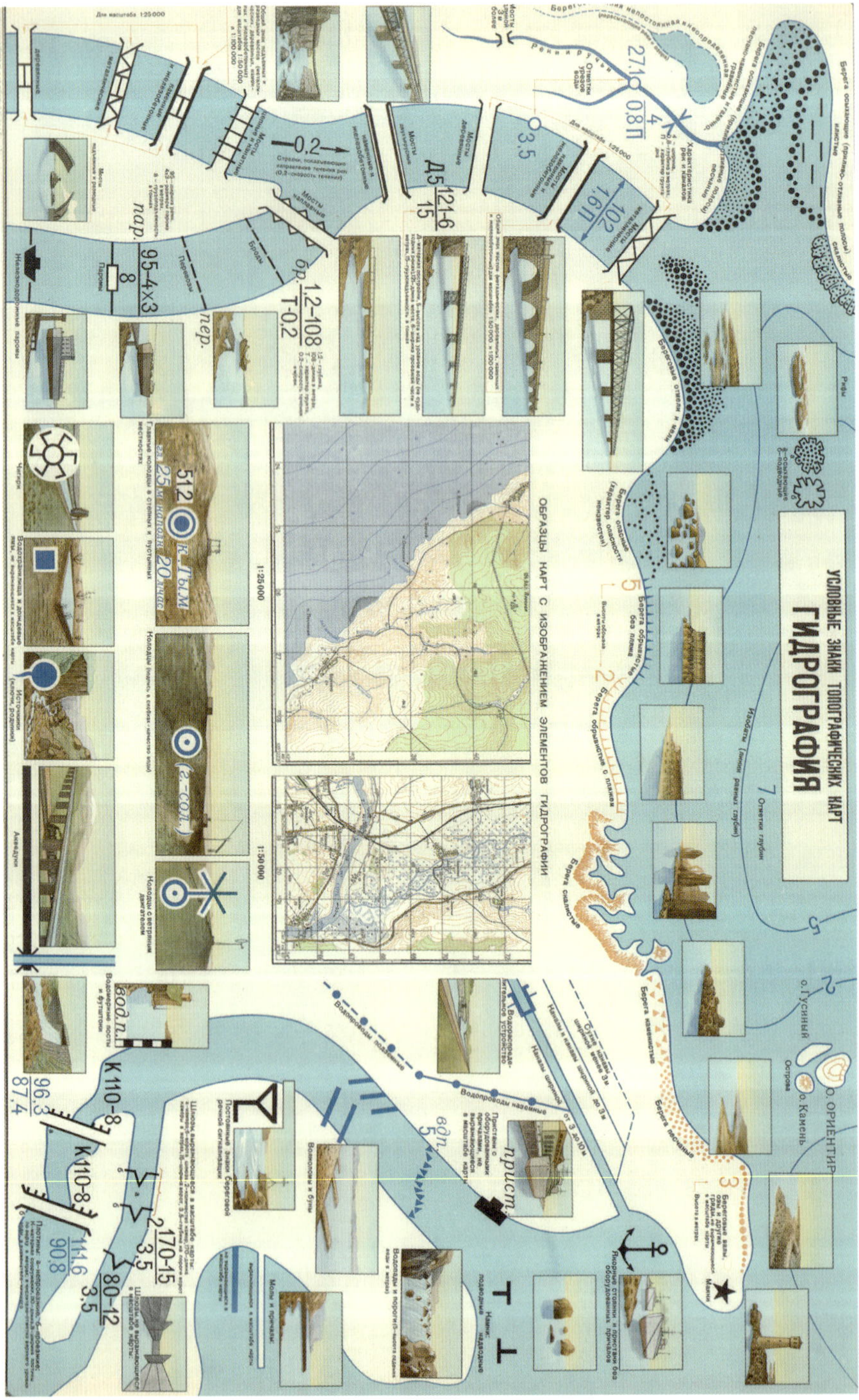

2-8 研修用ポスター5「水路関連」(1968)。

地図の種類

◉SK－42地形図

用紙は非長方形。緯線と経線に基づいた図郭線が引かれ、一〇〇万分の一国際図（IMW）のために考案された方式で番号が打ってある。縮尺は七種類で、分類は以下のとおり。

●小縮尺－地形評価用　一〇〇万分の一
●小縮尺－作戦用　五〇万分の一
●中縮尺－作戦および戦術用　二〇万分の一
●中縮尺－戦術用　一〇万分の一
●大縮尺－戦術用　五万分の一、二万五〇〇〇分の一、一万分の一

各地形図の機密区分は基本的に次のようになっている。

●小縮尺地図は機密指定なし

●二〇万分の一地図は「公用」指定
●ソ連領内の一万分の一および五万分の一地図は「機密」指定
●それ以外の一万分の一および五万分の一地図は「公用」指定
●大縮尺地形図とすべての市街図は「機密」指定

ただし例外もある。図2-9Aと2-9Bに典型的な分類の地図を示した。

2-9A ソ連領内であるラトビア、マティシの5万分の1地図O-35-074-3 (1990)は、「機密」指定の文字が右上に見える。

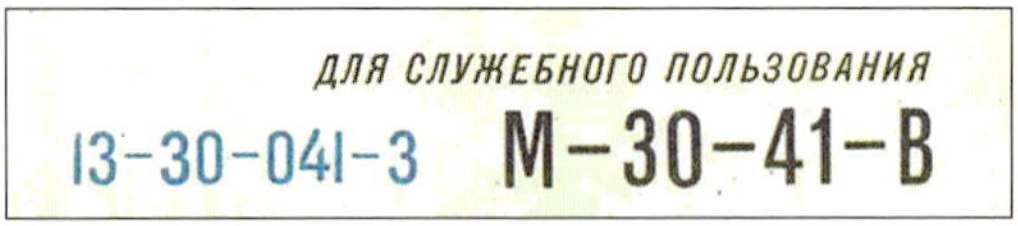

2-9B 英国、オークハンプトンの5万分の1地図M-30-041-3 (1980)は、右上に「公用」と書かれている。

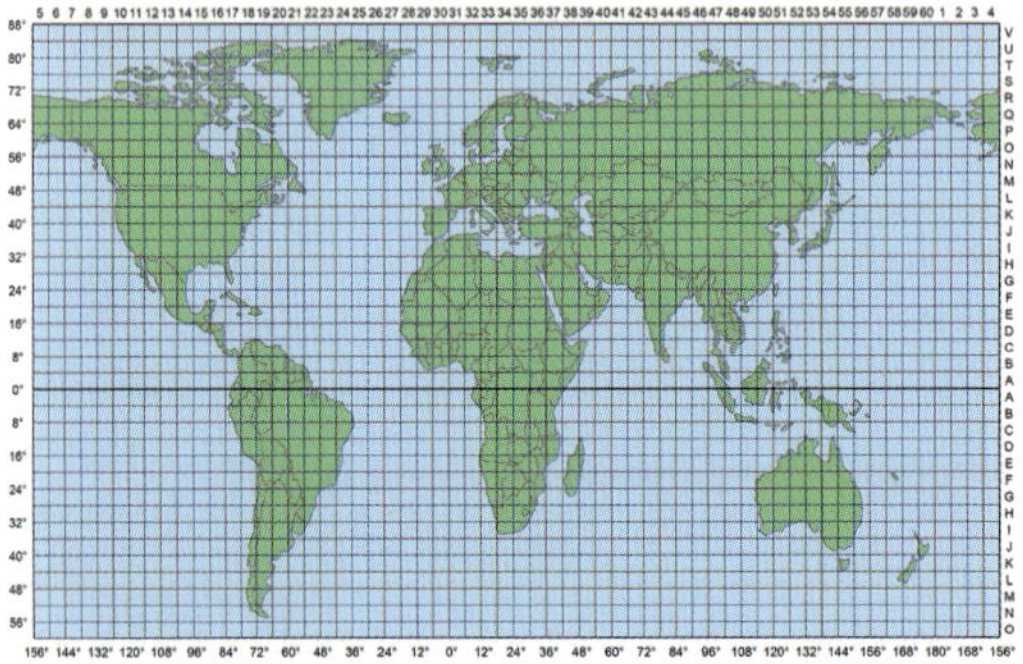

2-10A 100万分の1地図の図郭を示した索引図(1982)。

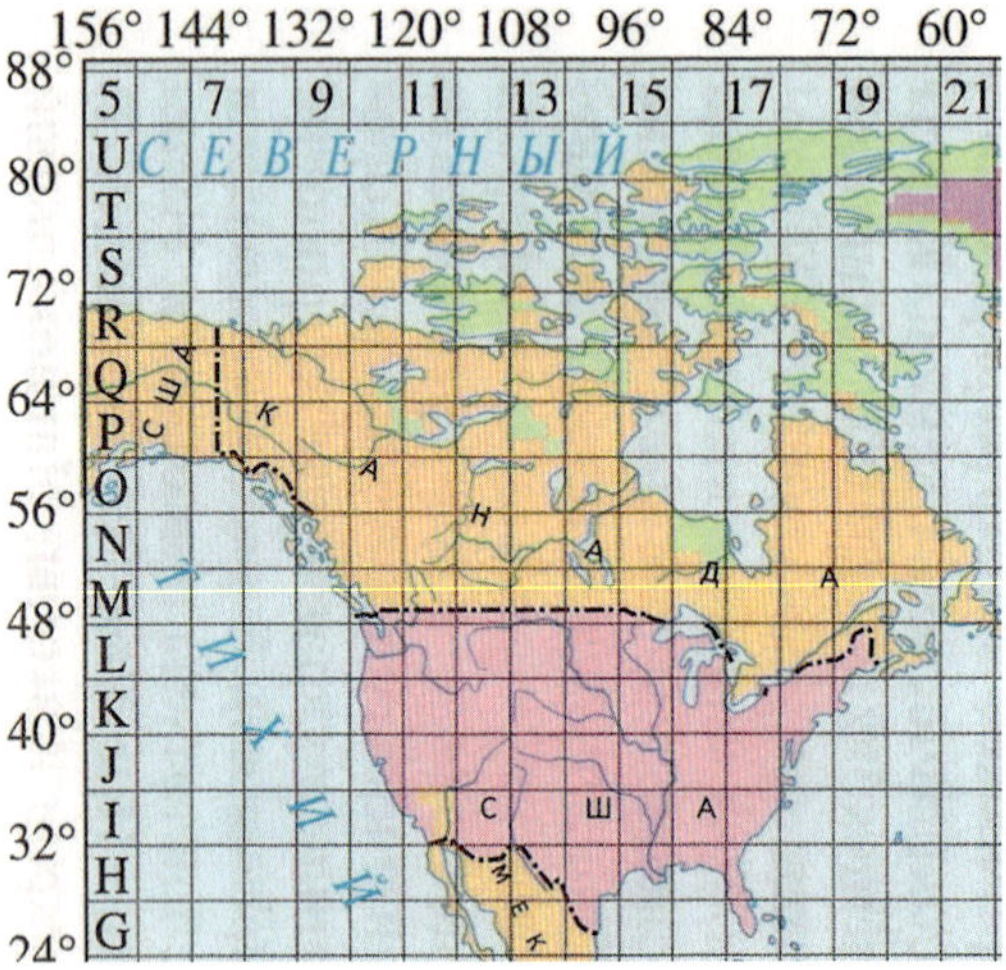

2 - 10B 北米大陸100万分の1地図の図郭。

一〇〇万分の一地図では緯度四度×経度六度が基本の図郭となる。赤道から北の緯度帯は文字が、一八〇度経線から東の経度帯は数字が割りふられ、その組みあわせで図郭が決まる（図2-10A、2-10B）。たとえばロンドンはM-30となる。これは赤道から北に数えて一三番目の緯度帯M（北緯五二～五六度）と、経度帯三〇（経度帯三〇と三一の境界線であるグリニッジ子午線上にあるので経度〇度）が交わる区画という意味だ。赤道より南も同様だが、緯度帯を表わす文字の前に「s」がつく。緯度帯にはラテン文字が使われ、キリル文字は後述するように大縮尺の下位分類に用いられている。

投影図では経線が両極に収束していくので、地形図は北にいくほど幅が狭くなる。たとえば北緯六〇度に接する緯度帯Pでは、二枚の地図が一枚に印刷されている。フェロー諸島とシェトランド諸島が入ったP-29／30がその一例だ。この地図は幅が七〇〇ミリメートルで、緯度帯Hの地図一枚の幅とほぼ等しい。

一〇〇万分の一地図を四分割した五〇万分の一地図は、北西、北東、南西、南東にそれぞれA、Б、B、Гの文字（ロシア語アルファベットの最初の四文字）が振られている。たとえばK-18は、北米大陸の北緯四〇～四四度、西経七二～七八度の範囲を示した一〇〇万分の一地図だ。およそ北緯四〇度四〇分、西経七四度に位置するニューヨークは、K-18を四分割した五〇万分の一地図の南東部分、K-18-Гにある。

地図には「参謀本部」の文字とともに、地図名と二種類の参照番号が記載されている。参照番号は、K-18-Гといった「正式の」ものが黒字で、11-18-4といった数字だけのものが青字だ。後者は混乱回避のためについている（図2-11A、2-11B）。なお本書では緯度帯を示す文字はそのままで、あとは数字を使うことにする。具体的には、経度帯番号（1〜60）のあとに以下の数字を入れる。
●五〇万分の一地図は一桁の数字（1〜4）
●二〇万分の一地図は二桁の数字（01〜36、下記参照）
●一〇万分の一地図は三桁の数字（001〜144、下記参照）

これはロシア語アルファベットのБ／б（ラテン語アルファベットのB／bに相当）とВ／в（同じくV／vに相当）の混乱を避けるためである。

一〇〇万分の一地図を6×6＝36に分割した二〇万分の一地図は、ⅠからXXXVIまでのローマ数字が割りふられている。たとえばラトビアの首都リガの地図はO‐35‐XXV、もしくは15‐35‐25であるが、本書ではローマ数字をアラビア数字に置きかえて「O‐35‐25」と表記する。

二〇万分の一地図の裏面には、その地域のくわしい

2-11A 50万分の1地図K-18-4(1981)の一部。「参謀本部」および地図名「ニューヨーク」が印刷されている。

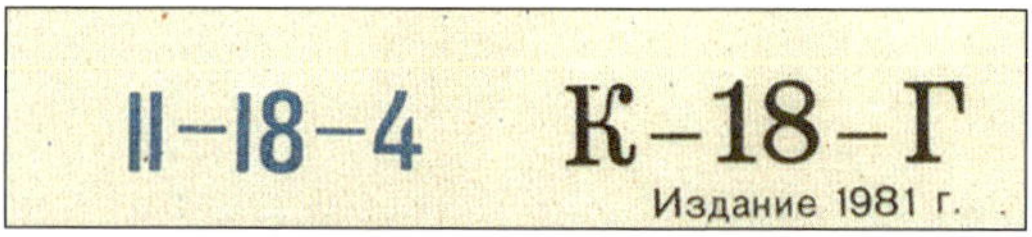

2-11B K-18-4に印刷されている2つの参照番号。右の1桁数字は縮尺50万分の1であることを示す。

説明（都市名、交通機関、地形、地質、水文学、植生、気候）と、地質スケッチが載っている。リガの地図の裏面は図２‐12を、また英国ケンブリッジの地図（Ｎ‐31‐31）を訳したものは付記三を参照されたい。アフガニスタン、レバノン、シリア、ウクライナの地図裏面は、米国のイースト・ビュー・プレス社から刊行されている[12、13、14]。

地図の分割はさらに続く。一〇〇万分の一地図は一二×一二＝一四四枚の一〇万分の一地図に分割され、001～144の数字が振られる（図２‐13Ａ）。一〇万分の一地図は四枚の五万分の一地図に分割される（А、Б、В、Г）。場合によっては、ここから図２‐13Ｂのように二万五〇〇〇分の一地図四枚に分割される（а、б、в、г）。さらに一万分の一地図（1、2、3、4）四枚に分割されるが、最後二種類の大縮尺はソ連領内の地図のみが対象である。

この方式ならば、参照番号だけで世界中のどの場所の地図かすぐにわかる。たとえば、図Ａ１‐55のＯ‐

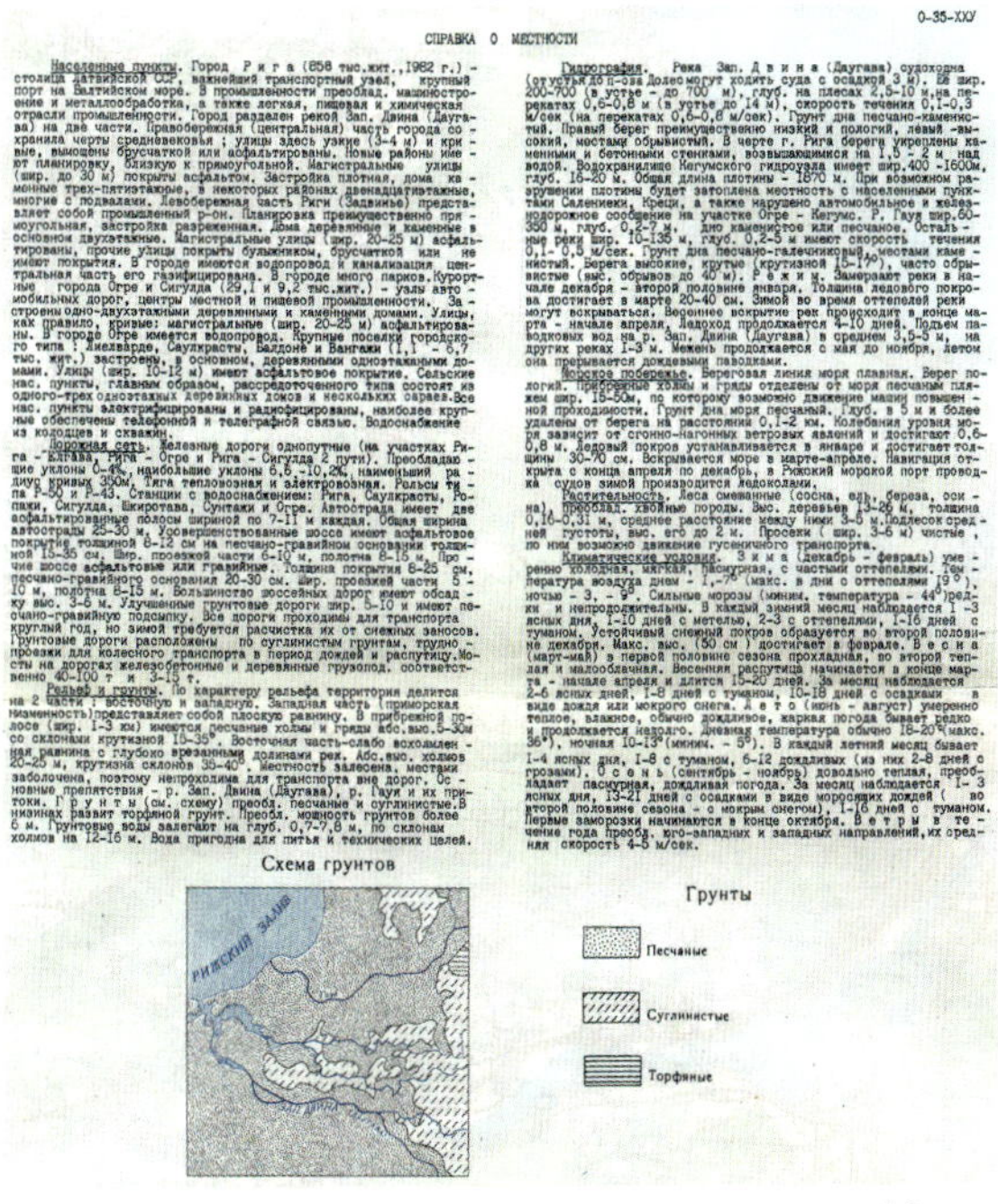
O-35-XXV

СПРАВКА О МЕСТНОСТИ

Населенные пункты. Город Р и г а (858 тыс.жит.,1982 г.) - столица Латвийской ССР, важнейший транспортный узел, крупный порт на Балтийском море. В промышленности преоблад. машиностроение и металлообработка, а также легкая, пищевая и химическая отрасли промышленности. Город разделен рекой Зап. Двина (Даугава) на две части. Правобережная (центральная) часть города сохранила черты средневековья ; улицы здесь узкие (3-4 м) и кривые, вымощены брусчаткой или асфальтированы. Новые районы имеют планировку, близкую к прямоугольной. Магистральные улицы (шир. до 30 м) покрыты асфальтом. Застройка плотная, дома каменные трех-пятиэтажные, в некоторых районах двенадцатиэтажные, многие с подвалами. Левобережная часть Риги (Задвинье) представляет собой промышленный р-он. Планировка преимущественно прямоугольная, застройка разреженная. Дома деревянные и каменные в основном двухэтажные. Магистральные улицы (шир. 20-25 м) асфальтированы, прочие улицы покрыты булыжником, брусчаткой или не имеют покрытия. В городе имеются водопровод и канализация, центральная часть его газифицирована. В городе много парков. Курортные города Огре и Сигулда (29,1 и 9,2 тыс.жит.) - узлы автомобильных дорог, центры местной и пищевой промышленности. Застроены одно-двухэтажными деревянными и каменными домами. Улицы, как правило, кривые: магистральные (шир. 20-25 м) асфальтированы. В городе Огре имеется водопровод. Крупные поселки городского типа : Лиелварде, Саулкрасты, Балдоне и Вангажи (1,1 - 6,7 тыс. жит.) застроены, в основном, деревянными одноэтажными домами. Улицы (шир. 10-12 м) имеют асфальтовое покрытие. Сельские нас. пункты, главным образом, рассредоточенного типа состоят из одного-трех одноэтажных деревянных домов и нескольких сараев. Все нас. пункты электрифицированы и радиофицированы, наиболее крупные обеспечены телефонной и телеграфной связью. Водоснабжение из колодцев и скважин.

Дорожная сеть. Железные дороги однопутные (на участках Рига - Елгава, Рига - Огре и Рига - Сигулда 2 пути). Преобладающие уклоны 0-4‰, наибольшие уклоны 6,6 -10,2‰, наименьший радиус кривых 350м. Тяга тепловозная и электровозная. Рельсы типа Р-50 и Р-43. Станции с водоснабжением: Рига, Саулкрасты, Ропажи, Сигулда, Шкиротава, Сунтажи и Огре. Автострада имеет две асфальтированные полосы шириной по 7-11 м каждая. Общая ширина автострады 25-30 м. Усовершенствованные шоссе имеют асфальтовое покрытие толщиной 8-12 см на песчано-гравийном основании толщиной 15-35 см. Шир. проезжей части 6-10 м, полотна 8-15 м. Прочие шоссе асфальтовые или гравийные. Толщина покрытия 8-25 см, песчано-гравийного основания 20-30 см. Шир. проезжей части 5-10 м, полотна 8-15 м. Большинство шоссейных дорог имеют обсадку выс. 3-6 м. Улучшенные грунтовые дороги шир. 5-10 и имеют песчано-гравийную подсыпку. Все дороги проходимы для транспорта круглый год, но зимой требуется расчистка их от снежных заносов. Грунтовые дороги расположены по суглинистым грунтам, труднопроезжи для колесного транспорта в период дождей и распутицу. Мосты на дорогах железобетонные и деревянные грузопод. соответственно 40-100 т и 3-15 т.

Рельеф и грунты. По характеру рельефа территория делится на 2 части : восточную и западную. Западная часть (приморская низменность) представляет собой плоскую равнину. В прибрежной полосе (шир. 1-3 км) имеются песчаные холмы и гряды абс.выс.5-30м со склонами крутизной 10-35°. Восточная часть-слабо всхолмленная равнина с глубоко врезанными долинами рек. Абс.выс. холмов 20-25 м, крутизна склонов 35-40°. Местность залесена, местами заболочена, поэтому непроходима для транспорта вне дорог. Основные препятствия - р. Зап. Двина (Даугава), р. Гауя и их притоки. Г р у н т ы (см. схему) преобл. песчаные и суглинистые. В низинах развит торфяной грунт. Преобл. мощность грунтов более 6 м. Грунтовые воды залегают на глуб. 0,7-7,8 м, по склонам холмов на 12-16 м. Вода пригодна для питья и технических целей.

Гидрография. Река Зап. Д в и н а (Даугава) судоходна (от устья до п-ова Долес могут ходить суда с осадкой 3 м). Ее шир. 200-700 (в устье - до 700 м), глуб. на плесах 2,5-10 м, на перекатах 0,6-0,8 м (в устье до 14 м), скорость течения 0,1-0,3 м/сек (на перекатах 0,6-0,8 м/сек). Грунт дна песчано-каменистый. Правый берег преимущественно низкий и пологий, левый - высокий, местами обрывистый. В черте г. Рига берега укреплены каменными и бетонными стенками, возвышающимися на 1,5 - 2 м над водой. Водохранилище Кегумского гидроузла имеет шир.400 -1600м, глуб. 16-20 м. Общая длина плотины - 1870 м. При возможном разрушении плотины будет затоплена местность с населенными пунктами Салениеки, Крещи, а также нарушено автомобильное и железнодорожное сообщение на участке Огре - Кегумс. Р. Гауя шир.60-350 м, глуб. 0,2-7 м, дно каменистое или песчаное. Остальные реки шир. 10-135 м, глуб. 0,2-5 м имеют скорость течения 0,1- 0,5 м/сек. Грунт дна песчано-галечниковый, местами каменистый. Берега высокие, крутые (крутизной 15-17°), часто обрывистые (выс. обрывов до 40 м). Р е ж и м. Замерзают реки в начале декабря - второй половине января. Толщина ледового покрова достигает в марте 20-40 см. Зимой во время оттепелей реки могут вскрываться. Весеннее вскрытие рек происходит в конце марта - начале апреля. Ледоход продолжается 4-10 дней. Подъем паводковых вод на р. Зап. Двина (Даугава) в среднем 3,5-5 м, на других реках 1-3 м. Межень продолжается с мая до ноября, летом она прерывается дождевыми паводками.

Морское побережье. Береговая линия моря плавная. Берег пологий. Прибрежные холмы и гряды отделены от моря песчаным пляжем шир. 15-50м, по которому возможно движение машин повышенной проходимости. Грунт дна моря песчаный. Глуб. в 5 м и более удалены от берега на расстоянии 0,1-2 км. Колебания уровня моря зависит от сгонно-нагонных ветровых явлений и достигают 0,6-0,8 м. Ледовый покров устанавливается в январе и достигает толщины 30-70 см. Вскрывается море в марте-апреле. Навигация открыта с конца апреля по декабрь, в Рижский морской порт проводка судов зимой производится ледоколами.

Растительность. Леса смешанные (сосна, ель, береза, осина), преоблад. хвойные породы. Выс. деревьев 13-26 м, толщина 0,16-0,31 м, среднее расстояние между ними 3-5 м. Подлесок средней густоты, выс. его до 2 м. Просеки (шир. 3-6 м) чистые, по ним возможно движение гусеничного транспорта.

Климатические условия. З и м а (декабрь - февраль) умеренно холодная, мягкая, пасмурная, с частыми оттепелями. Температура воздуха днем - 1,-7° (макс. в дни с оттепелями 19°), ночью - 3, - 9°. Сильные морозы (миним. температура - 44°) редки и непродолжительны. В каждый зимний месяц наблюдается 1 -3 ясных дня, 1-10 дней с метелью, 2-3 с оттепелями, 1-16 дней с туманом. Устойчивый снежный покров образуется во второй половине декабря. Макс. выс. (50 см) достигает в феврале. В е с н а (март-май) в первой половине сезона прохладная, во второй теплая и малооблачная. Весенняя распутица начинается в конце марта - начале апреля и длится 15-20 дней. За месяц наблюдается 2-6 ясных дней, 1-8 дней с туманом, 10-18 дней с осадками в виде дождя или мокрого снега. Л е т о (июнь - август) умеренно теплое, влажное, обычно дождливое, жаркая погода бывает редко и продолжается недолго. Дневная температура обычно 18-20°(макс. 36°), ночная 10-13°(миним. - 5°). В каждый летний месяц бывает 1-4 ясных дня, 1-8 с туманом, 6-12 дождливых (из них 2-8 дней с грозами). О с е н ь (сентябрь - ноябрь) довольно теплая, преобладает пасмурная, дождливая погода. За месяц наблюдается 1- 3 ясных дня, 13-21 дней с осадками в виде моросящих дождей (во второй половине сезона - с мокрым снегом), 1-16 дней с туманом. Первые заморозки начинаются в конце октября. В е т р ы в течение года преобл. юго-западных и западных направлений, их средняя скорость 4-5 м/сек.

Схема грунтов

2-12
ラトビアの首都リガの20万分の1地図（O-35-25）の裏面。「基本情報」と地質図という構成は、この縮尺の地図の典型。

35-87-Г-а-1（O-35-087-4-1-1）は、北緯五七度三〇分、東経二五度一五分の区域を四分割した北西部分に相当する。なお経度五四度の地点で、各縮尺の地図が網羅する面積は以下のとおり。

一〇〇万分の一　一七万五〇〇〇平方キロメートル
五〇万分の一　四万四〇〇〇平方キロメートル
二〇万分の一　五〇〇〇平方キロメートル
一〇万分の一　一二〇〇平方キロメートル
五万分の一　三〇〇平方キロメートル
二万五〇〇〇分の一　七五平方キロメートル

地形図は第二次世界大戦前に作成されたものもある（たとえば図A1-38のM-30がつくられたのは一九三八年だ）。その後地図の仕様は少しずつ改良されていった。世界全域を地図化する作業のほとんどは、戦後の一九五〇年代から一九九〇年代に行なわれたが、

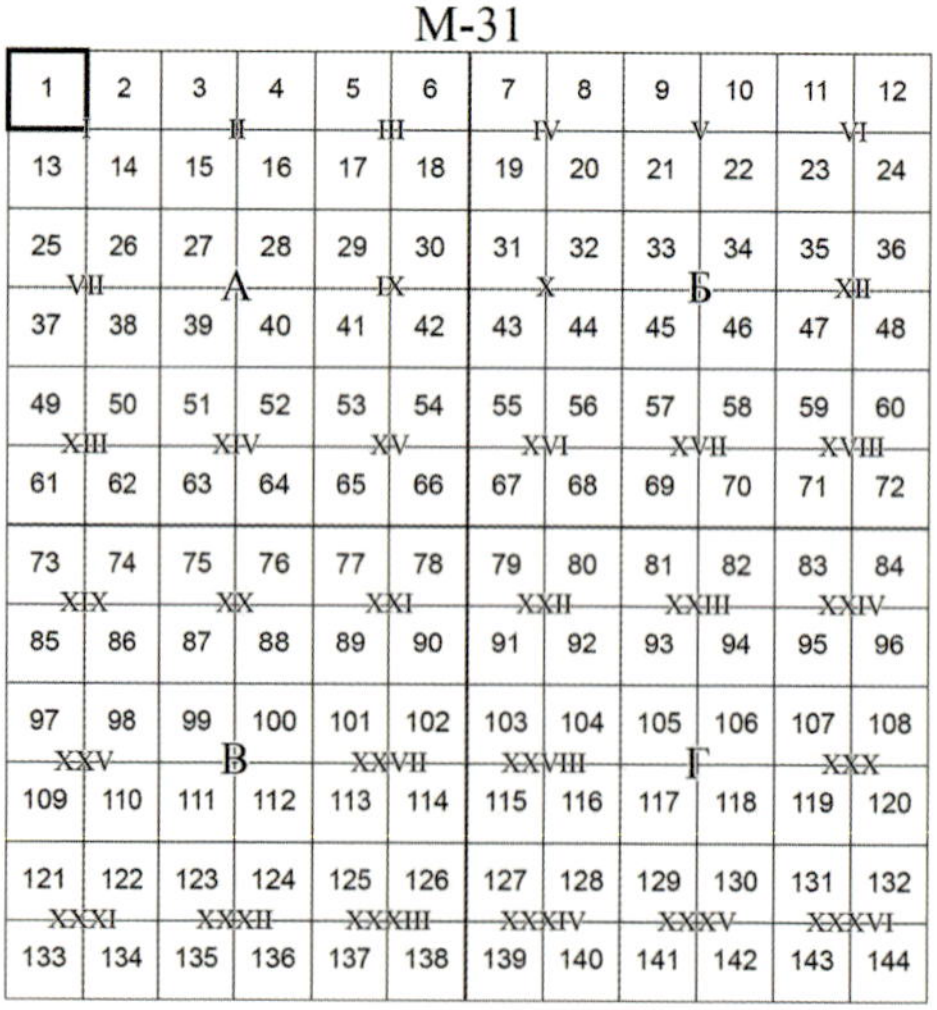

2.13A（左） 100万分の1地図の索引図。2×2が50万分の1（A～Г）、6×6が20万分の1（I～XXXVI）、12×12が10万分の1（1～144）となる。

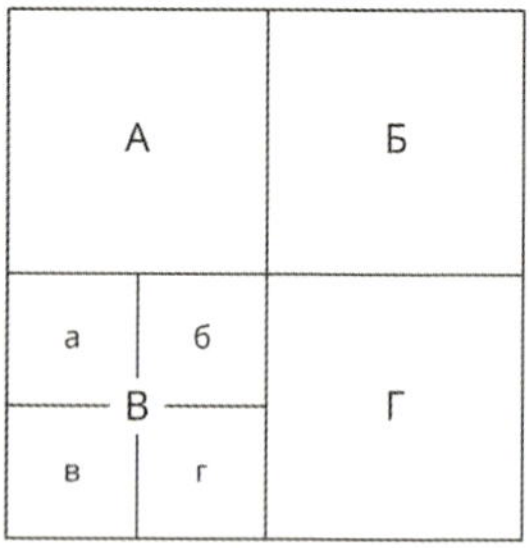

2.13B 10万分の1地図の分割図。A、Б、В、Гは5万分の1地図、а、б、в、гは2万5000分の1地図である。

図2-14Aと2-14Bにあるように、その後もおおむね一〇年か二〇年間隔で後継版が出されていた。地図は必要に応じて重版された。その際、内容にまったく変更がなくても印刷コードは新しくなっている（図2-15A、B、C）。

ソ連領内地図（縮尺一〇〇万分の一地図まで）のほとんどは、横軸正角円筒図法であるガウス・クリ

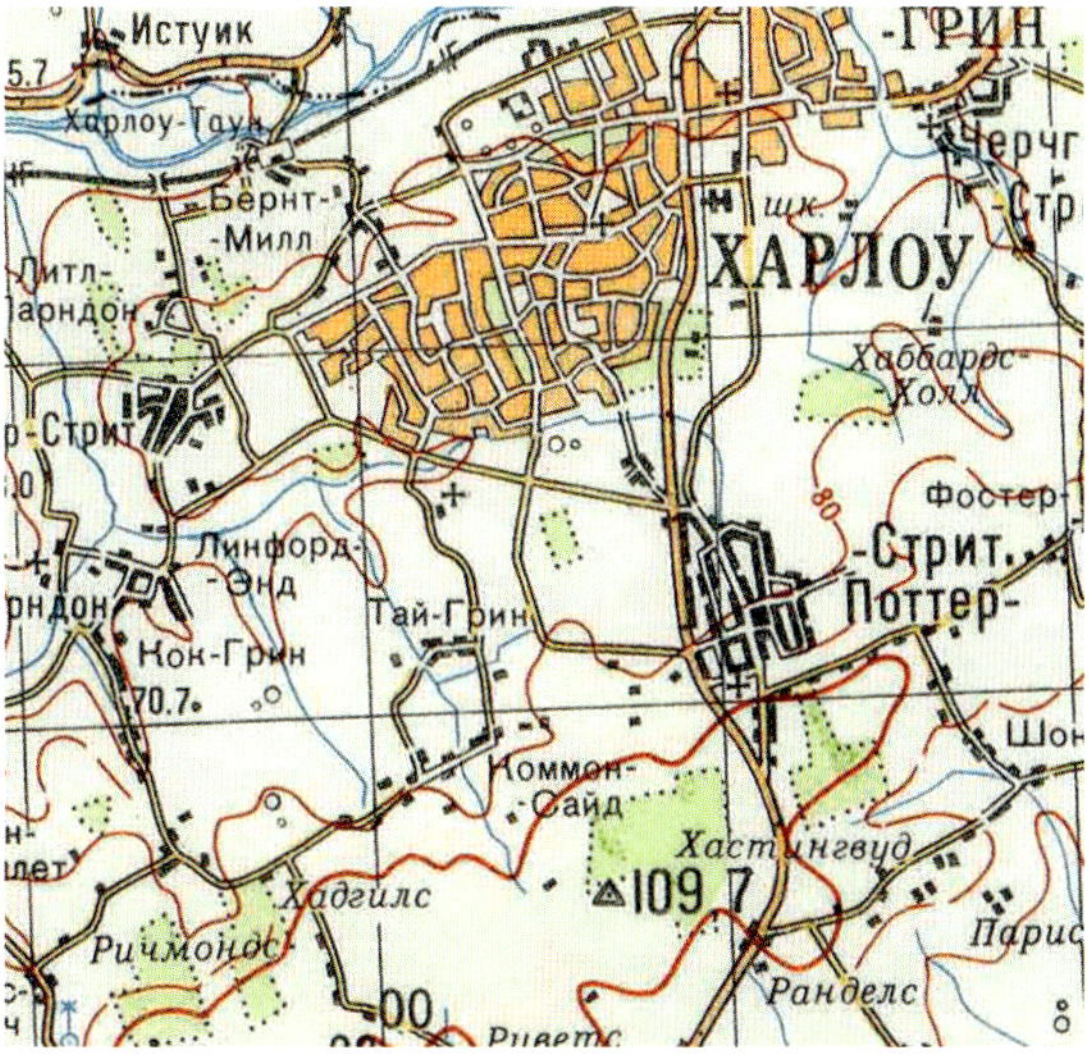

2-14A 英国、ハーロウの10万分の1地図（M-31-001）、1964版。

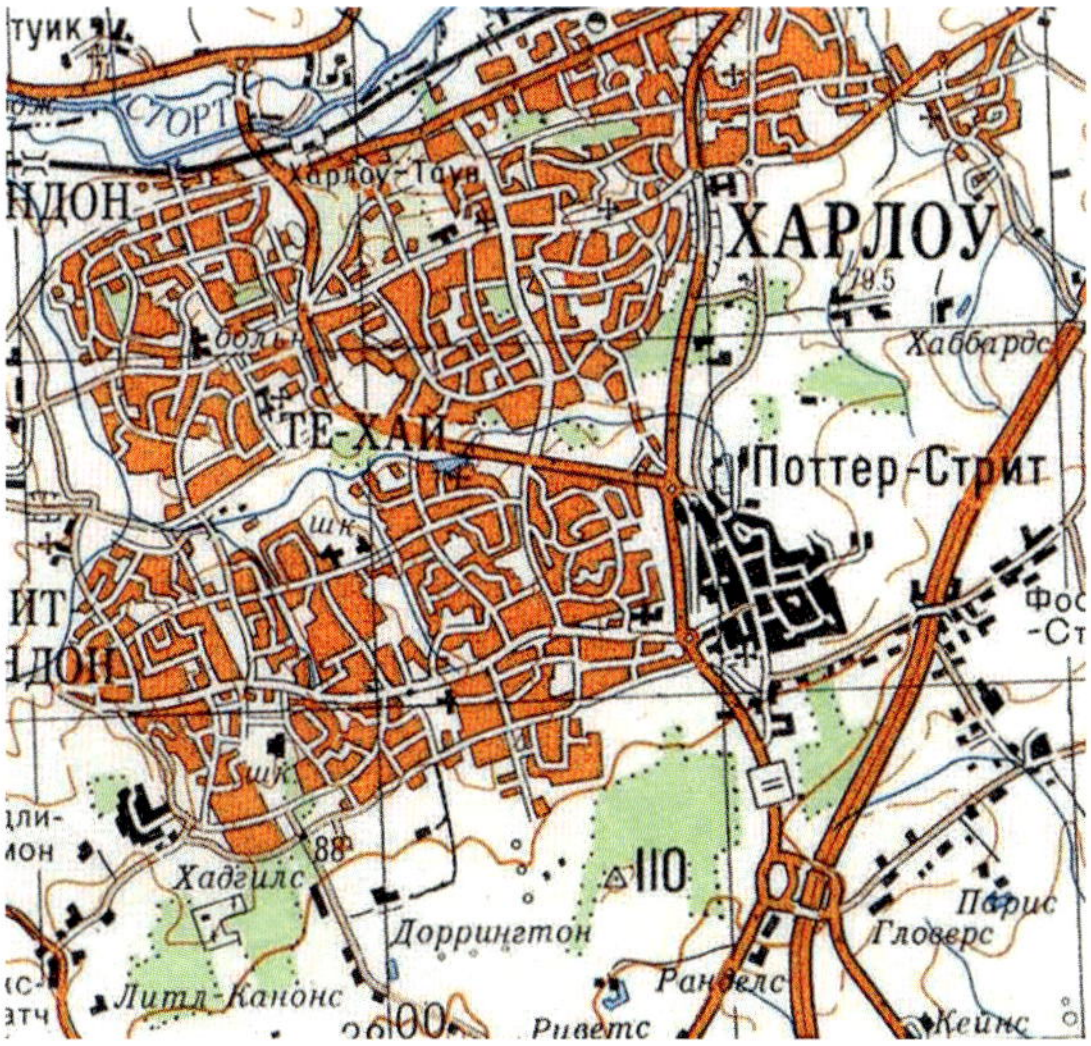

2-14B 上の図2-14A（M-31-001）の1982年版。中心部が拡大し、高速道路が通っているのがわかる。1964年版で誤っていたポッター・ストリート（Стрит−Поттер）の表記が、正しく修正されている（Поттер−Стрит）。

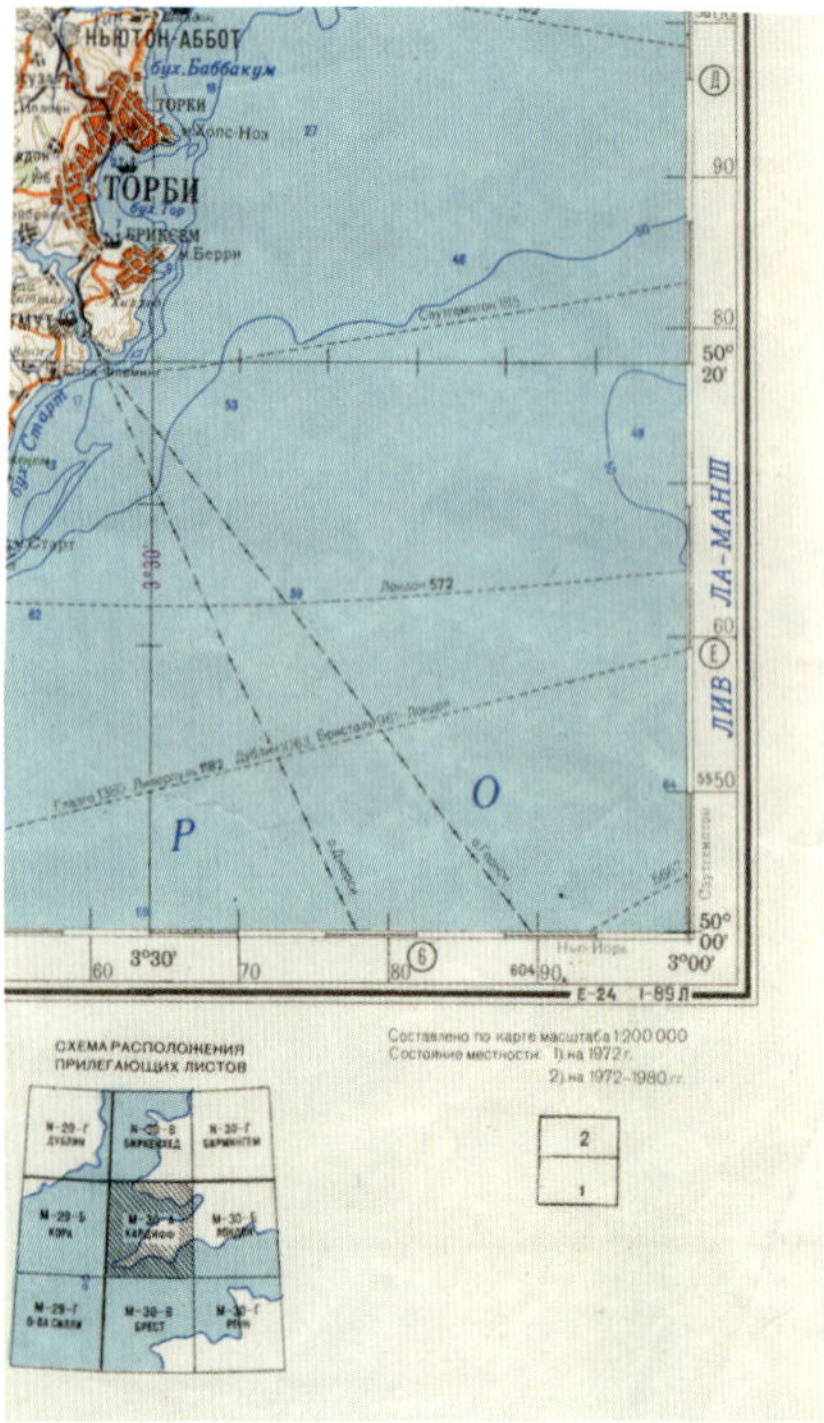

2-15B 1989年1月に刊行されたM-30-1。印刷コードは「E-241-89Л」。

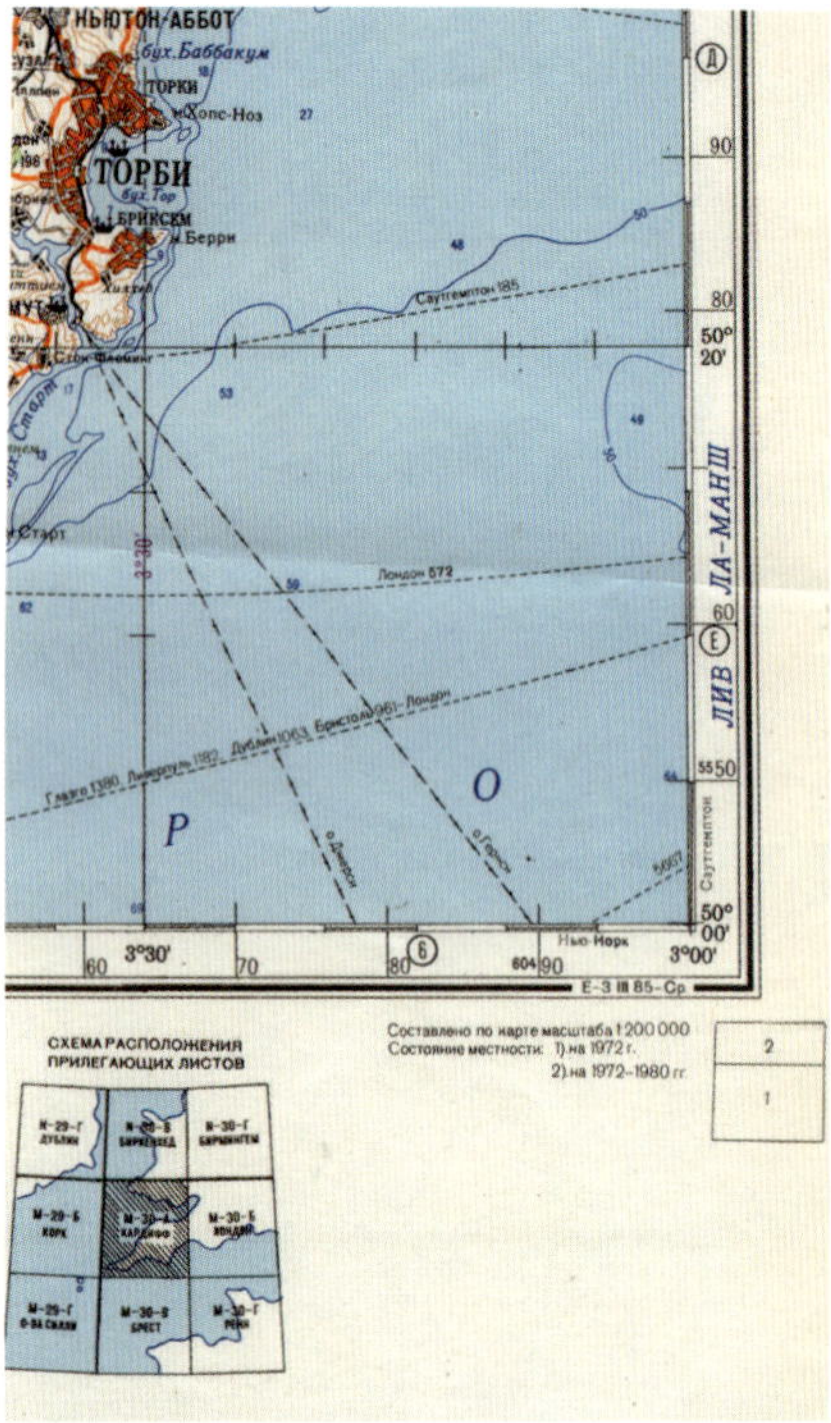

2-15A 英国カーディフの50万分の1地図(M-30-1)。1985年3月刊行のオリジナル版で、印刷コードは「E-3 III 85-Cp」。(地図名はカーディフとなっているが、隅のほうに位置している。むしろエクセター、プリマス、スウォンジーを地図名にしたほうが適切だった。)

2-15C 図2-15AとBどちらの版も右上に同じ刊行年(1985)が記載されている。

ユーゲル図法が採用されている。ただし一九八四年以前の一〇〇万分の一地図は、ＩＭＷの多円錐図法に手を加えたものが使われていた。

基本的に正角図法では、地球表面のすべての角度が正しく投影されるため、地図を見れば方位角がわかる。経緯線は、測地学者フェオドシー・クラソフスキーによる楕円体に基づいた座標系１９４２（ＳＫ‐42）を用いている。座標系の原点はサンクトペテルブルク郊外にあるプルコボ天文台で、海抜は昔からロシア海軍の拠点であるバルト海沿岸のクロンシュタットが〇メートルの基準面となる。

ガウス・クリューゲル図法の基本となる横メルカトル図法は、中央経線から東西に三度の範囲をひとつのゾーンとする。地球上の比較的小さな範囲を平面に描出し、ゾーン内をグリッドで区切れるのが利点だ。ただし隣りあったゾーンのグリッドはつながらない。各グリッドの中央経線はたがいに平行ではなく、隣りあうグリッドのあいだに角度が生じるからだ。そのため隣接する地域であっても、二枚の地図上の二点間の距離を正確に算出することはできない。そこで、たとえば中央経線から東西に二度の範囲を記した地形図（Ｍ‐30）には、地図の外枠に東もしくは西に隣接する地図（Ｍ‐29、Ｍ‐31）のグリッドが細い線で追加されている。

印刷に用いられる色数は八、一〇、一二のいずれかで、地図の枠線に平行に経緯線が細かく引かれている（間隔は縮尺によって異なる）。さらにガウス・クリューゲル座標を示す経緯線も引かれる。グリッドは、小縮尺であれば経緯線が使われる（図２‐16Ａ）。中縮尺および大縮尺の地図は、ガウス・クリューゲル図法に従った座標値に基づくので、地図枠と平行にはならない（図２‐16Ｂ）。

ほとんどの地形図には、二つの図表が記載されている。ひとつはその地図の位置と周辺を示すもの。

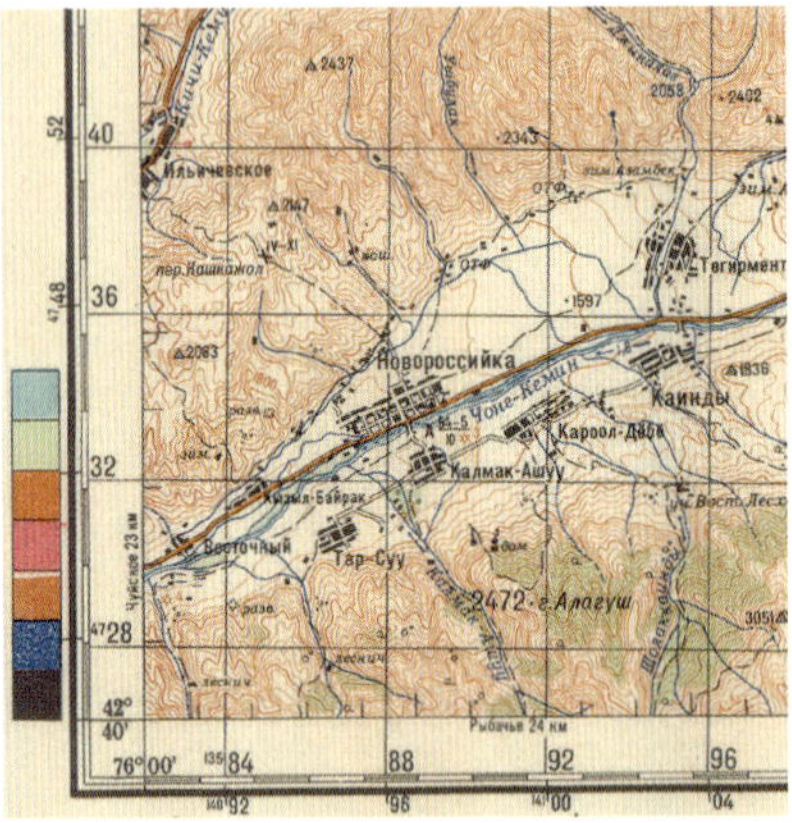

2-16B カザフスタン、アルマトイの20万分の1地図(K-43-11)の左下部分。経度と緯度、2種類のガウス・クリューゲル値(外側は隣接地域に適用)、ガウス・クリューゲル経緯線が確認できる。

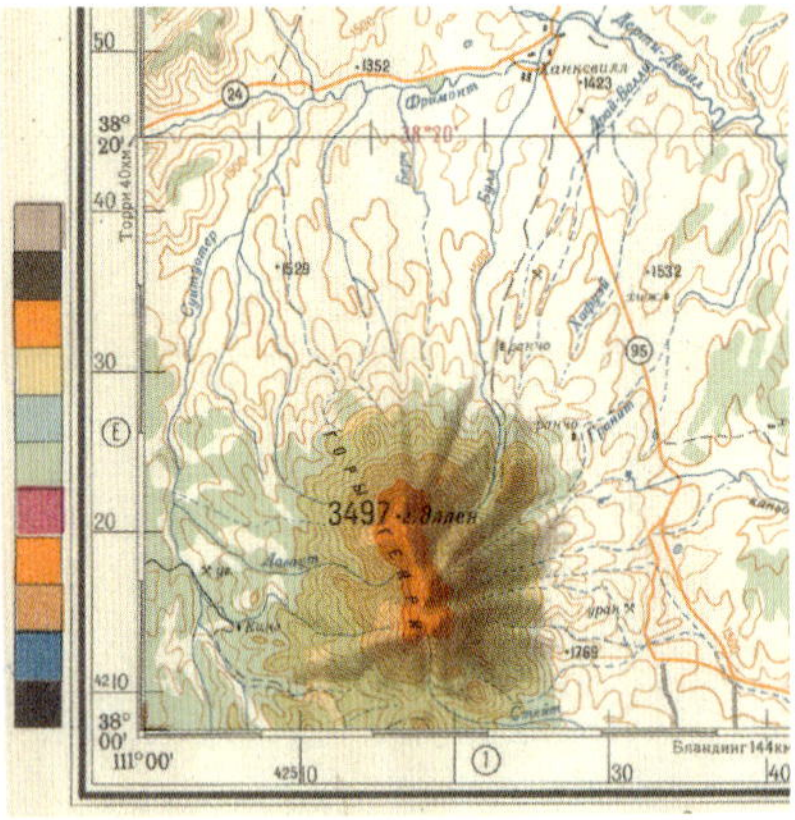

2-16A 米国コロラド州グランド・ジャンクションの50万分の1地図(J-12-2)の左下部分。色のレジストレーションブロック、経度と緯度、グリッド、ガウス・クリューゲル経緯線が確認できる。

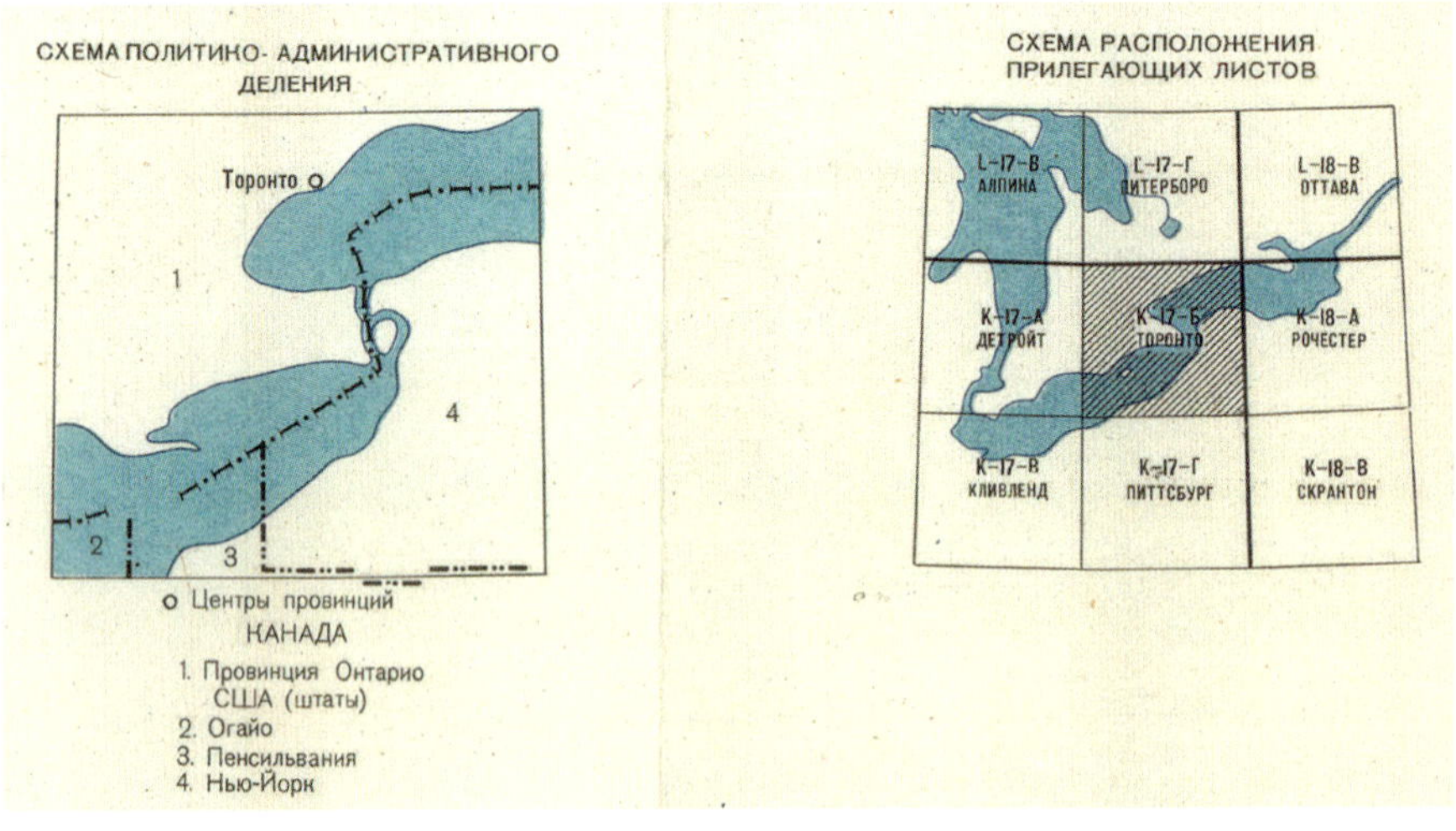

2-17 トロントの50万分の1地図(K-17-2、1981)の右下部分。図内に境界線が引かれ、下に説明がある。右は周辺を含めた索引図。

○オンタリオ州都
　カナダ
1.オンタリオ州
　USA
2.オハイオ州
3.ペンシルバニア州
4.ニューヨーク州

L-17-B　ミシガン州アルピーナ
L-17-Г　カナダ、ピーターボロ
L-18-B　カナダ、オタワ
K-17-A　ミシガン州デトロイト
K-18-A　ニューヨーク州ロチェスター
K-17-B　オハイオ州クリーブランド
K-17-Г　ペンシルバニア州ピッツバーグ
K-18-B　ニューヨーク州スクラントン

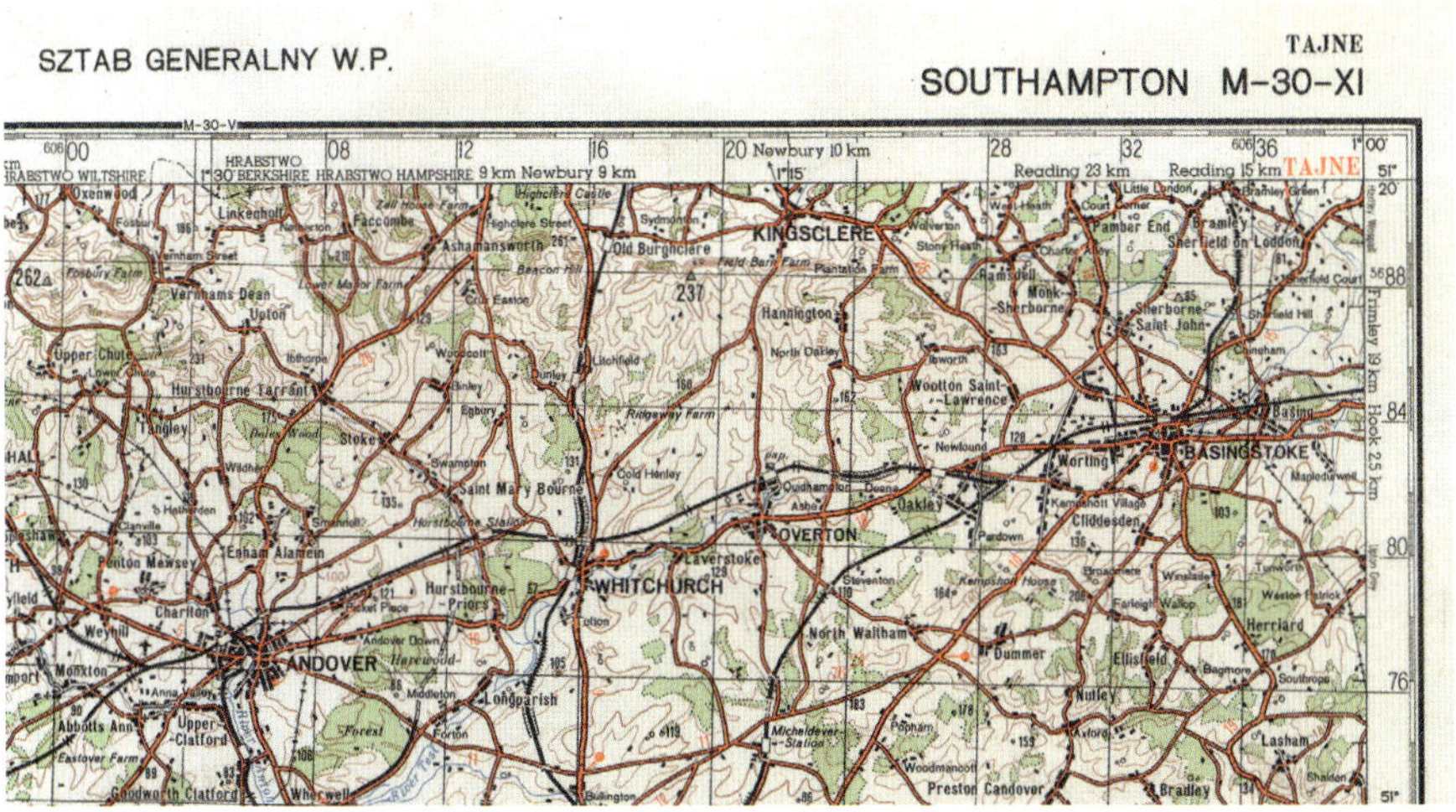

2-18A 英国サウサンプトンの20万分の1地図(M-30-11、1967)。発行はポーランド軍参謀本部、印刷はWZKart(軍用地図印刷所Wojskowe Zakłady Kartograficzne)で、「Tajne(機密)」扱いとなっている。元になったのは1947年の6万3360分の1地図(英国陸地測量部が作成した1マイル=1インチ地図で一般に入手可能)と1957年の20万分の1地図(ソ連版と思われる)。

2-18B ポーランドで作成されたパリの100万分の1地図(M-31、1957)。発行元は不明、印刷はWZKart。機密度分類はされていない。図2-18Aとちがって「名称は表音式」という但し書きがあり、イーストボーンはISTBON、ヘイスティングズはHEJSTYNZ、マーゲイトはMAGYT、ロンドンはLANDENとポーランド語話者が発音できる表記になっている。

もうひとつは国境、州境、郡境など行政区画を示すものだ（図2-17）。すべての地図には印刷コードがついており、印刷された工場と印刷年月日、編集や改訂もわかるようになっている。ときには作成者や編集者の氏名も記されている。付記六に印刷コードの詳細を、また図3-1、3-2、3-3に編集データ例を示した。

ワルシャワ条約機構の構成国は、自国に加えて（例は図4-5）少なくともチェコスロバキア、東ドイツ、ハンガリー、ポーランドの地形図を刊行しており、西ヨーロッパの一部も地図にしていた（図2-18A、2-18B、2-18C）。

◉SK-63地形図

ソ連とその枢軸国でも、経済や行政の目的で地形図が必要とされていた。しかし軍用地図は軍事目標を正確に定めるため、地理座標系が用いられ、通して参照番号が振られているので、民事利用には不向きである。

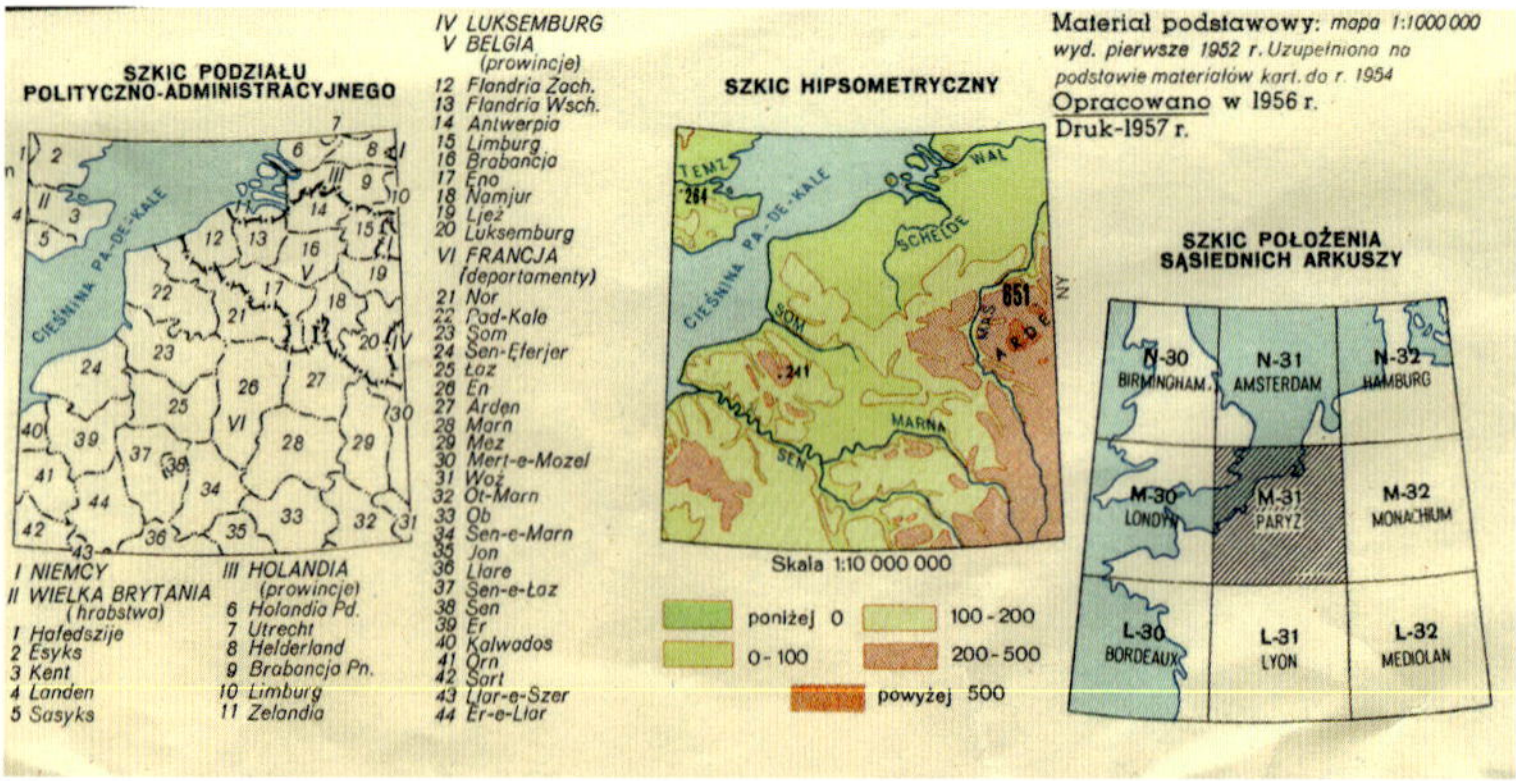

2-18C ポーランド版M-31地図の右下部分。索引図のM-30はLondyn（ロンドンのポーランド語名）と表記されているが、地図上ではLandenになっている。高度分布図と、英国、オランダ、ベルギー、フランスの地方行政区分も表記されている点に注目。

この問題を解決するために、座標系１９６３、略称ＳＫ‐63が導入された。この座標系では、ソ連領土を二〇のゾーンに分けて記号を割りあてている（表２‐１）。図２‐19Ａを見れば、ＳＫ‐63では経度帯ＪからＶ、緯度帯34から62のあいだで任意に記号が割りあてられていることがわかる。それぞれのゾーンはさらに一〇万分の一地図に細分化されている。図２‐19Ｂはラトビアの例である。

ＳＫ‐63はＳＫ‐42から派生した地形図だが、図郭線は異なる。振られているのはＩＭＷコードではなく独自の地域コードだ。標題も座標もなく、説明のないグリッド線が引かれているだけである。その場所が特定できておらず、正確な基準点を必要とするときにはまったく役に立たない。ＳＫ‐63はＶＴＵではなくＧＵＧＫが作成した。

ただし記号などの細部は軍用版と共通であり、「秘密」扱いになっている。縮尺は一〇万分の一、二万五〇〇〇分の一、一万分の一の三種類で、対象もソ連領内だけであった。図Ａ１‐47、Ａ１‐54、Ａ１‐56がその例である。図２‐20もＳＫ‐63地形図で、Ｗ‐27‐31‐Ｂ‐ａ「Секретно（秘密）」と書かれているものの、地図の標題や場所を示す情報はまったくない。

東ドイツにもＳＫ‐63に相当する行政機関用の地図があり、ＡＶ（国家経済版）と呼ばれた。あえて内容を割愛したり、位置をあえて不正確にしており、ダグマー・ウンファーハウ編の書物で触れられている[32]。ワルシャワ条約機構の他の加盟国も、同様のローカル座標系をつくっていた。チェコスロバキアのＪＴＳＫ、ハンガリーのＥＯＴＲ[26]、ポーランドの１９６５系およびＧＵＫｉＫ‐80、ルーマニアのステレオ70である。

表2-1

A　グルジア
B　アルマトイ州
C　バルト三国と北西連邦管区
D　ウドムルト州とペルミ州
E　アルタイ
F　イルクーツク州
G　ハバロフスク地方、サハリン州
I　ノボシビルスク州、オムスク州、トムスク州
J　カムチャツカ
K　カザフスタン
L　トゥバ共和国、クラスノヤルスク地方
M　アルタイ地方、ケメロフスク州
P　ロシア中央黒土地区
Q　北西連邦管区
R　中央連邦管区および沿ボルガ連邦管区（カルムイク共和国、アストラハン州、ボルゴグラード州、サラトフ州、ペンザ州、ウリヤノフスク州）（訳注：現在の区分ではカルムイク、アストラハン、ボルゴグラードは南部連邦管区、サラトフ、ペンザ、ウリヤノフスクは沿ボルガ連邦管区に所属）
S　ヤクーチア州、マガダン州
T　クラスノダール地方
U　キルギス、タジキスタン、トルクメニスタン、ウズベキスタン
V　バシコルトスタン共和国、タタールスタン共和国、サマーラ州、オレンブルク州、チェリャビンスク州、クルガン州
W　スベルドロフスク州、チュメニ州
X　ウクライナ、モルドバ
Y　カザフスタン

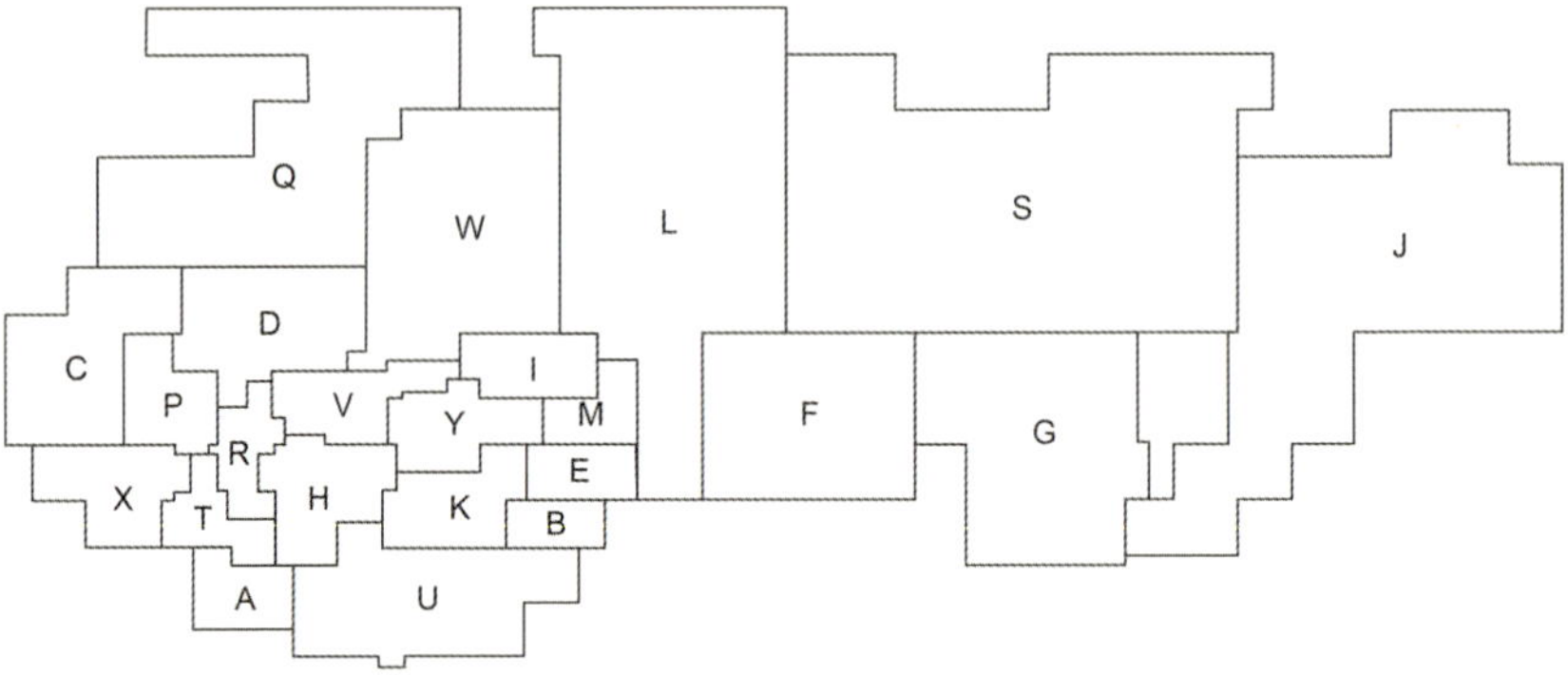

2-19A SK-63のゾーン記号配置図。

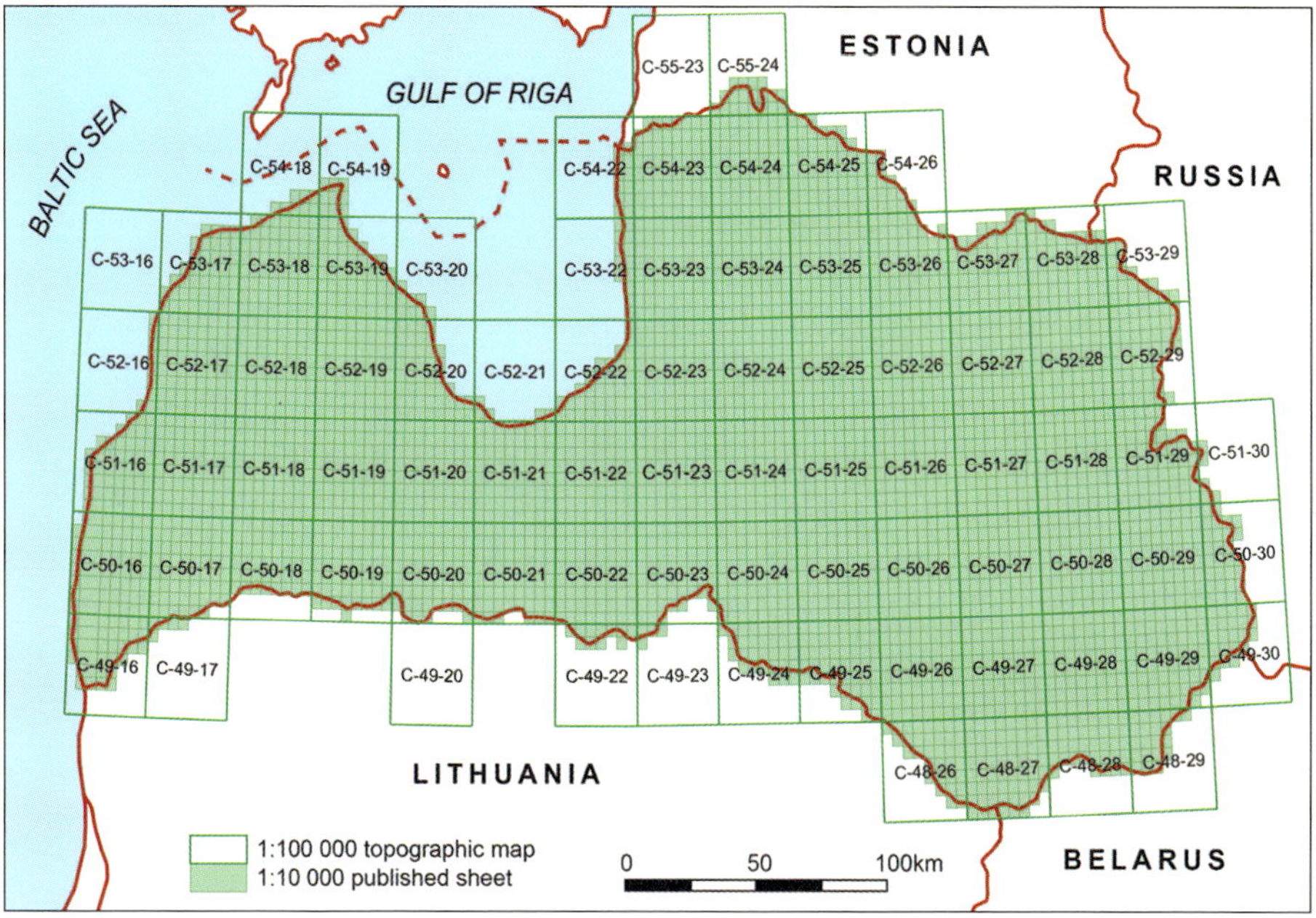

2-19B ゾーンC、ラトビアのSK-63、10万分の1地図の索引図。

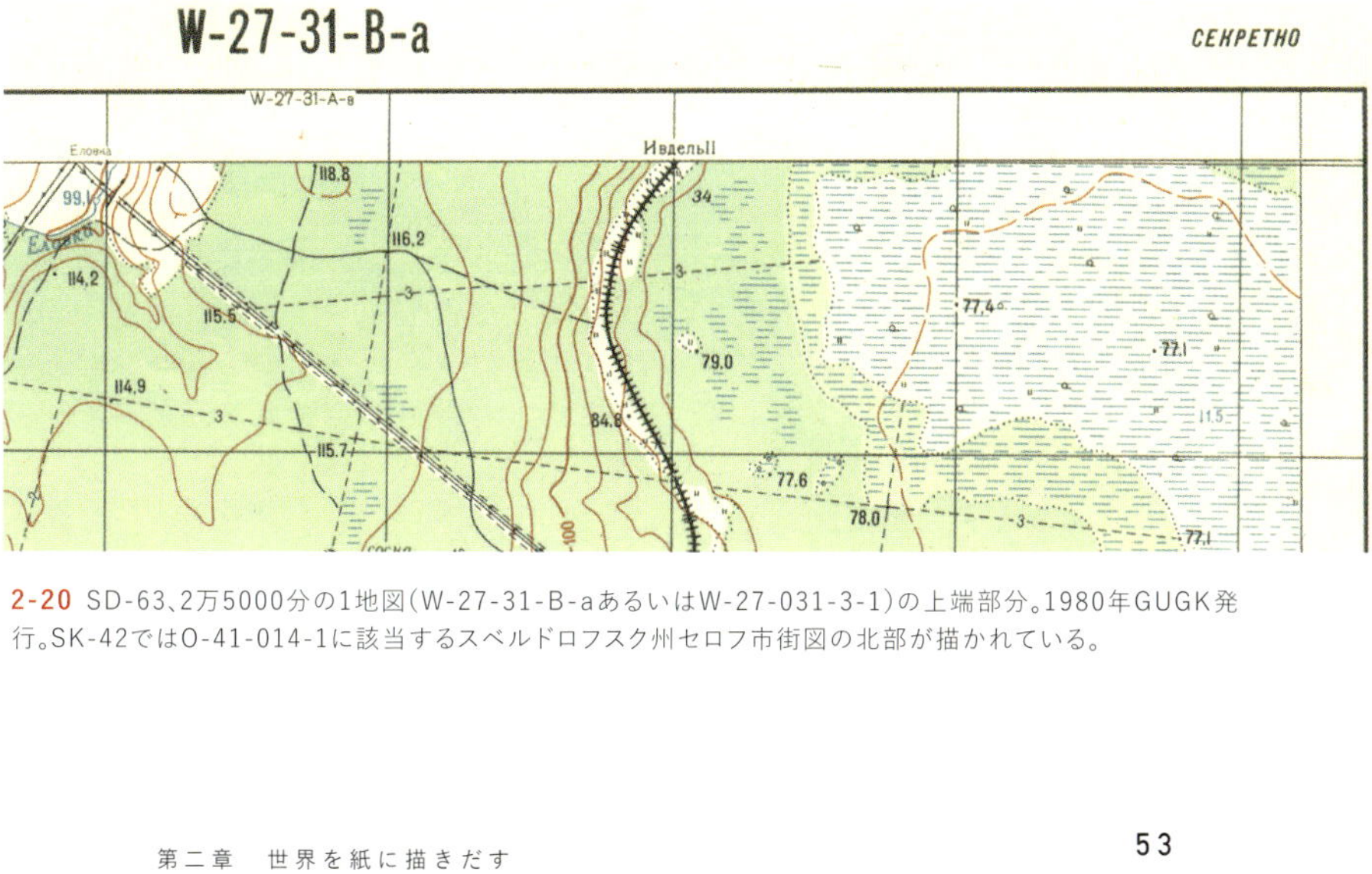

2-20 SD-63、2万5000分の1地図(W-27-31-B-aあるいはW-27-031-3-1)の上端部分。1980年GUGK発行。SK-42ではO-41-014-1に該当するスベルドロフスク州セロフ市街図の北部が描かれている。

軍事用市街図

市街図は通常の地形図と大きく異なる点がある。

1．判型は長方形で四辺はガウス・クリューゲル座標に基づいている。
2．対象となる都市が独立して扱われ、連続性がない。都市部を網羅するために複数の地図が中心に配される。
3．街路索引、基本情報、重要目標物が強調され、一覧になっている。

市街図にはガウス・クリューゲル投影法と座標系1942が用いられている。どの都市が地図化されているかすべて突きとめることは不可能だが、近年西側諸国で見つかったものを確認すると、世界中の約二〇〇〇都市が地図になっている（ロシア国内は除く）。米国が約一二〇か所、英国が一〇〇か所だ。実際の数はもっと多いはずだが、ロシア国内の市街図も含めて、西側の目に触れていないと思われる。わかっているなかで最も古いものは一九四〇年代で、一九六〇～一九九〇年に作成されたものが大部分だ。市街図の一覧はオンラインで見ることができる[51]。

市街図のほとんどは縮尺が二万五〇〇〇分の一もしくは一万分の一で、前者は大都市圏が多い。少数ながら五〇〇〇分の一、一万五〇〇〇分の一、二万分の一もある。ロンドン、リバプール、ニューヨークなどは、街路索引と基本情報、重要目標物をまとめた冊子が別に出版されている（図2-21A、2-21B）。

確認できている地図を見ると、まぎれもない大都市もあれば、経済的にさほど重要でない小都市もある。このことから、実際にははるかに多くの市街図が作成されていたことがうかがえる。たとえばブリテン諸島では、ゲインズバラやリンカンシャーといった地方の市場町の地図があるいっぽう、カーライルやキングストン・アポン・ハル、アイルランド共和国のコークやリムリックがない。おそらく地図はつくられているが、見つかっていないだけだろう。

英国で都市部が近接していると、重なる部分が二枚以上の地図に描かれることがある（図2-22）。これについては第三章で詳述するが、地図によって矛盾や

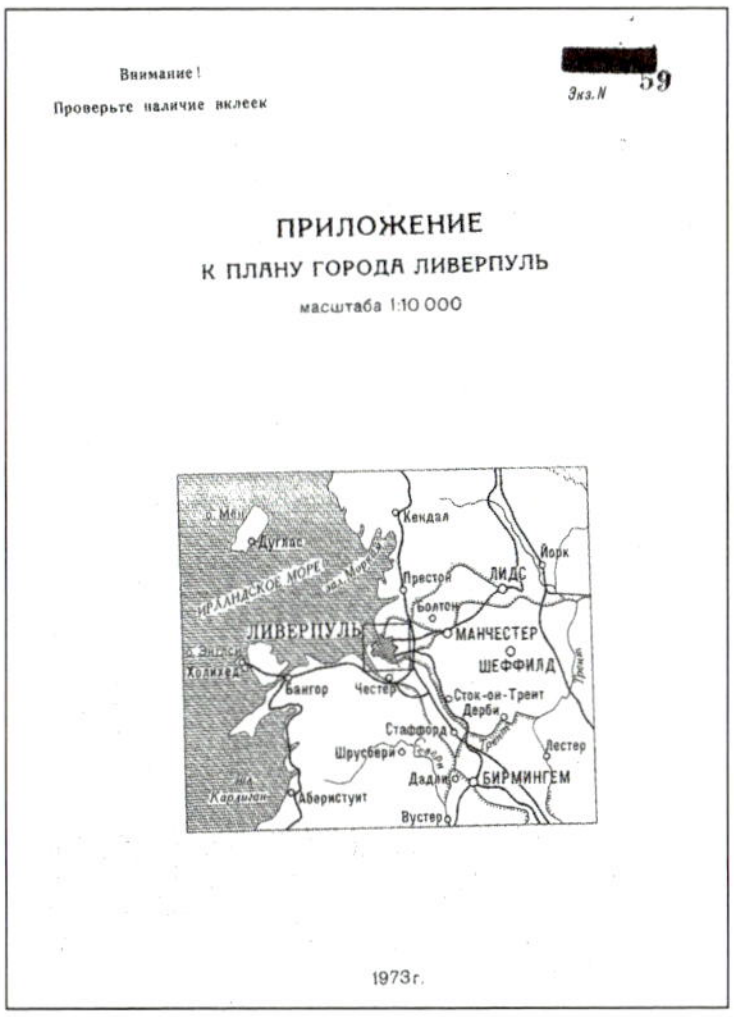

2-21A 英国リバプールの1万分の1市街図（1973）の索引（基本情報）付き冊子の表紙。O-41-014-1に該当するスベルドロフスク州セロフ市街図の北部が描かれている。

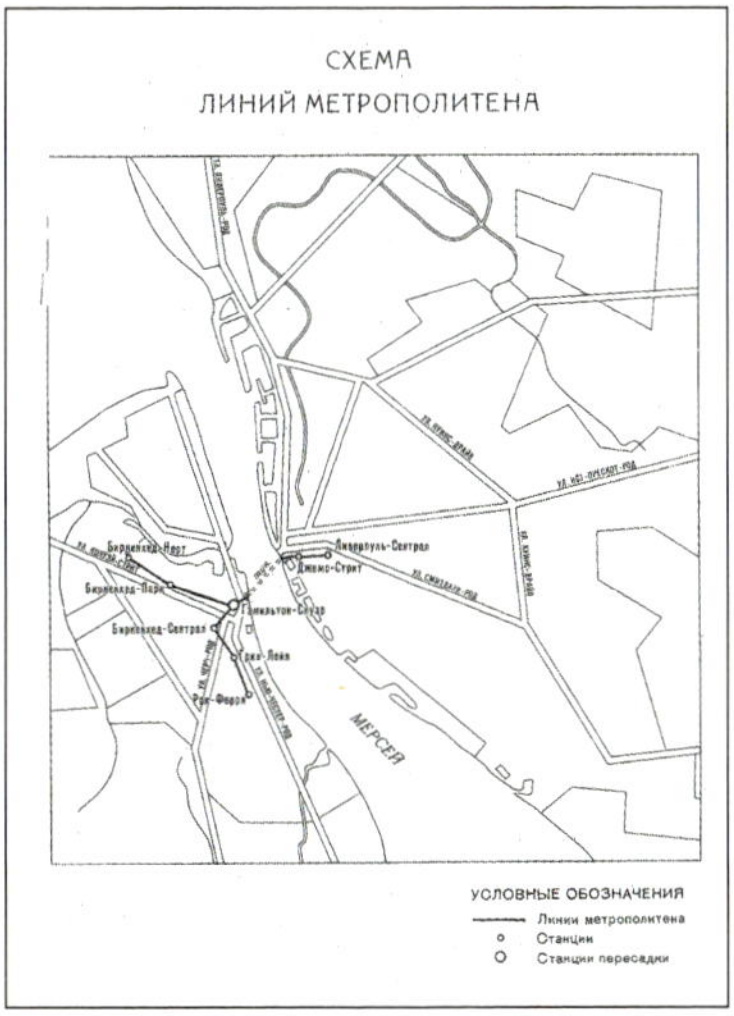

2-21B 右冊子の地下鉄路線図（マージー・レイルウェイ）。O-41-014-1に該当するスベルドロフスク州セロフ市街図の北部が描かれている。

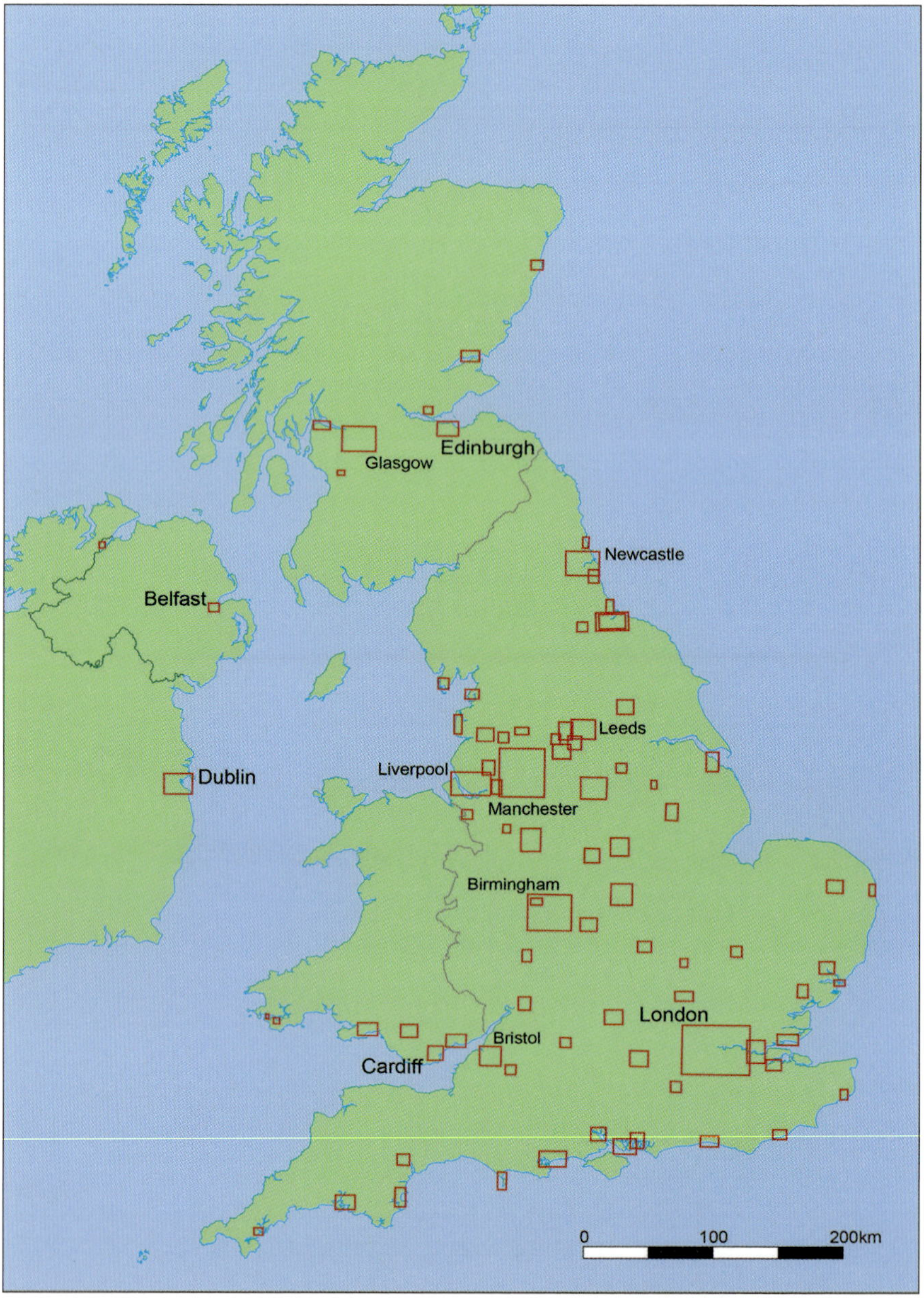

2-22 イギリス諸島で市街図の存在が確認できている都市。

相違が見られることから、共通のデータを使用せずにそれぞれ独立した形で作成されたことがわかる。市街図は新版が出ることもあるが、第三章で示すように旧版の単純な改訂ではなく、新規に作成されていることが多い。新版で縮尺や範囲が変わることもある。たとえば英国ボーンマスの一九七四年版は一万分の一だが、一九九〇年版は二万五〇〇〇分の一になっている。また英国ルートンの一九七三年版は一万分の一が一枚だが、一九八六年版では二枚組になり、収録範囲も広くなった。

市街図は判型も収録範囲も基準はない。都市を中心に、対象地域を適当に区切って複数枚の地図に分ける構成になっている。大きさは縦横五〇〇～一五〇〇ミリメートルで、周辺の余白は五〇～一五〇ミリメートル。地図は横長、縦長のどちらもあり、ひとつの都市を分割したそれぞれの地図も大きさは異なっている。

通常ひとつの都市は二～四枚の地図で構成されており、中心部で分割されているため、実際は使いにくかっただろう。大都市圏の市街図で分割枚数が最大なのはロサンゼルス。ニューヨークとサンフランシスコが八枚、シカゴが七枚である（いずれも縮尺は二万五〇〇〇分の一）。分割図は長方形で余白はない。そのため、地形図ではあまりないことだが、必要に応じて並べれば図2‐23のように一枚の大きな地図になる。

市街図はガウス・クリューゲル図法のグリッド線が地図の縁と平行に引かれ、欄外にはガウス・クリューゲル座標値、経緯度が短線を刻んで記されている。ただし東ドイツとポーランドの都市に関しては、縁と平行なのは経緯度線のみで、ガウス・クリューゲル図法に基づくグリッド線は平行になっていない。ガウス・クリューゲル図法のゾーン境界近くの都市は、使いやすさを考慮して第二のガウス・クリュー

ГЕНЕРАЛЬНЫЙ ШТАБ
ЛОНДОН
(M-30-12,24,36, M-31-1,13,25)

2-23 ロンドン2万5000分の1市街図(1982)を構成する4枚の分割図を合わせたもの。内側の余白は省略されている。

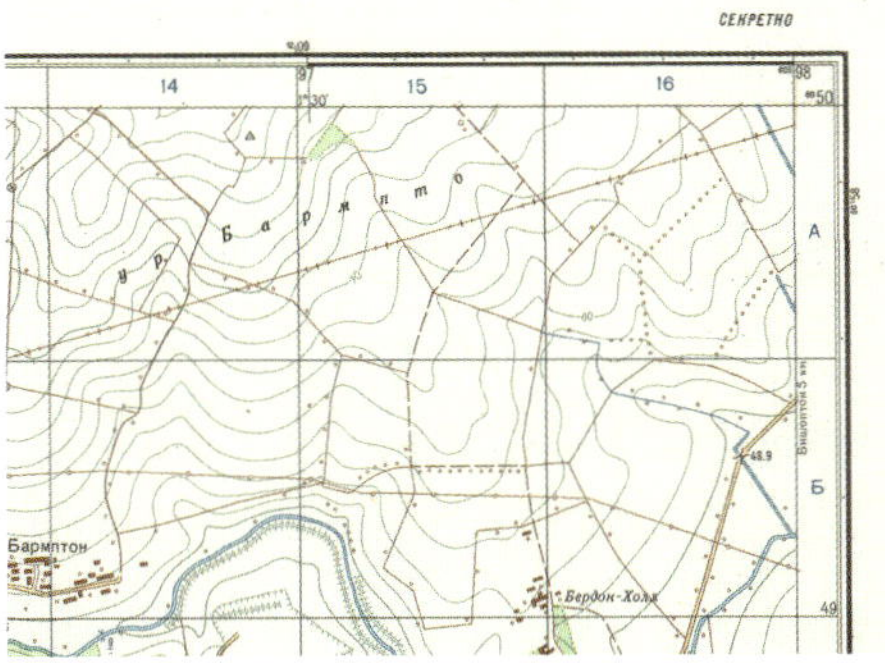

2-24 英国ダーリントンの1万分の1地図(1976)。隣接する地域に適用されるガウス・クリューゲルゾーン座標値が縁の外側余白に記されている。

ゲル座標も書かれている（図2－24）。

市街図のグリッドから座標値を求める作業は、それほど単純ではない。北距は赤道からのキロメートル数になる（たとえば図2－24のダーリントン市街図は北東端が六〇五〇になる）。東距は、座標値がマイナスになるのを避けるため、ゾーンの中央子午線から五〇〇キロメートル離れたところに疑似子午線を設定し（ゾーンN－30であれば西経三度）、そこからの距離が下三桁になる。それより上の桁は、ゾーン番号から三〇を引いたもので、ゾーン三〇は30－30＝0になるので、六〇に置きかえる。したがって六〇五九八とあれば、ゾーン三〇内で、疑似子午線である西経三度からは東に九八キロメートル（598－500＝98）の場所ということになる。

分割地図を並べた全体の上中央に都市名と「参謀本部」の文字、縮尺一万分の一、SK－42地形図、刊行年が記される（図2－25）。

等高線は、ソ連領内では一メートルないしは二メートルと狭い。それ以外の場所では、二・五、五、一〇メートルが多いが、アイルランドのダブリンは三〇メートルになっている。

使用色数と細部表現は、印刷技術や情報収集能力の向上とともに変わっていく。初期（一九四〇～一九六〇年代）は四色刷りで、内容も貧弱だった（図1－1、3－4、3－8、A1－6、A1－36）。

時代が下ると（本書で紹介しているものは一九七〇年代以降が多い）、色数

2-25 北京、2万5000分の1地図（1987）の標題部分。発行者（参謀本部）、都市（北京）、対応する10万分の1地形図の番号がわかる。実際の発行年は1987年であるが、標題は1983年となっている。

は八色、一〇色、一二色と増え、確認できる標準仕様にほぼ沿った内容になってきた。街路名、地下鉄駅、路面電車、個々の建物や街区の形まで反映され、場合によっては高層と低層まで区別されている。こうした細部の正確さと、情報収集に関する仮説については第三章で取りあげる。

「重要目標物」については色を変え、番号を振って特定しており、索引にも入れている。工場、鉄道駅、公共施設などは黒で印刷されている（工場に関しては、判明した企業名と製品名まで索引に記載されている）。行政機関は紫、軍事的に重要な目標物は緑になっている（図2‐26A、2‐26B）。

重要目標物の選択と確認に多大な労力が払われたのは明らかで、ロサンゼルスは五〇〇か所、英国バーミンガムは三九五か所、ロンドンは三七四か所、ボストンは三一四か所もあがっている（表3‐2）。これらはアルファベット順に通し番号が打たれていることから、地図に記載する前に確定していたはずである。

重要目標物一覧は、分割地図の一枚（もしくは付録の小冊子）に載っている。そこには街路索引と基本情報もあることが多い。基本情報は、「概要」「産業と交通」「経済」「地形」「気候」「通信」といった見出しのもと、対象都市を一〇〇〇～二〇〇〇語で説明した文章だ。典型的な基本情報である英国ケンブリッジの内容は付記二に収録した。

市街図の欄外には印刷年と印刷所がわかるコードがかならず記される（印刷コードの解説は付記六）。また編集情報も入っていることが多い。

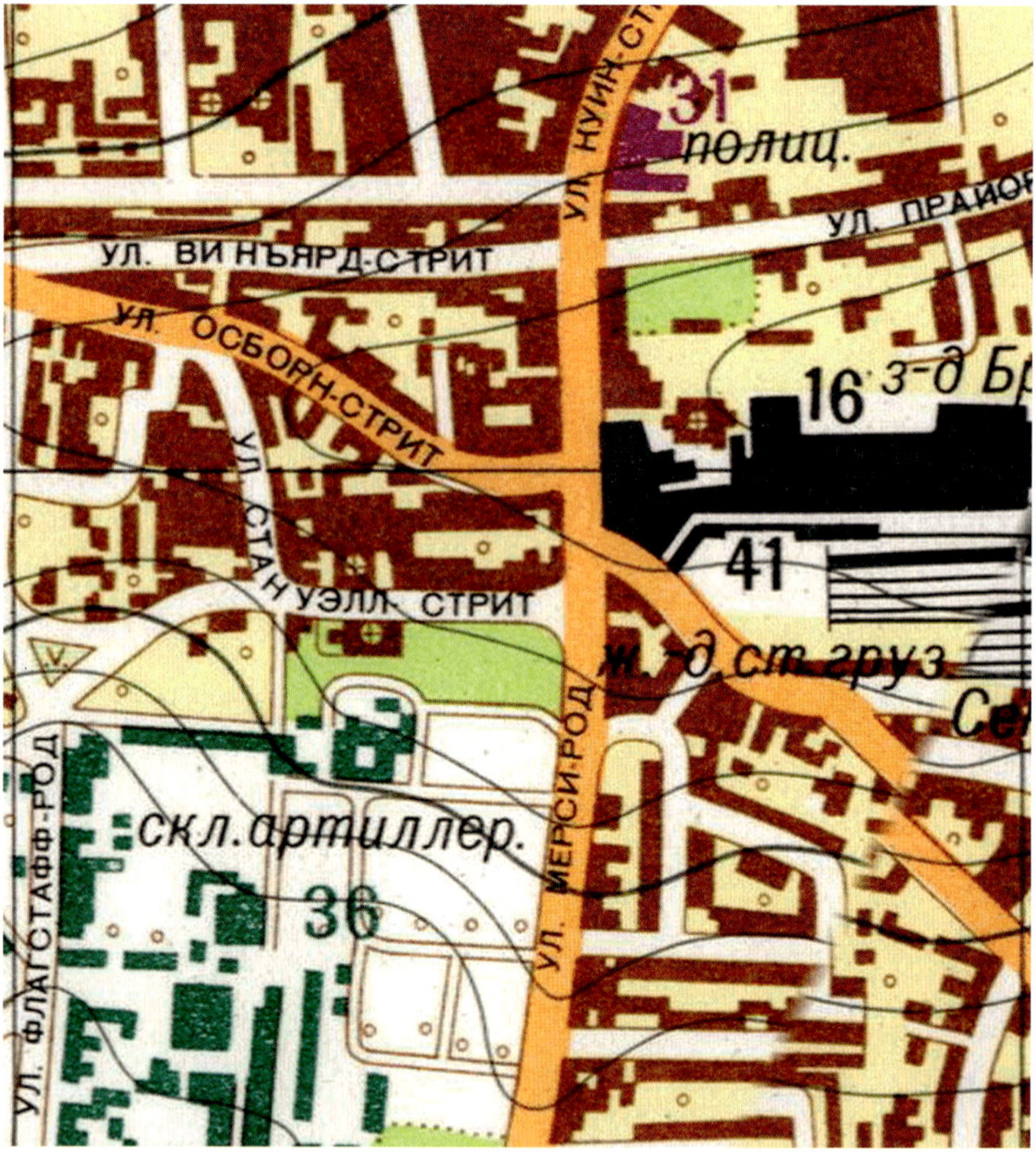

2-26A 英国コルチェスター、一万分の一地図(1975)の一部。紫色の行政機関31には「警察」の文字がある。黒く塗られた産業施設16と41はそれぞれ「工場 —— 製造物は不明」「鉄道セント・ボトルフ貨物駅」となっている。軍事施設36は緑色で「兵器庫」と説明がある。

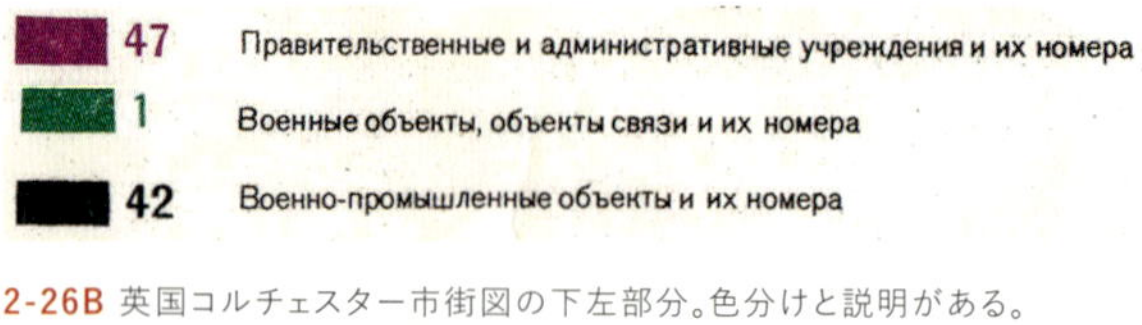

2-26B 英国コルチェスター市街図の下左部分。色分けと説明がある。
紫:政府および行政機関とその番号
緑:軍事および通信施設とその番号
黒:軍産施設とその番号

民事用市街図

ＧＵＧＫはソ連国内の行政機関向けに、「ローカル座標系」による市街図も並行して作成している。地図の仕様、色使い、記号は軍事用と同じだが、地理座標、街路索引、基本情報、重要目標物は省略されている。

ローカル座標は地図ごとに（秘密に）設置されたが、ラトビアのバルミエラを描いた民事用と軍事用市街図を細かく比較すると、投影法はＳＫ－42と同じであることがわかる。ただし数値は入っておらず、独自のグリッド線が引かれている。どちらも縮尺は一万分の一で、範囲もほぼ同じであるため（地図の四隅が同じ場所）、全体の印象や内容はかなり似通っている（図２－27Ａ、２－27Ｂ）。相違点は表２－２にまとめた。

ＧＵＧＫは、ラトビアのベンツピルス（一九七八）とイエーカブピルス（一九七九）の一万分の一ローカル座標系地図も発行している。どちらもバルミエラと似ているが、グリッド線が図郭と平行であること、等高線の間隔が二・五メートルであること、道路が地図の端と交わるところで距離が書かれている点が異なる。一九八八年発行で六枚組のリガ一万分の一市街図もバルミエラと同様だが、白黒の版しか知られていない。これらはすべて「機密」扱いである。

表2-2

版	軍事用	民事用
発行者	参謀本部	GUGK
標題	バルミエラ O-35-87	バルミエラ
発行年	1975	1990
機密度分類	秘密	秘密
座標系	SK−42	ローカル座標系
面積	8×8m	8×8m
等高線間隔	2.5m	2m
経度／緯度表記	余白に2分刻みの短線	なし
ガウス·クリューゲル座標	2つのゾーンで値を表記	なし
グリッド	図郭線に平行に16×16分割。西から東に1〜16、北から南にA〜P(キリル文字)	図郭線に平行ではなく、およそ8×8に分割。西から東に1〜8、北から南に8〜-1(0の線は南端近くを東西に斜めに通る)
図郭線を横切る道路と鉄道	行き先と距離を表示	行き先のみ
道路、森林、河川、独立標高の注釈	きわめて詳細	きわめて詳細
街路索引と基本情報	両方あり	どちらもなし
地図上で強調され、一覧が作成されている重要目標物	なし	なし

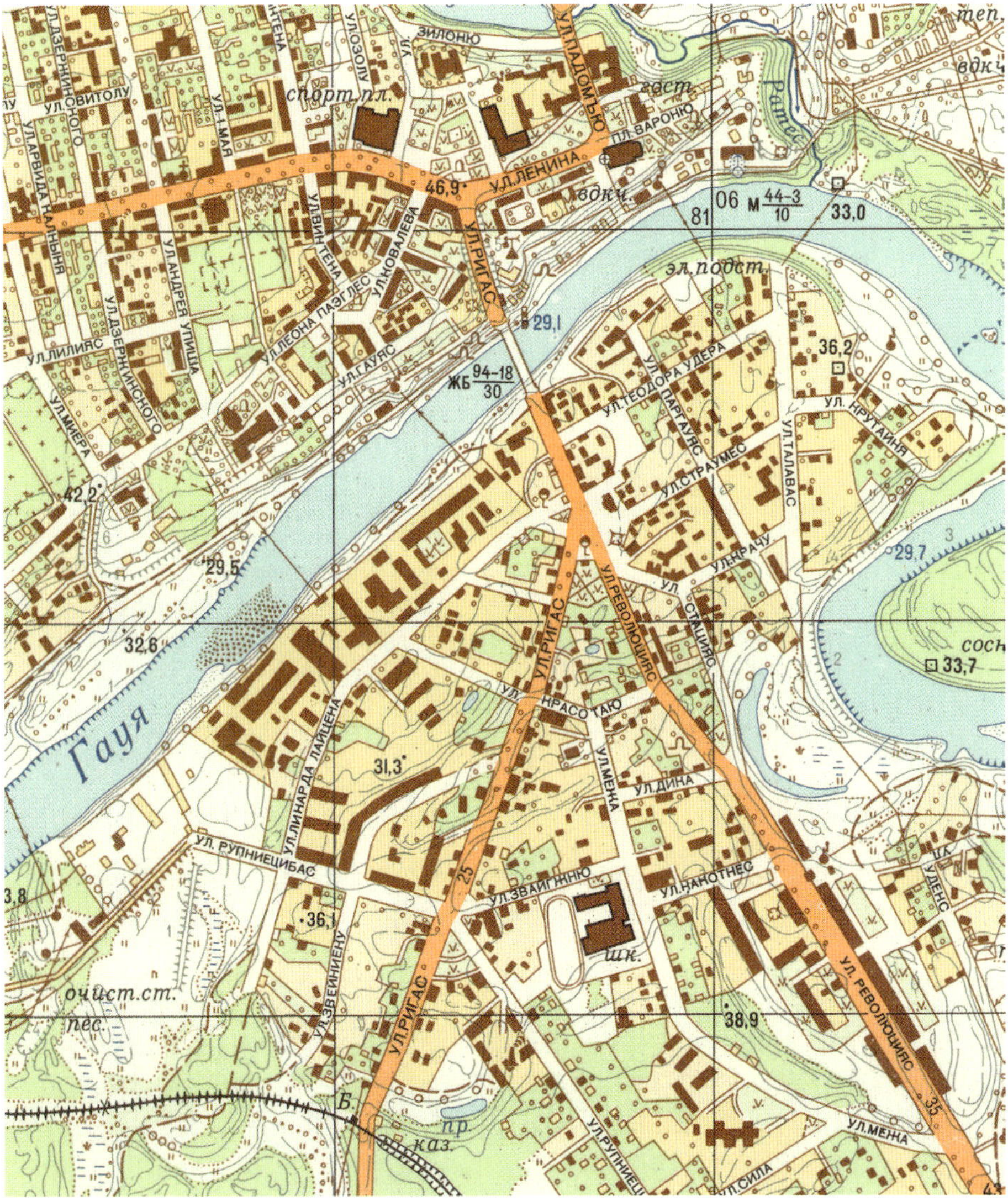

2-27A 参謀本部発行のラトビア、バルミエラの1万分の1市街図(1975)。SK-42座標系に基づいており、「機密」に分類されている。

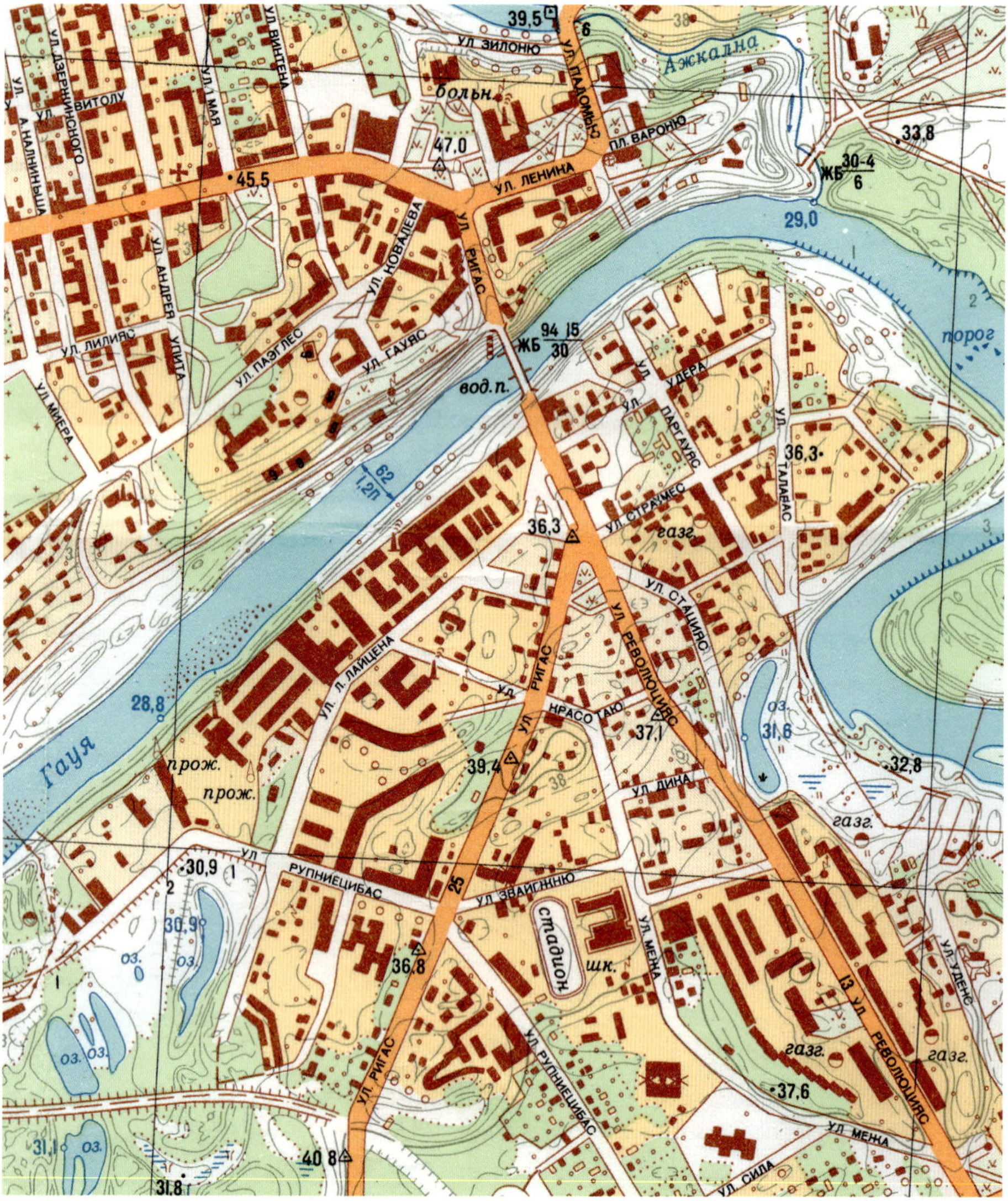

2-27B GUGK発行のラトビア、バルミエラの1万分の1市街図（1990）。ローカル座標系に基づいており、「機密」に分類されているが、行政機関での使用が前提となっている。全体の印象や細部、図法まで参謀本部発行のものとよく似ているが、最新の状態に更新されている。

特殊地図

冷戦期、VTUやGUGKはこれまで述べてきた以外の地図も作成していた。三〇万分の一地形図もそのひとつで、一九四九年につくられたⅥ‐K‐39はカスピ海およびウズベキスタンとトルクメニスタンの国境付近の地図だ（図2‐28）。この参照番号は、区画K‐39を網羅する三〇万分の一地図九枚のうち六番目という意味だ。一九五〇年代にGUGKがこうした民事用地図をつくった目的は不明で、作成規模もわかっていない。見つかったわずかな実物はすべてソ連領内のもので、南はJ‐42のタジキスタン、北はP‐40のロシアのクラスノビシェルスク、およびバルト三国である。一九五八年版米国陸軍技術便覧[9]には、二〇万分の一地図について次のような記述がある。「記号用法は……新しい三〇万分の一地図にも適用されていると思われる」

もうひとつ興味ぶかいのが、「計画図」と題され、「公用」に分類されている大縮尺の市街図だ。発行はGUGK。ラトビアの小都市が五〇〇〇分の一、六〇〇〇分の一、七〇〇〇分の一、八〇〇〇分の一、一万分の一、一万八〇〇〇分の一、二万分の一の縮尺で描かれた地図が三六点のほか、リガの二万五〇〇〇分の一地図もある。発行はすべて一九八〇年代半ば。色数は四色、細部は省略され、記号使用や注釈も簡素である（図2‐29）。個別の建物はほとんど描かれず、街区も大まかだ。等高線は五ないし一〇メートル間隔で、標高や水深を示す地点もない。街路索引はあるものの、基本情報はない。

ただし不慣れな利用者でも使いやすいように、表紙に記号説明が入っている。

一九八四年発行のリガの地図は、中心部の拡大図（縮尺不明）がはめ込まれ、地区名が赤字で、境界が赤破線で示されている。一九九四年発行のカザフスタン、アルマトイの二万分の一地図もそれに近いが、拡大図が西向きに配置され、地区は色分けされている。


特殊地図としてはこのほかに、小縮尺の航空地図と長方形地形図がある。航空地図は長方形の大判で、二〇〇万分の一と比較的小縮尺で、多円錐図法が用いられている。通常の地形図と異なり、参照番号にはキリル文字とローマ数字が使われている。東西を区切るゾーンは北極のAから南下して南極がM、南北のゾーンはロンドンのIから東に向かい、ソ連と米国を経由してアイルランド西部がXXとなっている。

ベルリンの地図（Б-Ⅱ）は、北はノルウェーのトロンハイムから南はドイツのドルトムントまで実に

2-28
30万分の1地図（VI-K-39）の一部。1949年GUGK発行。

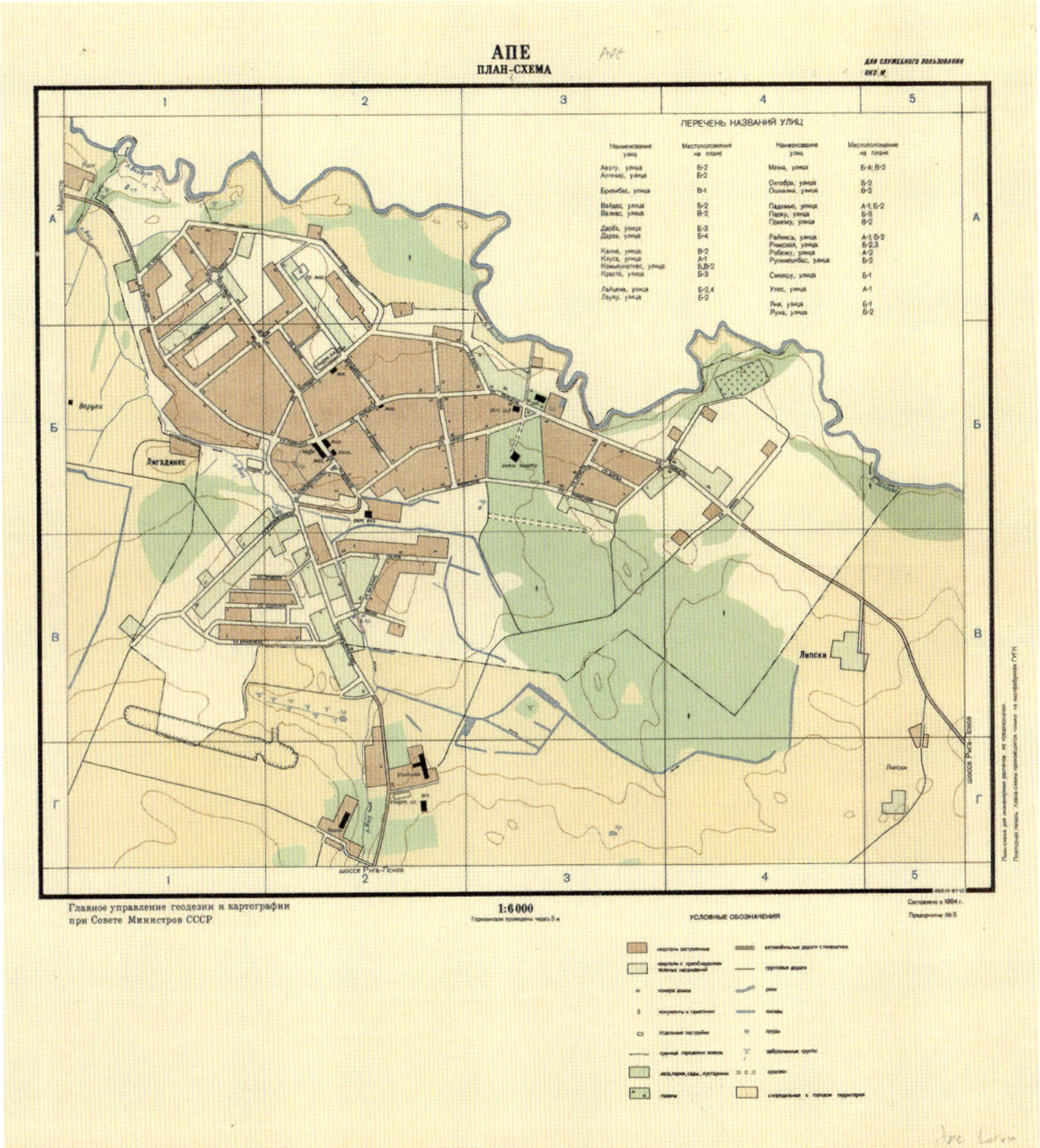

2-29 ラトビア、アペ6000分の1「計画図」(1987)。「公用」に分類され、細部が大幅に省略されている。

2-31A ロンドン－パリの長方形地形図14-00-68(1974)の索引図(図A1-58に地図の一部を収録)。SK-42地形図のグリッド線が斜めに走っている。

2-30 200万分の1航空地図Б-II(1983)の索引図。北側がA、南側がBになっている(A、Б、Bはキリル文字アルファベットの最初の三文字)。またこの索引図からは、IMWが定めた緯度帯P、O、Nと経度帯32、33、34の範囲を網羅していることもわかる。経度線は北に行くほど間隔が狭まっている。経度帯31と32のあいだは6度、34と35のあいだは24度である。

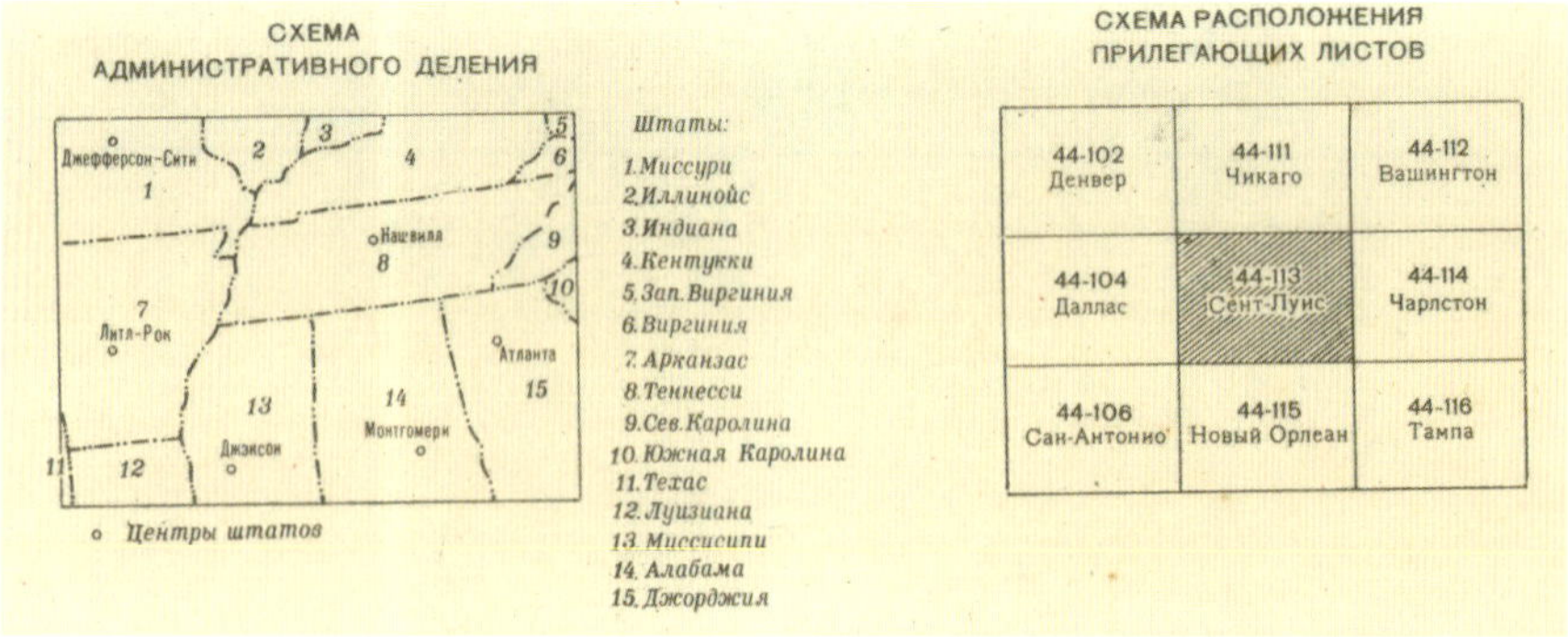

2-31B ミズーリ州セントルイス長方形地形図44-113(1969)の索引図と州境図、および州都一覧。

一五〇〇キロメートルの範囲にわたっている。ひとつ東に移れば、もうモスクワ（Б‐Ⅲ）の地図になる（図A1‐57）。円錐図法を採用しているため、中央子午線（Б‐Ⅱでは一五度）は垂直で、経線は北に、緯線は西に行くほど狭まっていく（図2‐30）。Б‐Ⅲでは中央子午線は三三度である。

Б‐Ⅱの北端は経度が二度から二八度まで入っているのに対し、南端は六度から二四度までの範囲にしかない。モスクワの地図は北端が二〇～四六度なので、バルト三国やフィンランド南部などかなり重複している。ちなみにБ‐Ⅲの南端は二四～四二度である。いずれも機密指定はない。

長方形地形図は航空地図やSK‐42地形図と異なり、重複部分を切りおとして壁にかけ、大きな範囲を一度に閲覧できるようにつくられている（図2‐31A、A1‐58）。刊行時期が一九六〇年代と一九七〇年代以降の少なくとも二回あり、縮尺は一〇〇万分の一と五〇万分の一で欧州と南北アメリカが収録されていた。一九六〇年代の地図は「機密」指定だったが、七〇年代以降のものは指定がない。六〇年代の一〇〇万分の一地図は参照番号が二つの数字の組みあわせだった（たとえば一九六九年発行のシカゴは44‐111）。しかし七〇年代になると、数字が三つになっている（たとえば一九八五年発行のオタワは44‐00‐62）。

第一章で述べたように、一〇〇万分の一国際図（IMW）は完成することがなかった。しかし一九六〇年代から七〇年代にかけて、ワルシャワ条約機構の加盟国が協力して、縮尺二五〇万分の一、二七〇枚以上にのぼるКарта Мира（世界地図）を作成していた。この地図は英語とロシア語で表記され、西側諸国でも一般に売られていた。たとえばブリテン諸島が描かれている第三五図は、一九六五年にベルリンでつくられている。六枚組の米国地図は一九六六年から一九六八年にかけてブダペストでつくられた（図2−32）。地図上の海洋名は、「Irish Sea − Muir Meann」の英語−アイルランド語のように隣接する国の言語が併記されていた。

2-32 250万分の1世界地図、第47図、米国ミズーリ州セントルイス（1966）の索引図。

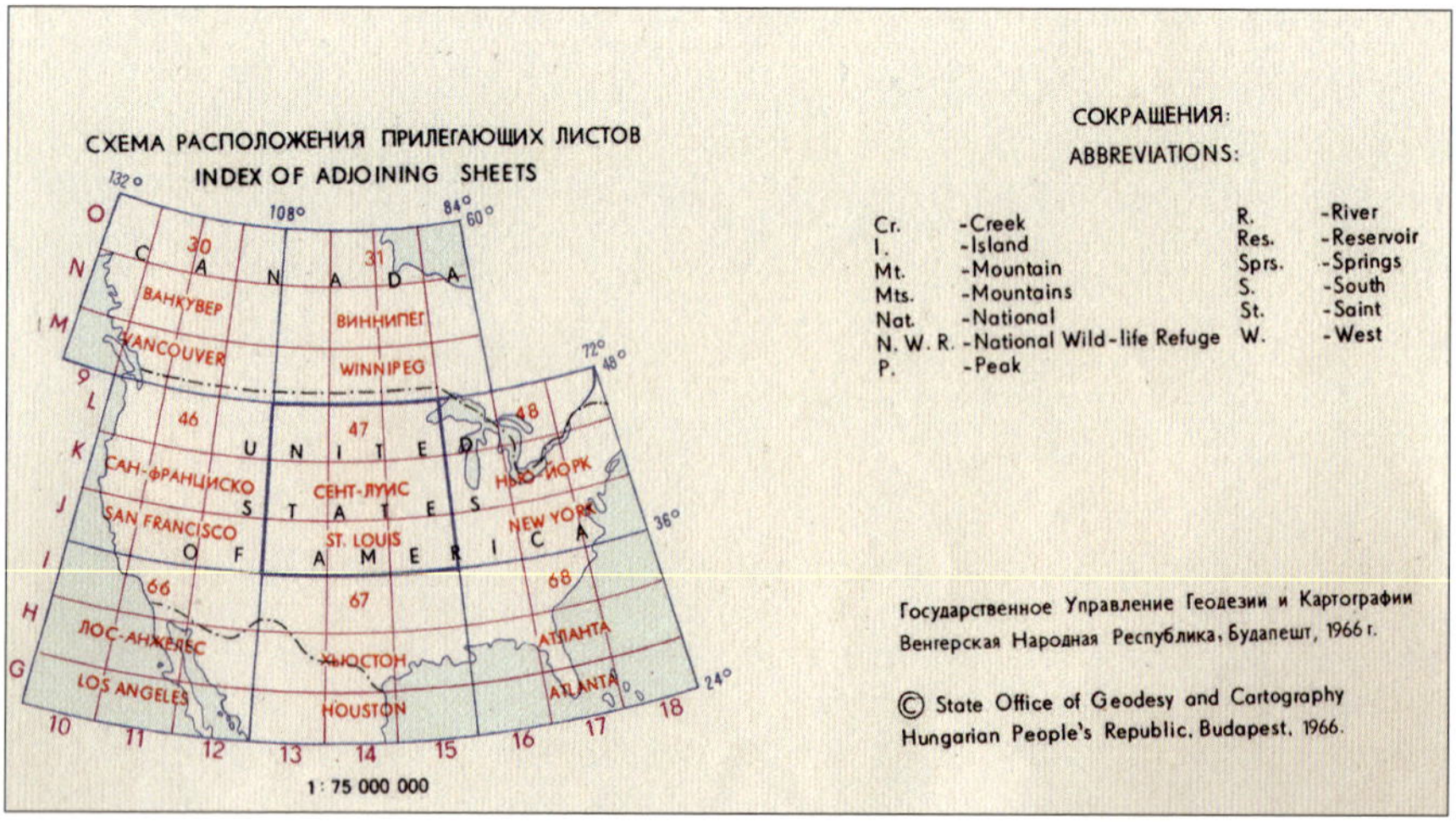

第三章

策略と計画

表に裏にうかがえる地図作成者の工夫

冷戦時代のソ連で、西側世界の正確で詳細な地図がつくられていた。秘密主義が貫かれていたあの時代に、いったいどうやって？――自分が住む町の地図を目にした人は、まずそう思うはずだ。西側諸国で使われている地図を丸写しするだけですむ話かもしれない。だが、それができない理由がソ連側にはあった。たとえば、誰もが使える地図は改変されていて当然という思いこみ。ソ連の軍用地図は機密扱いで、外部の人間には手の届かないものだった。第二章で触れたように、行政機関向けの「機密」扱いの地図でさえ手が加えられているし、一般向けの地図になると観光名所や遊歩道の大まかな案内しかなかった。そのため西側諸国の地図を入手しても、そのまま使うことはできなかったのだ。

さらにもうひとつ、世界共通仕様に合わせる必要があった。各国で作成される地図は、文化的な背景もあり、国によってばらばらだ[21]。しかしソ連が作成する地図は世界基準に厳密に従っているので、どの地図を選んでも記号の意味、色使い、命名規則がただちに理解できる。

ソ連の地図作成者は資本主義国の地図をつくるにあたり、長年にわたって収集した材料から地図に載せる情報を選んだ。材料とは、州地図、街路地図帳、商業用の道路地図帳、鉄道時刻表、観光ガイドブック、商工名鑑、偵察機や衛星が撮影した航空写真、それに「足で集めた」報告などである。この章の図版にも示したが、複数の情報源から得た内容に矛盾があったり、あるいは情報が時代遅れだったり、断片的だったりする。さらには誤解や誤った解釈が起きることもある。とはいえ、それでもできあがった地図は驚くほど正確であり、包括的である。

こうした地図の作成に携わったのが、名もない労働者たちだったことは興味ぶかい。ただし一九六〇年代から七〇年代にかけて、市街図や地形図に担当者名が残っている例が少数ながら存在する。たとえば図3-1、3-2、3-3には、地図を作成、編集した人間の名前が記載されている。ロシア語は姓を見れば性別がわかるので（女性の場合は姓がかならずaで終わる）、図3-1のベルファストの地図は、編集者も作成者も女性ということになる。

この時代の地図は数百点見つかっているが、製作に関与した者がわかるのはわずか九八点だ。そのうち三八点は作成者（女性は二四点）、四二点は編集者（女性は一点）が記されていた。作成班責任者もしくはそれに相当する役職がわかるものが六三点あった（こちらはすべて男性で、軍の階級が併記されている）。

数年間にわたって、数多くの地図で責任者として登場する司令官が複数確認されている。たとえばA・D・ユーディン大佐の名前は、市街図二一点（英国一九点と、旧ユーゴスラビアのリュブリャナ、マリボル）に記載されている。年代は一九七五年から一九八〇年までで、印刷所は五か所にわたっている（したがって編集と印刷は別の場所だったことがわかる）。またD・A・マンキーウィッツ大佐は、一九七〇年のヒマラヤ山脈地形図三点、それに一九七六年のドイツ、バーデンバーデン市街図に関わっていた。一九七一〜七三年に英国の市街図八点に関与したI・I・シャルマン大佐という人物もいる。

出典の説明

ソ連領内の市街図が最初に登場するのは一九四〇年代である。そこから一九六〇年代初頭までは（一九五七年のスプートニク一号打ち上げで衛星探査の時代が始まる）、地図の余白に出典が記されていた。初期の例として、イラン、サーリーの地図ではこう書かれている。「一九四一年の五〇〇〇分の一および一万五〇〇〇分の一写真測量図、一九四三年の目視偵察より一九四三年に編集、一九四四年に印刷された」

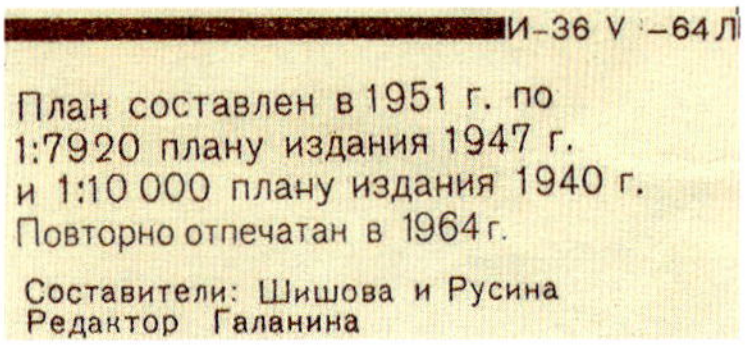
И-36 V -64 Л

План составлен в 1951 г. по
1:7920 плану издания 1947 г.
и 1:10 000 плану издания 1940 г.
Повторно отпечатан в 1964 г.

Составители: Шишова и Русина
Редактор Галанина

3-1 1964年5月にレニングラードで印刷されたベルファストの1万分の1地図。「1947年版7920分の1地図を元に1951年に作成、1964年に再版。作成者：シスチョバとルシナ。編集者ガラキナ」

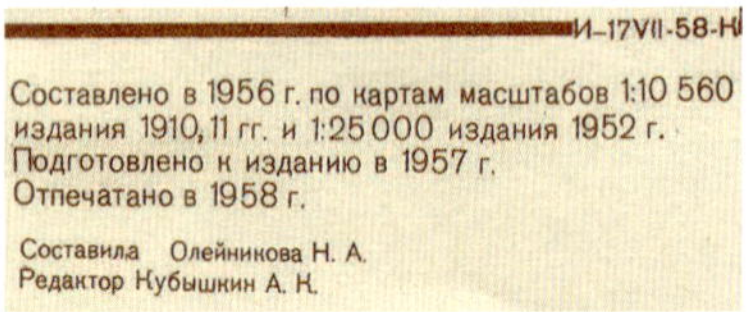
И-17VII-58-Н

Составлено в 1956 г. по картам масштабов 1:10 560
издания 1910, 11 гг. и 1:25 000 издания 1952 г.
Подготовлено к изданию в 1957 г.
Отпечатано в 1958 г.

Составила Олейникова Н. А.
Редактор Кубышкин А. К.

3-2 1958年7月にキエフで印刷された英国キルマーノックの1万分の1地図。「1910、11年版1万560分の1地図から1956年に作成、1957年に刊行準備が完了、1958年再版。作成者オリエニコバ・H・A、編集者クビシュキン・A・K」

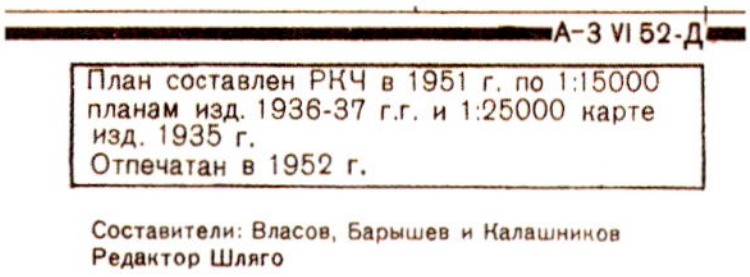
А-3 VI 52-Д

План составлен РКЧ в 1951 г. по 1:15000
планам изд. 1936-37 г.г. и 1:25000 карте
изд. 1935 г.
Отпечатан в 1952 г.

Составители: Власов, Барышев и Калашников
Редактор Шляго

3-3 1952年6月にモスクワで印刷されたチューリヒの1万5000分の1地図。「1936〜37年の1万5000分の1地図および1935年の2万5000分の1地図からPKЧ1951年に作成。作成者：ブラソフ、バリシェフ、カラシニコフ、編集者シュリャゴ」

図3‐1、3‐2、3‐3は、地図の情報源を説明する典型的な例である。英国の市街図では、英国陸地測量部がメートル法ではなく帝国単位を使用していたことが、情報源の確認に役だった。たとえばベルファスト市街図には、情報源のひとつとして「一九四七年版七九二〇分の一地図」と記されている。この縮尺は一マイル＝八インチなので、一九四七年再版の陸地測量部ベルファスト市街図であることがわかる。さらに「一九四〇年版一万分の一地図」という記述にも興味をそそられる。第二次世界大戦中、ドイツが英国侵略に備えて作成した「プランヘフト（地図帳の意）」をソ連が持っていたことを裏づけるからだ。このプランヘフトは、英国陸地測量部の一マイル＝六インチ（一万五六〇分の一）地図を写真で一万分の一に引きのばし、爆撃目標などの細部を重ね刷りしていた（図3‐64）。

このようにソ連が作成した初期の地図が、英国陸地測量部の地図に拠っているのは明らかだ。ただし情報源はこれだけではない。一九五〇年に作成されたウェールズ南西部ペンブルックの地図がよい例だろう。英国海軍工廠、のちの英国空軍飛行艇基地の場所が示されている。ソ連版（図3‐4）は一九四九年に作成され、出典は一九三四〜三六年の一万五六〇分の一地図だと明記している。ただし英国陸地測量部の地図でこの縮尺のものは、一八六九年（図3‐5）、一九〇九年（図3‐6）、それに一九五三年に出版された一九四八年の調査の地図（図3‐7）だけである。ソ連版には、星形をした「ディフェンシブル・バラック」という歴史的要塞のほか、各種建物の詳細、接続する鉄道路線、工廠の埠頭など、英国版から写した細部が描かれている。ちなみに英国陸地測量部一八六九年版には、バラックと工廠はあるが鉄道と埠頭はない。その後の版では、工廠、埠頭、鉄道、バラックがすべて省略されている。

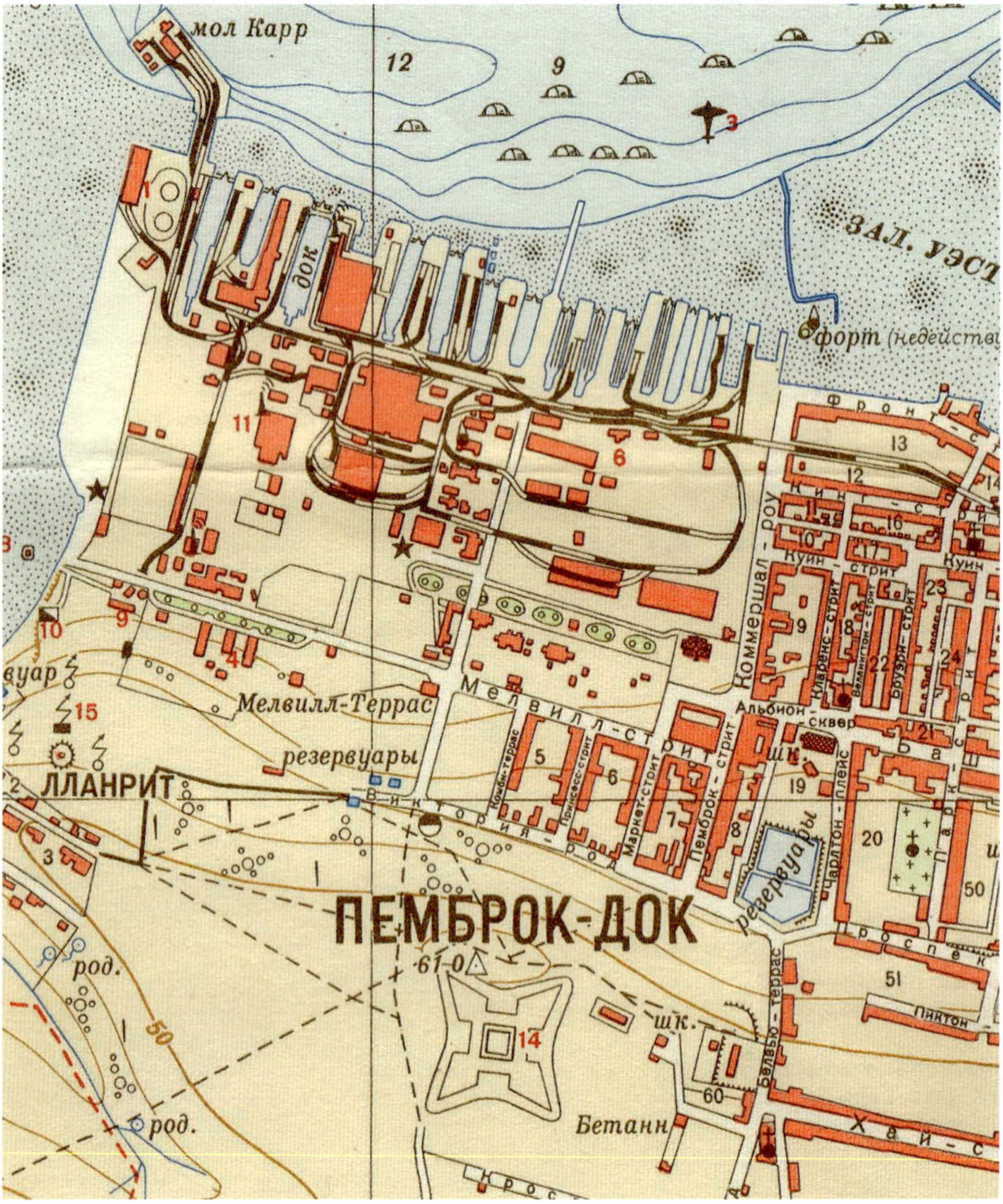

3-4 ソ連が1作成した英国ペンブルックの1万分の1地図（1950）に記載されたペンブルック・ドックの英国海軍工廠。

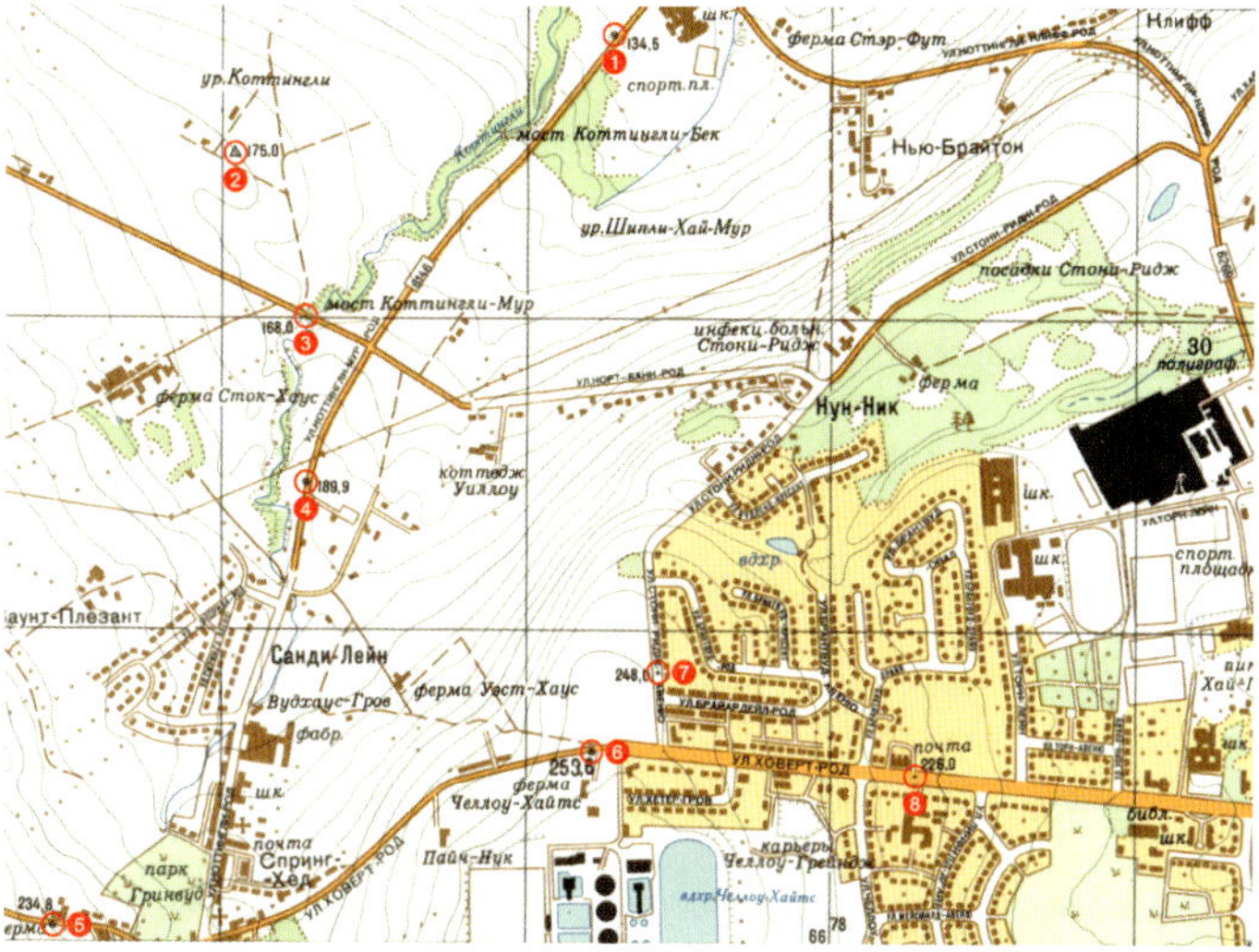

3-5 英国陸地測量部の1万560分の1ペンブルックシャー地図XXXIX(1869)。

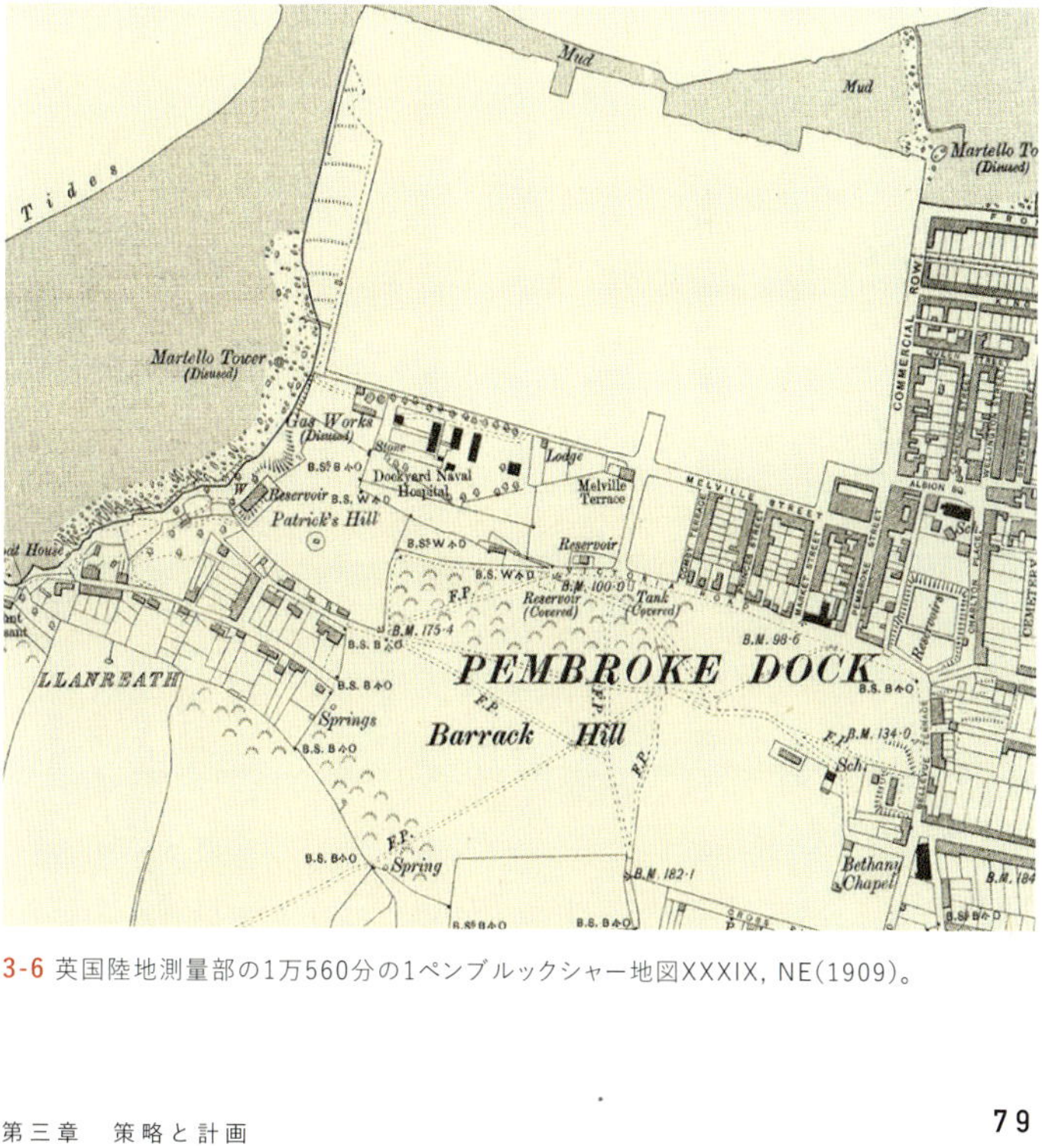

3-6 英国陸地測量部の1万560分の1ペンブルックシャー地図XXXIX, NE(1909)。

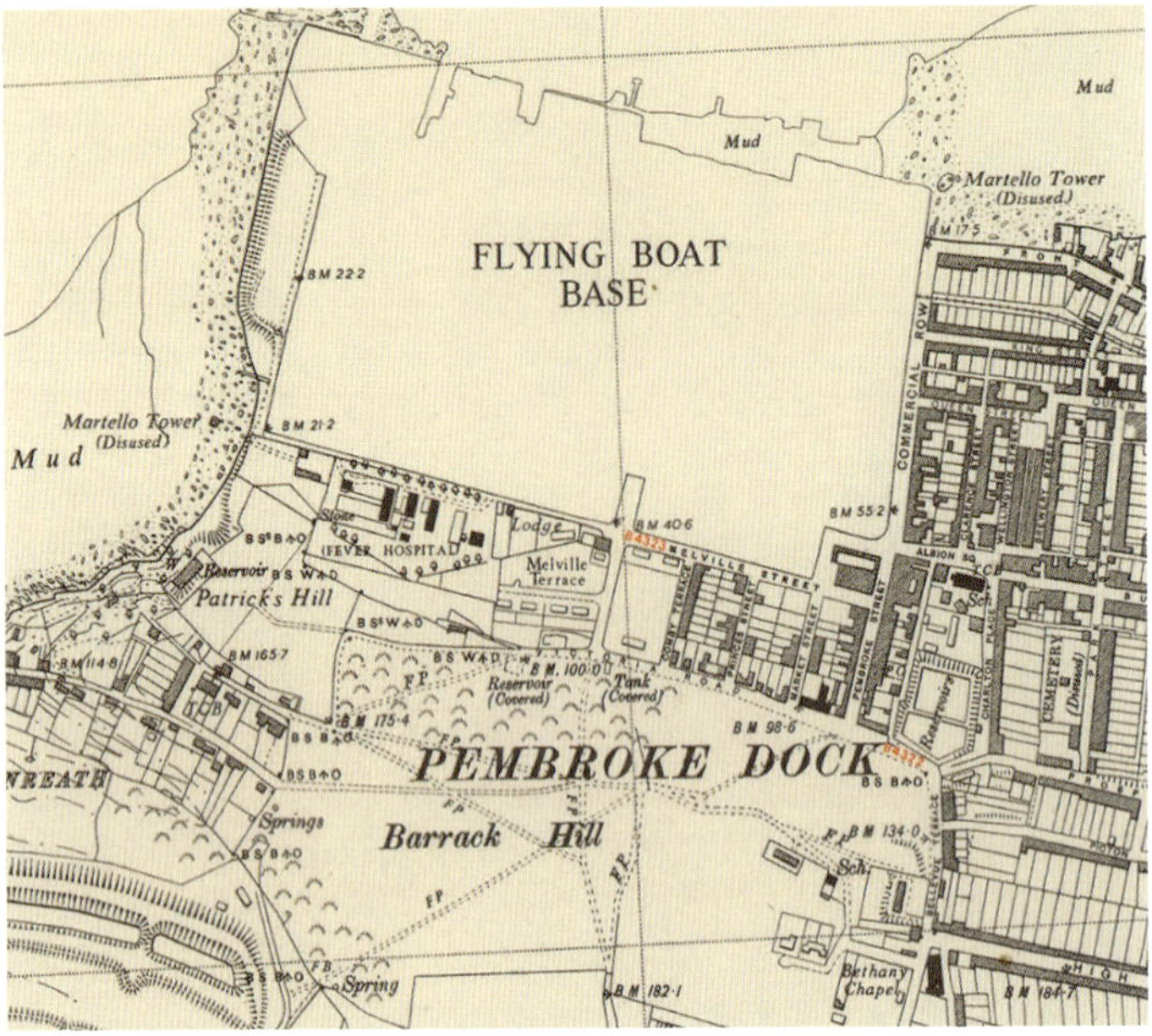

3-7 英国陸地測量部の1万560分の1ペンブルックシャー地図XXXIX, NE(1953)。

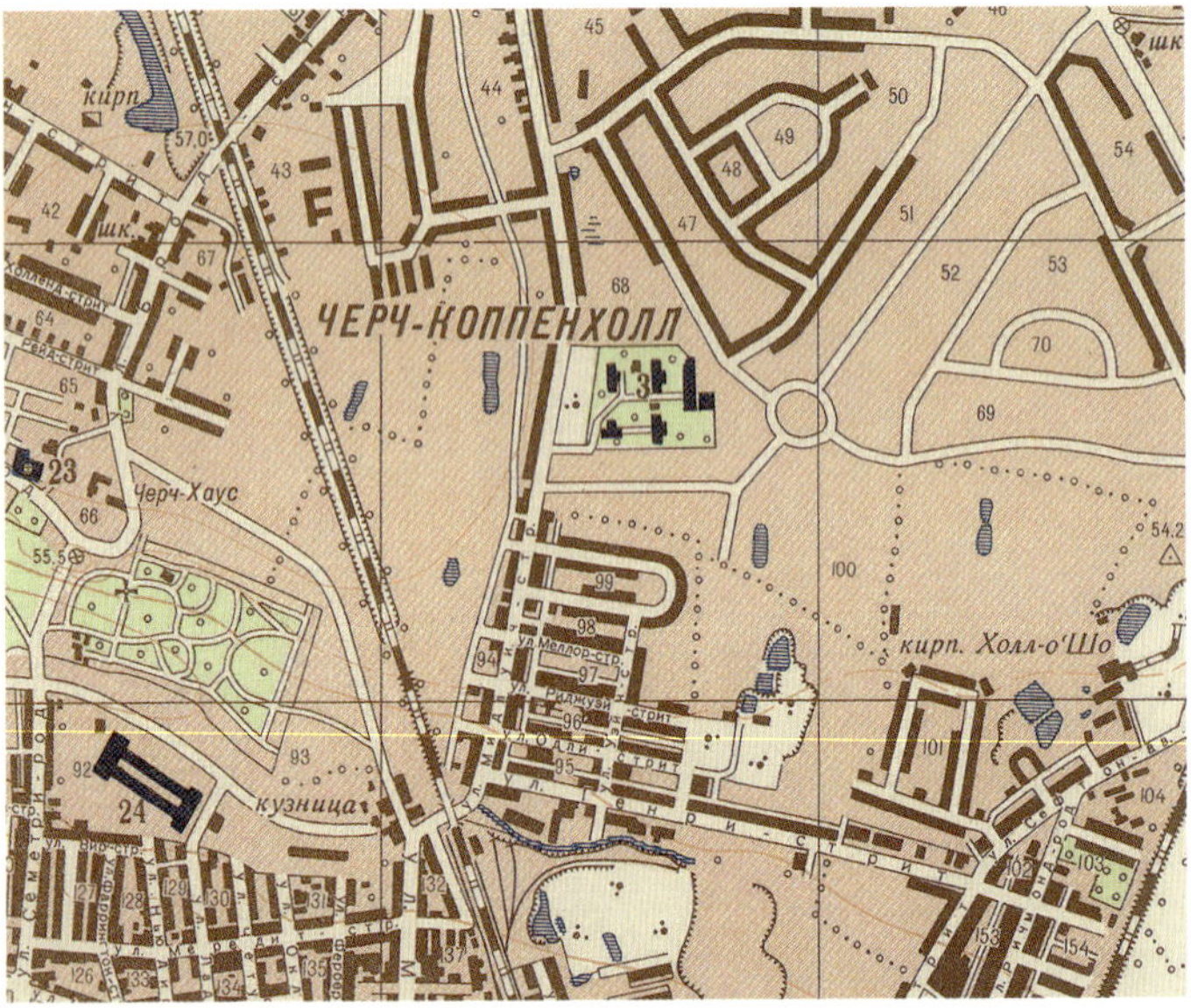

3-8 英国クルーの1万分の1市街図の右上部分(1957)。街区番号が入っている。

一九五〇年代から六〇年代にソ連で出版された市街図には、独自の街区番号が振られているものが多い。出典元の地図にはそうした数字は入っておらず、作成者が場所を見つけやすくするために入れたようである。図3－8は英国クルーの市街図の例で、右上部分に47から54までの数字が確認できる。

上空からのスパイ活動

時代が下るにつれて出典の記載は減っていくが、例外もある。「一九六〇、六三、六五年作成の二万四〇〇〇分の一地図および、一九七二年の資料に基づいて一九八二年印刷」と書かれたシカゴの市街図も存在する。さらに最近の例はカナダのバンクーバーで、次のように記されている。「一九五九～一九八四年の二万五〇〇〇分の一地図および一九六一～一九八一年の一万五〇〇〇分の一地図、一九八九年の資料に基づいて二〇〇三年印刷」

一九六二年にゼニット衛星計画が始まったことで、一九六〇年代後半には衛星による偵察・撮影画像の利用が増えてきた（図1－2）。それ以降、大縮尺の市街図はこうした衛星画像が基本となり、年代が異なる複数の情報源から細部を補う形でつくられている。

のちにくわしく触れるが、米国を地図化する際の最大の情報源は米国地質調査所（USGS）の七・五分×一五分地図（縮尺二万四〇〇〇分の一もしくは二万五〇〇〇分の一）、英国の場合は陸地測量

3-9 英国ティーズサイドの1万分の1市街図(1975)。建設中の道路の表示は誤り。

3-10 ロサンゼルスの2万5000分の1市街図(1976)。グラナダ・ヒルズに建設中の道路が記載されているが、これは誤り。

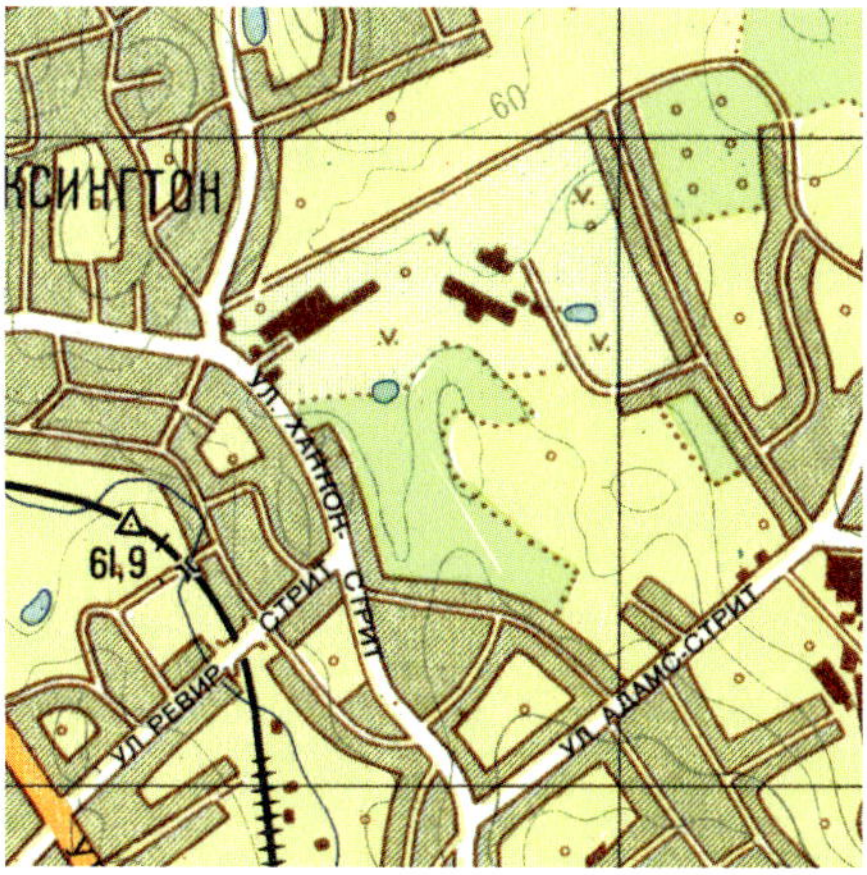

3-14 ボストンの2万5000分の1市街図(1979)に描かれた、レキシントンの存在しない道路。

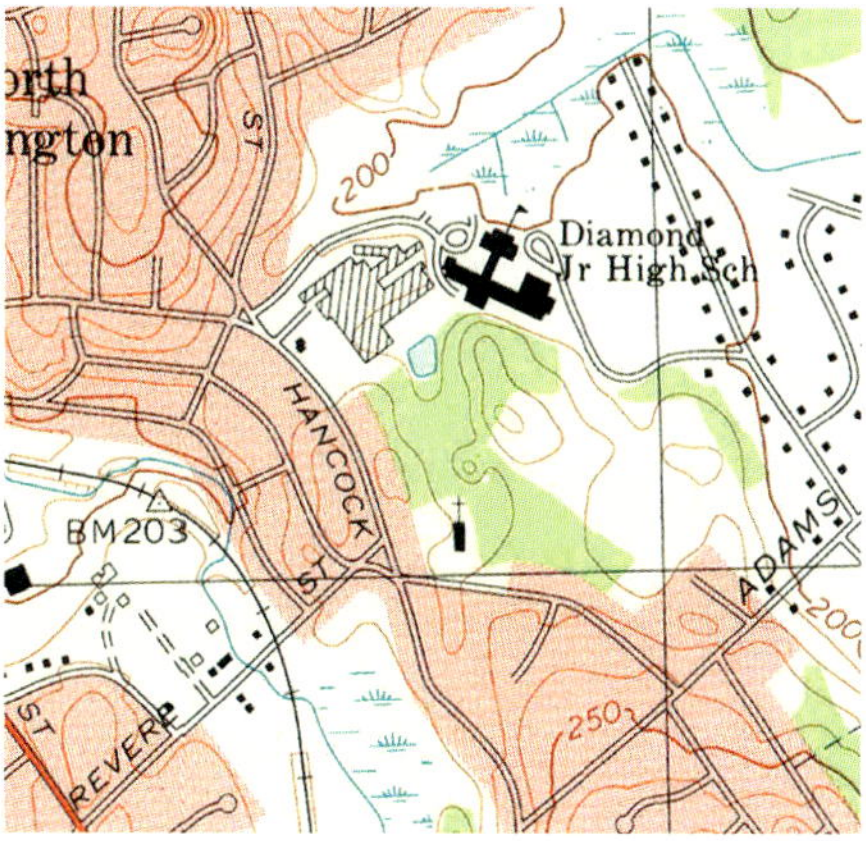

3-15 USGS版マサチューセッツ州レキシントンの2万5000分の1地図(1971)。

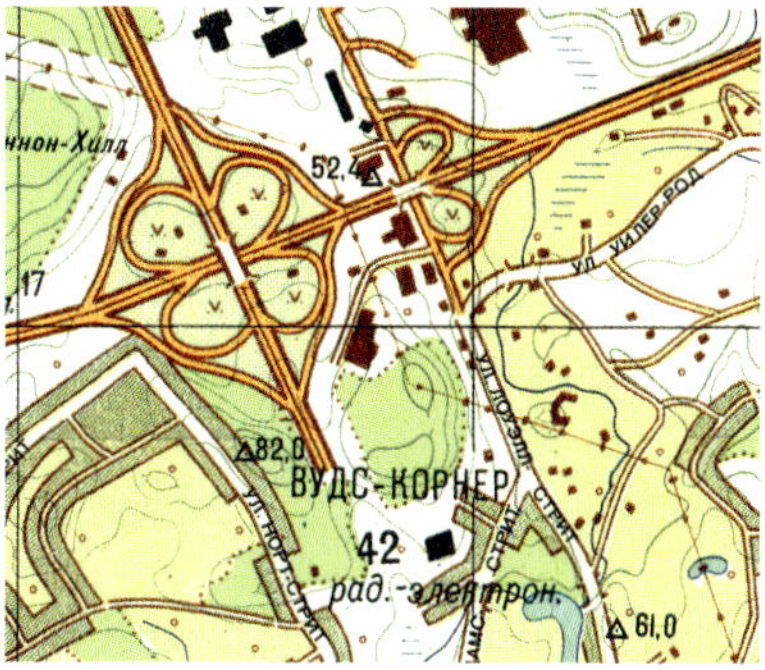

3-11 ボストンの2万5000分の1市街図(1979)に描かれた、バーリントンのI-95とUS-3のジャンクション。

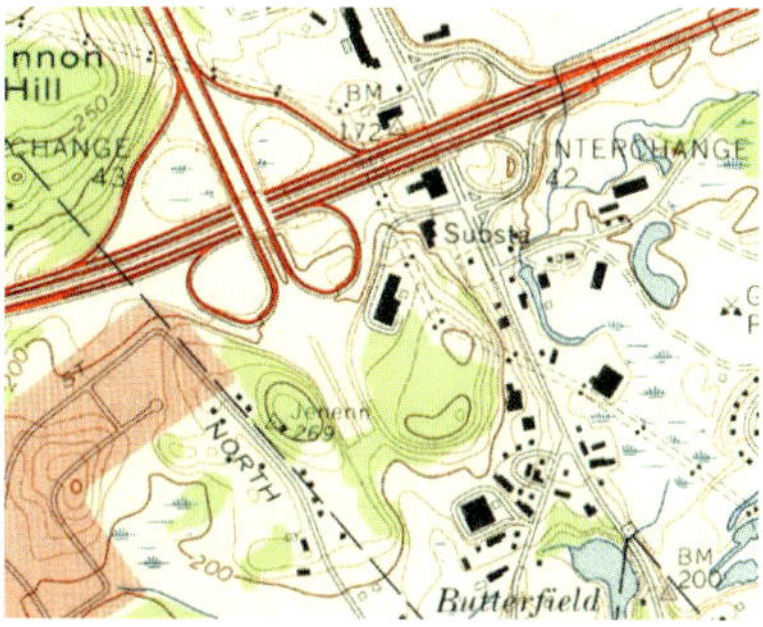

3-12 USGS版マサチューセッツ州レキシントンの2万5000分の1地図(1971)。

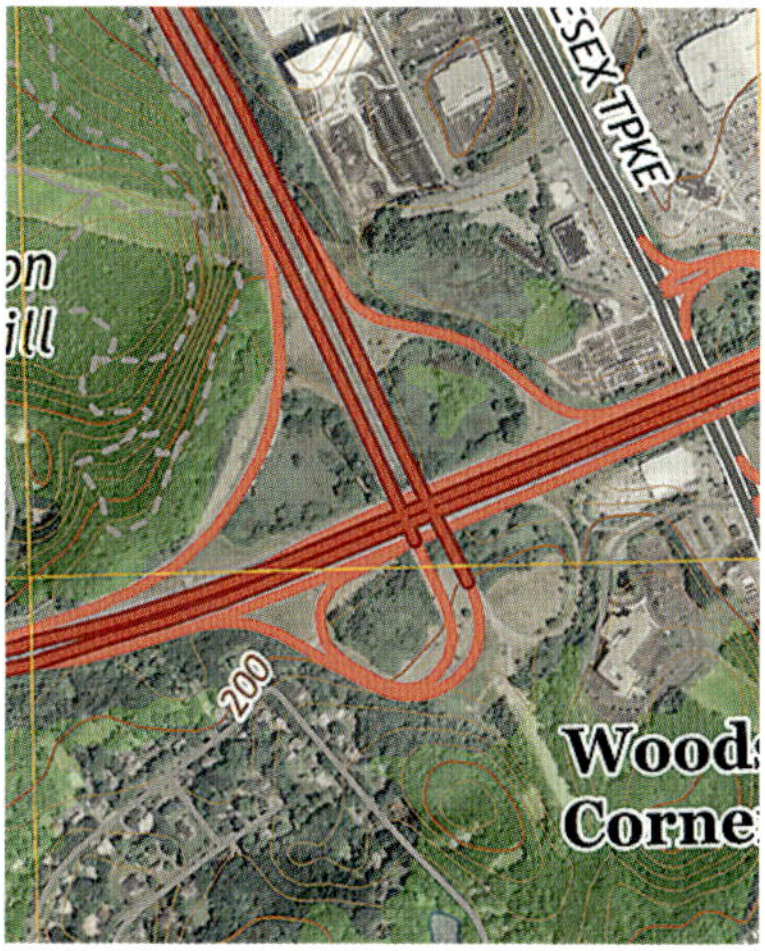

3-13 USGS版マサチューセッツ州レキシントンの2万5000分の1地図(2015)。

部（ＯＳ）による六マイル地図（縮尺一万五六〇分の一もしくは一万分の一）である。どちらもソ連が地図を作成した段階で全国が網羅されており、しかも最新だった。ソ連の地図と、各国の当時最新の地図を比較すれば、ソ連が衛星画像を使っていたことが確認できる。

画像の解釈を誤った結果、地図に明白なまちがいが生じた例もあり、衛星画像を使用した証拠になる。英国北部ティーズサイド（図３‐９）、米国カリフォルニア州ロサンゼルス（図３‐10）の市街図には、どちらも建設中の道路が描かれている。前者は、当時ソーナビー＝オン＝ティーズでガス供給管の敷設工事が行なわれており、まっすぐ伸びる掘削現場が道路工事と誤解されたようだ。後者はグラナダ・ヒルズ、サンフェルナンドの一帯だが、画像を読みちがえた理由は不明だ。

上空からの画像を誤読した例は、米国マサチューセッツ州ボストン北東部の市街図にもある。ソ連がつくった地図（図３‐11）には、バーリントン近郊の州間高速道路Ｉ‐95と国道ＵＳ‐３が交差するクローバー型ジャンクションが描かれている。ところが一九七一年のＵＳＧＳ版地図（図３‐12）では、完全なクローバー型になっていない。二〇一五年のＵＳＧＳ版地図（図３‐13）からわかるように、クローバー型を完成させ、ＵＳ‐３を南に延長するための築堤工事までは終わっているが、道路は存在していないのである。

同じボストンの地図（図３‐14）には、ダイアモンド・ジュニア・ハイスクールの北側に北東に走る道路が描かれている。しかしＵＳＧＳ版（図３‐15）で同じ場所を見ると、水路であることがわかる。ソ連版では、水路の記号は無視されているにもかかわらず、通りの名称――リビア、ハンコック、アダムズ――や（ＵＳＧＳ版に入っている通りのみ）、独立標高（二〇三フィート、六一・九メートル）はきっちり踏襲している。

英国ボーンマス二万五〇〇〇分の一市街図にも、衛星写真を明らかに見まちがえた痕跡がある（図3-16）。ウェストボーン地区を南西から北東に向かって名称のない道路が走っているのだが、同縮尺の英国陸地測量部版を見ればわかるように、そのような道路は存在しない（図3-17）。

国内地図の最新版に反映されていない内容がソ連版地図に記載されているのも、衛星画像を参考にしていたからだろう。フロリダ州マイアミの市街図がその一例で、当時最新のUSGS版（図3-19）にはないオーパ=ロッカの大規模住宅開発の様子が描かれている（図3-18）。

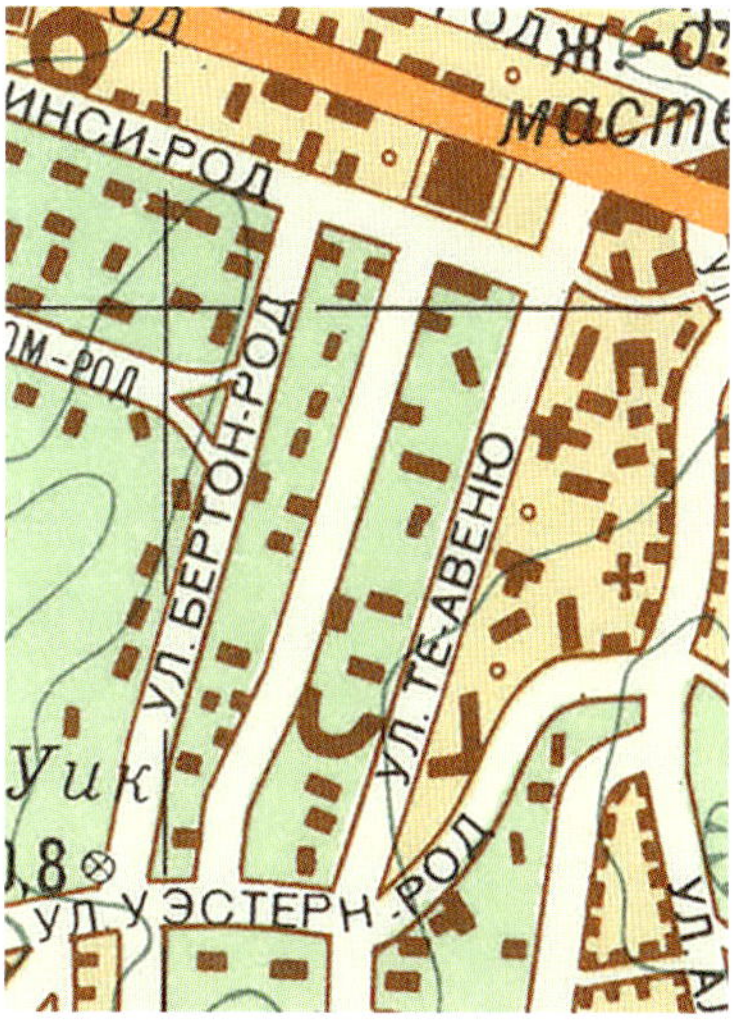

3-16 英国ボーンマスとプールの2万5000分の1市街図（1990）で、ウェストボーン地区に描かれている存在しない道路。

3-17 英国陸地測量部の2万5000分の1地図SZ09。

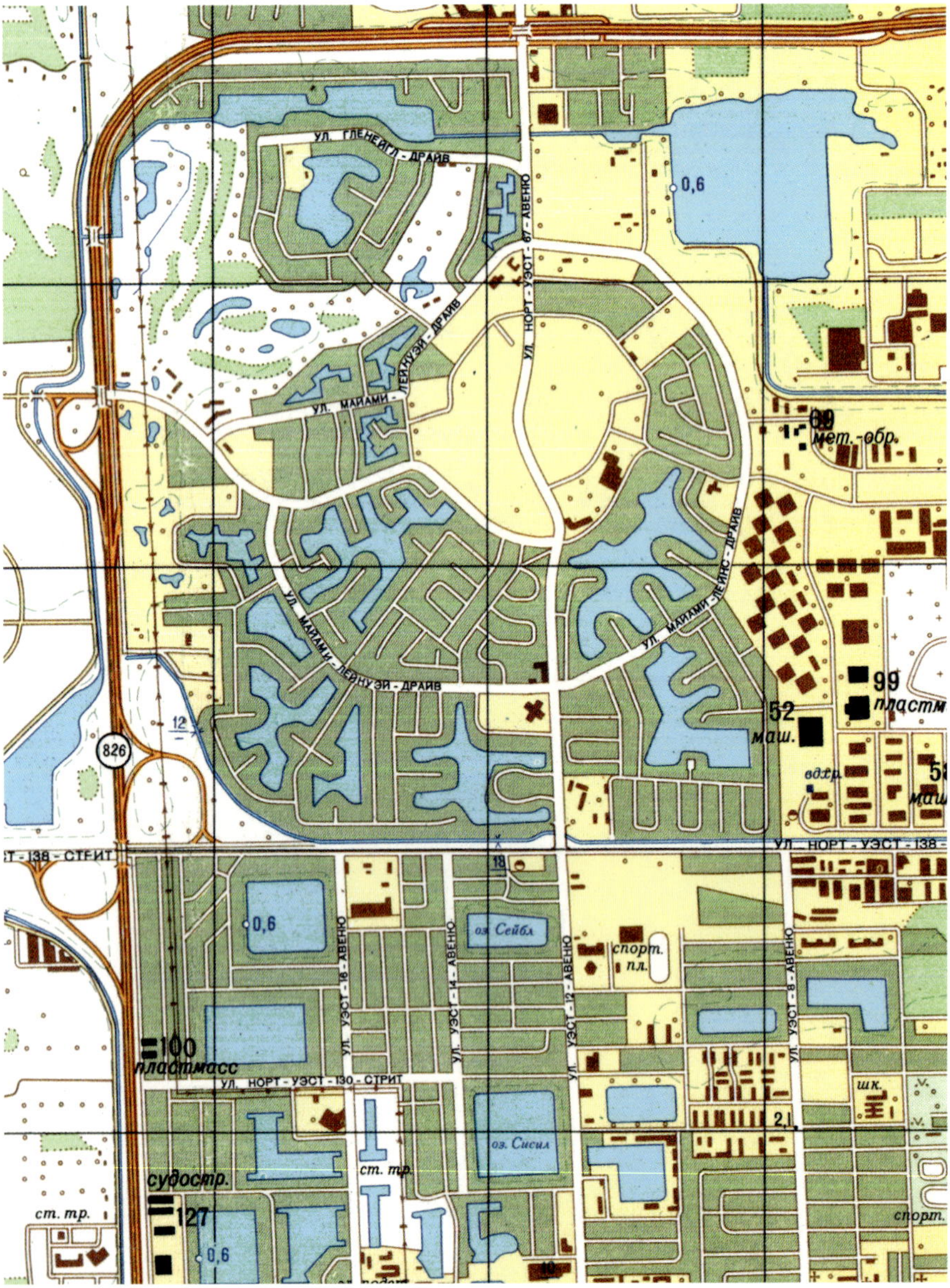

3-18 マイアミ、2万5000分の1市街図(1984)、オーパ=ロッカの新興住宅地。

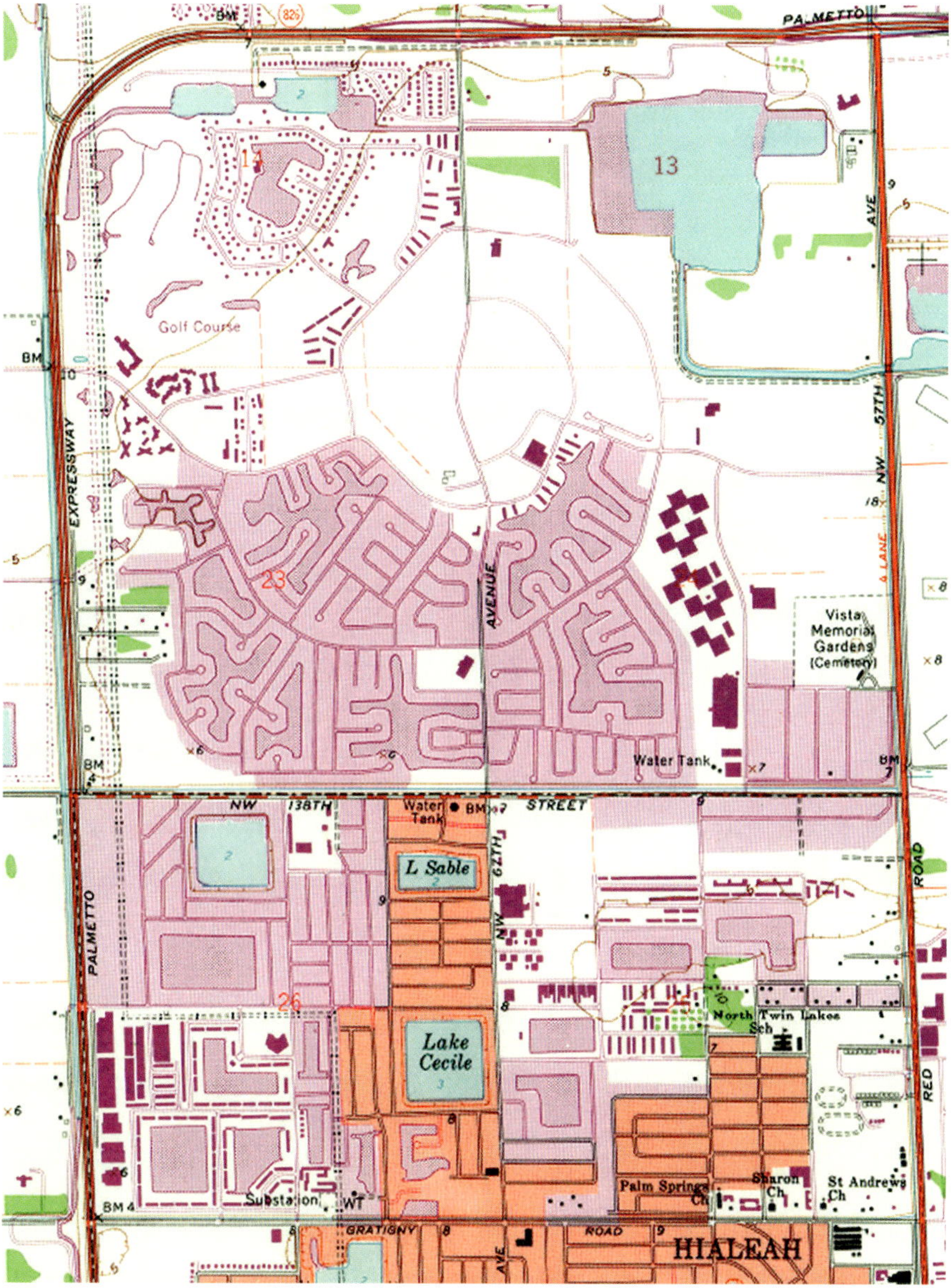

3-19 USGS版フロリダ州オーパ=ロッカの2万4000分の1地図(1973)。

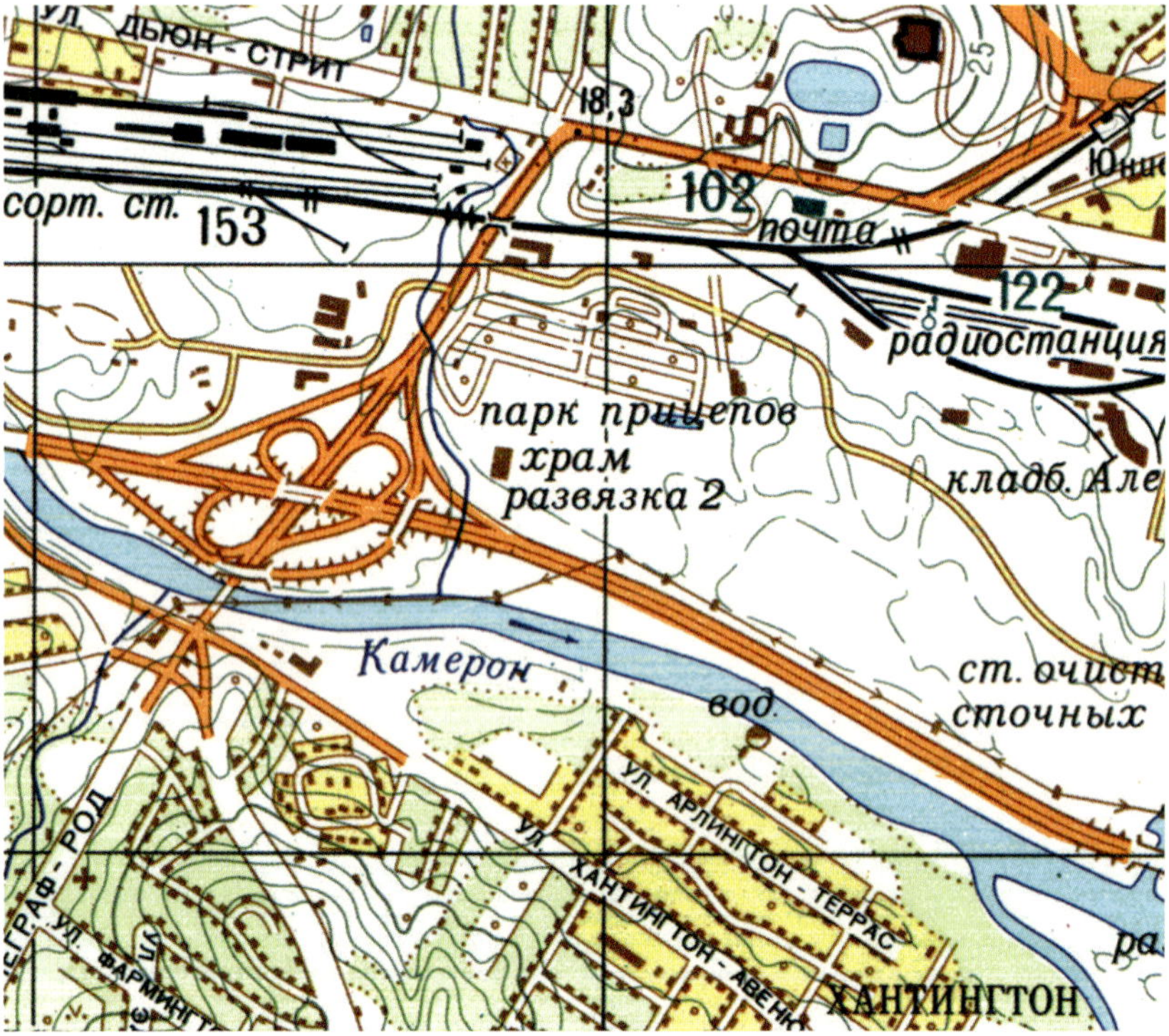

3-20 ワシントンDCの2万5000分の1市街図(1975)、バージニア州アレクサンドリアの部分。

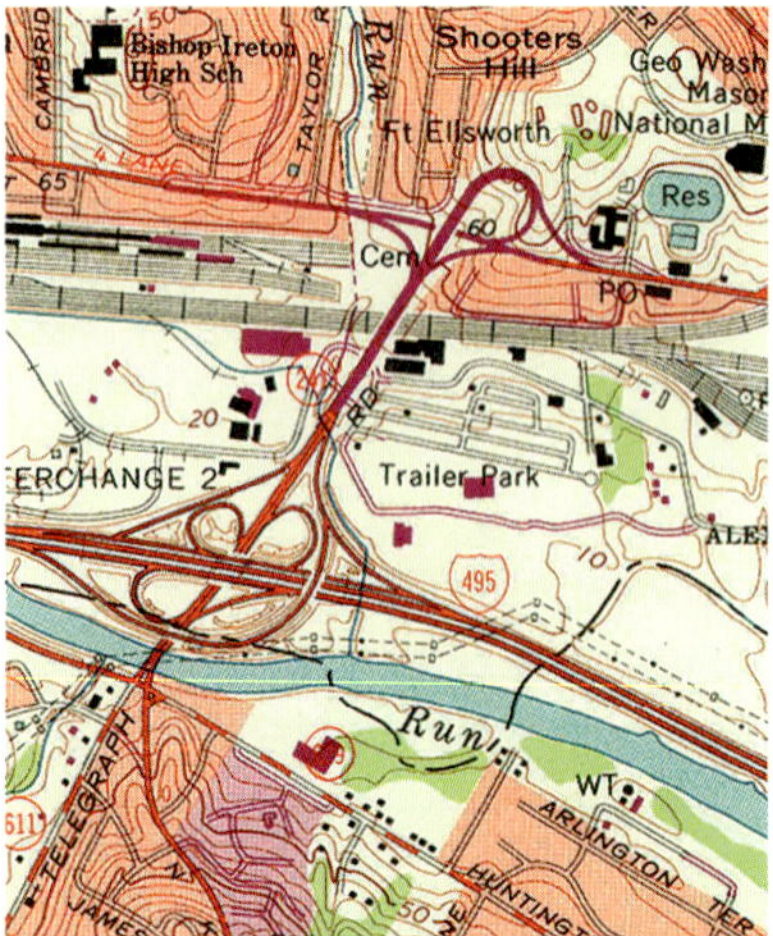

3-22 USGS版バージニア州アレクサンドリア2万4000分の1地図(1971)。

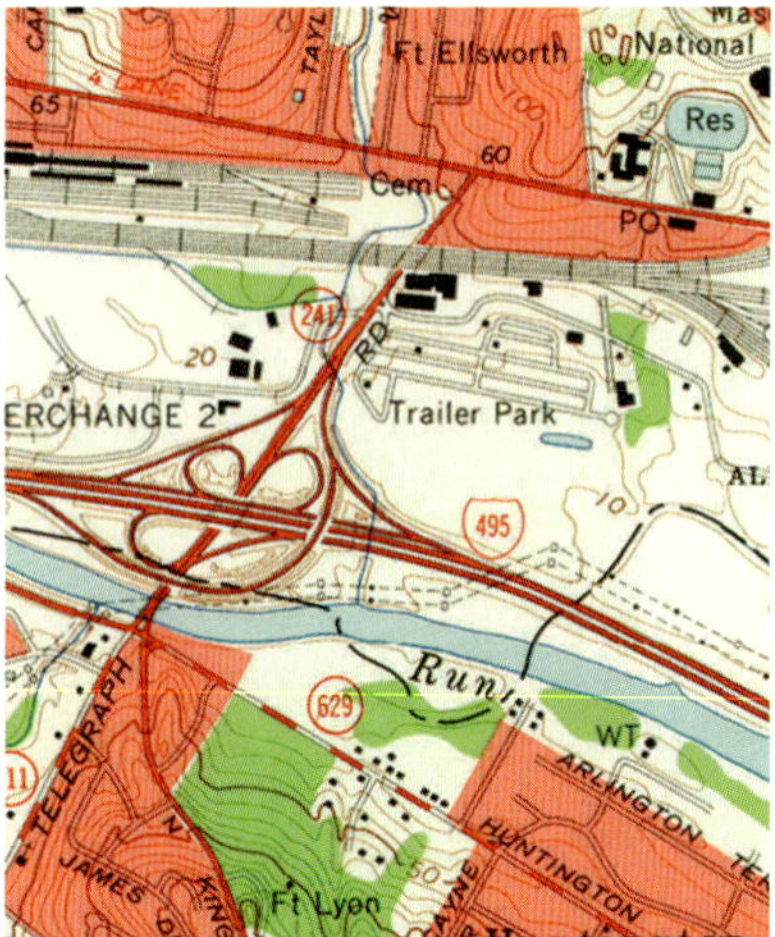

3-21 USGS版バージニア州アレクサンドリア2万4000分の1地図(1965)。

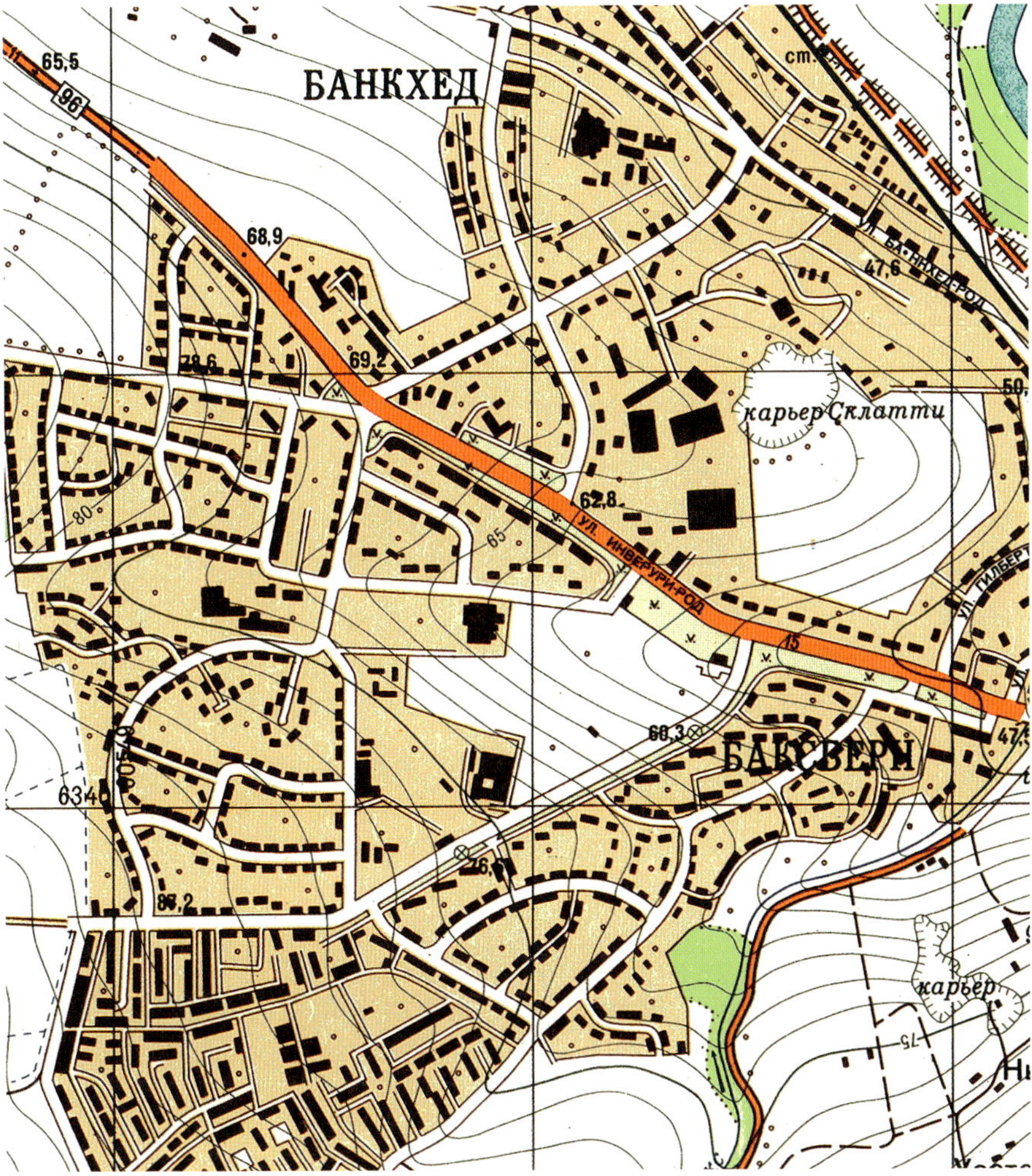

3-23 英国アバディーンの1万分の1市街図(1981)、バックスバーンの新興住宅地。

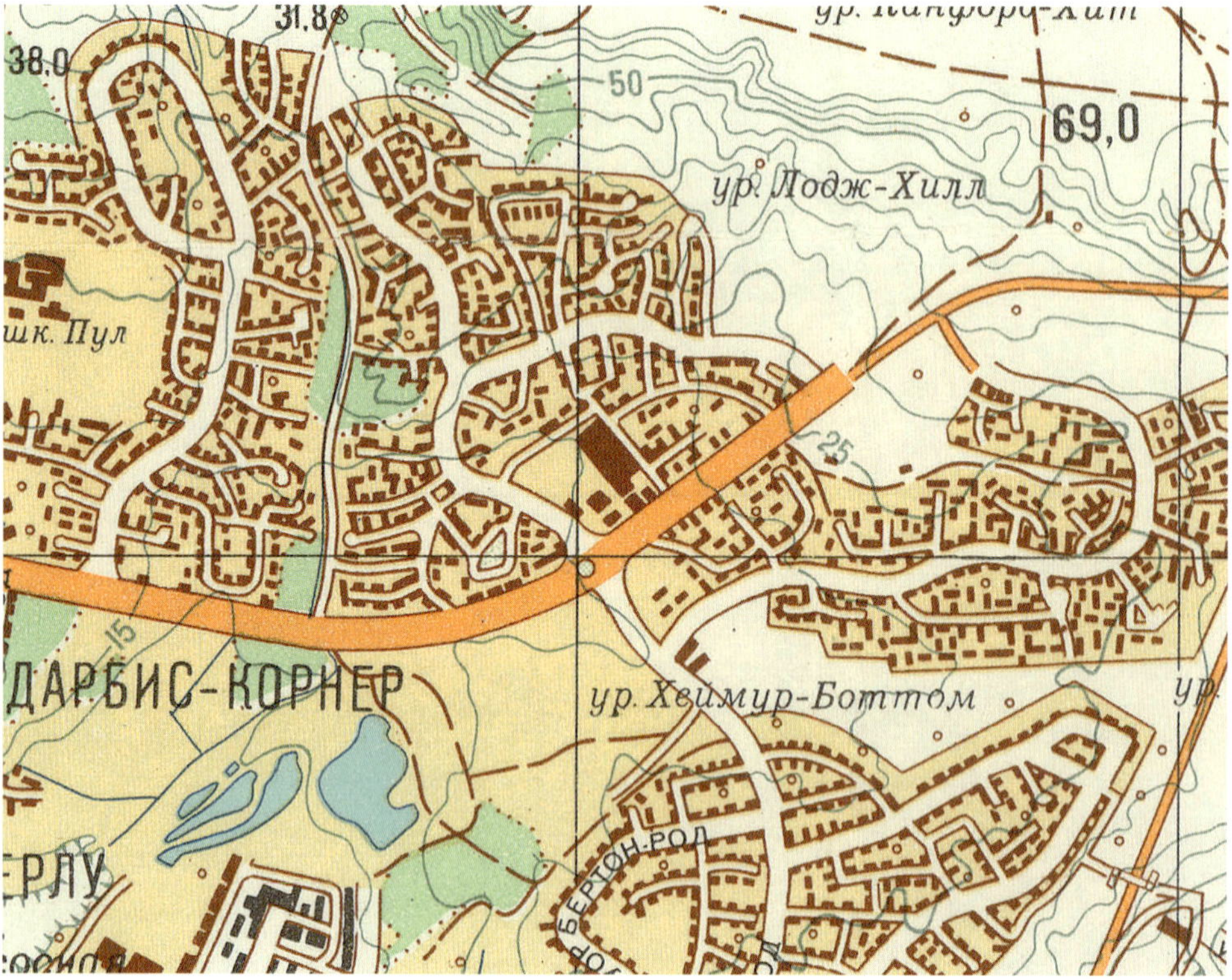

3-24 英国ボーンマスとプールの2万5000分の1市街図(1990)、キャンフォード・ヒースの新興住宅地。

一九七三年に作成、一九七五年に印刷されたワシントンDC市街図は、バージニア州アレクサンドリアの部分（図３‐20）がさらに複雑なことになっている。ＵＳＧＳ版に載っていない情報があるいっぽう、載っている情報が割愛されているのだ。図３‐21は一九六五年のＵＳＧＳ版、図３‐22は一九七一年の改訂版だ（紫色の部分に注目）。ソ連版では、ハンティントン・アベニューの南に新しい住宅地が描かれているが、道路の反対側の逆Ｌ字形の建物は見あたらない。またトレーラー・パークの南の建物（храм［教会］）と鉄道の北の道路は入っているものの、テレグラフ・ロードの西側の建物、それにテレグラフ・ロードが北に突きあたったところの新しいインターチェンジは省かれている。

市街図の新興住宅地に通りの名称が入っていないことが多いのは、衛星写真で配置は取りこんだものの、通りを確認できる地元の地図や住所録が入手できなかったからだろう（わかっていればかならず記載されたはずだ）。図３‐23と３‐24がその例だ。さらに図３‐９の川の東側にも同様の例が見られる。

地形図にしろ市街図にしろ、ソ連がつくった各国の地図には、安全保障上の理由から意図的に割愛されていた情報も入っている。この事実も、衛星写真の使用を裏づけている。もちろん諜報員から寄せられる情報もあっただろうが、施設の広い敷地をくまなく調べて、建物の配置や大きさ、形状を把握できたとは思えない。

たとえば英国バーグフィールドの軍需工場では、冷戦時代にトライデントミサイルに装備する核弾頭の製造と保守点検を行なっていた。二〇〇六年八月七日付『ガーディアン』紙にこんな記事が載っている。

地質調査部による地図の改竄にようやく終止符が打たれた。ドイツ爆撃機の攻撃をかわすために、軍事的に重要な施設を地図から削除するよう政府が命じてからおよそ八〇年。レディング近くのバーグフィールドにある核弾頭工場の存在は、反核運動家のあいだでは広く知られていたが、地図上ではなぜか空き地だった。しかし今後は、一般的な五万分の一地図「ランドレンジャー」シリーズにも明記されることになる。

だがソ連が一九八二年につくった五万分の一地図M‐30‐022‐4には、工場が克明に描かれている（図3‐25）。グーグルマップでは現在も建物が省略されたままだが、グーグルアースにはなぜかはっきり映っている。

英国陸地測量部の地図からは、刑務所や軍事上重要な造船所もはずされていることがわかる。たとえば一九八三年のエディンバラ地図（図3‐26と3‐

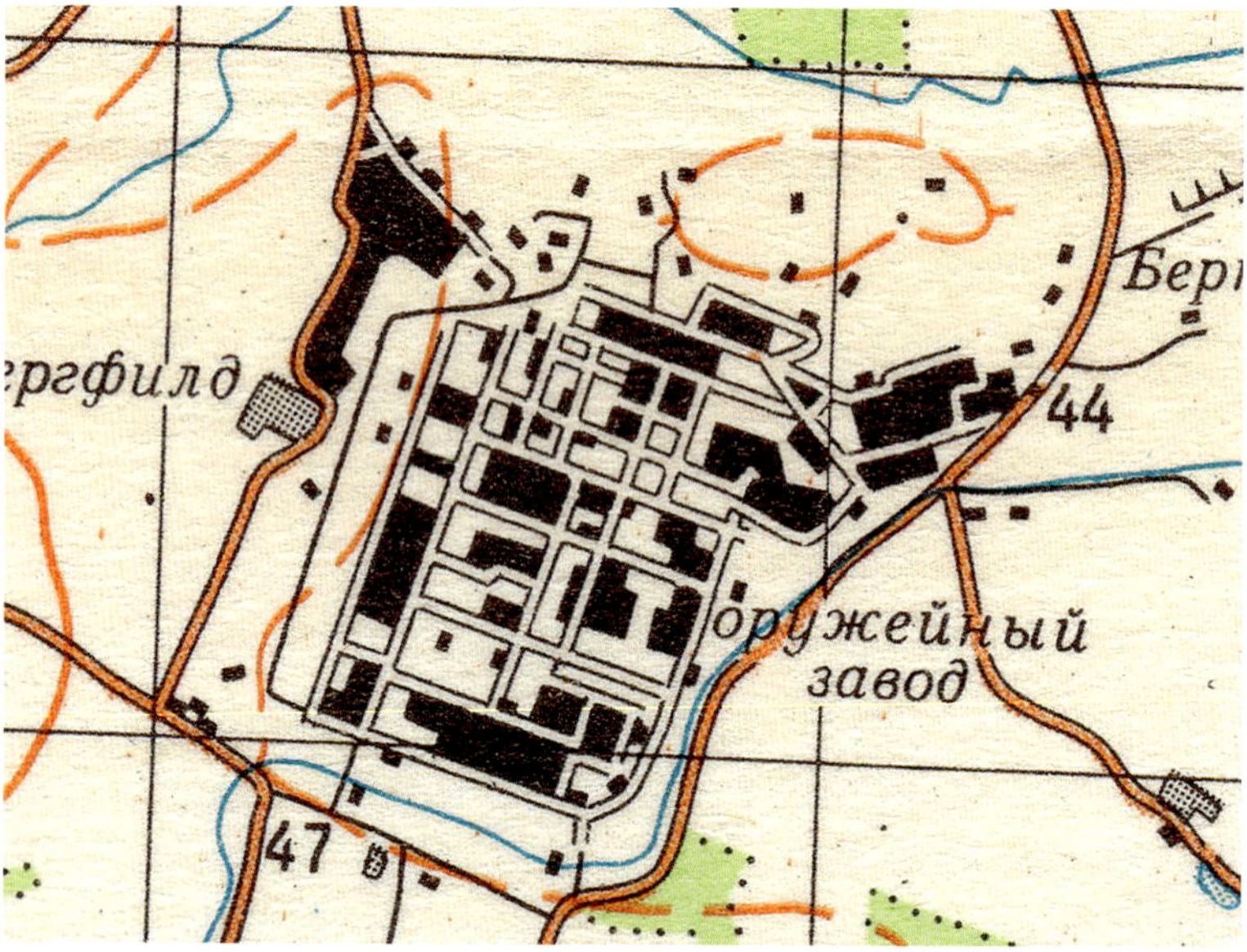

3-25 英国バーグフィールドAWE（核兵器施設）の5万分の1地図M-30-022-4(1982)。

27）では、ソートン刑務所の場所が空白になっている。また冷戦中に潜水艦が建造・整備されていたチャタム海軍工廠（図3-28と3-29）、それにプリマス（図3-30と3-31）も同様だ。ソ連がチャタムの地図を作成したのは一九八二年、印刷は一九八四年だが、皮肉なことにこの年に工廠は閉鎖されている。チャタム海軍工廠が軍事施設を意味する緑であるのに対し、プリマスは黒で産業施設の扱いになっているのはおもしろい。

3-26 英国エディンバラ1万分の1地図（1983）に描かれているソートン刑務所。

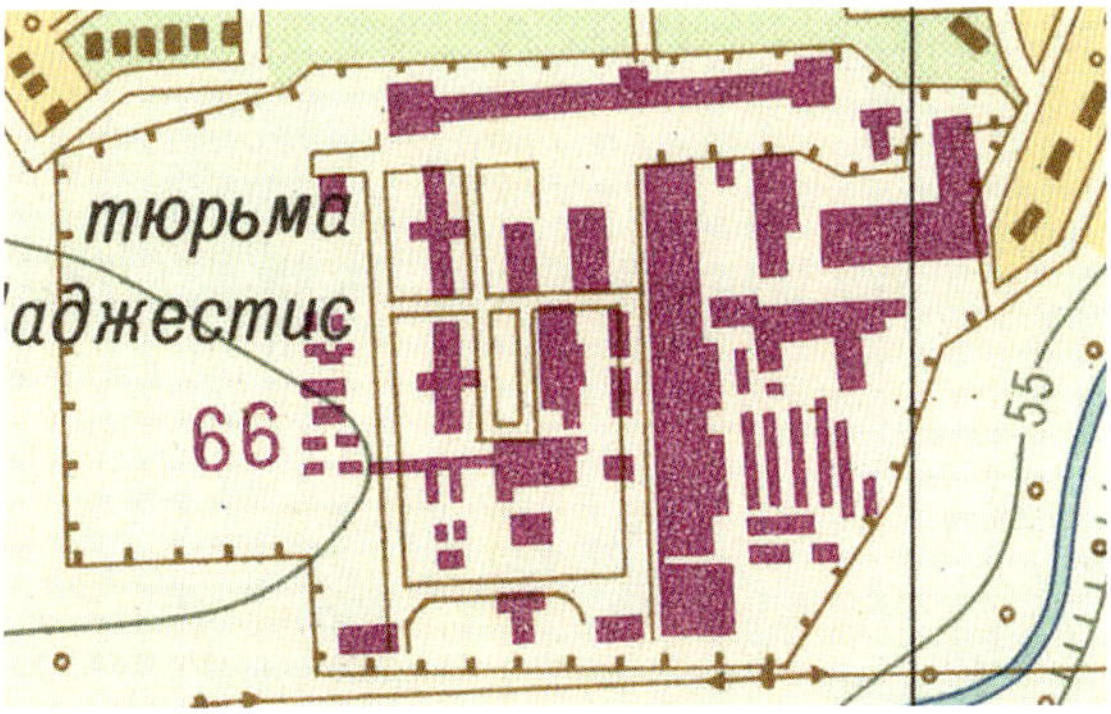

3-27 英国陸地測量部の2万5000分の1地図、シートNT27。

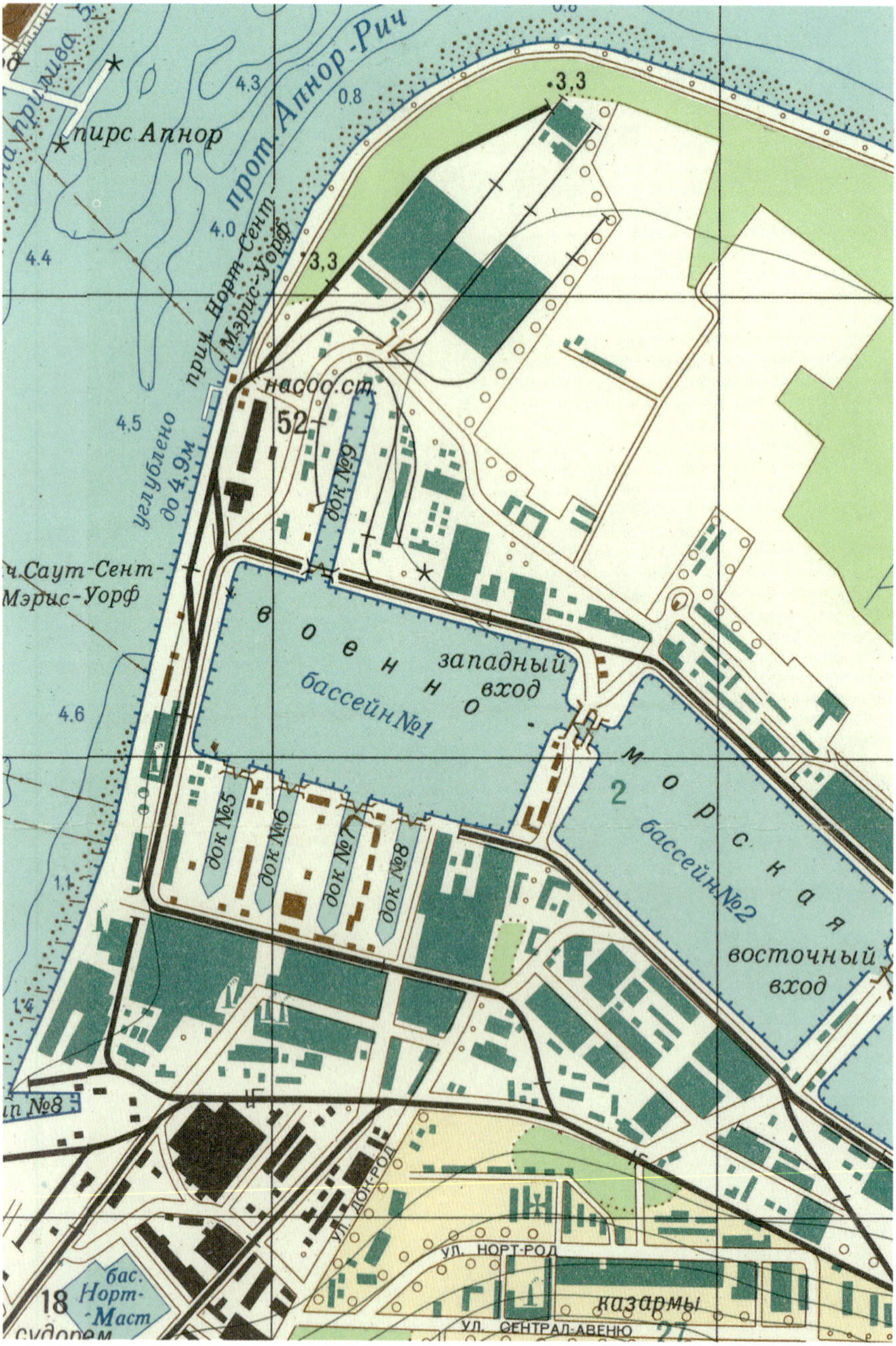

3-28 英国チャタム、ジリンガム、ロチェスターの1万分の1地図(1984)に描かれているチャタム海軍工廠。

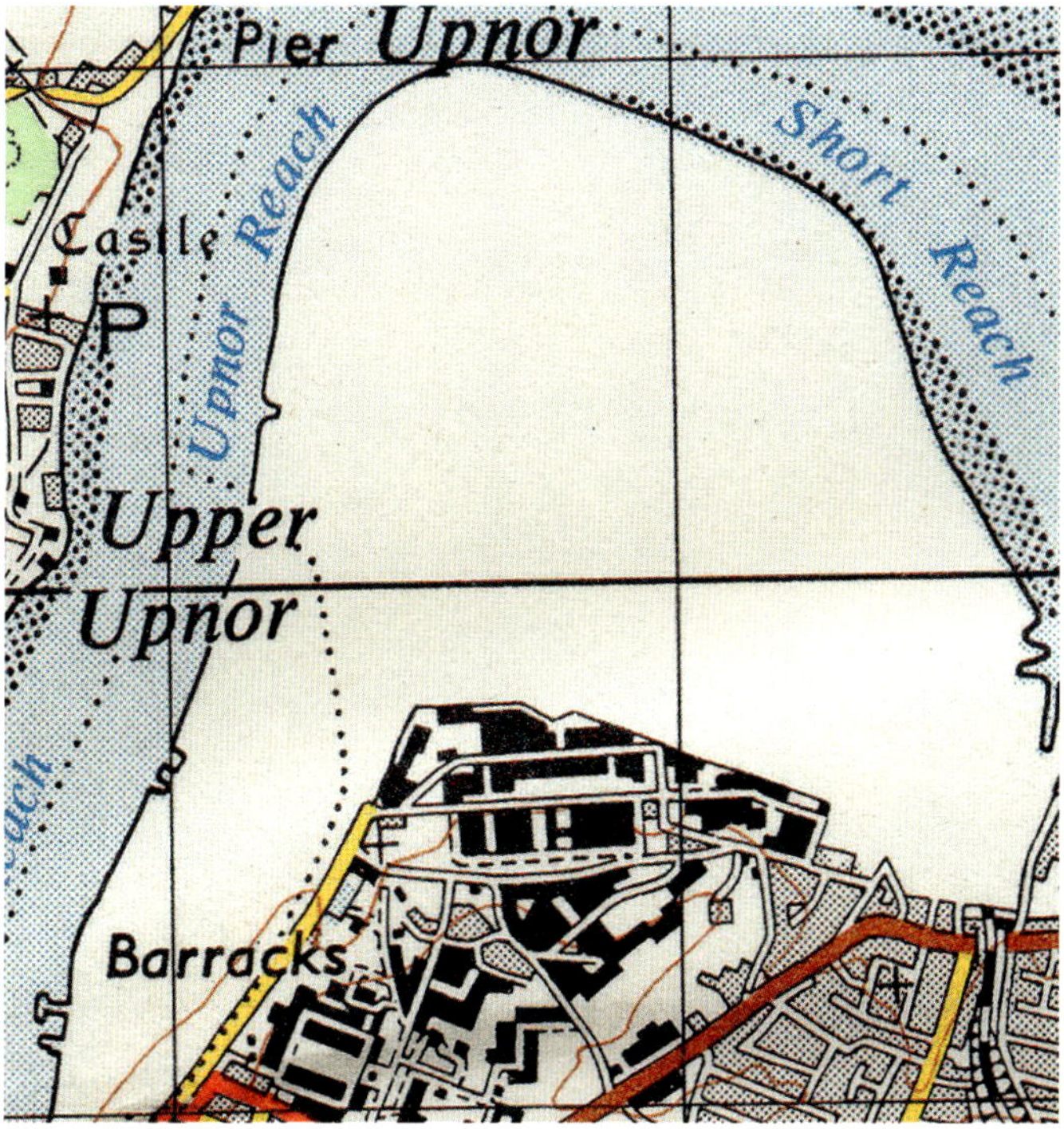

3-29 英国陸地測量部の6万3360分の1地図、シート172。

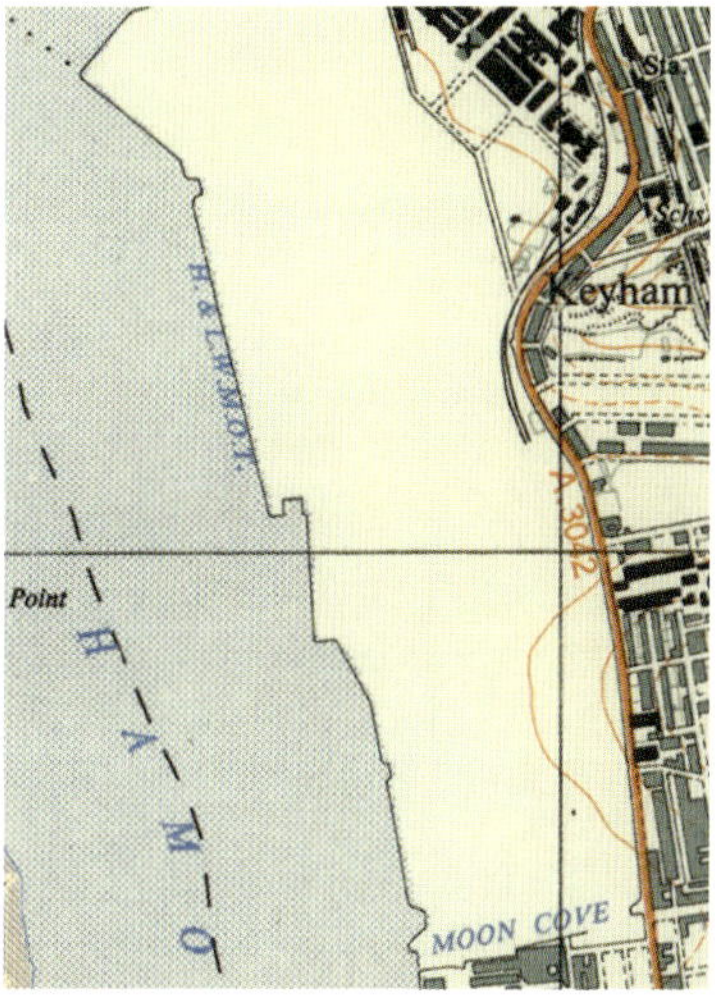

3-31 英国陸地測量部の2万5000分の1地図、シートSX45。

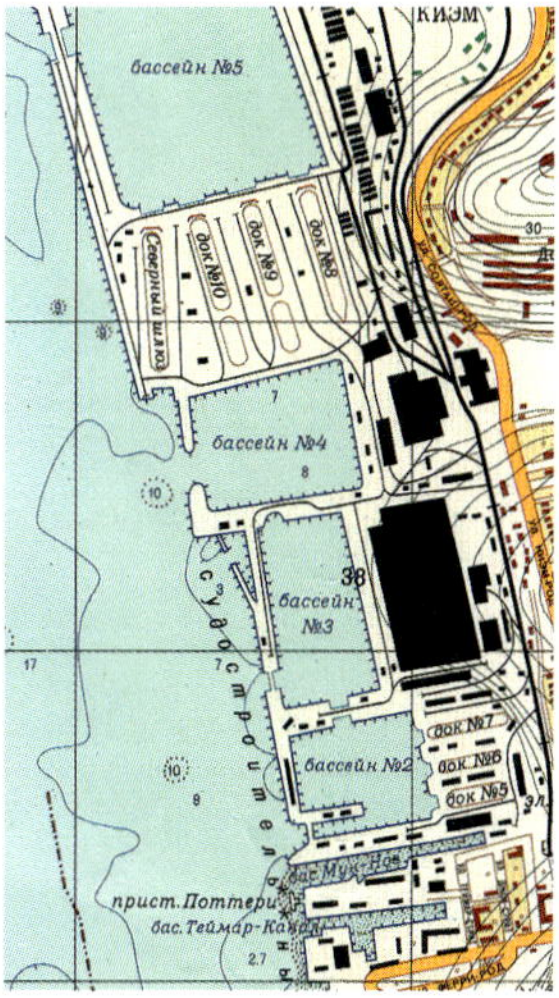

3-30 英国プリマスの1万分の1地図(1981)に描かれているデボンポート海軍工廠。

英国オクスフォードシャー、アッパー・ヘイフォードの米空軍基地は、核兵器を搭載した爆撃機がソ連まで飛行できる距離にあるにもかかわらず、陸地測量部の地図に記載されている。ソ連が一九八一年に作成したM‐30‐010‐1（図3‐32）はそれを丸写ししたらしく、道に矢印がついている。この矢印は陸地測量部の地図では「急坂」を意味するが、ソ連の地図でこうした記号は採用されていない。

USGS版地図で省略された（もしくはまだ反映されていない）情報が、ソ連の地図に載っている例はたくさんあり、おそらく衛星探査の成果を活用したものと思われる。たとえば一九七九年のボストンの地図（図3‐33）に記載されているハンスコム空軍基地は、周囲の防護柵、北東の滑走路延長部分、北西から南東に伸びる滑走路といった、当時最新のUSGS版（図3‐34）にもない細部が描きこまれている。ロシア語の「BBC」は空軍の略語だ。

一九八〇年のサンディエゴの地図（図3‐35）でも、USGS版（図3‐36）では塗りつぶされた部分に、海軍基

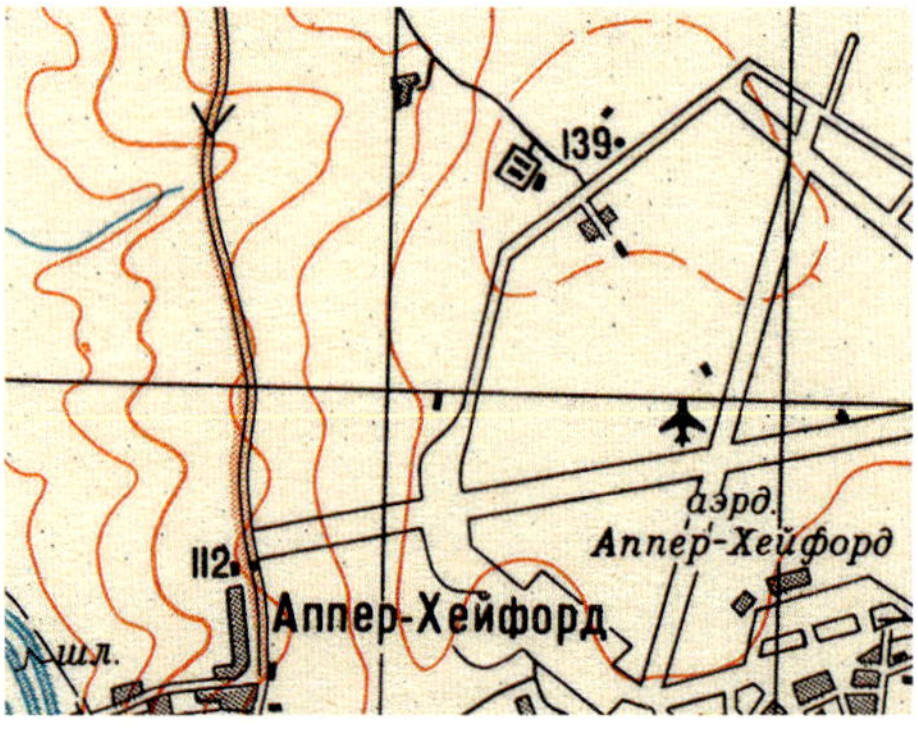

3-32 ソ連の5万分の1地図M-30-010-1(1981)に描かれている英国アッパー・ヘイフォード米空軍基地。英国陸地測量部が採用している「急坂」を意味する矢印(上左)がそのまま残っている。

地内の建物が細かく描かれている。ソ連版では基地のすぐ東側の街路名が多く表示されている。国際空港に隣接する海軍訓練センターと海兵隊訓練所はどちらの地図にも載っている（図3‐37と3‐38）。しかしソ連版で建物がひとつずつ描かれているところは、USGS版では塗りつぶされている。図3‐33、3‐35、3‐37の緑色は軍事的に重要な施設を意味する。

海軍予備役ベイヨン補給センターと、それに隣接するグリーンビル・ヤーズは、一九八二年のソ連版ニューヨークの地図（図3‐39）では、当時最新のUSGS版（図3‐40）よりはるかに情報が整備されている。新しい埠頭や建物もきちんと描きこまれ、「グリーンビル鉄道貨物仕分所」といった説明もある。「BMC」は海軍、「BMБ」は海軍基地を意味する。

ニューヨーク州にあるジョン・F・ケネディ国際空港は、一九八二年のソ連版地図を見ると、すでに廃用になっていた滑走路が割愛されているが、USGS版には残っている。空港北西部に新設された道路やインターチェンジもソ連版には反映されていた。

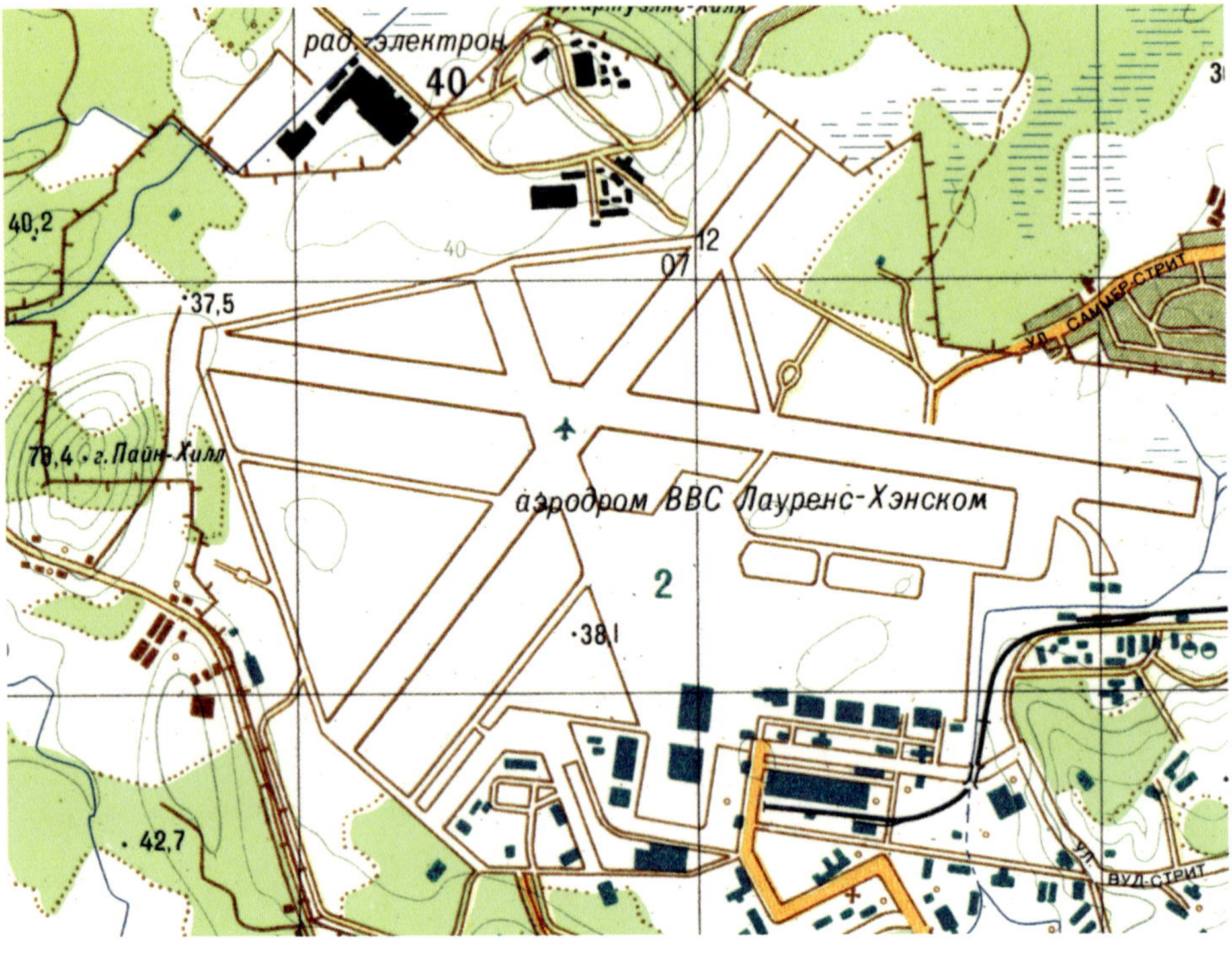

3-33 ボストンの2万5000分の1地図(1979)に描かれているハンスコム空軍基地。

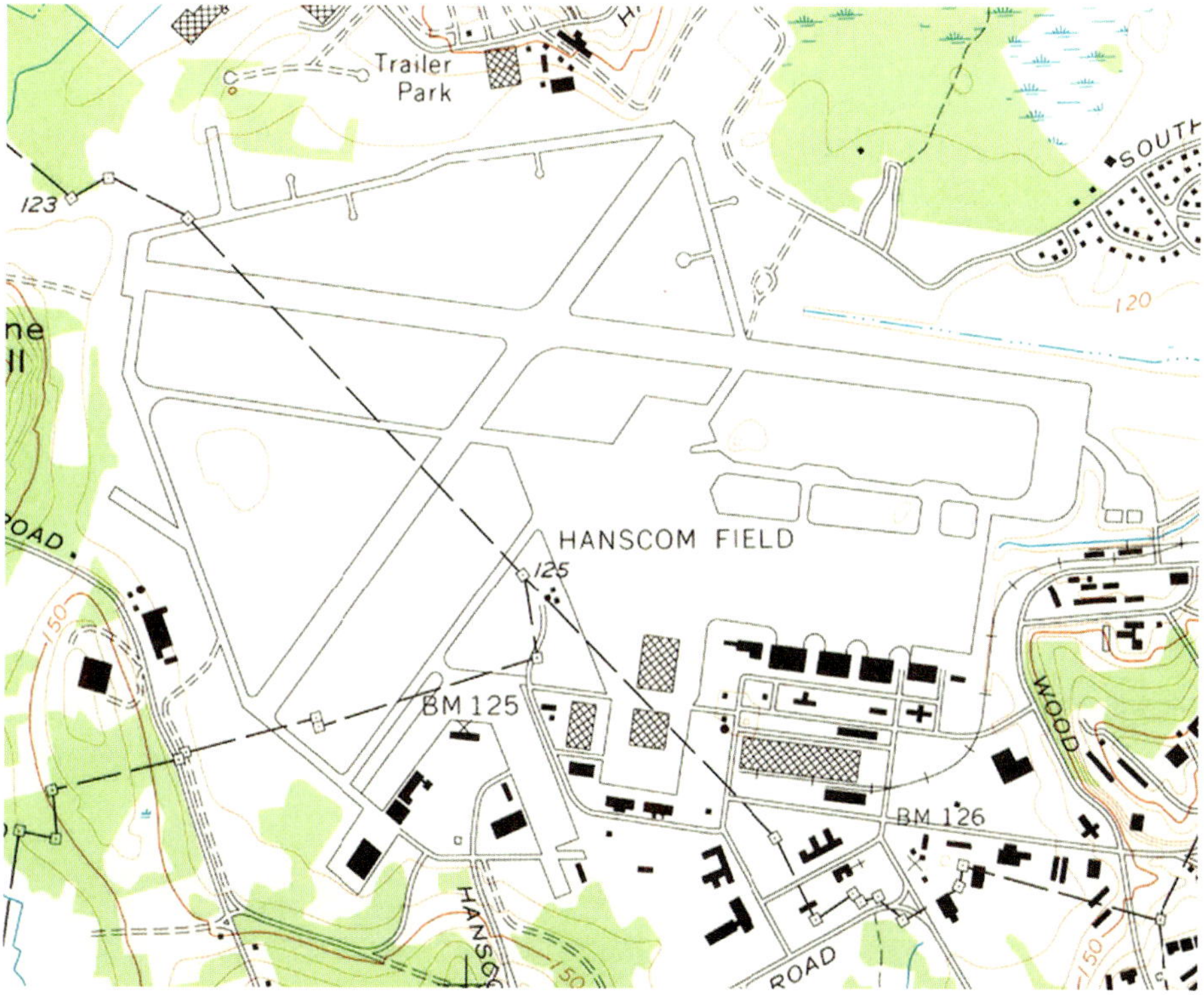

3-34 USGS版マサチューセッツ州コンコードの2万4000分の1地図(1970)。

3-35 カリフォルニア州サンディエゴの2万5000分の1地図(1980)に描かれている海軍基地。

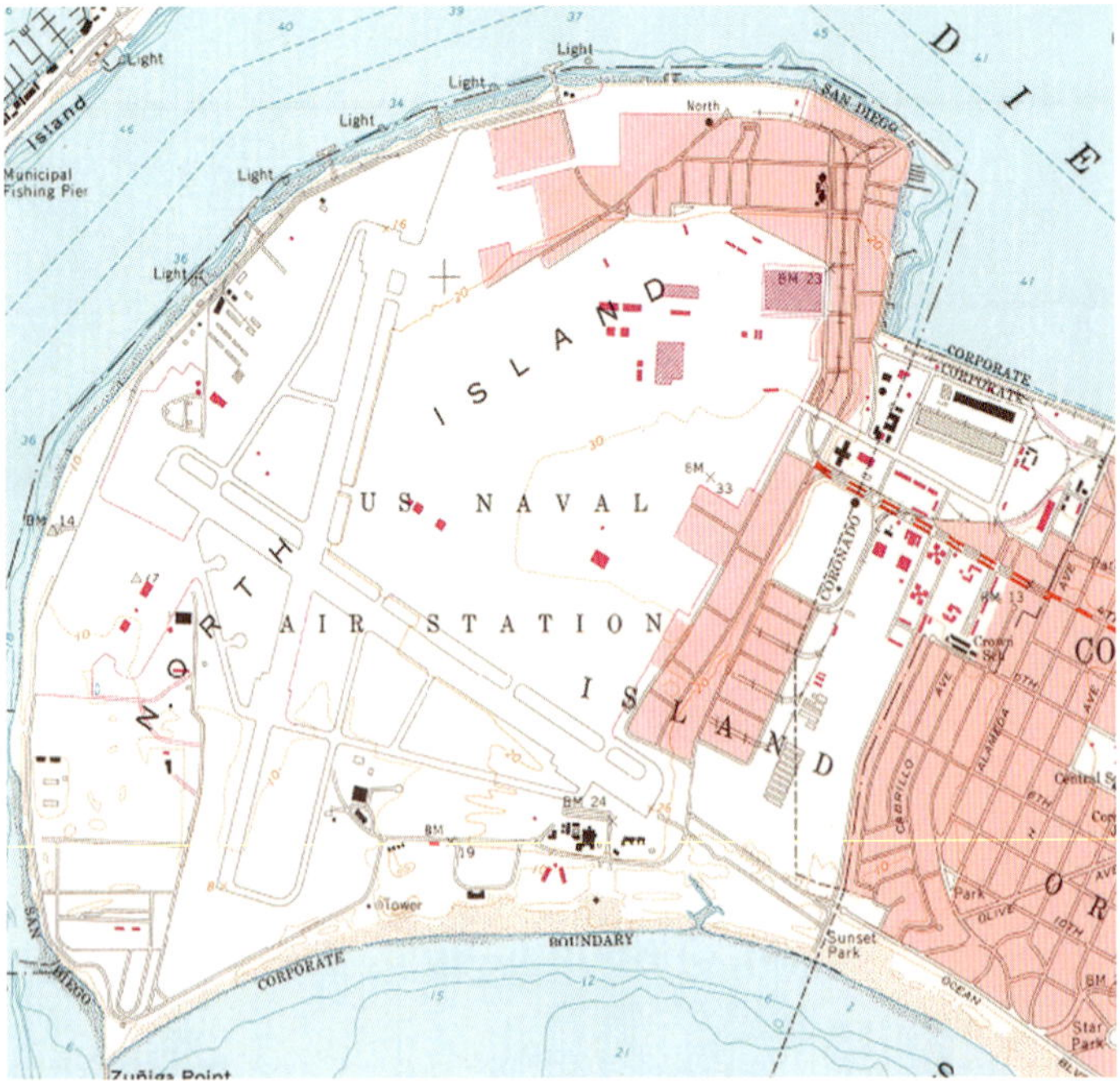

3-36 USGS版カリフォルニア州ポイントローマの2万4000分の1地図(1975)。

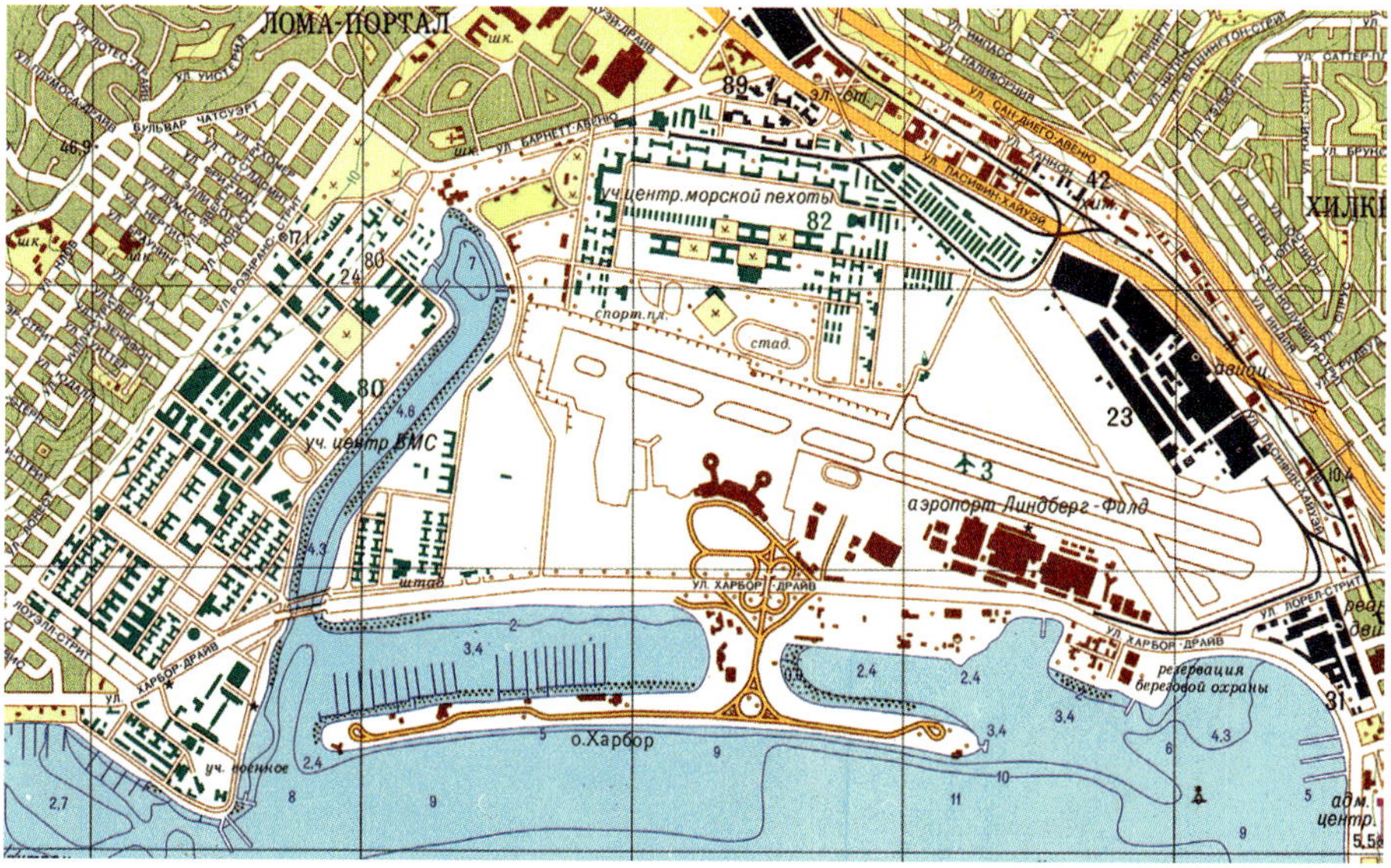

3-37 カリフォルニア州サンディエゴの2万5000分の1地図(1980)。海軍基地の施設が詳細に描きこまれている。

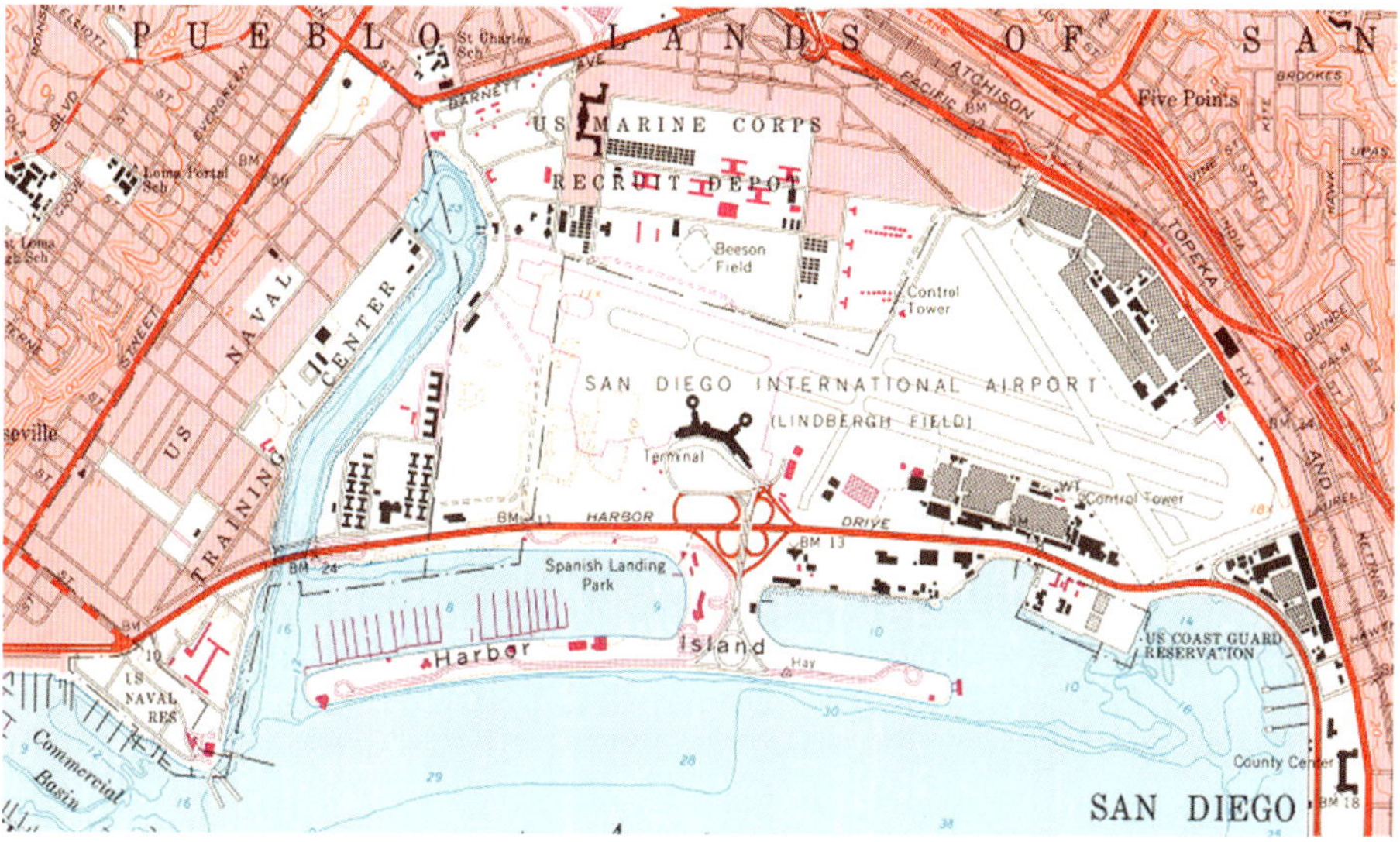

3-38 USGS版カリフォルニア州ポイントローマの2万4000分の1地図(1975)。

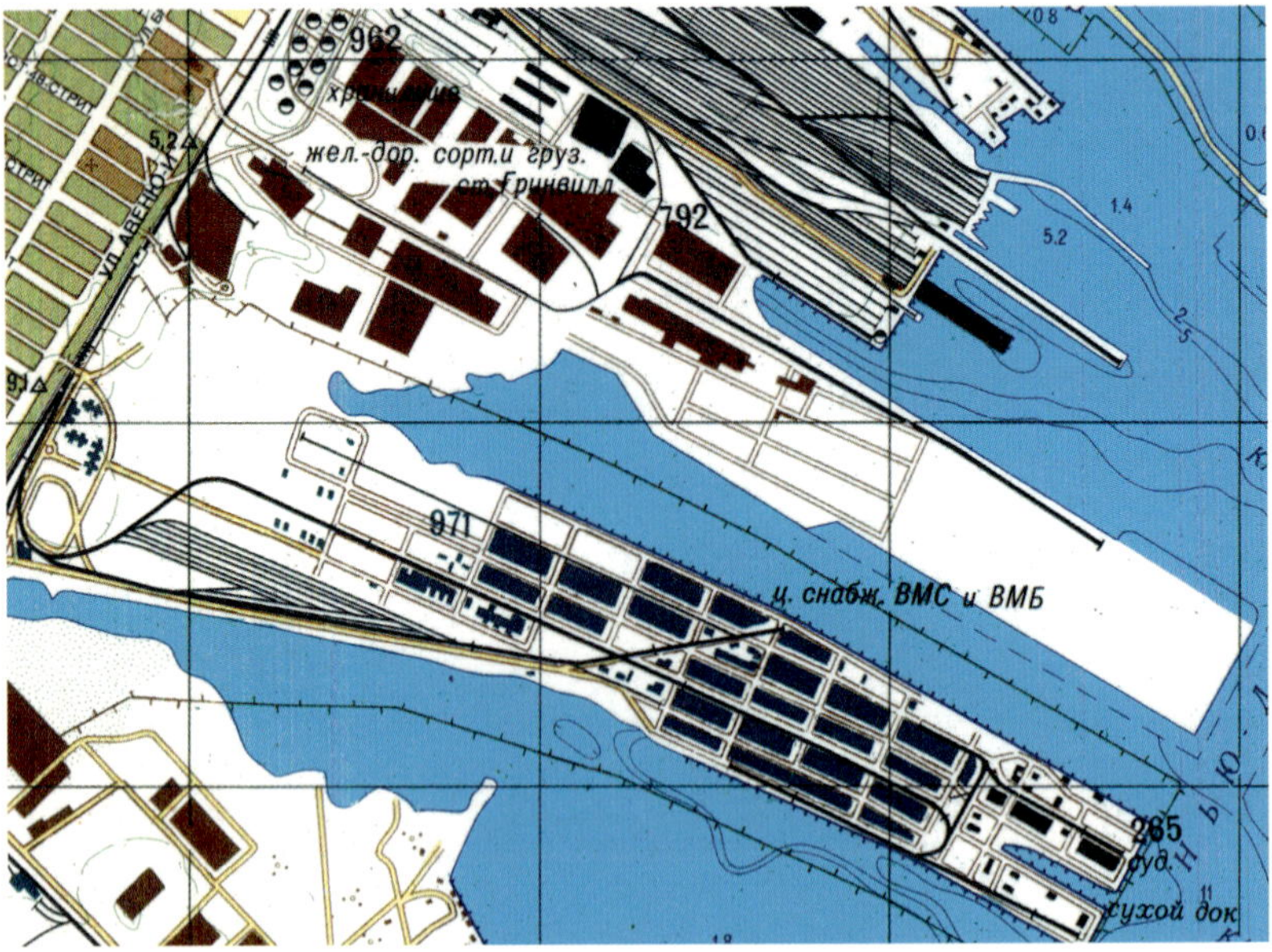

3-39 ニューヨークの2万5000分の1地図（1982）、ニュージャージー州ベイヨンとグリーンビル・ヤーズの海軍施設。

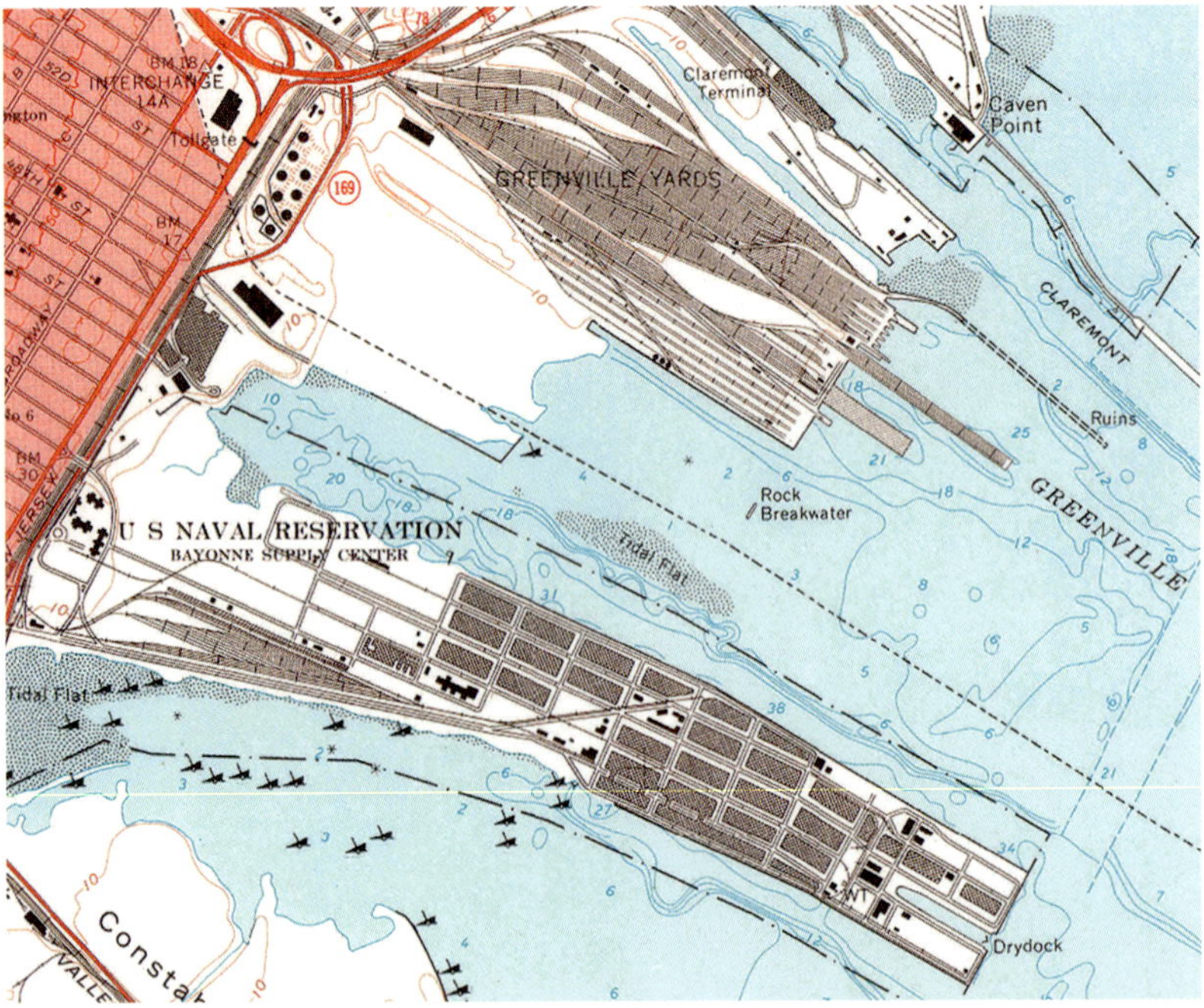

3-40 USGS版ニュージャージー州ジャージーシティの2万4000分の1地図（1967）。

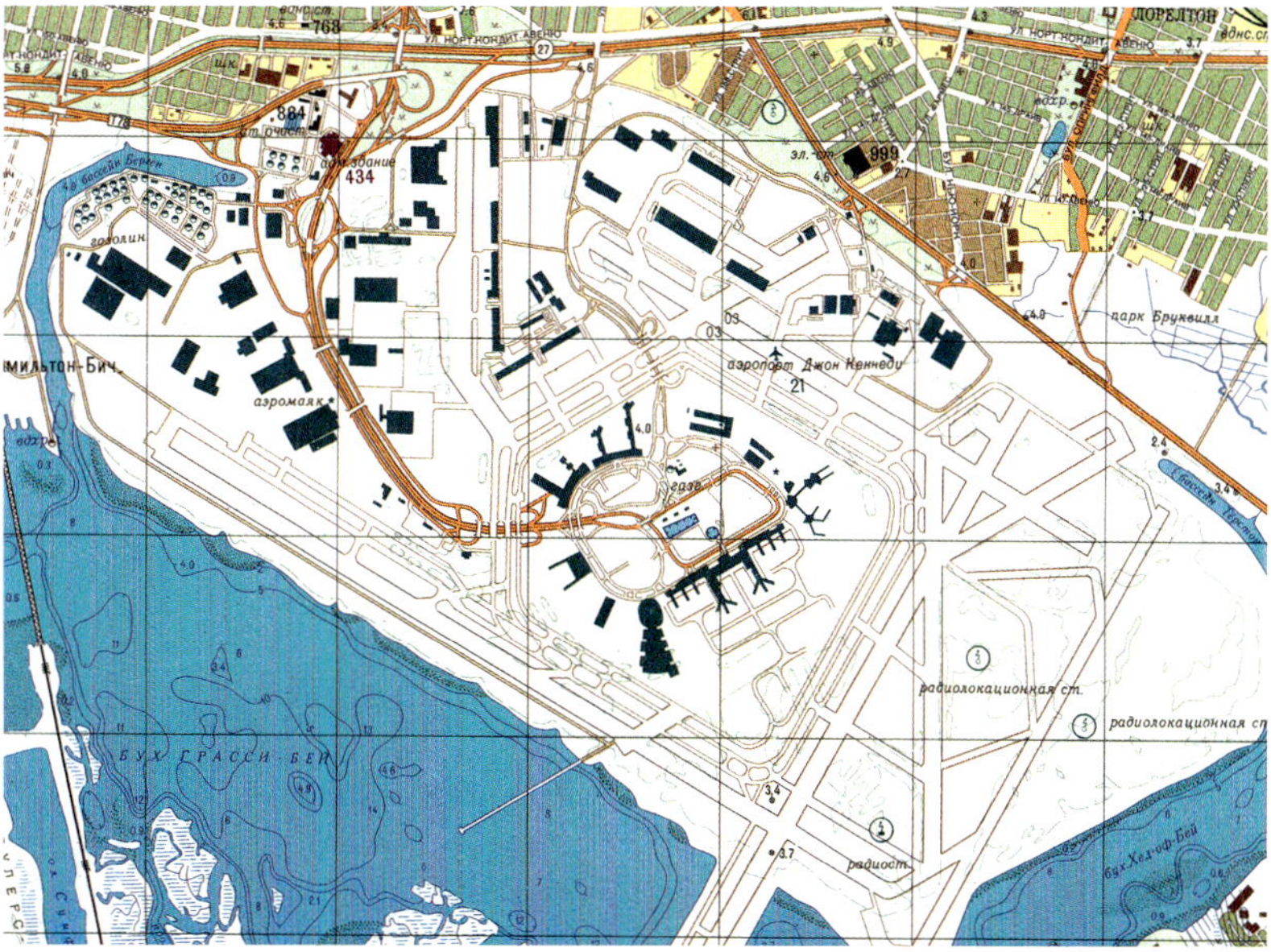

3-41 ニューヨーク州の2万5000分の1地図(1982)に描かれているジョン･F･ケネディ国際空港。

3-42 USGS版ニューヨーク市ジャマイカの2万4000分の1地図(1966)。

秘密の秘密

機密施設を国内地図でいくら省略したところで、衛星探査ではお見通しだ。それでもソ連の地図作成者が見のがした「隠れ」施設はあった。英国に一一か所存在した「政府機能拠点」もその一例だ。これは一九五〇年代後半から一九六〇年代半ばまでに各地につくられた地下核シェルターで、核攻撃を受けた際には政府機能が移ることになっていた。国民はその存在を知らないし、地上からはまったく見えない。もちろん刊行された地図や資料にも記載はない。

ワシントンDCのテンレイタウンにある冷戦時代の機密通信塔もそうだった。この施設は地上にあり、「なにげなく」存在しているので、見る人が見ればすぐわかる。しかし衛星画像でははっきり確認することができない。

足で集めた情報

地図作成の情報収集では、個人の活動はどれほどの割合を占めていたのだろう? これについては興味ぶかい手がかりがある。二〇〇三年、ロシアの英語ニュースサイト〈プラウダ・オンライン〉に、秘密諜報員が現地で情報収集していたことを裏づける記事が出た[16]。一九八七年、ソ連でつくられたストックホルムと軍港都市カールスクルーナの地図がスウェーデンの大衆紙『アフトンブラーデッド』に掲載され、衝撃を与えた。地図は「スウェーデンの軍用地図作成者が手がけたものより優れている」ほど質が高いうえに、防衛施設が残らず記載され、機密水路の深さまで書かれていた。

スウェーデン製はつねにロシア製より優秀であり、スウェーデン沿岸防衛の重要情報はロシアには漏れていない――スウェーデン日刊紙の報道はこの二つの思いこみを粉砕した。地図には極秘の地雷原の位置はもちろん、機密海軍基地の寝台の長さと幅まで記されていたのだ。軍事情報部門の責任者クリステル・ホルムは、これらの地図は秘密諜報員の情報が元になっているにちがいないと語った。

スウェーデン秘密警察防諜部門のトップだったトーレ・フォルスベリが、今回のような地図がつくられる過程を解説してくれた。ロシアの中央情報局やKGBの諜報員（在ストックホルムのソ連大使館には最高で四五人在籍していた）が短い国内旅行を繰りかえし、行った先で橋の荷重を確認し、森林の木と木の間隔を測定する。こうした情報は、ソ連軍の侵攻計画に必要だった。戦略的に重要と思われる場所にピクニックに行くときは、外交官も地元住民に気安く接していた。フォルスベリはこう回想する。「一九八二年夏の晴れた日、駐在武官のピョートル・シロキーはストックホルム近郊の海辺に出かけた。彼は近くの砂浜で休んでいた掘削機の運転手に（さりげない風を装って）声をかけ、会話を始めた。そして、地雷原と接続するケーブル敷設の工事をしていることを聞きだした。しかしあいにく、そこにはスウェーデンの秘密諜報員もいて、二人の会話をすべて聞いていた」

ソ連の諜報員がこうして集めた情報が、英国や北米の地図づくりに使われたことはどうやって確かめればいいだろう？　相手国での資料の収集、偵察、測定や測量を担っていたのは諜報員だが、彼らなしでは入手できなかった情報を特定するのは困難だ。ただしそれらしい手がかりはある。国際的に定められた仕様でありながら、西側諸国の地図ではあまりお目にかからない数字だ。具体的には、橋の荷重や桁下高、河川の流速、森林の樹木の太さと高さ、間隔などである。こうした数字は、各国が作成した地図には記されておらず、公表されている資料もない。衛星画像から確認することもできない。誰かが現地で検分し、推定する必要がある。ソ連が作成し

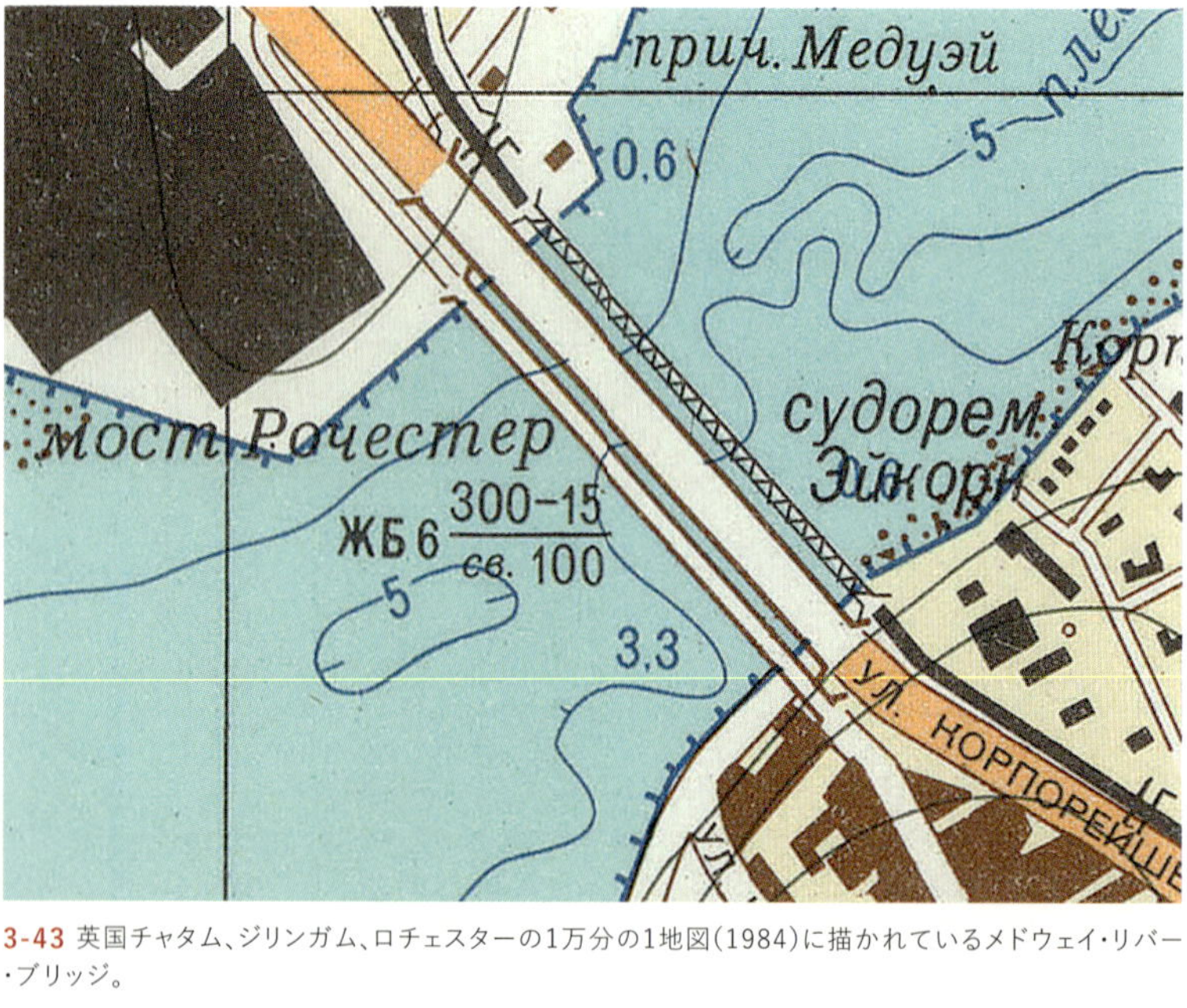

3-43 英国チャタム、ジリンガム、ロチェスターの1万分の1地図（1984）に描かれているメドウェイ・リバー・ブリッジ。

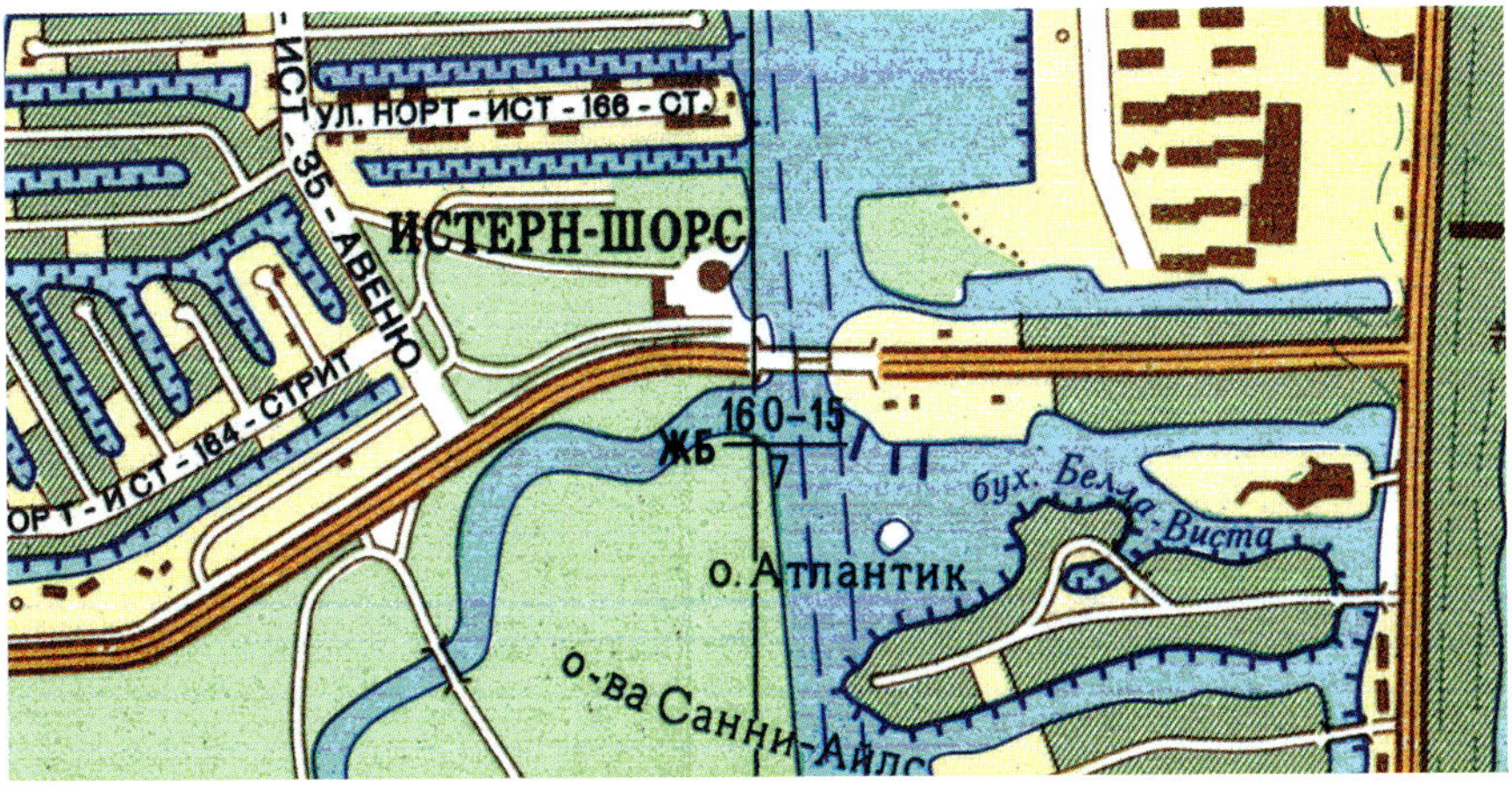

3-44 マイアミの2万5000分の1地図(1984)に描かれているイースタン・ショアズの橋。

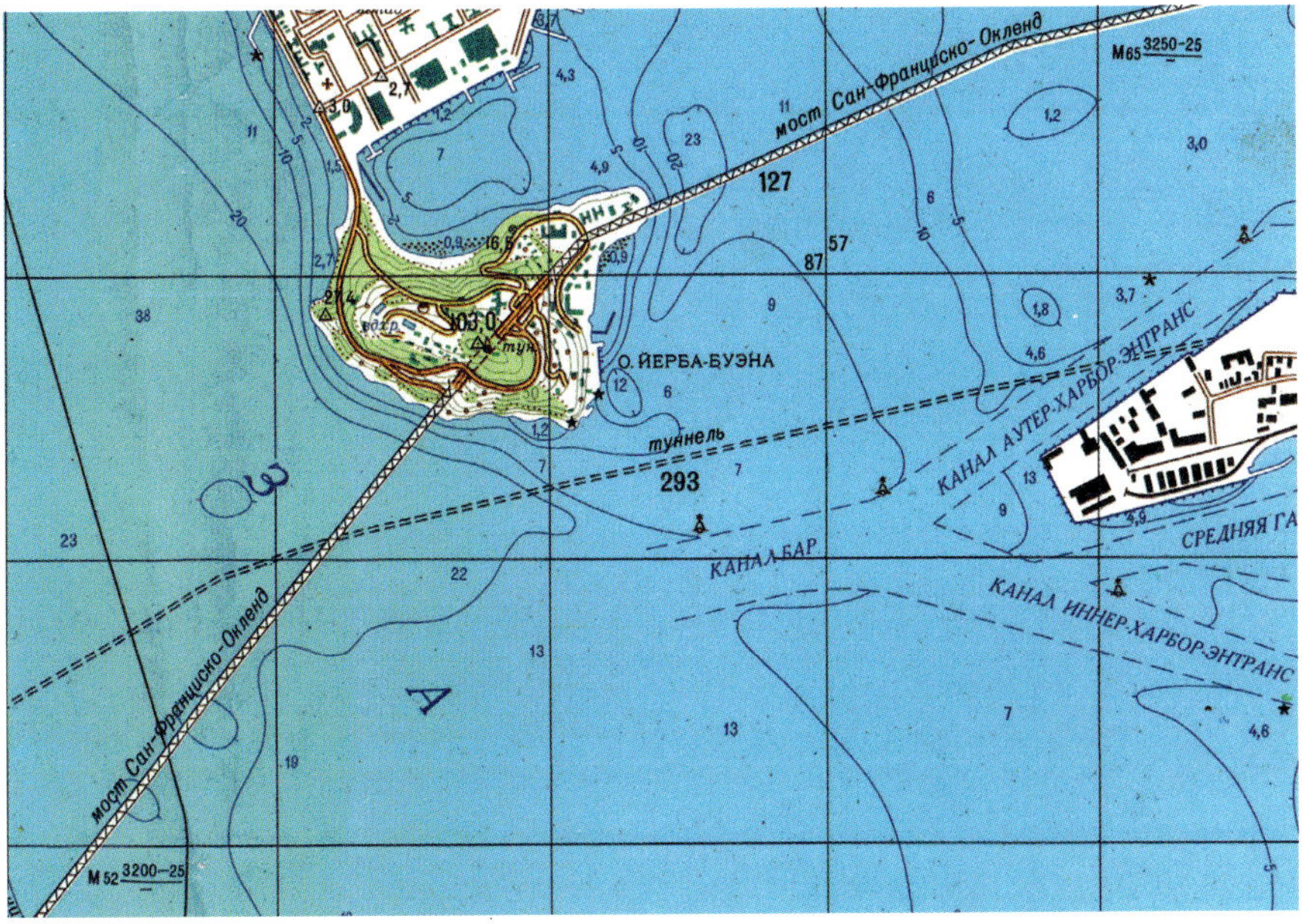

3-45 サンフランシスコの2万5000分の1地図(1980)の抜粋。オークランド・ベイ・ブリッジの2か所のデータが記載されている。どちらも鉄筋コンクリート製で、桁下高がそれぞれ52メートルと65メートル(目標物293は高速鉄道BARTのトンネル)。

た自国の地図にくまなく入っているのは、データが容易に入手できるからだろう。しかし、米国や英国の地図にはごくたまに見かけるのみだ。ということは、数字が入っている場所は諜報員が実際に訪れたと推測できる。

英国や米国の地図に橋のデータが記載されている貴重な例が、図3-43、3-44だ。前者はチャタム海軍工廠（図3-29）が近いので納得できる。しかし後者はマイアミの北のはずれ、イースタン・ショアズを東西に貫く平凡な道路だ。なぜスパイがここに注目したのか、理由が思いつかない。チャタムの橋は鉄筋コンクリート製、桁下高が六メートル、全長三〇〇メートル、幅一五メートル、荷重約一〇〇トン（約一一〇メトリックトン）と書かれている。マイアミの橋も鉄筋コンクリート製、全長一六〇メートル、幅一五メートル、荷重七トンだ。

それ以外の地図では、衛星画像からわかる数字しか書かれていない。たとえばサンフランシスコ（図

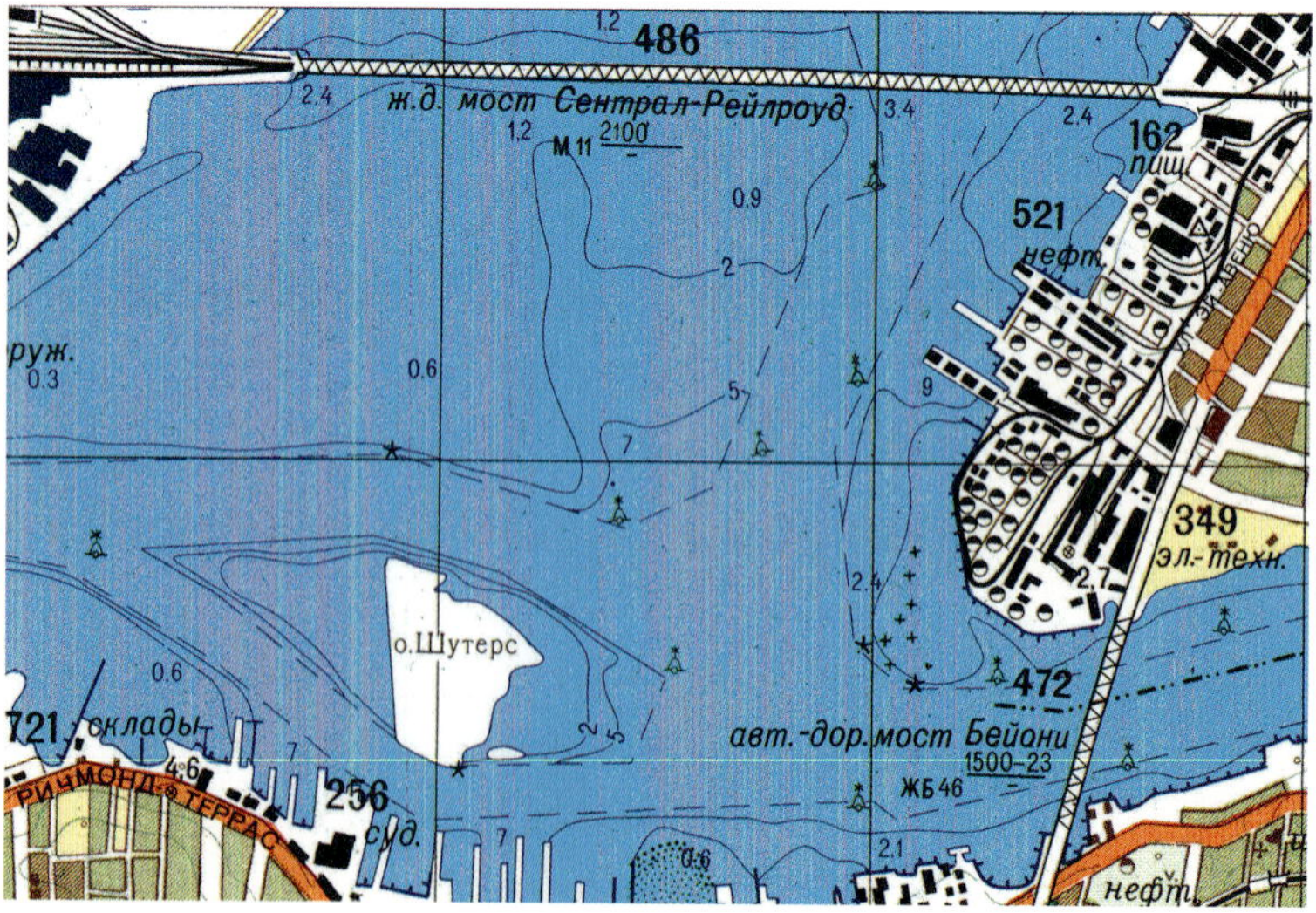

3-46 ニューヨークの2万5000分の1地図（1982）の抜粋。上部の鉄橋は「中央鉄橋」と書かれ、全長2100メートルであることがわかる。コンクリートの道路橋はベイヨン橋（全長1500メートル、幅23メートル）。

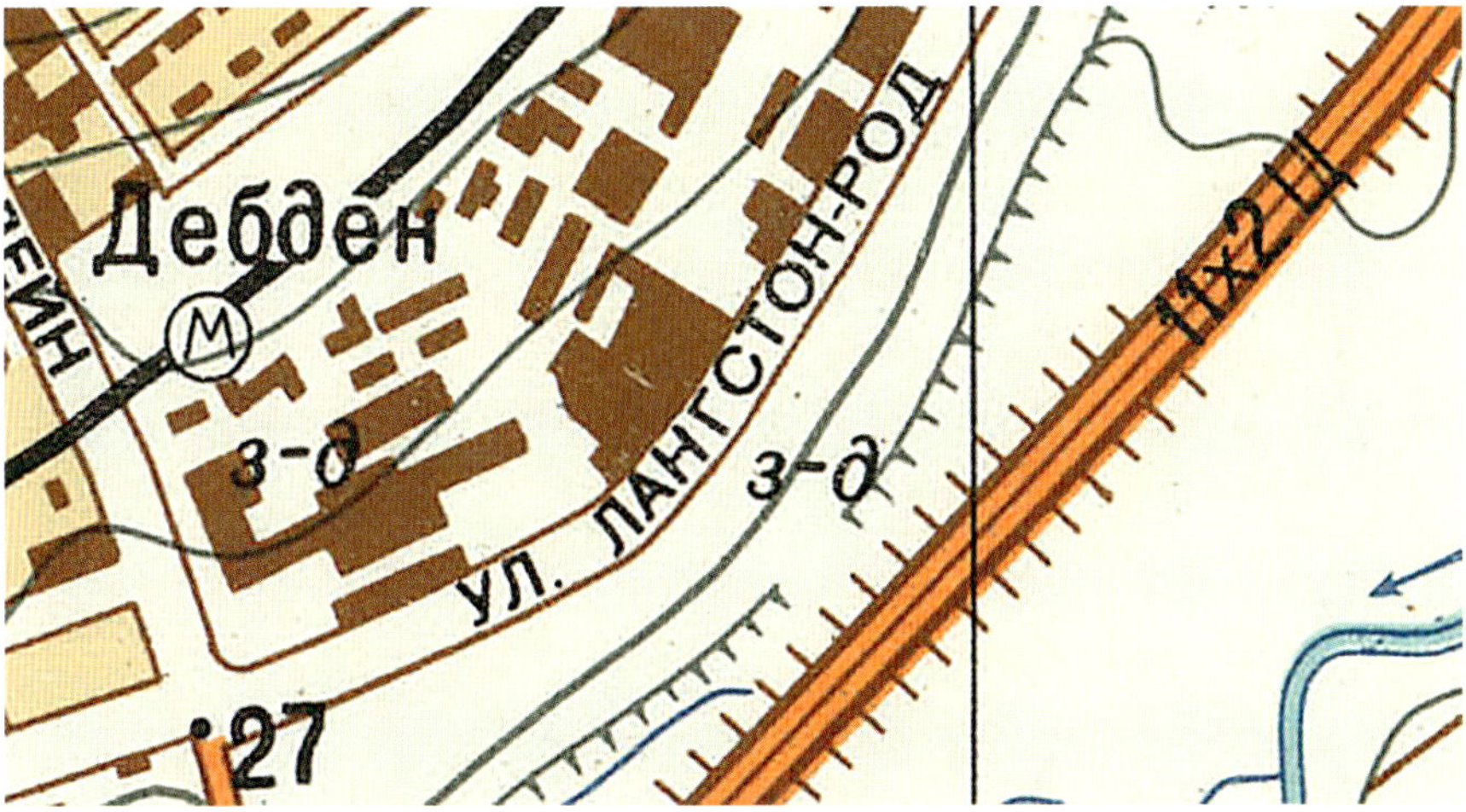

3-47 ロンドンの2万5000分の1地図(1985)の抜粋。高速道路M11はコンクリート製で幅11メートルの自動車道が2本並行していることがわかる。Дебден(デブドン)は地下鉄駅。

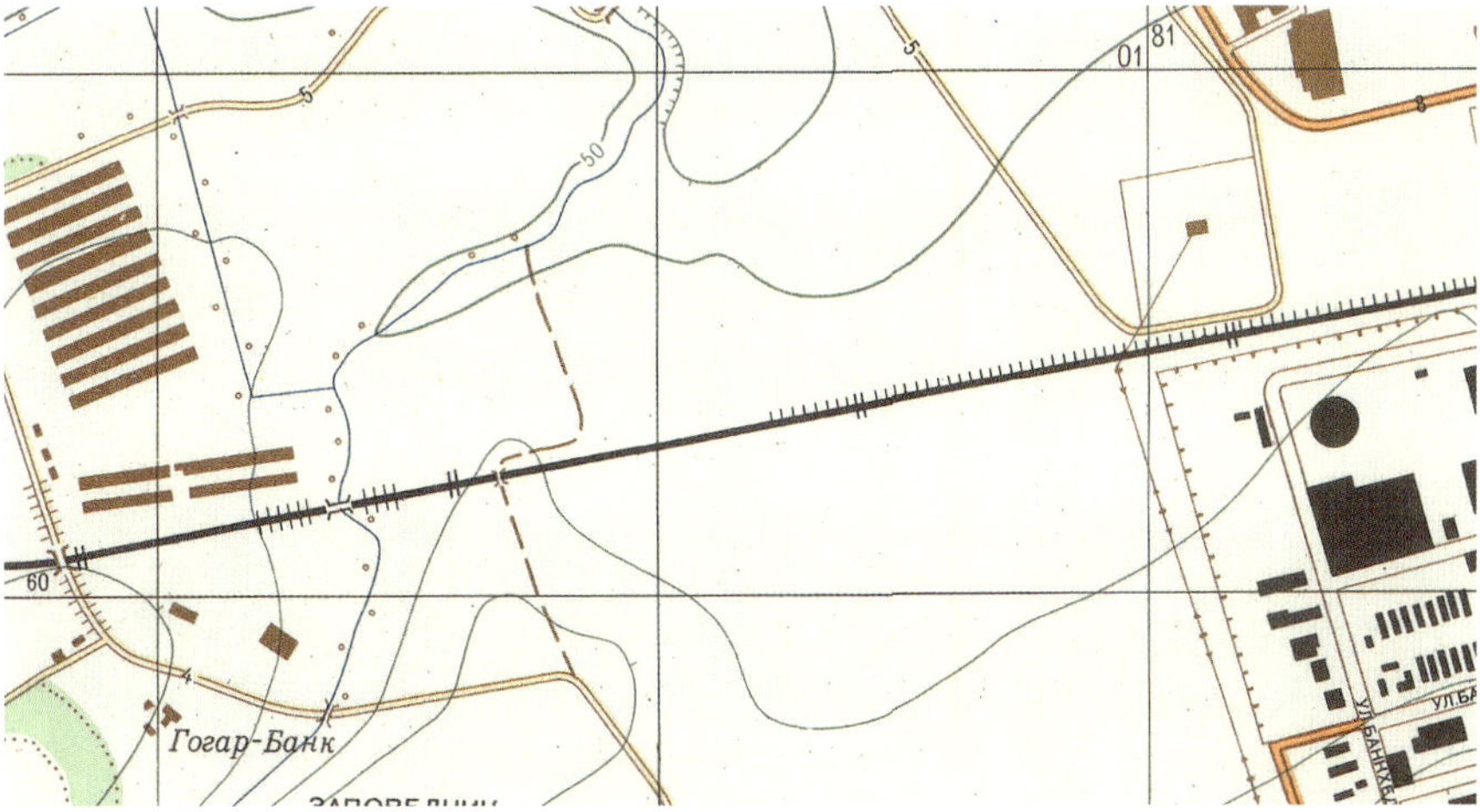

3-48 エディンバラの1万分の1地図(1983)の抜粋。一般道にも幅の記載がある。

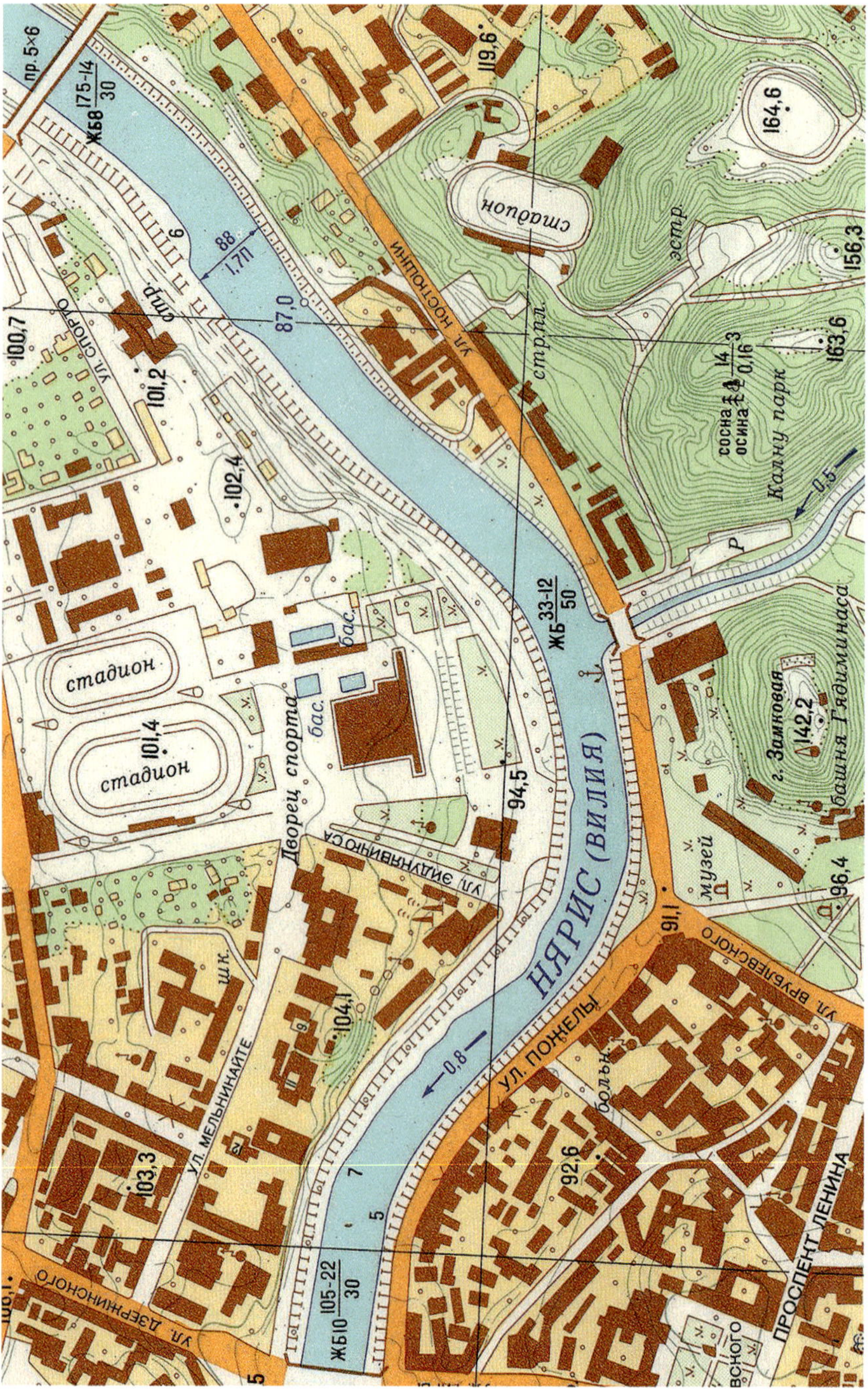

3-49 リトアニア、ビリニュスの1万分の1地図(1991)。

3‐45）やニュージャージー州ニューアーク（図3‐46）の橋は、寸法と建材だけで荷重はない。英国の地図では幹線道路に道幅が記されているが、これも衛星写真ですぐにわかる（ただし米国の地図に道幅は入っていないことが多い）。図3‐47でロンドン近郊を通る高速道路M11が典型的な例だ。

めずらしい例では、エディンバラの西にある新興開発地区で一般道の幅が書かれている。図3‐48の抜粋だけでも四か所あり（4、5、5、8メートル）、抜粋部分の周囲にもさらに数字がある。これも諜報員が足で情報を集めた成果ではないだろうか。いっぽうソ連領内、リトアニアのビリニュスの一万分の一地図（一九九一）が図3‐49だ。諜報員が自由に歩きまわることができたら、世界各地の地図にもこれぐらい詳細な情報が入っていたはずだ。何が書かれているのか、川に沿って西から東に見ていこう。

- 鉄筋コンクリート製の橋、桁下高一〇メートル、全長一〇五メートル、幅二二メートル、荷重三〇トン。
- 堤防、高さ五メートル。
- 堤防、高さ七メートル。
- 西に流れる川、流速毎秒〇・八メートル
- 大文字の河川名は航行可能であることを示す。河川名がネリス（ビルニア）と書かれているのは、ここが二つの川の合流点であるため。
- コンクリート製の橋、全長三三メートル、幅一二メートル、荷重五〇トン、桁下高八七・〇メートル。

●河川の水深は一・七一メートル、川底は砂地（Π）、川幅八八メートル。
●堤防、高さ六メートル。
●コンクリート製の橋、全長一七五メートル、幅一四メートル、荷重三〇トン。
●地下道、高さ五メートル、幅六メートル。

紙の記録

地図上に注記された情報が、特定の地図や文書から得たものであることを証明するには、その出典からしか得られない特徴、つまり「指紋」を見つける必要がある。その良い例が独立標高であり、地区名であり、さらには丸写しで引きつがれた誤記だ。

◉高さはどのくらい？

既存の地図からそのまま引用したことが確実なのは、独立標高、すなわち特定地点の標高だろう。等高線は立体写真からも判読できるが、独立標高は英国陸地測量部（ＯＳ）や米国地質調査所といったその国の地図作成機関が現地に出向き、精密に測定してはじきだしたものだ。その後の測量で数値が変わると、地図の記載も異なってくる。したがって独立標高の数値は、出典となった地図を特定する重要な手がかりになる。

ソ連が作成した米国の市街図を見ると、同時代のＵＳＧＳ版七・五分×一五分地図（縮尺二万四〇〇〇分の一）とまったく同じ場所に独立標高が入っている。数字が一致しないところは、転記もしくは換算時の誤りだろう。図３‐11と３‐12には、ＵＳＧＳ版で二六九、一七二、二〇〇フィートという独立標高が、ソ連版ではメートルに換算されてそれぞれ八二・〇、五二・四、六一・〇になっている。ハンスコム空軍基地の地図でも、ＵＳＧＳ版は一二三、一二五フィートの独立標高（図３‐34）が、ソ連版では換算された通りの三七・五、三八・一メートルで記載されている（図３‐33）。

英国の市街図では、一九七〇年代から九〇年代までのソ連版に記されている独立標高は、一九三九年以前の陸地測量部カウンティ・シリーズ（一マイル＝六インチ、一万五六〇分の一地図）のものと同じだ。一九四〇年以降の同シリーズは独立標高の記載が減り、また数値も新しくなっている。だがくわしく調べると、ソ連版とＯＳ版の対応はそれほど単純なものではなさそうだ。ここではウエスト・ヨークシャー、ブラッドフォード市街図の北部、四キロ×二キロ（二・五マイル×一・二五マイル）の部分で見てみよう。

対象部分内に一四か所ある独立標高を、一九九〇年ソ連版とＯＳ版六インチ地図で比較したのが表３‐１だ。図３‐50は対象部分の西側半分で、独立標高を赤く囲み、１～８の番号を振ってある。図３‐51が東側半分で、独立標高は９～14となる。

この分析から、ソ連版は三種類の地図からデータを取りこんでいることがわかる（表３‐１の太字部分）。

●9、10、12、14は一九〇九年の地図
●1、4、5、6は一九三八年の地図
●2、3、7、8は一九八二年の地図

13はOS版には出てこないが、ソ連版には最高地点として加えられている。

表3-1

地点	ソ連版（m）	OS1909年版（ft.）*	OS1938年版（ft.）*	OS1956年もしくは1968年版（ft.）*	OS1982年版（m）
1	134.5	441.6（134.6）	441.22（**134.5**）	—	—
2	175.0	—	—	575（175.3）	**175**
3	168.0	553.7（168.8）	553.3（168.6）	—	**168**
4	189.9	623.3（190.0）	622.93（**189.9**）	622（189.6）	—
5	234.8	768.5（234.2）	770.2（**234.8**）	—	243
6	253.6	831（253.3）	832.05（**253.6**）	830（253.0）	253
7	248.0	—	—	—	**248**
8	226.0	—	—	713（217.3）	**226**
9	195.4	641（**195.4**）	—	642（195.7）	196
10	204.0	669.2（**204.0**）	668.78（203.8）	665（202.7）	—
11	197.0	—	—	—	**197**
12	104.1	341.7（**104.1**）	—	339（103.3）	—
13	208.0	—	—	—	—
14	139.6	458.3（**139.7**）	—	—	—

*カッコ内はメートル換算。

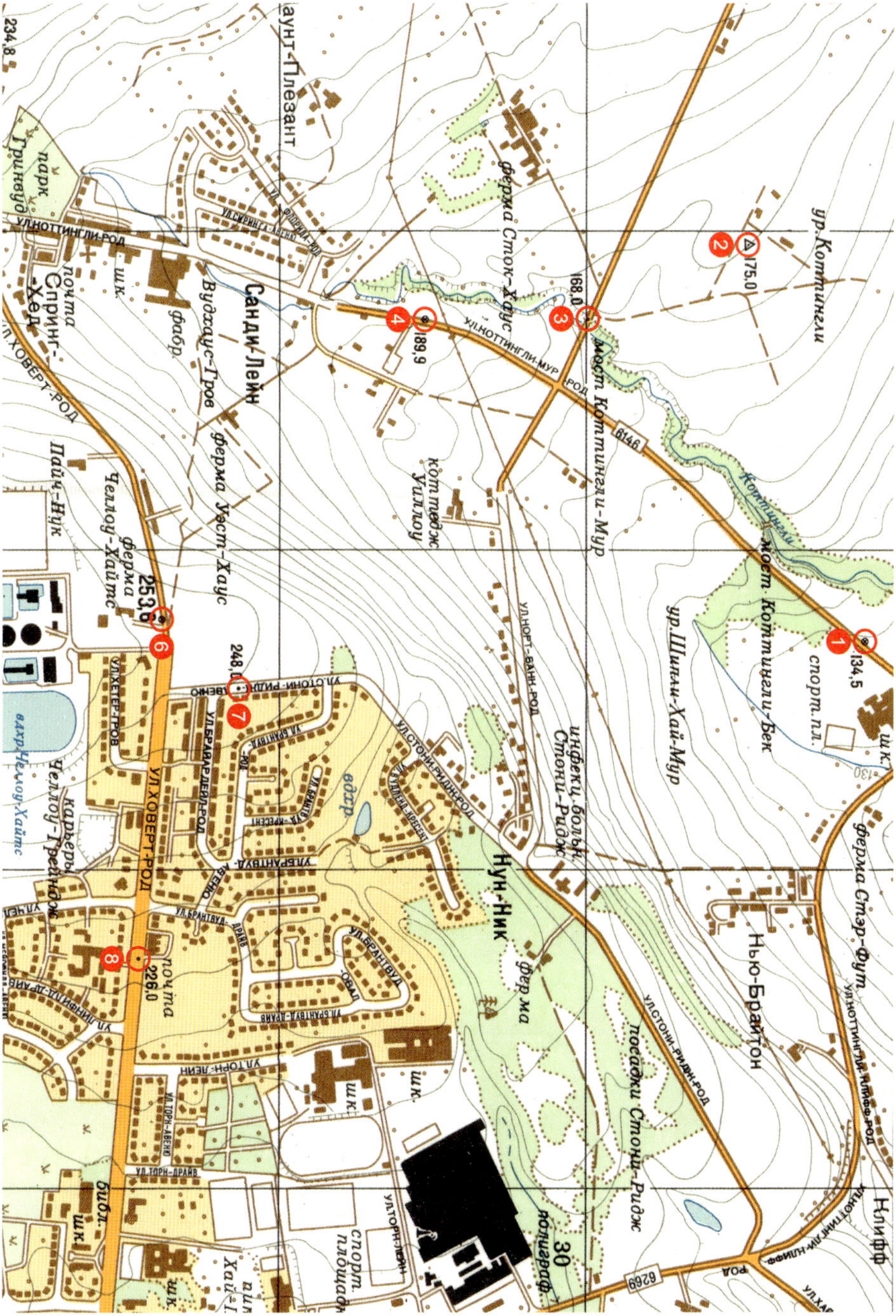

3-50 英国ウエスト・ヨークシャー、ブラッドフォードの1万分の1地図(1990)の北西部分)。

3-51 英国ウエスト・ヨークシャー、ブラッドフォードの1万分の1地図(1990)の北部分。

場所に名前を

地名もまた、出典として使った地図やその他の資料を突きとめる証拠になる。都市の区域名は、時代とともに変わることがある。地元だけの非公式な呼び名である場合はとくにそうで、地図や街路図によって名称が異なっていたりする。一九九〇年のブラッドフォードの地図はその意味で興味ぶかい例だ。ソ連版と、それ以前に出ていた六種類のOS六インチ版（一八五二、一九〇九、一九三八、一九五六、一九六八、一九八二年）と、七種類の商用街路図（一九六一、一九七二、一九七三、一九八〇、一九八二、一九八八、一九九三年）を比較すると、明らかな差異が見つかった。

●一八五二年OS版にしか出てこない区域が二つある（ジャンクションとプリムローズ・ヒル）。
●ダムミル・プレイスは一九〇九年OS版にしか出てこない。
●ファグリーは一九八二年商用街路図にしか出てこない。
●ロウアー・グランジはソ連版では二か所に出てくるが、どちらも地元版に該当する場所はない。
●ザ・ボッグズは地元版のどこにも出てこない。
●ワイク・コモンはソ連版ではワイクの西だが、地元版ではすべてワイクの東になっている。

さらに、**КОЛ-ПЛЕЙС**（コル・プレイス）が二か所に書かれたソ連版地図もある。一九〇九年、一九三八年、一九五六年版は、**ГАЛИФАКС-РОД**（ハリファックス・ロード）近く（図3-52）。一九六七年、一九八八年、一九三三年版は、「マンチェスター・ロード（**МАНЧЕСТЕР-РОД**）」の近くだが、これはハッダーズフィールド・ロードの誤りだ。地図作成者は参考資料の一貫性のなさに混乱したのだろう。これほど顕著ではないものの、ほかの地図にも同様の例が散見された。そのいっぽう、アイルランド、ダブリンの地図（一九七〇年編集、一九八〇年印刷）では、アイルランド陸地測量部が一九四八年に刊行したダブリン街路図の内容が忠実に反映されている。

ソ連版地図の区域名は、原語の音をキリル文字に置きかえている。だからレスター（Leicester）は**Лестер**（Lester）に、グロスター（Gloucester）は**Глостер**（Gloster）となる。これは地図を見なが

3-52 英国ウエスト・ヨークシャー、ブラッドフォードの1万分の1地図(1990)に書かれた2つのコル・プレイス。

ら道をたずねるのに便利だが、道路標識と照合はできない。置きかえはほぼ正確で、ノーフォーク州ウィンダム（Wymondham）のようなわかりにくい地名も、地図N‐31‐123ではちゃんと**Уиндем**（Windem）になっている。

この方針はほかの国の地図でも守られている。

マルセイユ（フランス）Marseilles → **Марсель**
ハーグ（オランダ）The Hague → **Гаага**
テヘラン（イラン）Tehran → **Тегеран**
スエズ（エジプト）Suez → **Суэц**
バダホス（スペイン）Badajoz → **Бадахос**
タンジール（モロッコ）Tangiers → **Танжер**

別名がカッコ書きになっていることもある。ブリストル市街図のケインシャム（Keynsham）は、**КИНШАМ**（**КЕЙНСЕМ**）となっており、発音はキンシャム（ケインセム）となる（図3‐53A）。アイルランド共和国の場合、多くの地名はアイルランド語と英語が併記されていることも話をややこしくしている。図3‐53Bと3‐53Cは、カーロウ州にある二つの小さな町の記載だ。両者の距離は二キロ弱である。どちらもソ連の地図作成者は、地名の正しい発音を突きとめようとした。後者はアイルランド語、英語どちらの表記も誤っているが、アイルランド全域ではおおむね表記は正確だ。それを助けたのは在ダブリンのロシア大使館や、アイルランド語を教えているモスクワ大学言語学科だった。当時ソ連領内では一三三種類の言語や方言が話されていたから、多様な言語や文字の扱いはお手のものだったにちがいない。

英国のキングストン・アポン・ハルは、陸地測量部の地図にはこの名前で記載されているが、通称はハル（Hull）だ。ソ連の一〇万分の一地図N‐30‐084を見ると、Гулль（Халл）となっており、どちらも発音は「ハル」に近い。隣接するN‐30‐083では、グール（Goole）はГулと表記されているが、英語ではGは硬音で発音する。リーズの地図にも同じ問題が見られる。ギプトン（Gipton）とギルダーサム（Gildersome）はどちらも硬音のGで始まるが、地図上のキリル文字はДЖで、これは軟音のGである。たまに誤りも見受けられるとはいえ、こうした表記は綿密な調査と膨大な地理的知識に支えられていた。ただ現地の正確な発音となる

3-53A 英国ブリストルの1万分の1地図（1972）、ケインシャムの表記。

3-53B アイルランド、カーロウの10万分の1地図N-29-119(1979)。リーフリンブリッジの英語表記の下に、アイルランド語表記がある。どちらもおおむね原語の発音に近い。

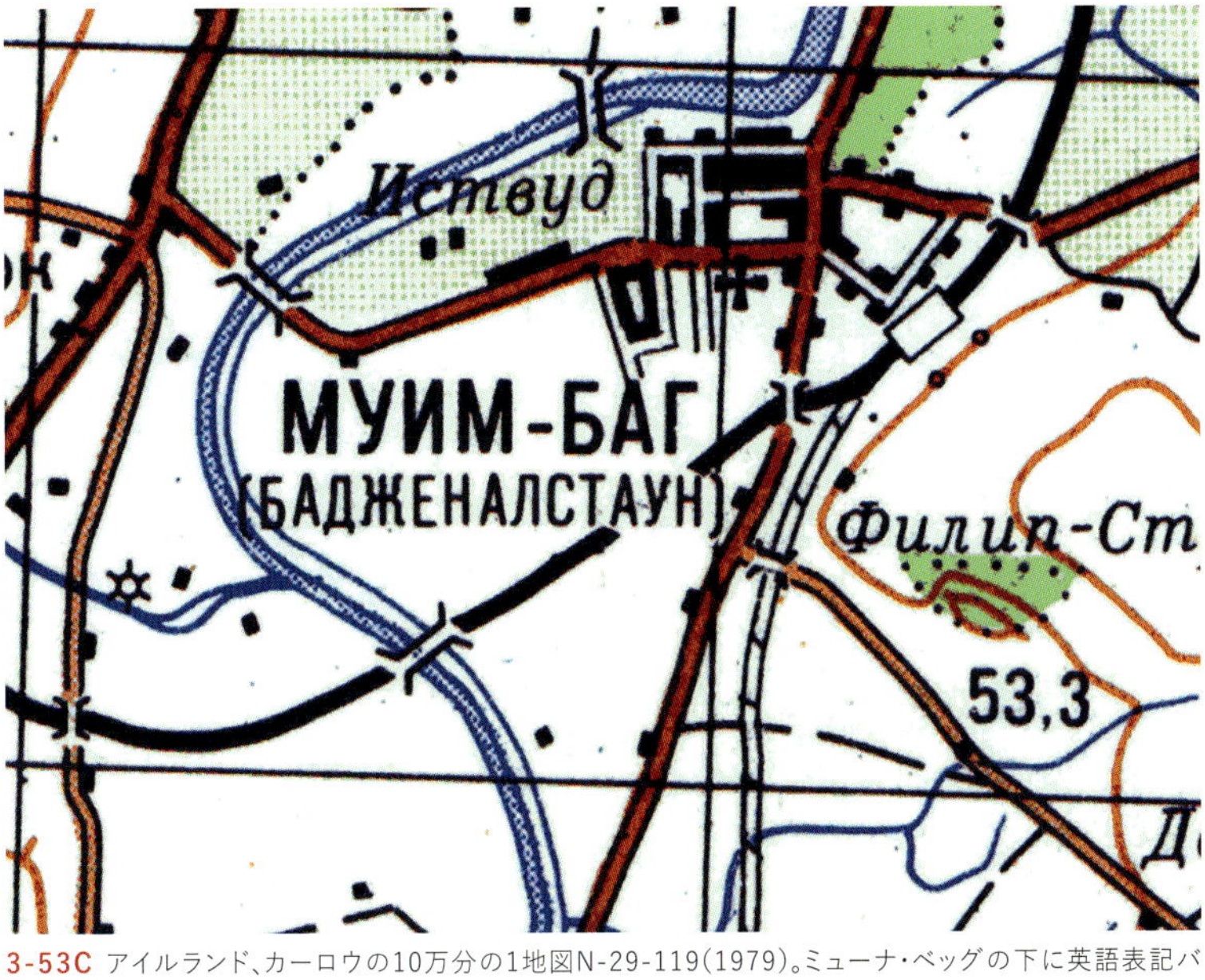

3-53C アイルランド、カーロウの10万分の1地図N-29-119(1979)。ミューナ・ベッグの下に英語表記バグナルスタウンが記されているが、どちらも正確ではない。МУИМ-БАГでは、発音はムイム・バッグになる。БАЛЖЕНАЛСТАУНの発音はバジナルスタウンとなり、Gが軟音になってしまう。

と、さすがに判断は難しかったと思われる。

地名が複数の単語で構成されていたら、かならずハイフンでつながっている。これは英米国内で作成された地図には見られない、ソ連の地図ならではの特徴だ。

●Пемброк-Док　Pembroke Dock（図3‐4）
●Вудс-Корнер　Woods Corner（図3‐11）
●Аппер-Хейфорд　Upper Heyford（図3‐32）
●Истерн-Шорс　Eastern Shores（図3‐44）
●Кол-Плейс　Coll Place（図3‐52）

下線を引いた地名の存在も興味ぶかい。図3‐54に示したグラスゴー郊外のニッシェーロ（НИТСХИЛЛ）、マンチェスターやシェフィールドの郊外など、英国都市の大縮尺地図にその例が見られるが、米国の都市にはない。下線は、近くにある鉄道駅の名称も同じであることを意味している。

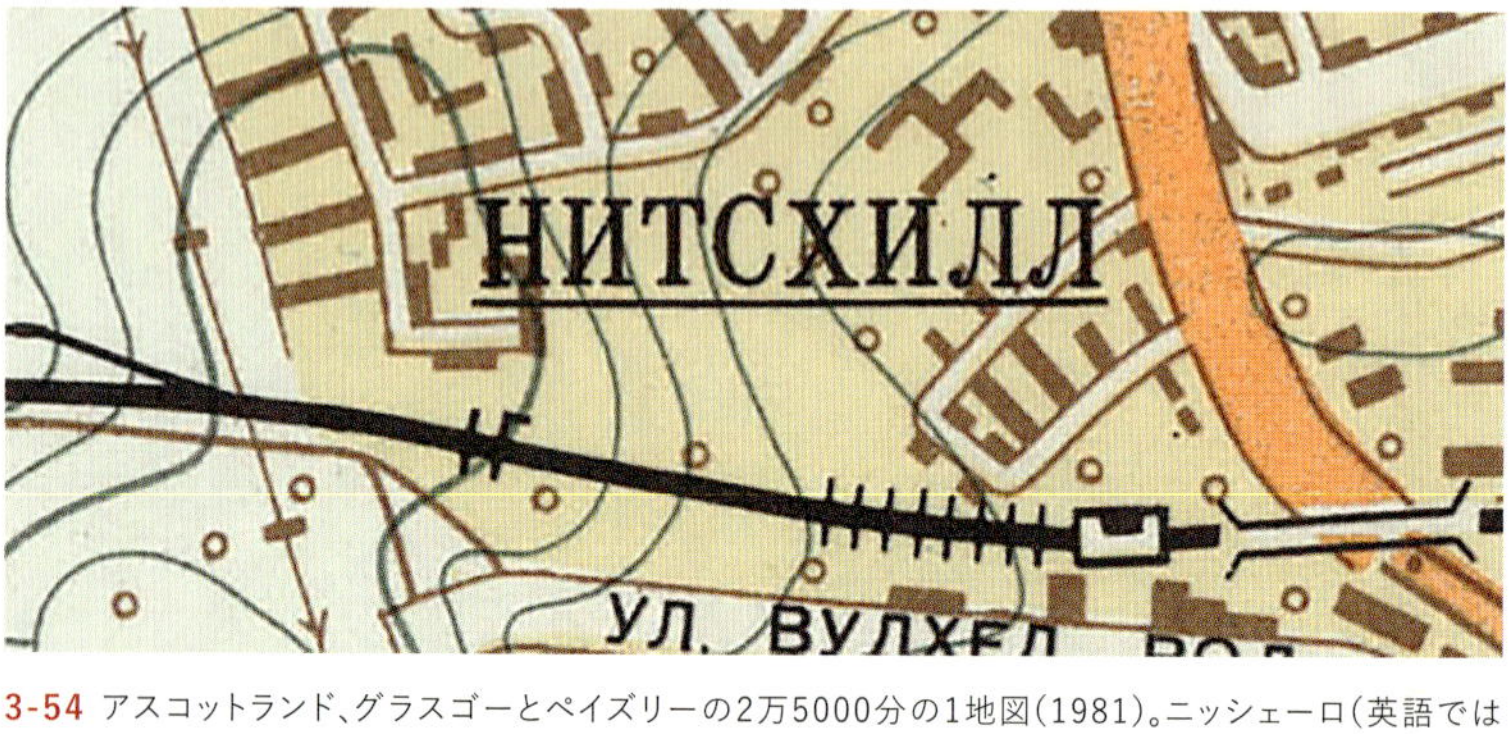

3-54 アスコットランド、グラスゴーとペイズリーの2万5000分の1地図（1981）。ニッシェーロ（英語ではNitshill）に下線が引かれている。

ロスト・イン・トランスレーション

地図の出典を教えてくれる誤りや特徴は、地図作成者になじみがなく、文化的知識を持たない国の地図をつくる難しさを浮かびあがらせる。たとえばソ連がつくった英国、ドンカスターの地図には、南のキャントリーという町に「ローマ時代の製陶所（РОМАН-ПОТТЕРИ-КИЛИС）」と書かれた場所がある（図3-55）。たしかにここは古代ローマ時代に陶器製造がさかんで、陸地測量部の六インチ地図には遺跡の記載がある。ソ連版ではこれを誤解したうえに、英語のNとロシア語のИまで混同した。英語で窯を意味するKilnsをロシア語に字訳するなら「КИЛНС」でなければならない。

出典から写すときに生じた混乱や誤解の例はほかにもある。ケンブリッジの地図の一九七七年版と一九八九年版には、中心部のすぐ北、川沿いの開けた緑地がロリー・パーク（парк Лорри）になっている（図3-56）。しかし陸地測量部地図や商用街路図ではストアブリッジ・コモンだ。どうしてこんなまちがいになったのか。ロリー（lorry）とはトラックのことだから、トラック運転手向け駐車場案内を参考にした？　さすがに無理がありすぎる。しかもほかの資料を当たればすぐわかるはずなのに、この誤りは次の版でも修正されなかったのだ。すべてが謎である。図3-57のケンブリッジの地図にも誤りがある。ゴンビル・アンド・キーズ・カレッジにハービー・コート（Harvey Court）という建物があるが、地図では裁判所を意味する「суд」と書かれているのだ。英語のcourt［「裁判所」の意味がある］の読みちがいだろう。ケンブリッジの地図は二種類の版が出ているが、両方ともこうなっている。

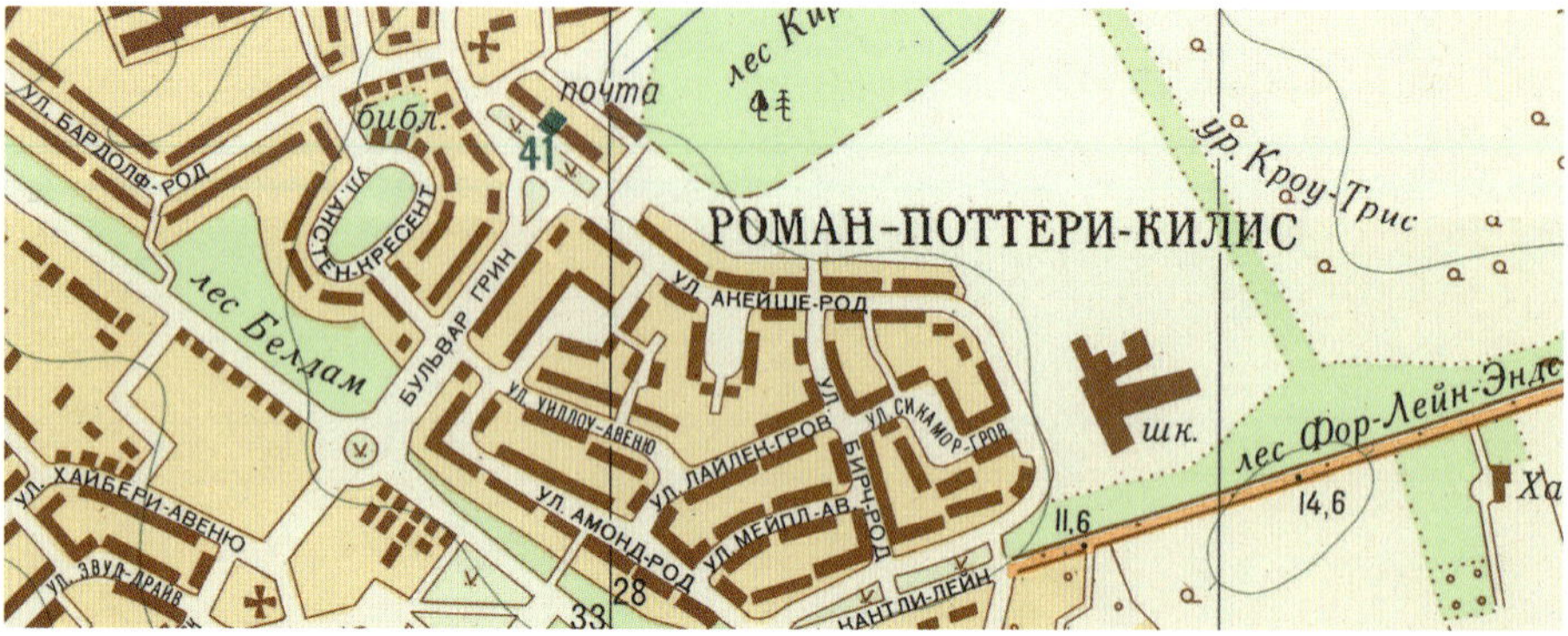

3-55 英国ドンカスターの1万分の1地図(1976)に出てくる「ローマ製陶所」。

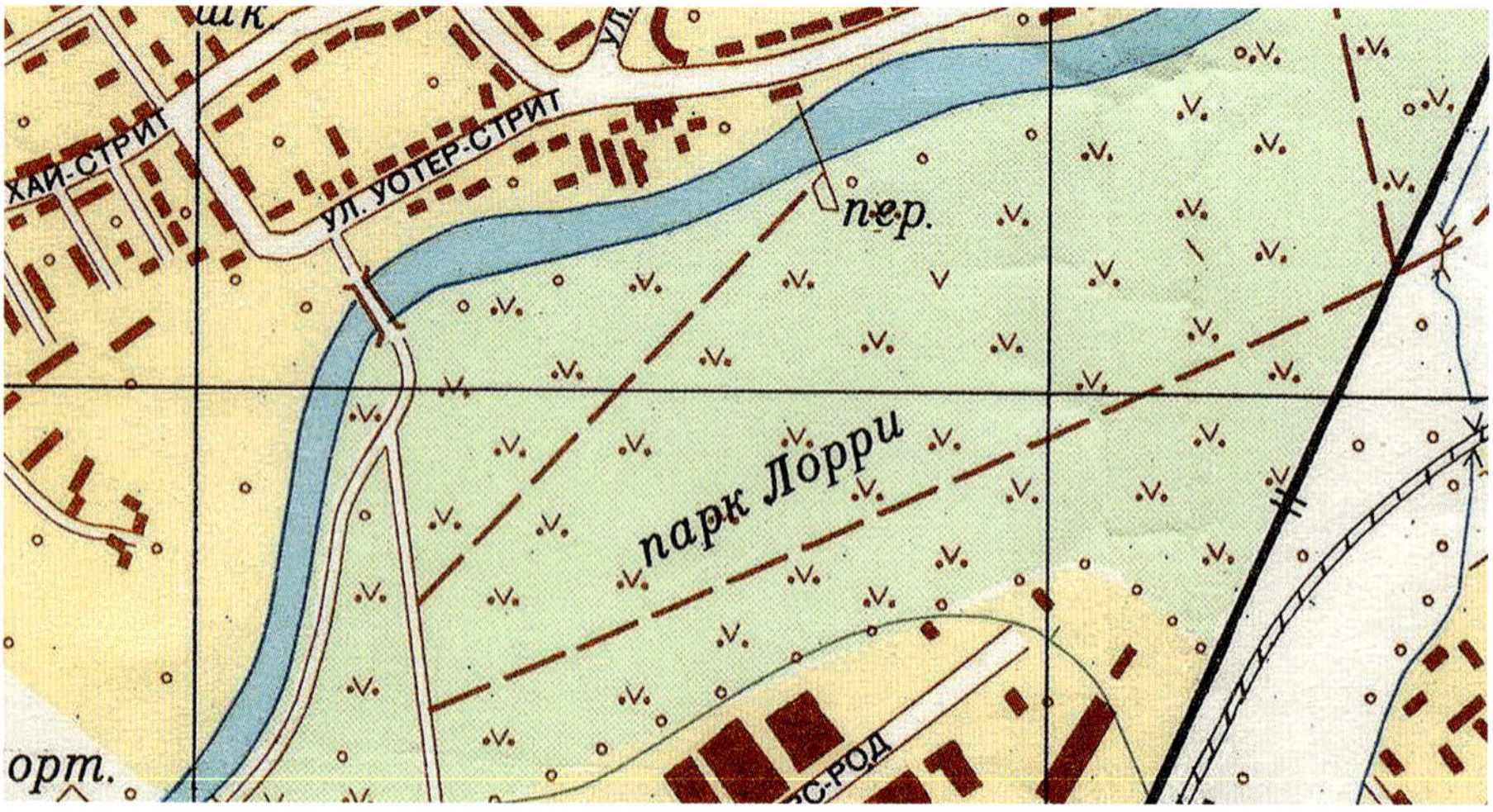

3-56 英国ケンブリッジの1万分の1地図(1989)に出てくる「ロリー・パーク」。

3-57 英国ケンブリッジの1万分の1地図(1989)に出てくる「裁判所」。

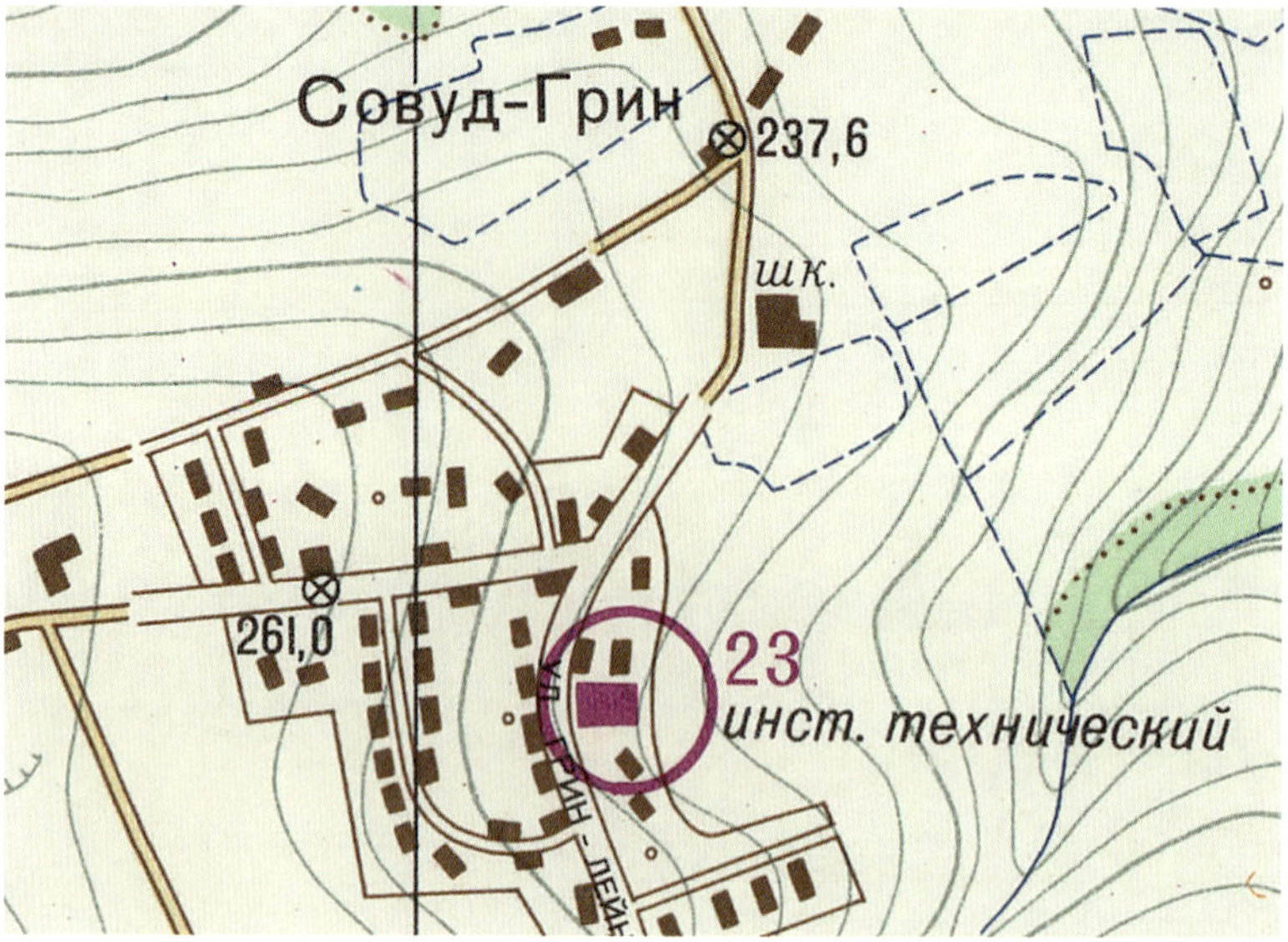

3-58 英国ハッダーズフィールドの1万分の1地図(1984)の抜粋。

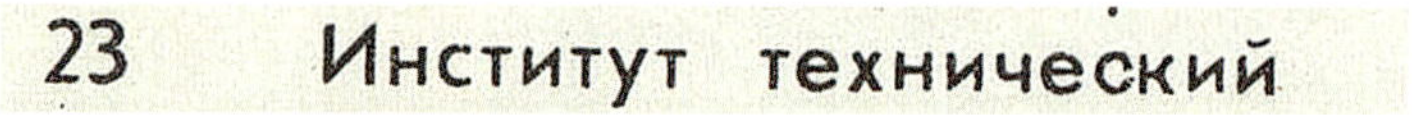
23 Институт технический

3-59 英国ハッダーズフィールドの1万分の1地図(1984)の索引部分。

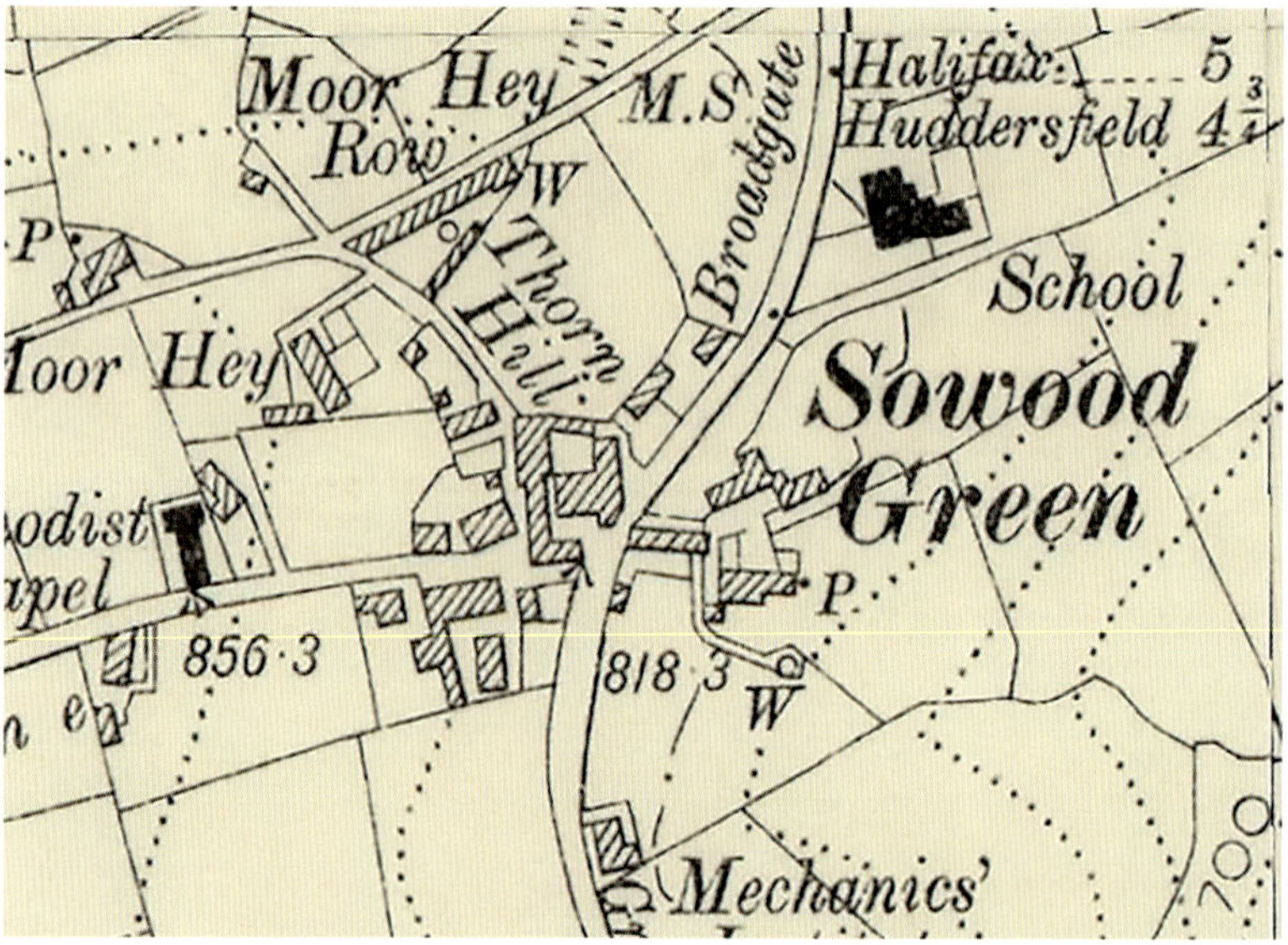

3-60 英国陸地測量部の1万560分の1ヨークシャー地図CCXLV.SE(1949)。

また図３‐58のハッダーズフィールドの地図には、ペナイン山脈の泥炭地にあるソーウッド・グリーンという小さな村に重要目標物23が記され、索引には「工科大学（Институт технический）」と書かれている（図３‐59）。山あいの村ではなく、大都会にあるのがふさわしい施設だ。対応する英国陸地測量部の地図（図３‐60）には「Mechanics, Institute」とある。これは一九世紀に各地に設立された労働者階級向けの施設だ。図書館もあって、労働者を啓蒙するだけでなく、地元のパブの代わりに夜の娯楽を提供する場所でもあった。一九八〇年代のソ連の地図作成者が、一五〇年も昔につくられた文化施設の名前を知らなくても不思議ではない。

文化的な誤解がおもしろいまちがいを生んだ例もある。ロンドン市街図の上左部分、ウエストエンドにあるハー・マジェスティーズ劇場（重要目標物２６３）が、ソ連の地図では「女王と首相の官邸（Резиденция королевы и премьер‐министра）」になっているのだ（図３‐61）。

ランカスター市街図にはうっかりミスもある（図３‐62、左下）。道に面した宿屋があり、陸地測量部ではゴールデン・ボールと記されているのに、ソ連版では「ボールデン・ゴールド・イン（гост. Болден-Голд-Инн）」になっているのだ。

一九七四年のリバプール市街図を見ると、ブロムバラのマージー川に「水上飛行場」がある（図３‐63）。これは、第二次世界大戦中にドイツがつくった英国侵略用地図をソ連が保有していたことをうかがわせるものだ。実は一九二八年、リバプールとベルファストを結ぶ飛行艇の試験運航が短期間ながら行なわれていた。この飛行場は商用でのみ使われていたようで、一九三四年と一九三九年の四分の一インチ（二五万三四四〇分の一）地図、およびバーソロミューの商用市街図には出てくるが、陸地測量部

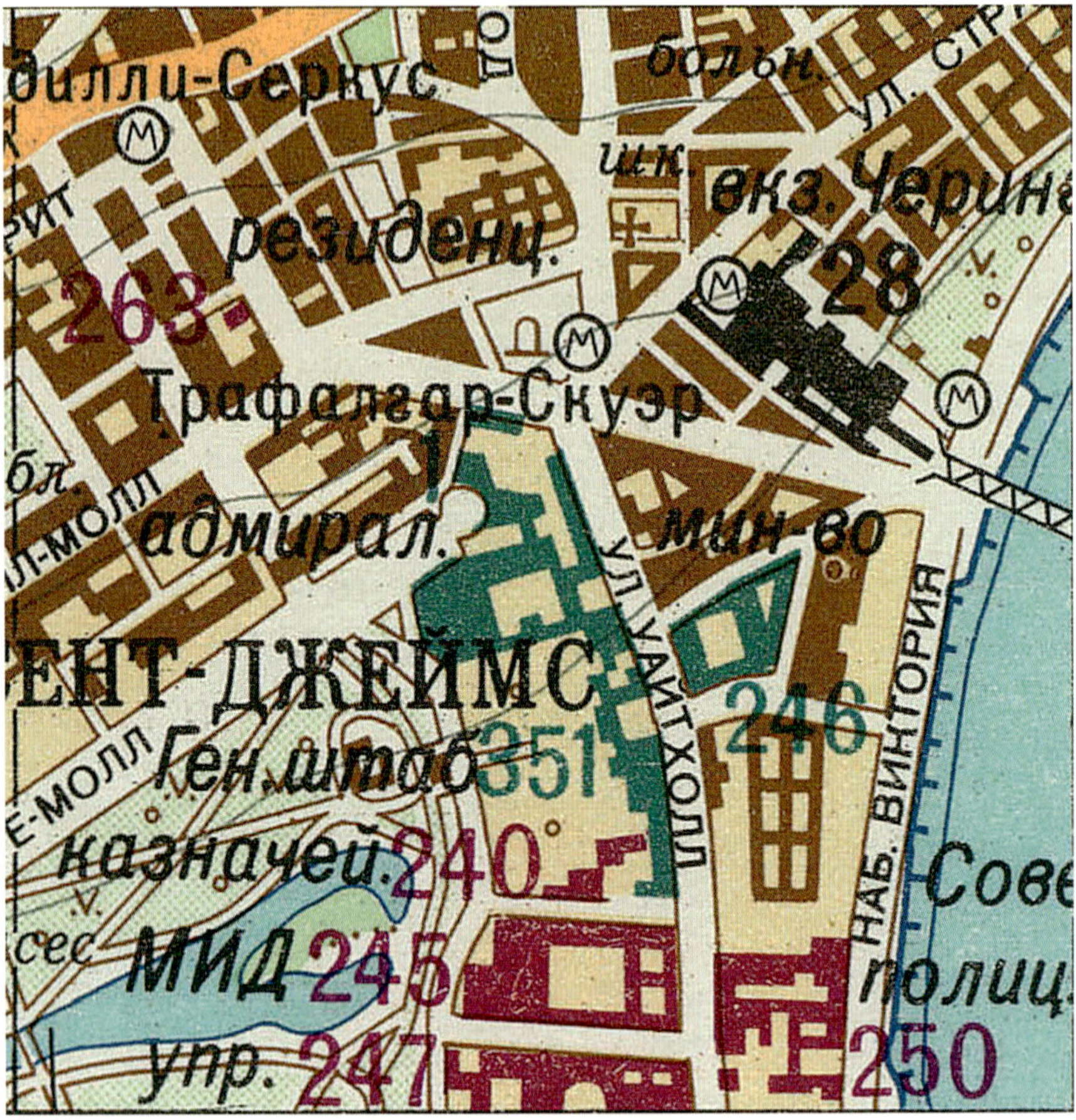

3-61 ロンドンの2万5000分の1地図(1985)にあるハー・マジェスティーズ劇場(重要物目標263)。図A1-16に掲載されている地図と同じもの。

（ＯＳ）の大縮尺地図には記載がない。ところが一九四二年にドイツがつくった一万分の一地図に出現するのだ（図３‐64）。これは陸地測量部作成の六インチ地図を写真拡大したもので、軍事的に重要と思われるところが赤で追記されているのだが、マージー川の真ん中に重要目標物69が設定され、「空港」と書かれている。ソ連の地図はこれに基づいたのだろう。

英国の地図に出ていない情報を熱心に集めた痕跡は、ロンドン市街図の三地点に見ることができる。図３‐65の重要目標物３５２、ＮＡＴＯ連合軍司令部（Штаб Объединенных Вооруженных Сил НАТО）と、図にはないがその近くにある重要目標物３４６、ＮＡＴＯ防空作戦センター、スタンモア（Центр Оперативный ПВО НАТО Станмор）、それに図３‐66の重要目標物３５０、駐欧米海軍司令部（Штаб ВМССША вЕвропе）だ。

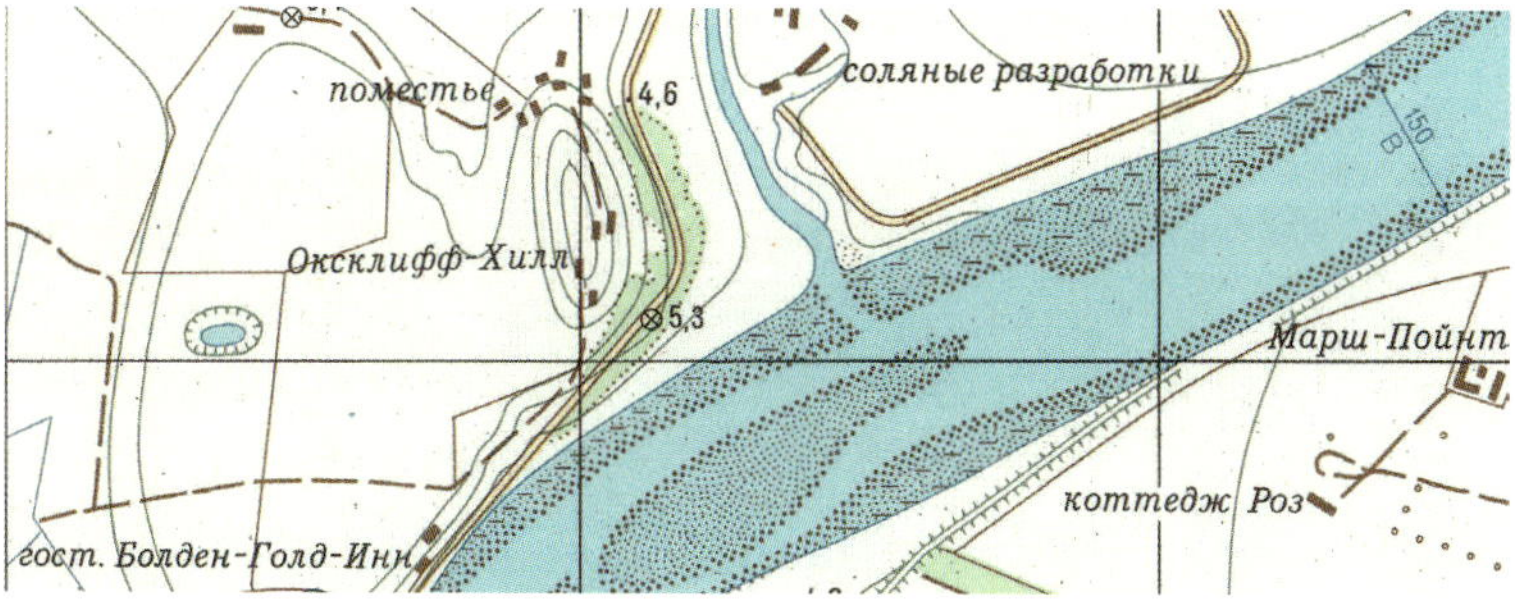

3-62 英国ランカスターとモーカムの1万分の1地図（1983）に出てくる「ボールデン・ゴールド・イン」。

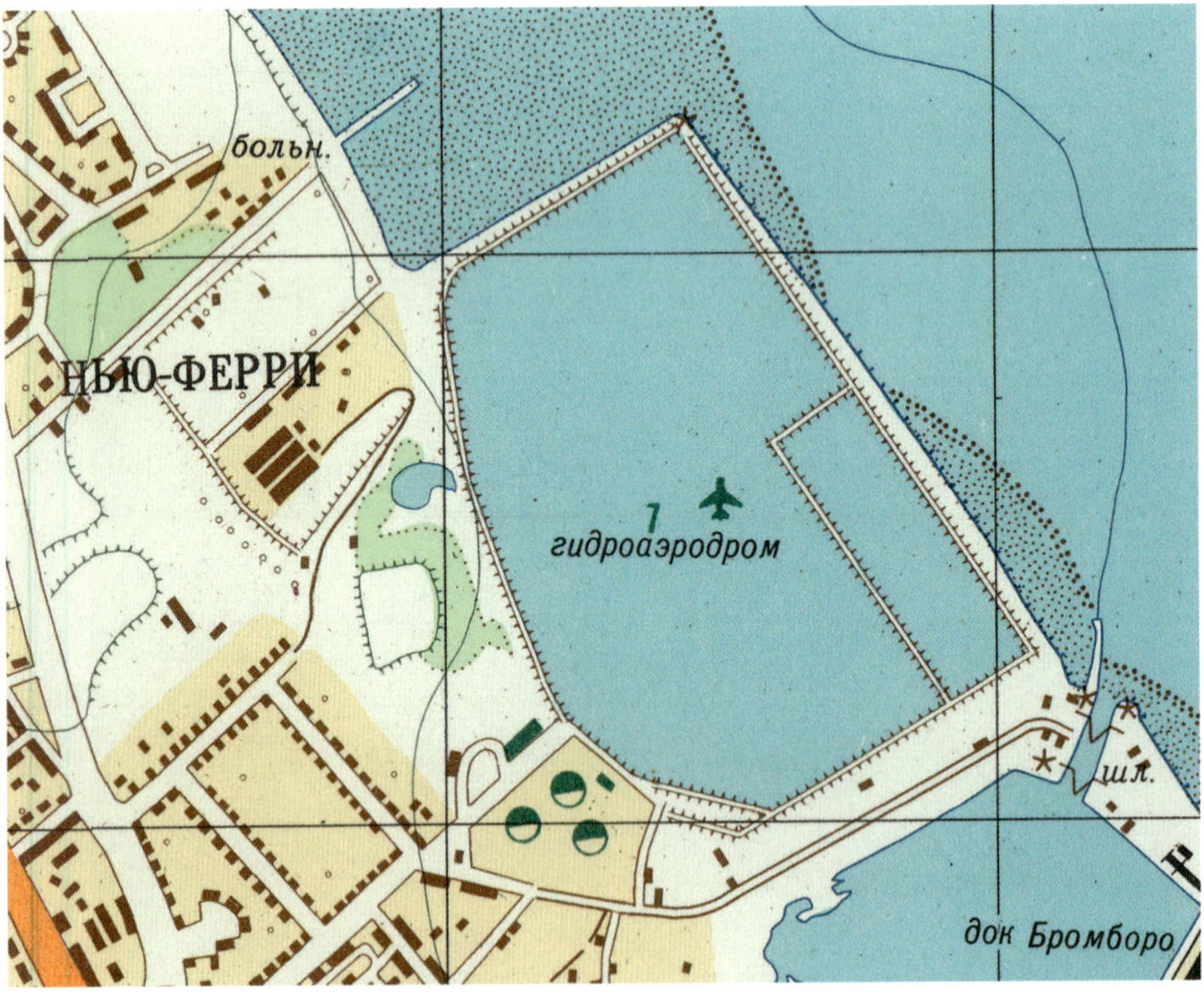

3-63 英国リバプールの1万分の1地図(1974)に出てくるブロムバラの「水上飛行場」。

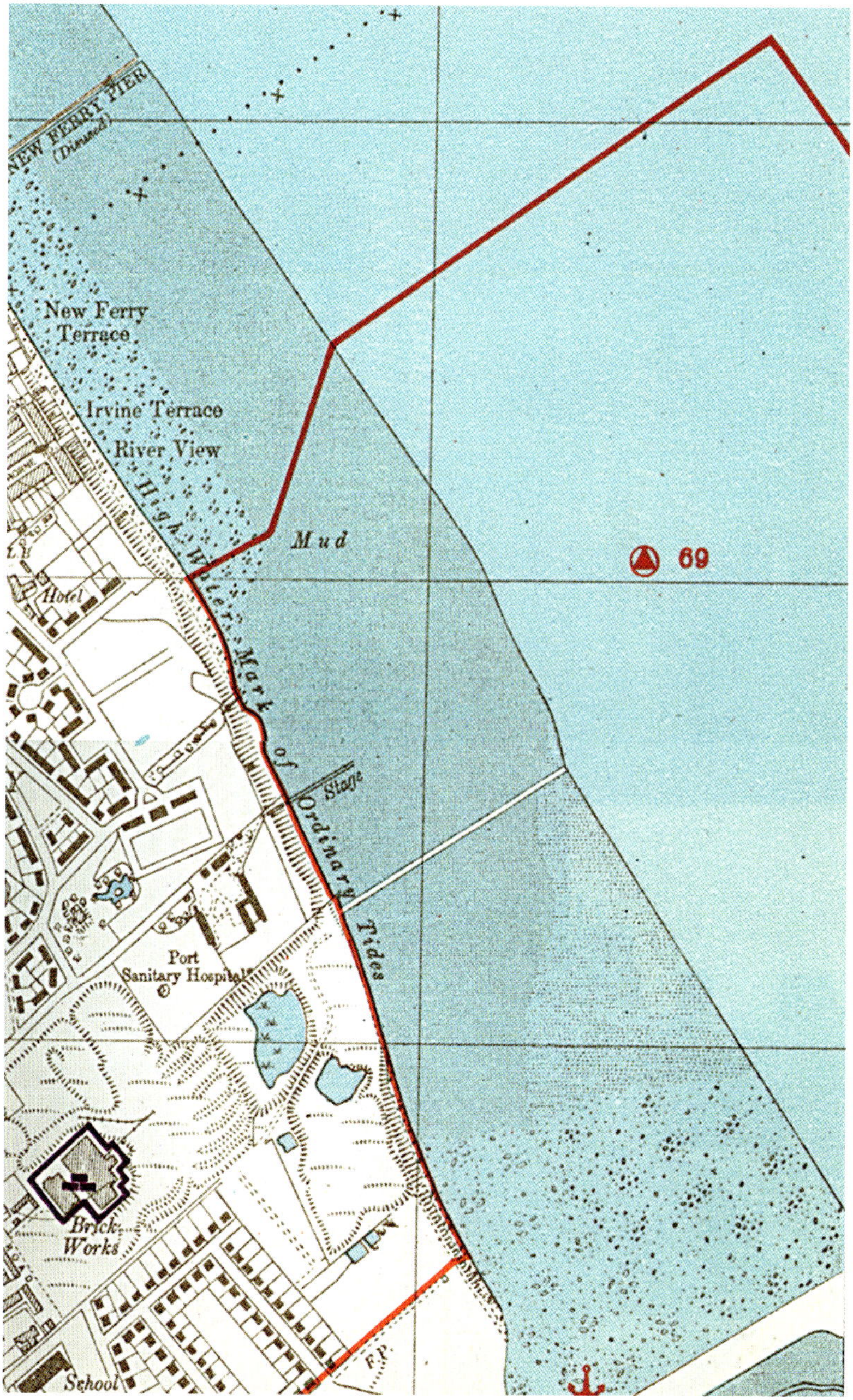

3-64 ドイツ陸軍参謀本部戦争地図・測量部が作成した英国リバプールの1万分の1地図BB12ai(1942)。

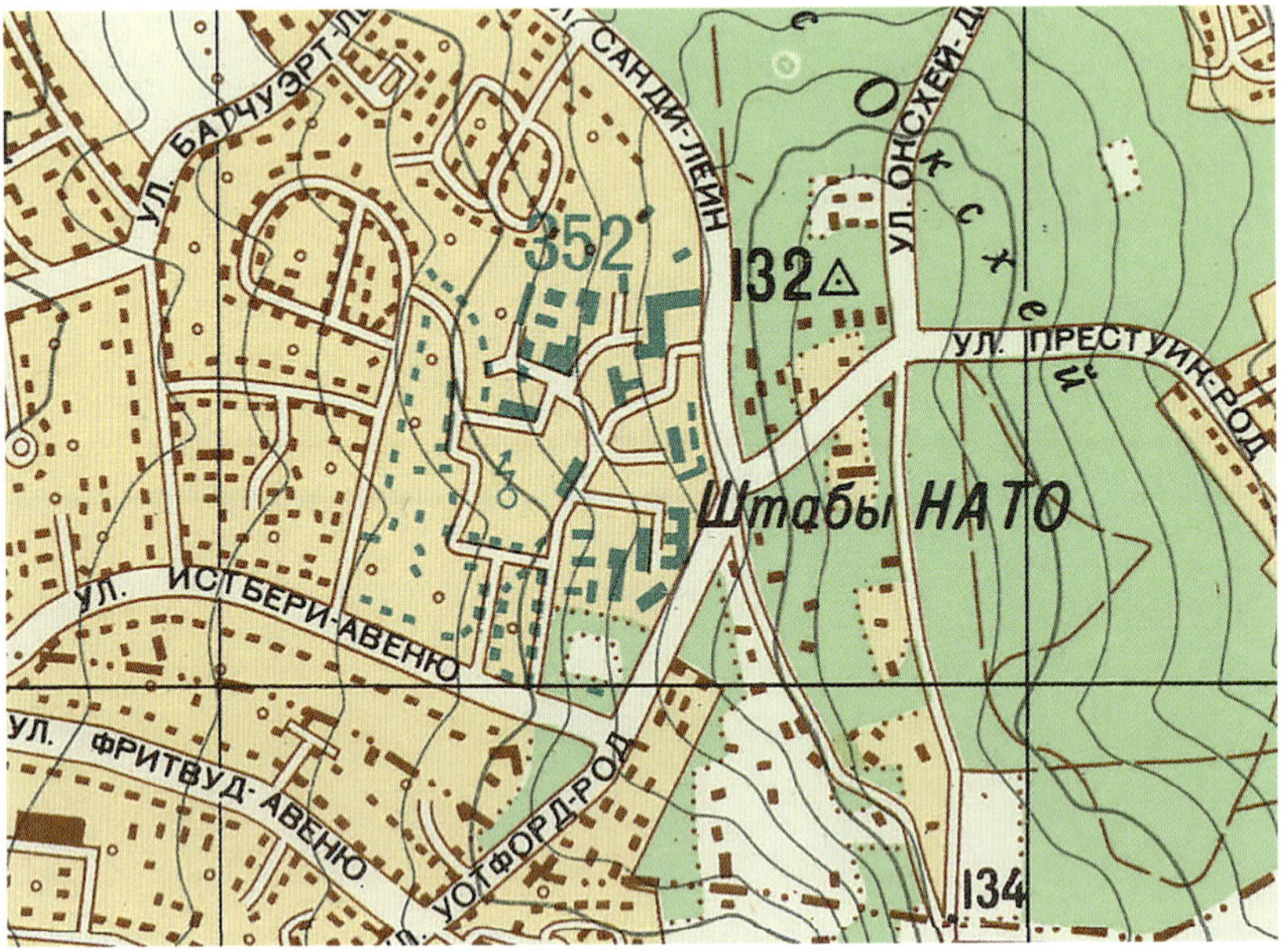

3-65 英ロンドンの2万5000分の1地図(1985)に記されたNATO指令部(重要目標物352)。

3-66 ロンドンの2万5000分の1地図(1985)に記された駐欧米海軍司令部(重要目標物350)。

古い地図はやめて新しい地図に

大縮尺地図を作成する際、すでにあるソ連版の地図を参考にした形跡がない。英国には、ソ連が二回以上地図化した都市がいくつかある（確認できたものは少ないが、実際はもっと多いだろう）。年代が新しいものは、旧版の更新ではなく、まったく新しい地図だ。図3‐67、3‐68は、ウエスト・ヨークシャーのハリファックスのそれぞれ一九七五年と一九八九年の地図の抜粋だ。ラッセル・パーク（парк Расселл）のところを見ると、グリッド線の交わる位置（座標値は同じ）や等高線が変わっていることから、一九八九年版は一から作成されたものだとわかる。同様に一九七三年と一九八六年のルートンの地図（図3‐69、3‐70）を比較すると、中心部の描きかたがかなり異なることがわかる。ボーンマス、ケンブリッジ、カーディフ、ミドルズブラ、レディング、ウルバーハンプトンでも地図が再作成された。いずれも最初の地図は一万分の一だが、ボーンマス、ミドルズブラ、ウォルバーハンプトンについては、より広域の二万五〇〇〇分の一地図の一部でつくりなおされている。北米の都市では、再作成の例は見つかっていない。

英国では都市間の距離がわりあい短いため、とくに大都市圏に属する都市の市街図では、重複する部分が出てくる。たとえばウエスト・ヨークシャーのバーケンショウという町は、一九七二年版リーズ、一九八三年版デューズバリー、一九九〇年版ブラッドフォードの市街図に登場する（すべて縮尺は一万分の一）。それが図3‐71、3‐72、3‐73で、図3‐72にはわかりやすくするために赤字で道路番号

3-67 英国ハリファックスとサワビー・ブリッジの1万分の1地図(1975)。グリッド線の交点がラッセル・パークにかかっている。

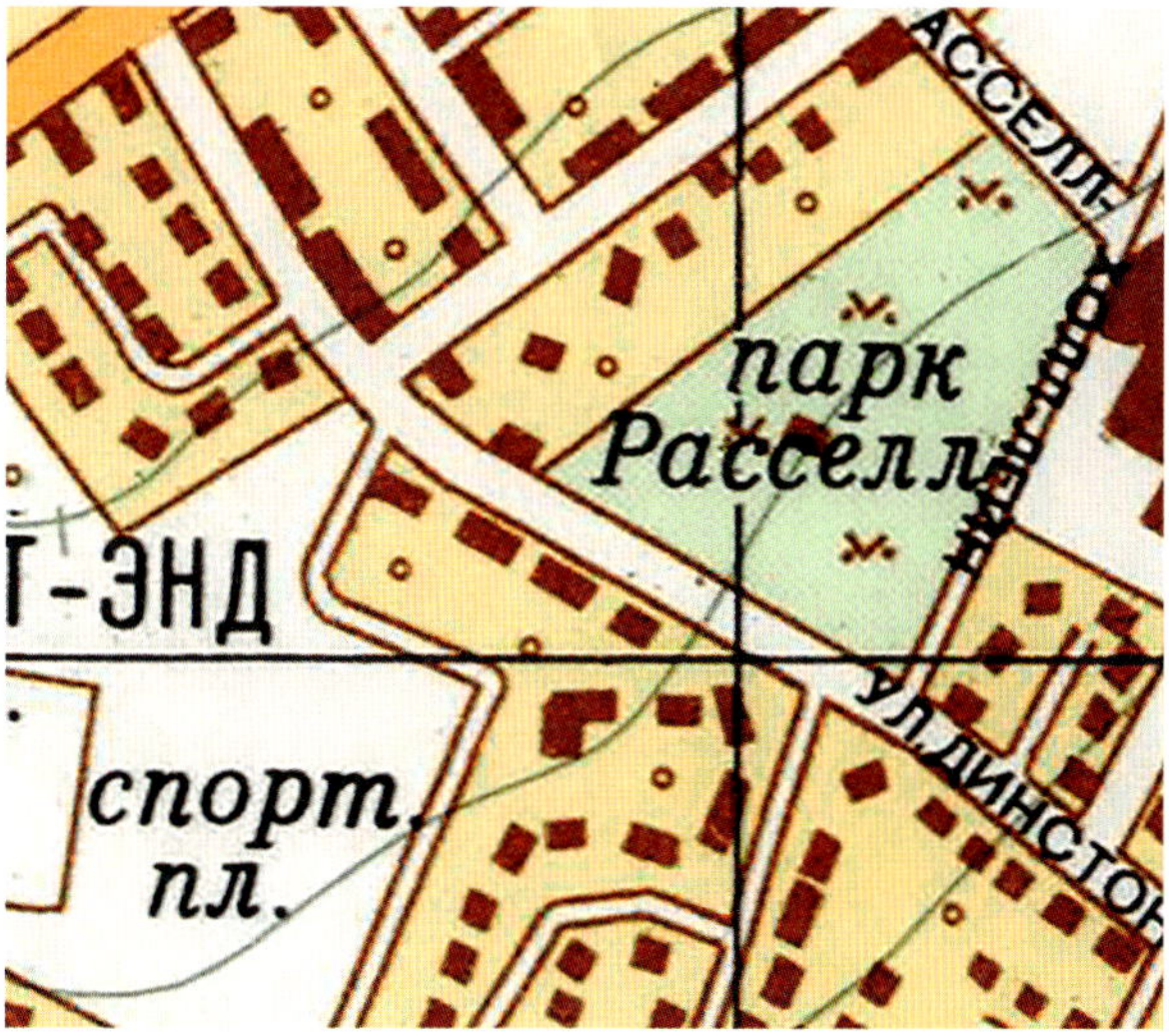

3-68 英国ハリファックスとサワビー・ブリッジの1万分の1地図(1989)。グリッド線の交点はラッセル・パークから完全にはずれている。

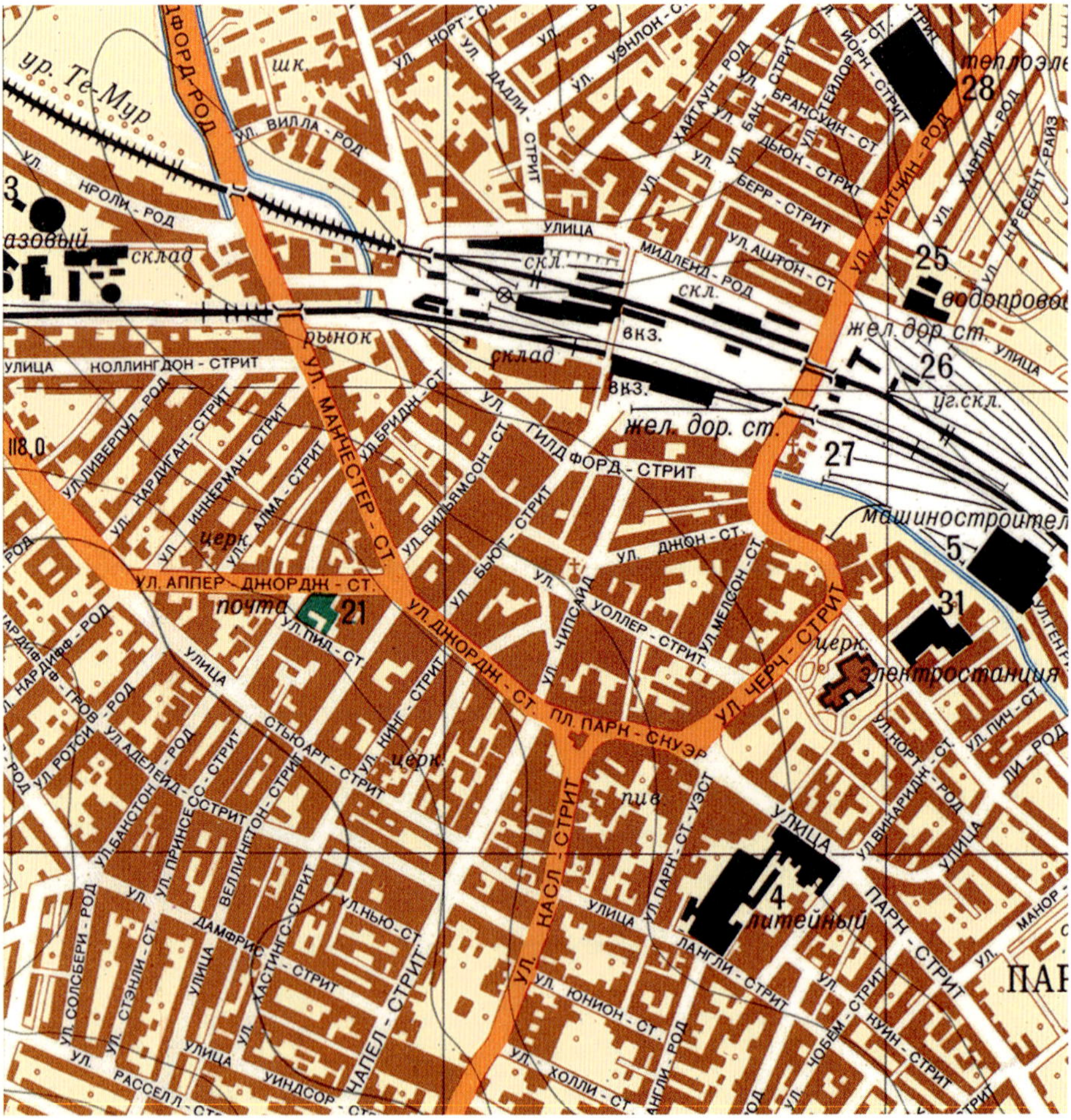

3-69 英国ルートンの1万分の1地図(1973)。

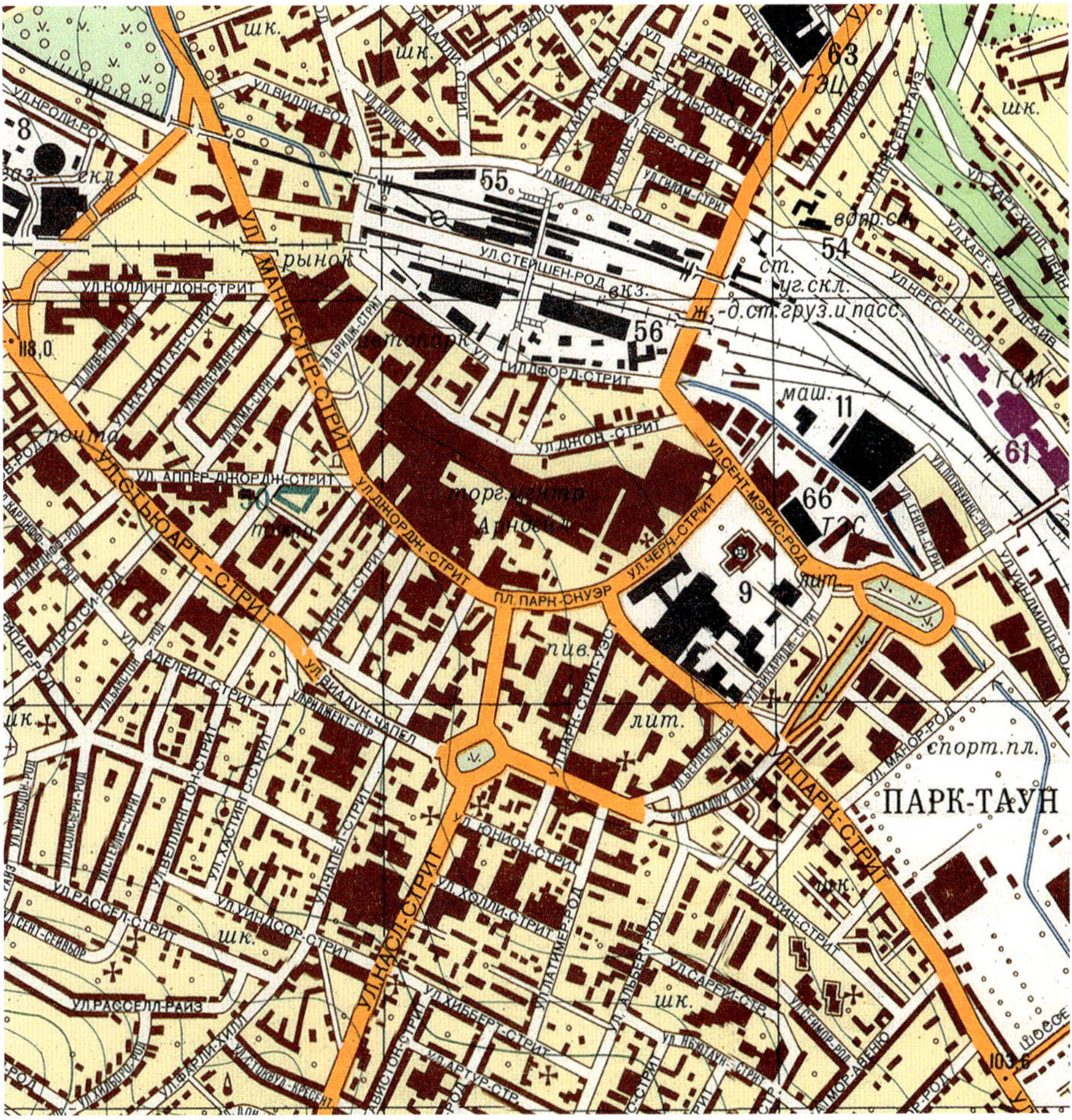

3-70 英国ルートンの1万分の1地図(1986)。

を追加している。一平方マイル（二・五平方キロメートル）ほどの狭い範囲でありながら、これら三枚の地図には相違点がたくさんある。

街路名：リーズ市街図に街路名は入っていない。デューズバリー市街図は街路名が六つ入っているが、そのうち二つは誤りだ。Ａ６５１はブラッドフォード・ロードがオクスフォード・ロードに、Ａ６５２はデューズバリー・ロードがブラッドフォード・ロードになっている。ブラッドフォード市街図は、オクスフォード・ロードのまちがいはそのままだが、デューズバリー・ロードは正しく記載されている。これ以外に一二の街路名が書かれているが、そのひとつキングズリー・パークはまちがっている。

道路の色：リーズ市街図では、Ａ58が市街地との境まで色が入っているだけで、ほかは白いままだ。デューズバリー市街図は、Ａ58の色の入りかたは同じだが、ほかの幹線道路はすべて着色されている。ブラッドフォード市街図のＡ58は、Ａ６５１との交差点まで色が入っているものの、縁どりは市街図の手前で終わっている。

独立標高：リーズ市街図はＡ58上に二か所あるだけで、数値は一五三・九メートルと一六四・六メートル。デューズバリー市街図ではこの二か所の数値がそれぞれ一五四・一メートル、一六四・九メートルになり、さらにＡ５８上の一六九・〇メートル、Ａ６５２上の一二五・九メートルが加わる。ブラッドフォード市街図ではこれらの標高がすべて消え、代わりに北から一六一・〇メートル、一四四・〇メートル、

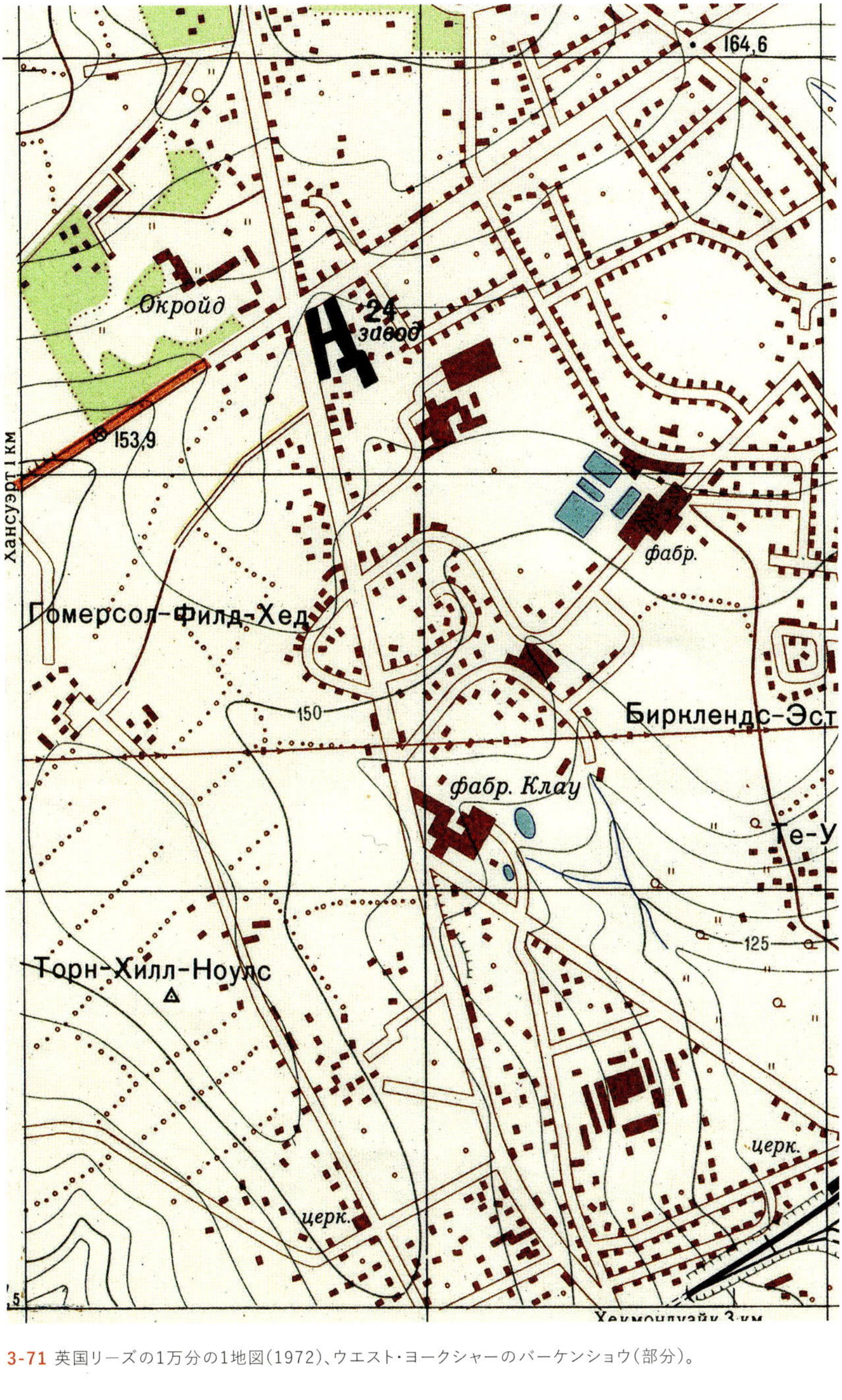

3-71 英国リーズの1万分の1地図(1972)、ウエスト・ヨークシャーのバーケンショウ(部分)。

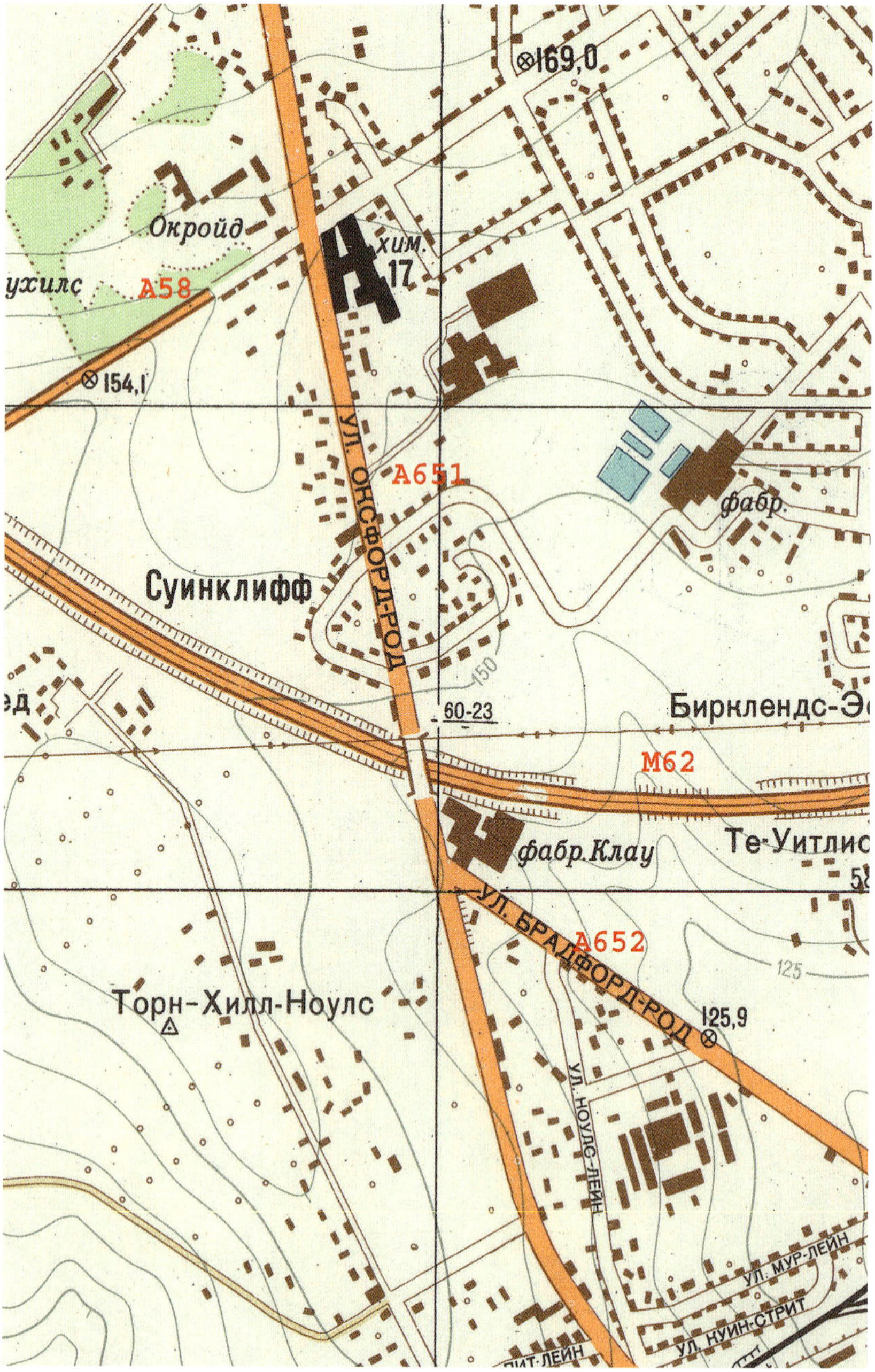

3-72 英国デューズバリー、バトリー、マーフィールドの1万分の1地図(1983)、ウエスト・ヨークシャーのバーケンショウ(部分)。

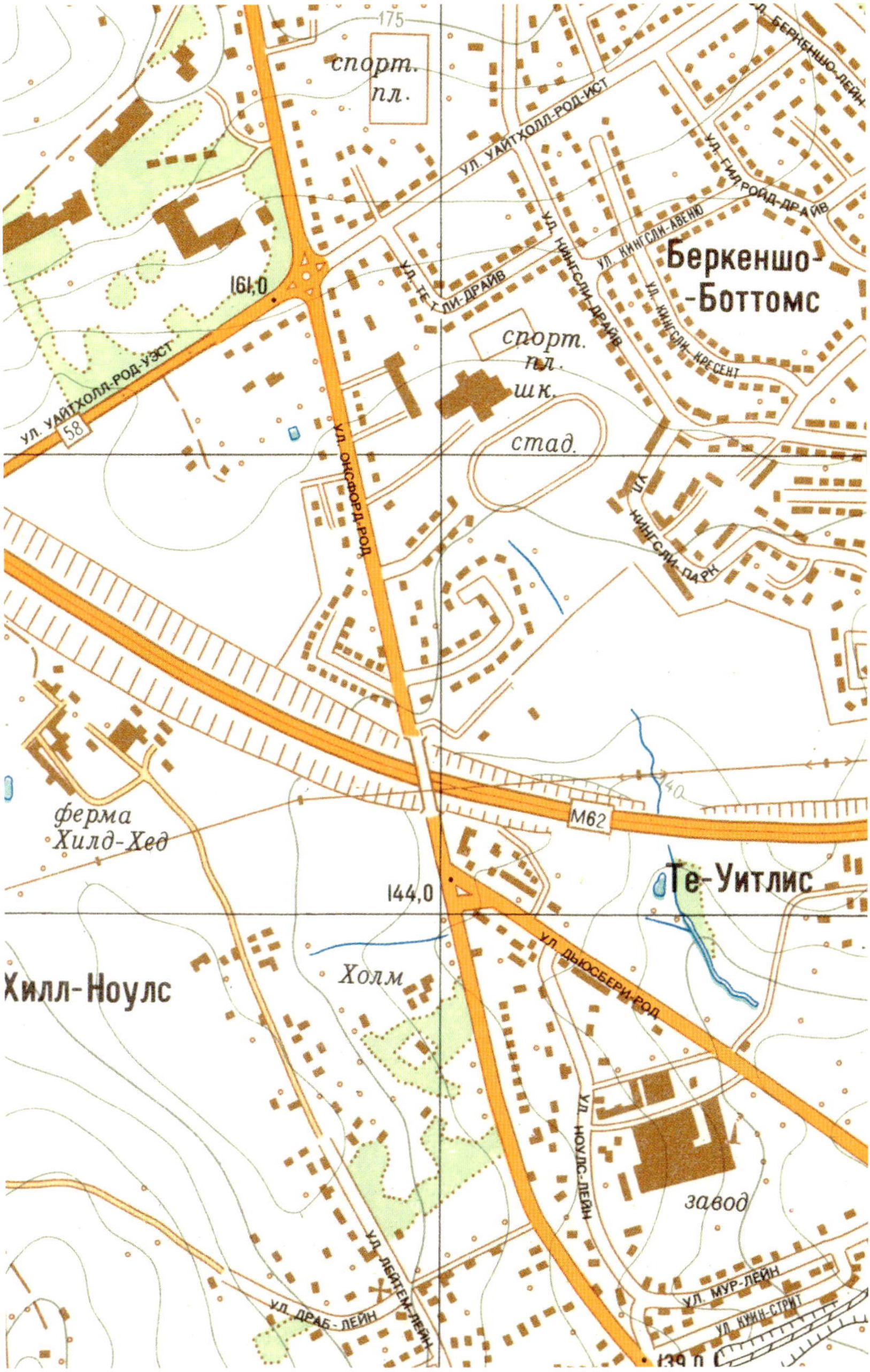

3-73 英国ブラッドフォードの1万分の1地図(1990)、ウエスト・ヨークシャーのバーケンショウ(部分)。

一三九・〇メートルの三か所が加わった。リーズ市街図とデューズバリー市街図には、南西のソーンヒル・ノウルズに三角点の記号も入っている。

M62高速道路：リーズ市街図の作成当時はまだ建設されていなかった。デューズバリー市街図よりブラッドフォード市街図のほうが切取部〔土などを削り取った箇所〕の幅は大きい。

グリッド線：市街図ごとに微妙なちがいがある。リーズ市街図では四角い貯水池の南東角を通る水平グリッド線が、デューズバリー市街図では同じ貯水池の南西角を通っている。ブラッドフォード市街図では、再開発で貯水池は埋めたてられている。Ａ６５１とＡ６５２が合流するＹジャンクション近くでも、三枚の地図でグリッド線の交点がわずかにずれている。

森林地（緑の部分）：Ａ58とＡ６５１のジャンクションから北西に広がる森林地の形状は、三つの市街図ですべて異なる。また、リーズ市街図とデューズバリー市街図にはほかに森林地はないが、ブラッドフォード市街図だけはＡ６５１の西側とＭ62の南側に緑の区画がある。

このほかにも以下の英国の都市で地図の重複がある。

サンダーランドとニューカッスル
ブラッドフォードとハリファックス

ハッダーズフィールドとデューズバリー
マンチェスターとウォリントン
ウィガンとセントヘレンズ
ポーツマスとハバント
ロンドンとサロック

重複ではないが、リバプールとセントヘレンズ、ハリファックスとハッダーズフィールドは隣接している。

五万分の一地形図でも同様の矛盾はある。作成に際して、既存の大縮尺地図を参照しなかったようだ。それが顕著なのが英国南部で、ソ連はこの地方の新しい五万分の一地図を一九八一年に刊行している。英国南部の多くの都市は、その一〇年ほど前に市街図が作成されていた。図3‐74と3‐75、デボン州ペイントンが典型的な例だ。大縮尺のトーベイの地図（一九七六）には描かれていた住宅地が、その後の小縮尺地図では割愛されている。

3-74 英国デボン州ペイントンの5万分の1地図M-30-054-3(1981)の一部。

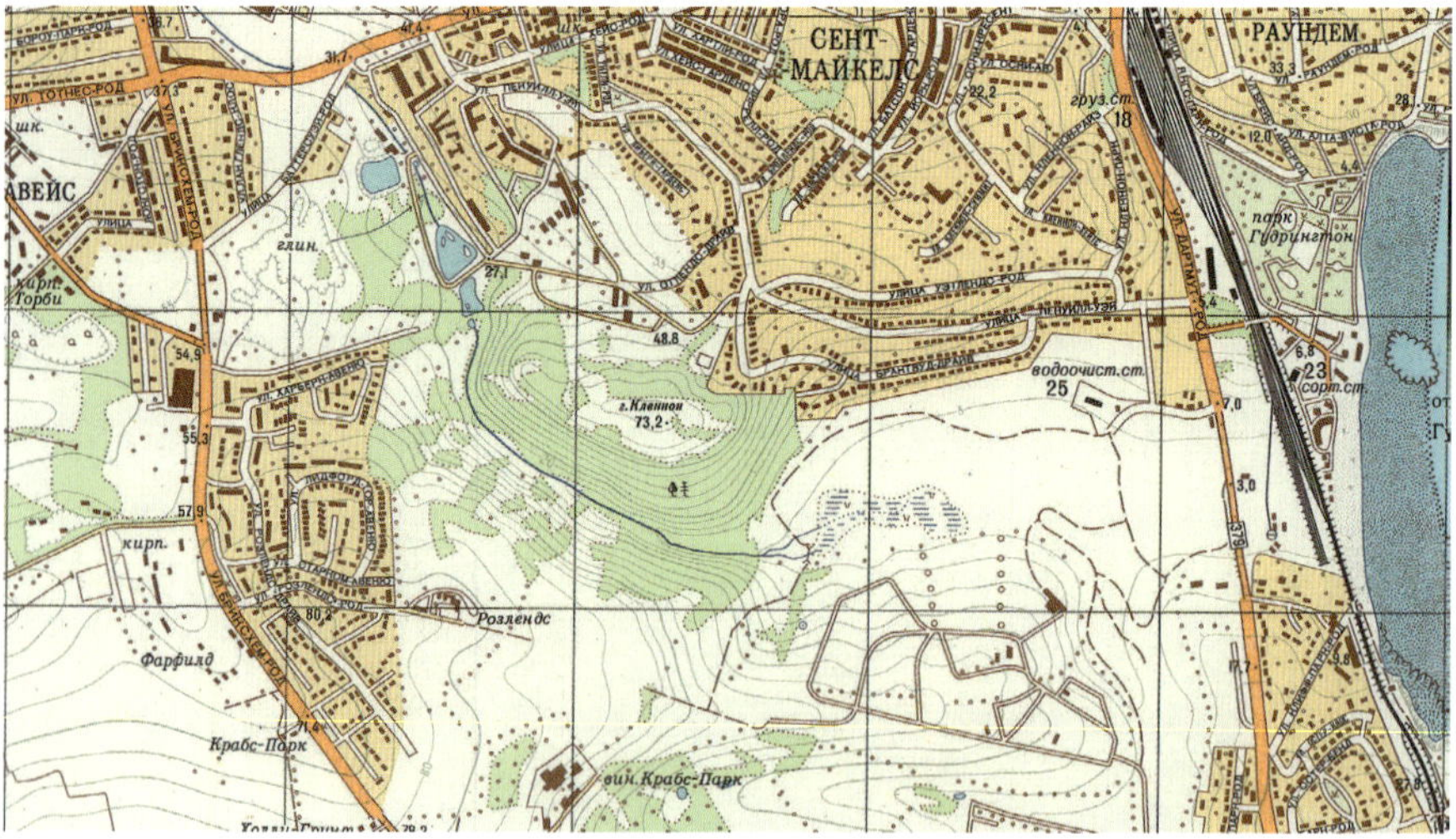

3-75 英国トーベイの1万分の1地図(1976)、デボン州ペイントンの部分。

市街地と交通機関

都市部と交通網に関しては、成否はともかく地図作成者の苦心の跡がうかがえる。それはひとえに、国内地図や衛星画像だけでは把握できない情報を地図に盛りこむ必要があったからだ。以下に情報入手の成功例と失敗例を紹介しよう。

ソ連版地図の仕様では、低層建築と高層建築中心の区域を区別することになっている（図3‐76）。図3‐76の注記にはこう書かれている。

市街地区（街区区域）の区別
a　大規模な高層建築物が多数を占める。
b　小規模な低層建築物が多数を占める。

この規則は、図3‐77のサンフランシスコの地図のように米国の地図にはおおむね適用されている。しかし英国はサウサンプトン（図3‐78）ぐらいしか例がない。実際の地図では、高層建築物の区域が茶、低層建築物の区域が薄茶になっており、さらに個々の建物や街区が濃茶になっている。

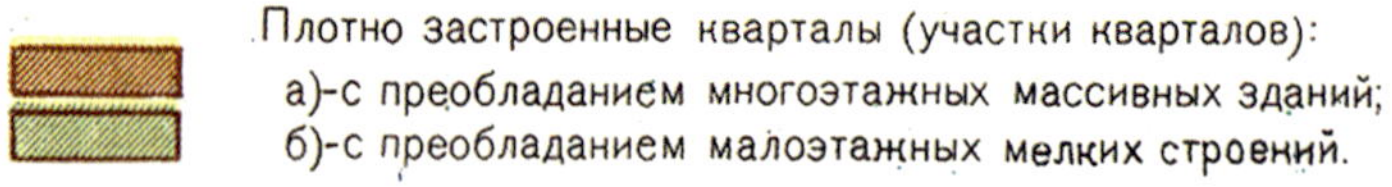

3-76 ボストンの2万5000分の1地図(1979)、欄外の注。

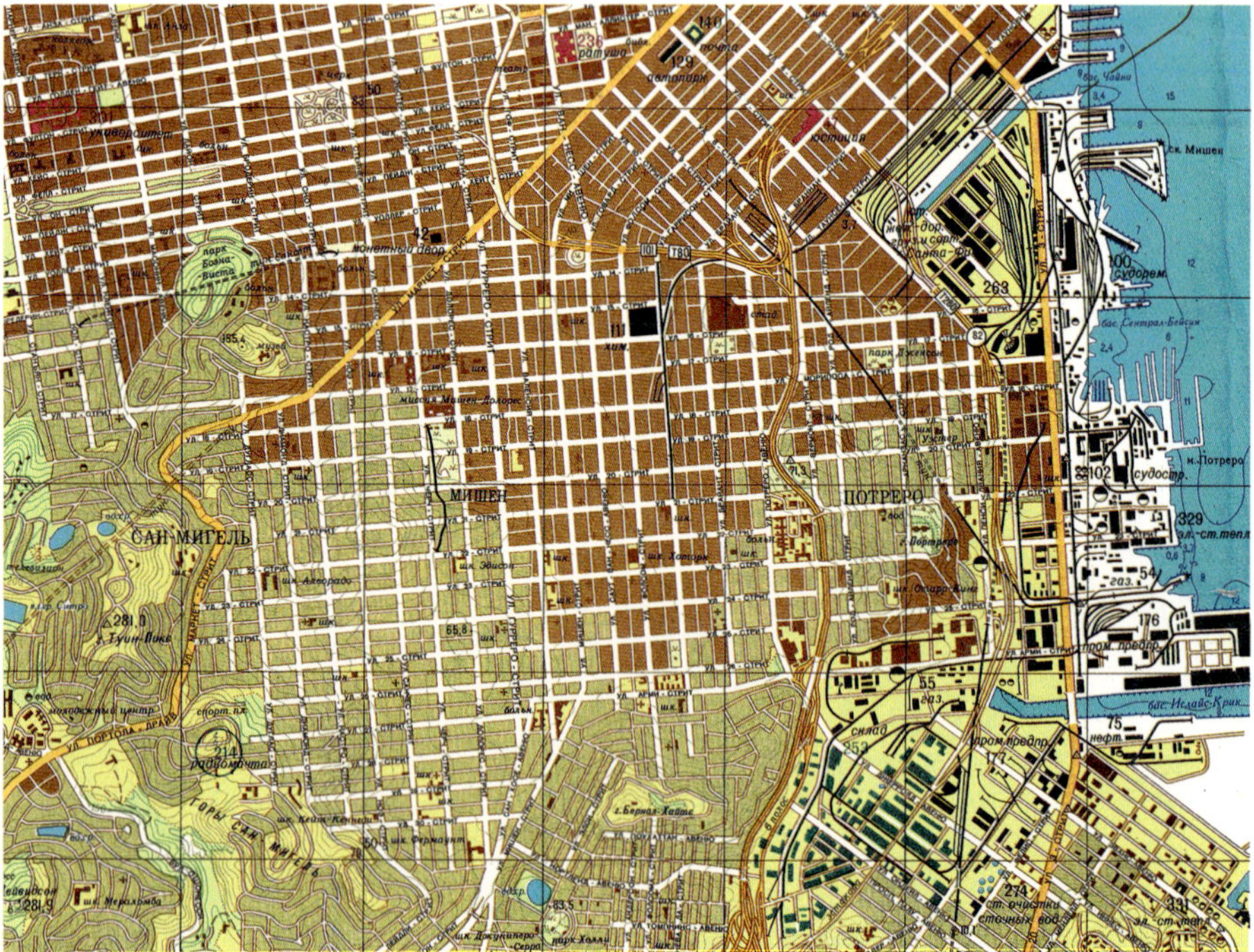

3-77 米国サンフランシスコの2万5000分の1地図(1980)。高層建築と低層建築の街区が区別されている。

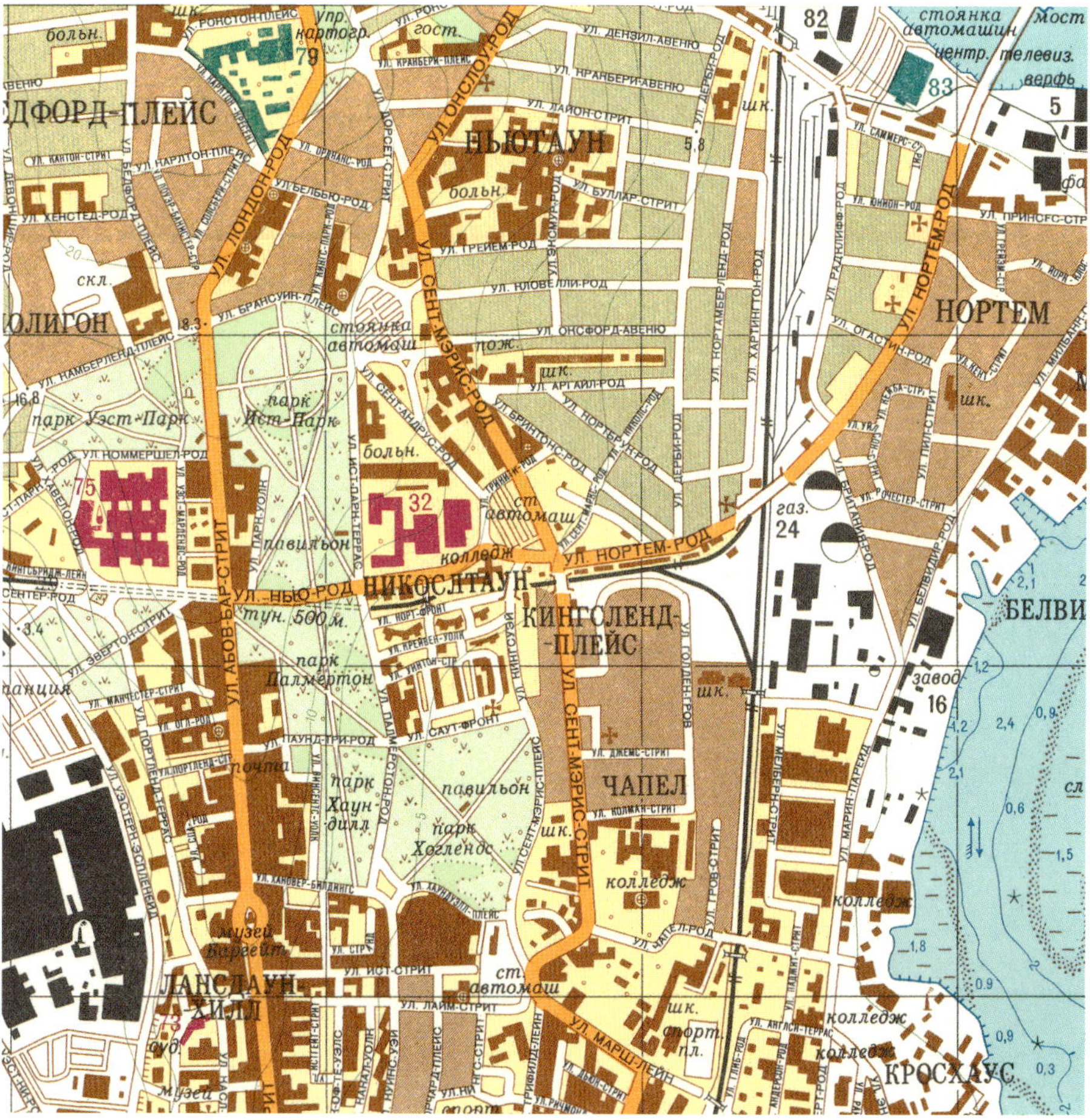

3-78 英国サウサンプトンの1万分の1地図(1986)。高層建築と低層建築の街区が区別されている。

鉄道、地下鉄、路面電車

鉄道はソ連の発展に重要な役割を果たしただけに、鉄道とそれが社会機能に果たす重要性は、ひとつの文化規範として浸透していたにちがいない。そこで地図の作成に際しても、西側の地図以上の詳細な情報が求められた。

- ●電化区間と非電化区間の区別
- ●線路の数
- ●線路と駅舎の位置関係
- ●トンネルの寸法
- ●信号設備の位置（腕木信号機など）
- ●地域の地下鉄網、および全国路線網の路線と駅

これだけの情報を各種の案内書や交通地図、写真などから集めるのは、多大な労力を要したはずだ。その甲斐あってか、ソ連が作成した英国および米国の大規模縮尺地図には、幅広い（しかもおおむね正確な）情報が詰めこまれている。

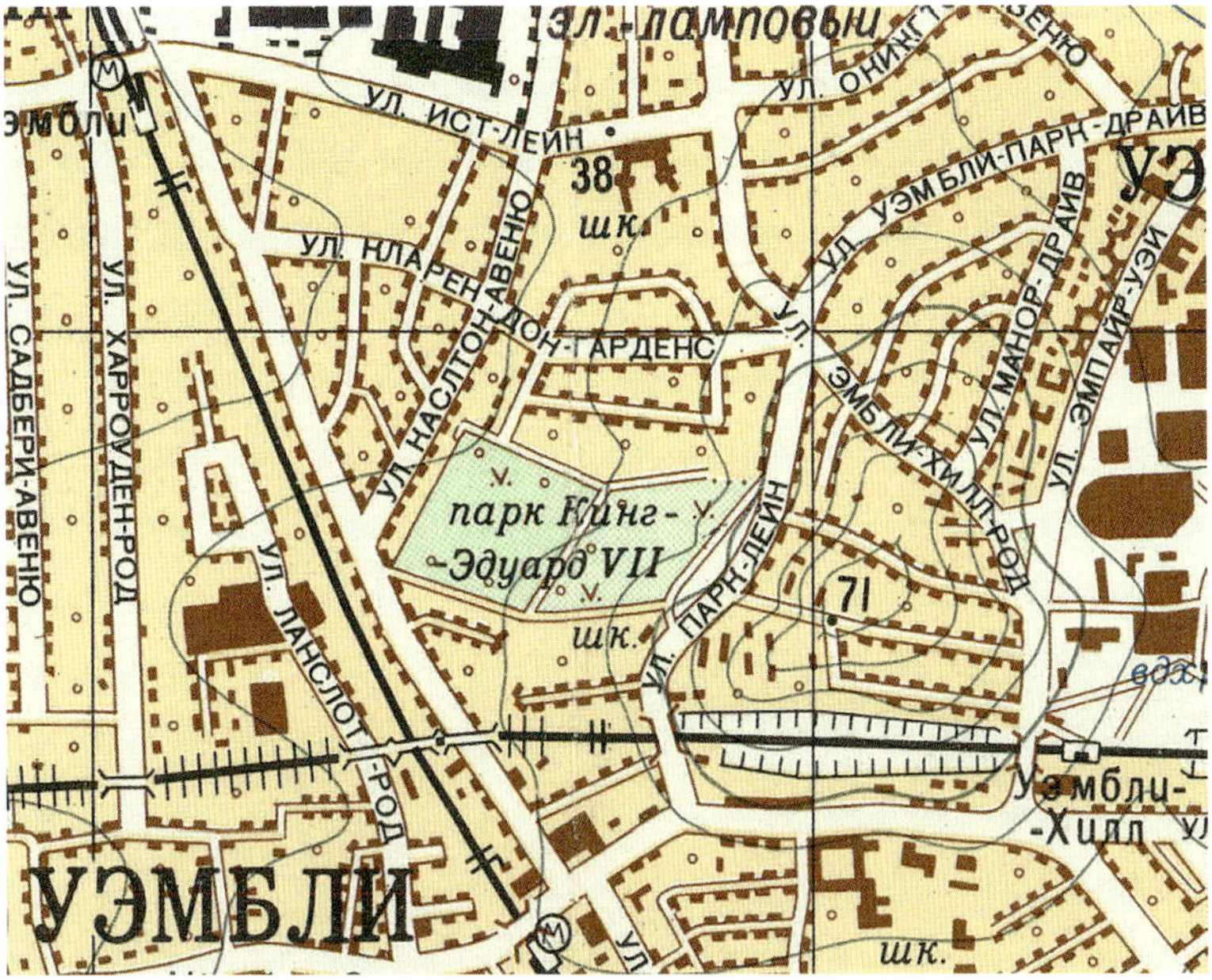

3-79 ロンドンの2万5000分の1地図(1985)。鉄道が記載されている。

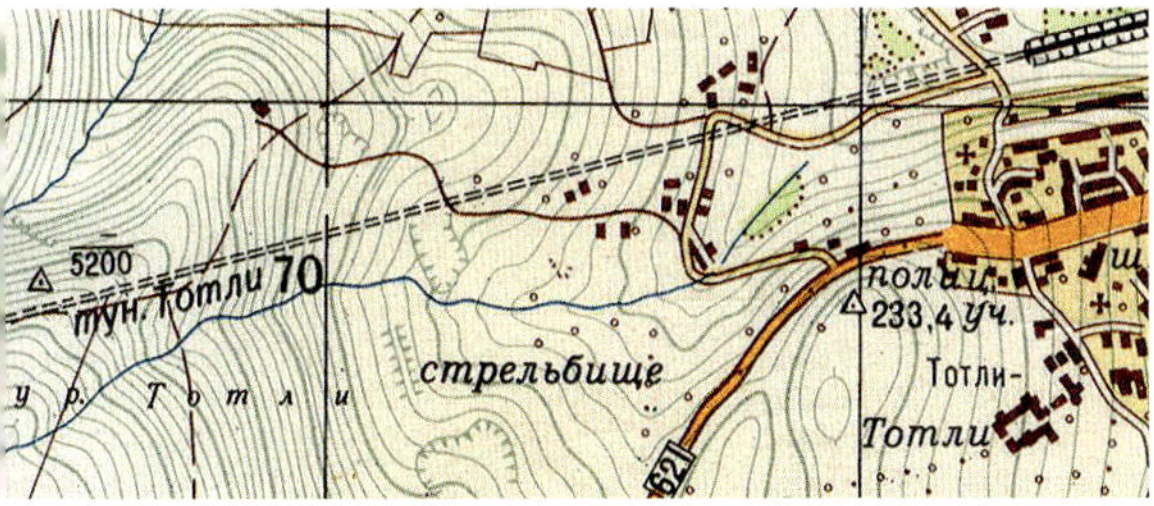

3-81 英国シェフィールドの2万5000分の1地図(1977)。東西にトットリー・トンネルが通っている。

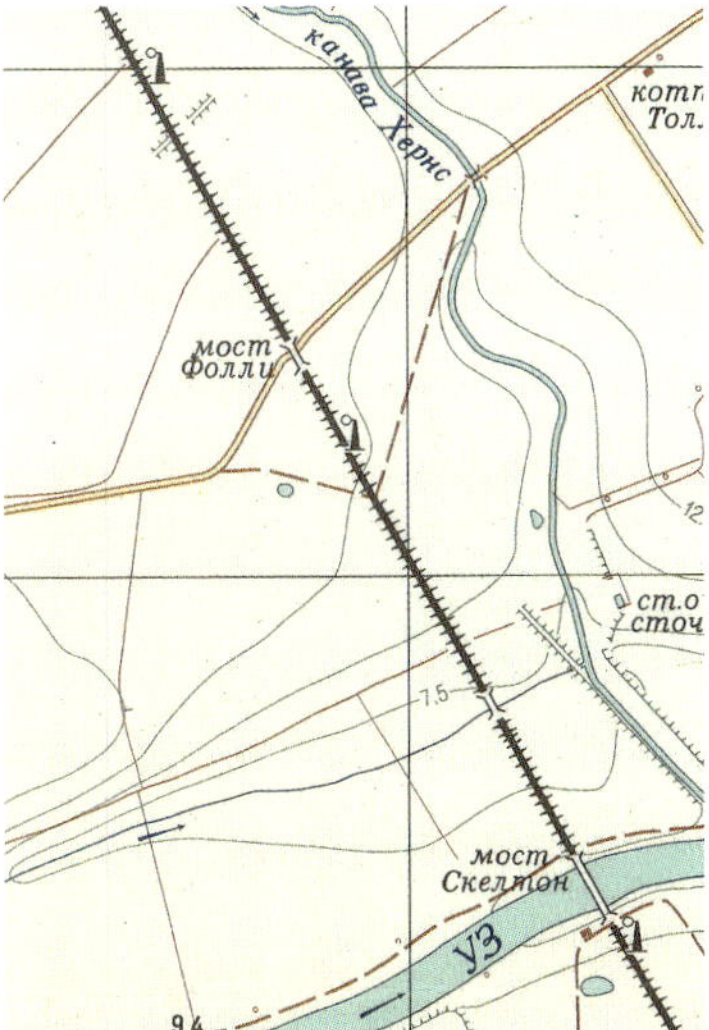

3-80 英国ヨークの1万分の1地図(1980)。鉄道の信号設備が記載されている。

図3‐79はロンドン、ウェンブリーの地図の一部だ。非電化路線が東西に延び、右側にウェンブリー・ヒル駅の駅舎がある。これに交わっているのが電化路線で、図の上下端に地下鉄と国内鉄道の駅があるのがわかる。図3‐80は英国ヨークの地図に描かれている線路脇三か所の信号設備だ。図3‐81はシエフィールドにあるトットリー・トンネル。トンネルは重要目標物70に指定され、長さ五二〇〇メートル、深さと幅と高さは不明となっている（実はこの表記は誤りで、本来なら横線をはさんで五二〇〇が上、幅と高さが下、深さは横に入っていなければならない）。

米国で作成された地図に記載があるのに、ソ連の地図作成者が無視した情報がある。それは鉄道会社名だ。図3‐82と3‐83は、ノースカロライナ州ローリーのソ連版とUSGS版地図で、鉄道駅の部分を抜きだしたものだ。ソ連版では、線路に沿って記載されていた「ノーフォーク・サザン」「CSX」の文字が割愛されている。ただし幹線道路と線路が重なっているところの「4車線（4ряда）」はそのままだ。

作成当時に廃線になっていた路線や駅が残っている点も注目したい。ほかの部分は最新情報を反映しているだけに、時代がずれている感が否めない。将来復活する可能性を見こんだのか、時代や出所がばらばらな情報を寄せあつめた結果か。たとえば一九八一年のグラスゴーの地図（図3‐84）を見ると、電化路線がニールストン駅から南西に延びている。ところが実際には電化されることなく一九六二年に廃線となり、一九六四年にレールも撤去された。したがって英国陸地測量部が作成した一九六五年の地図（図3‐85）では、路線跡の記載になっている。ちなみにニールストン駅から北東に向かう路線は一九六二年に電化され、現在も使われている。

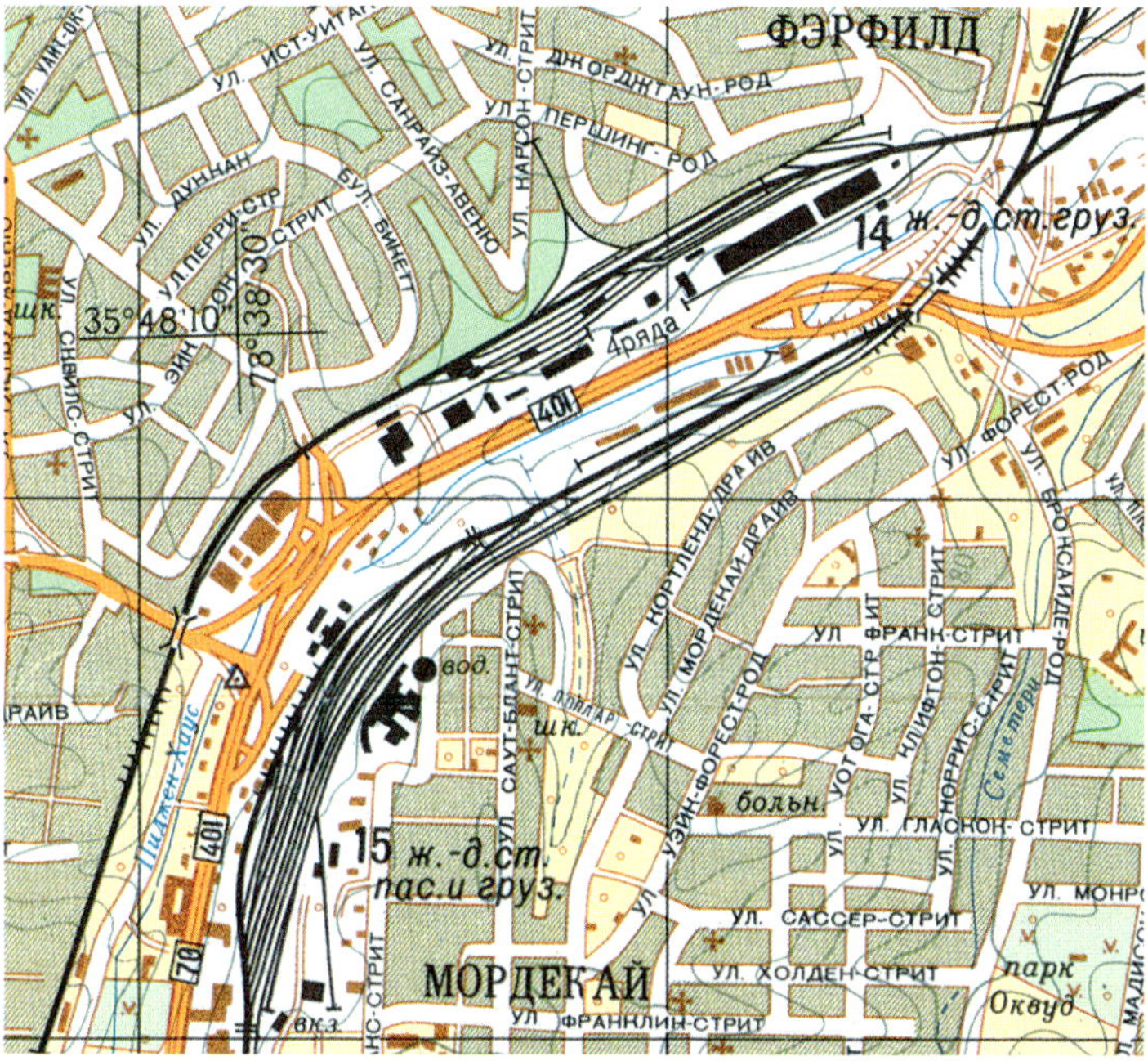

3-82 ノースカロライナ州ローリーの2万5000分の1地図(1980)。
鉄道会社名は入っていない。

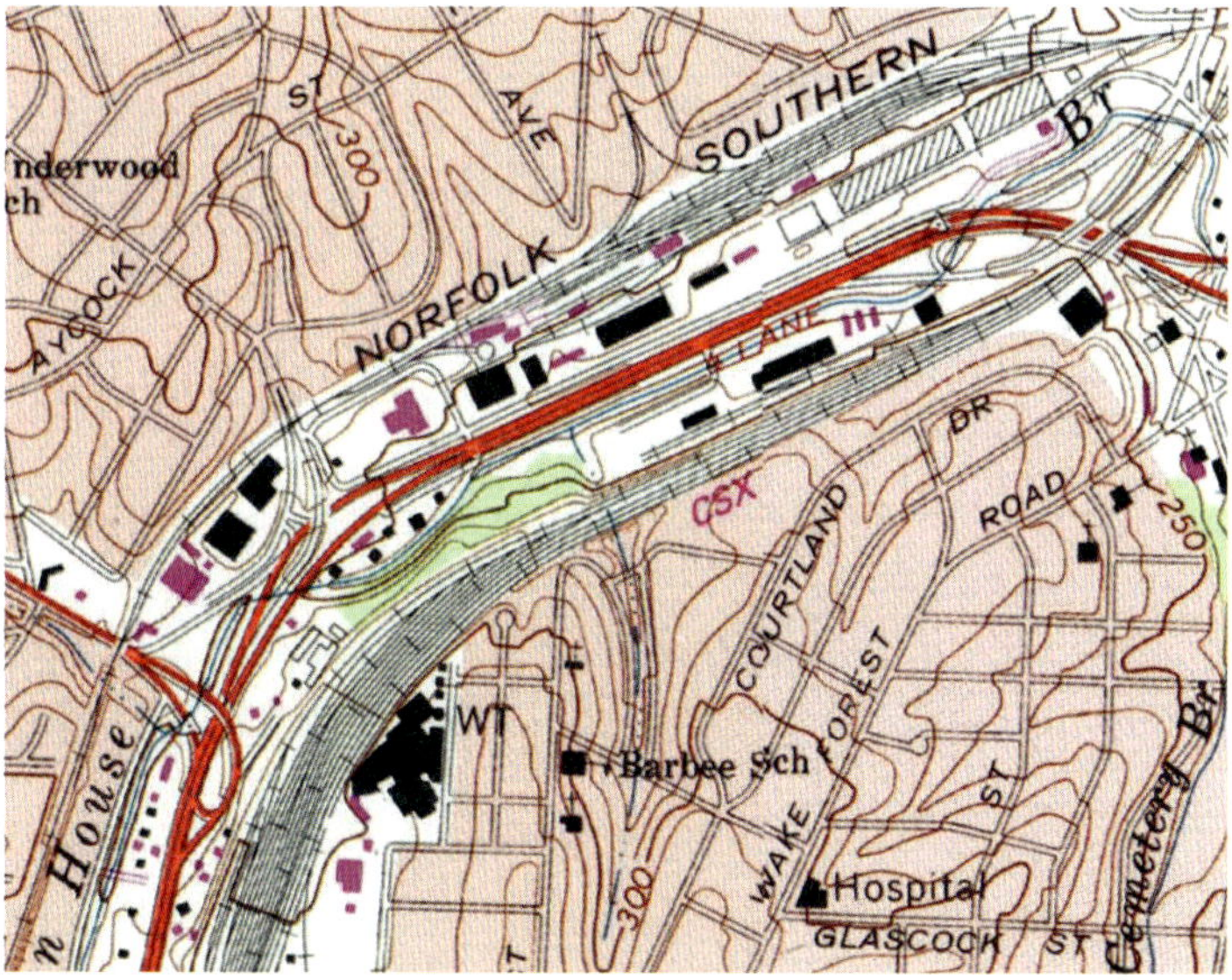

3-83 USGSノースカロライナ州ローリー・ウエストの2万4000分の1地図(1988)。
鉄道会社名は入っていない。

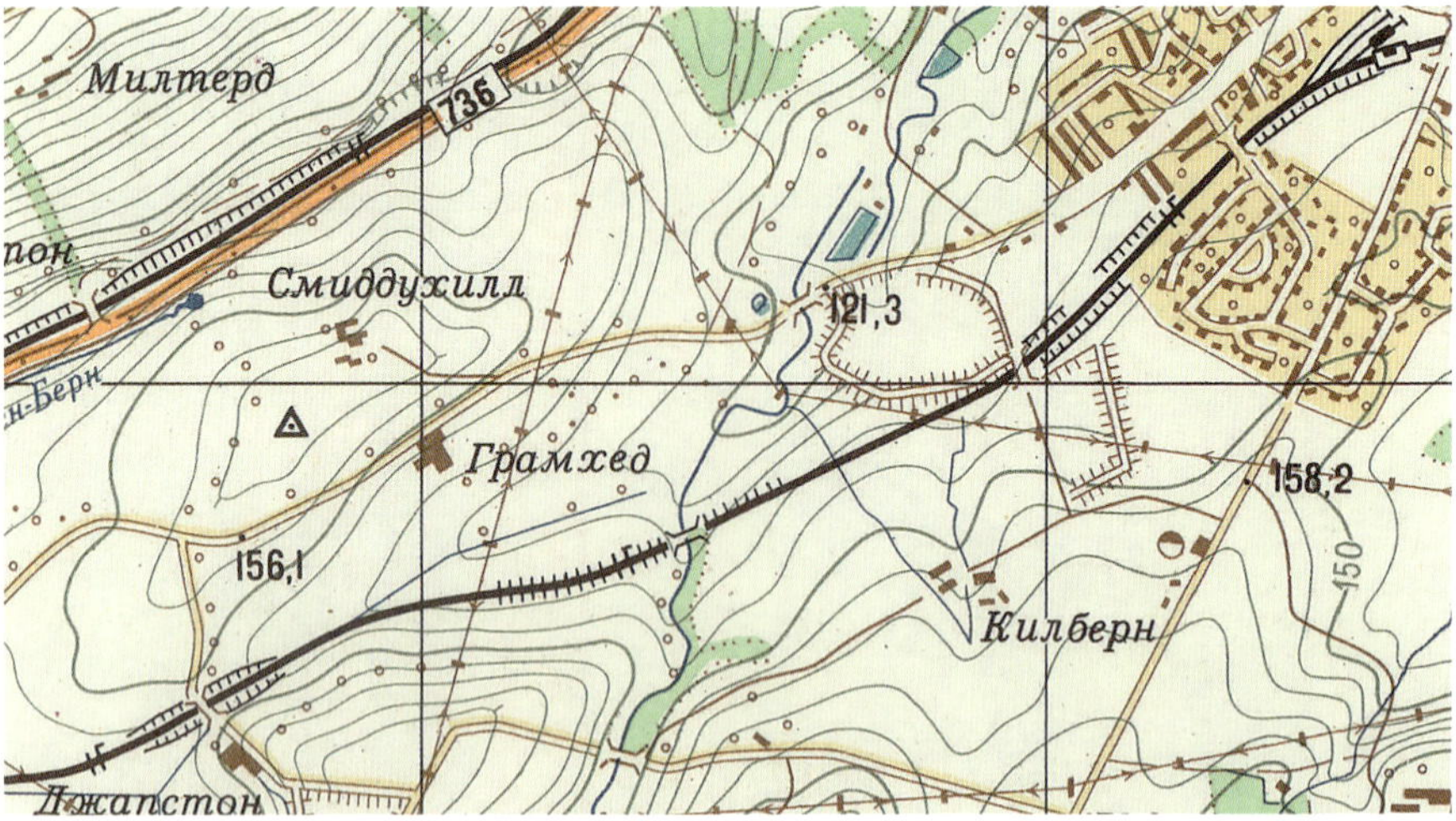

3-84 英国グラスゴーとペイズリーの2万5000分の1地図(1981)。廃線になって久しい線路が残っている。

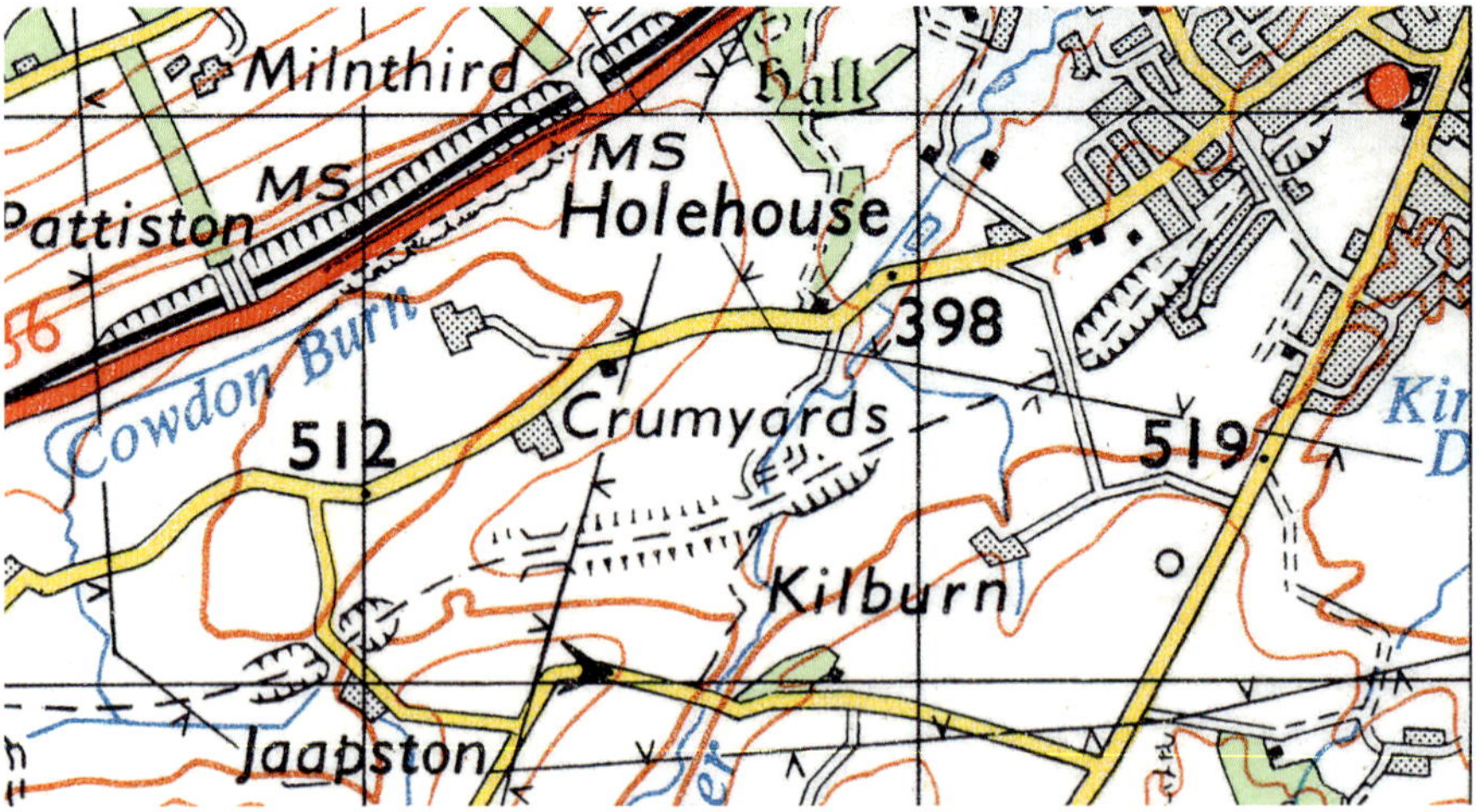

3-85 陸地測量部の1万6360分の1、シート60地図(1965)。ソ連版の独立標高156.1メートル、121.3メートル、158.2メートルは、それぞれ512フィート、398フィート、519フィートに対応している。

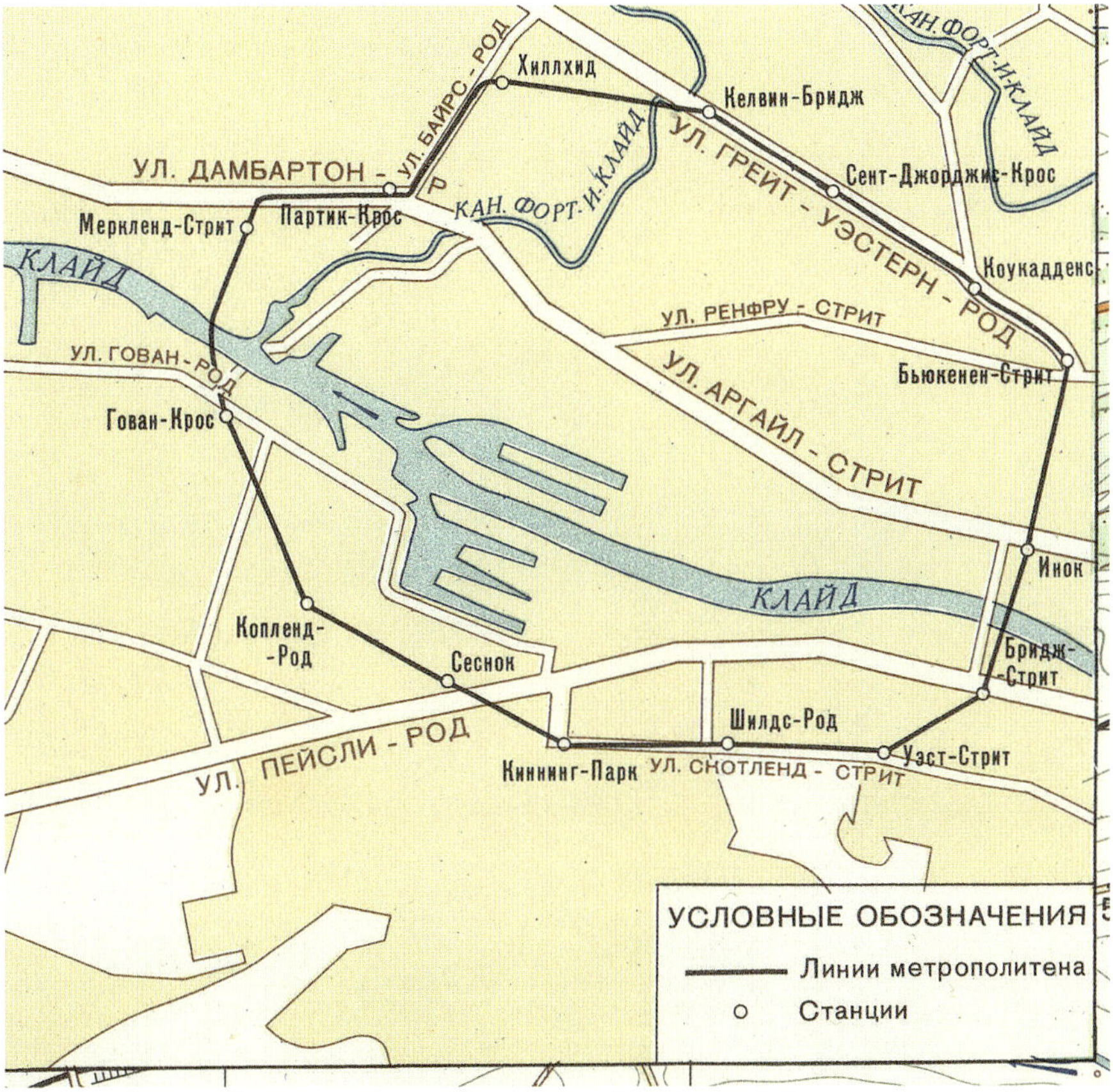

3-86 英国グラスゴーとペイズリーの地図(1981)に挿入された地下鉄路線図。

同じような例はいくつかある。ブリストルの地図には、何年も前に廃線になった複数の路線が入っているし、一九七一年版のリーズの地図には、一九六〇年代に廃止になった路線だけでなく、一九三八年に閉鎖されたウェリントン駅の建物や名前までシティ駅の隣にきっちり記されている。一九八三年版リバプールの地図には、一九五七年に廃止されたリバプール高架鉄道が残っていた。

地下鉄（英国ではチューブとも呼ばれる）路線の扱いにはブレがある——あるいはどこまでが地下鉄かという判断が揺れたのかもしれない。英国の場合、地下鉄網と呼べるほど発達していたのはロンドンとグラスゴーぐらいで、両者の市街図では駅にMの記号が使われ、正確に記されている。米国の都市になるともう少し問題が多くなるようだ。ボストンとニューヨークの市街図にはどちらも地下鉄網が入っているものの、ほかの都市では地下路線部分が無視され、地上部分が一般の鉄道として表記されていたりする。

グラスゴー（図3-86）とボストン（図3-87）の市街図には、路線図が入っている。リバプール（図2-21B）、ロッテルダム、ストックホルムも同様だ。図3-88と3-89は、ボストン地下鉄の地下部分と地上部分が描きわけられ、地下のマッタパン駅と地上のミルトン駅の位置がMで示されている。図3-90はニューヨークの地図で、ロウワー・マンハッタンに複数のM記号が集まっている。

シカゴ市街図（図3-91）では、中心部は高架鉄道として描かれているが、役割を考えると地下鉄として扱われていたと思われる。サンフランシスコ市街図（図3-92）は、ミッション地区で地下鉄が地上に出るわずかな区間のみ描かれ、それ以外の路線は省略されている。ワシントンDC市街図（図3-93）に地下鉄駅が入っていないのは、作成年が一九七三年で、地下鉄の開業は一九七六年だからだ。

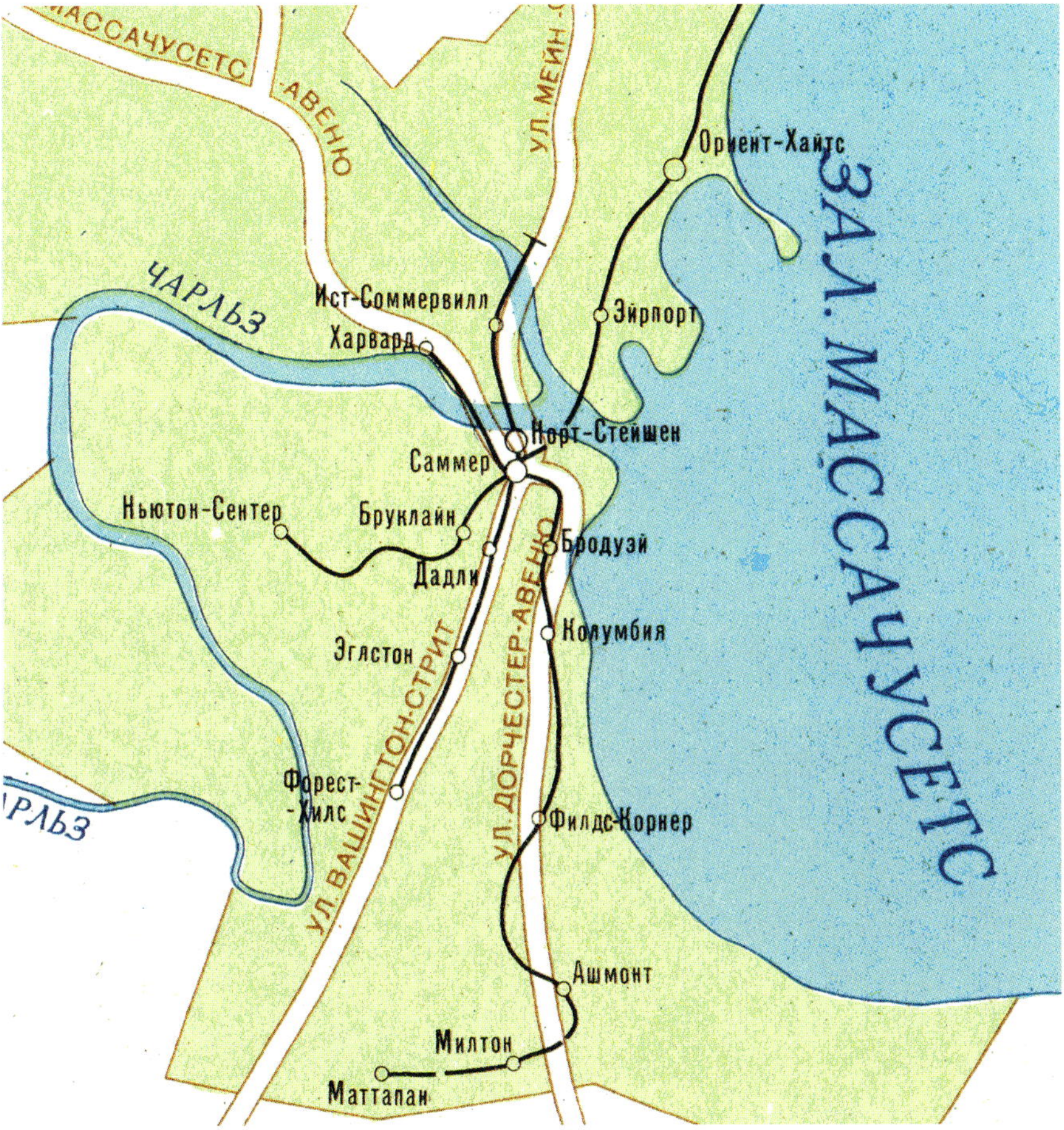

3-87 ボストンの地図(1979)に挿入された地下鉄路線図。

3-88 ボストンの2万5000分の1地図(1979)、地下にある地下鉄駅。

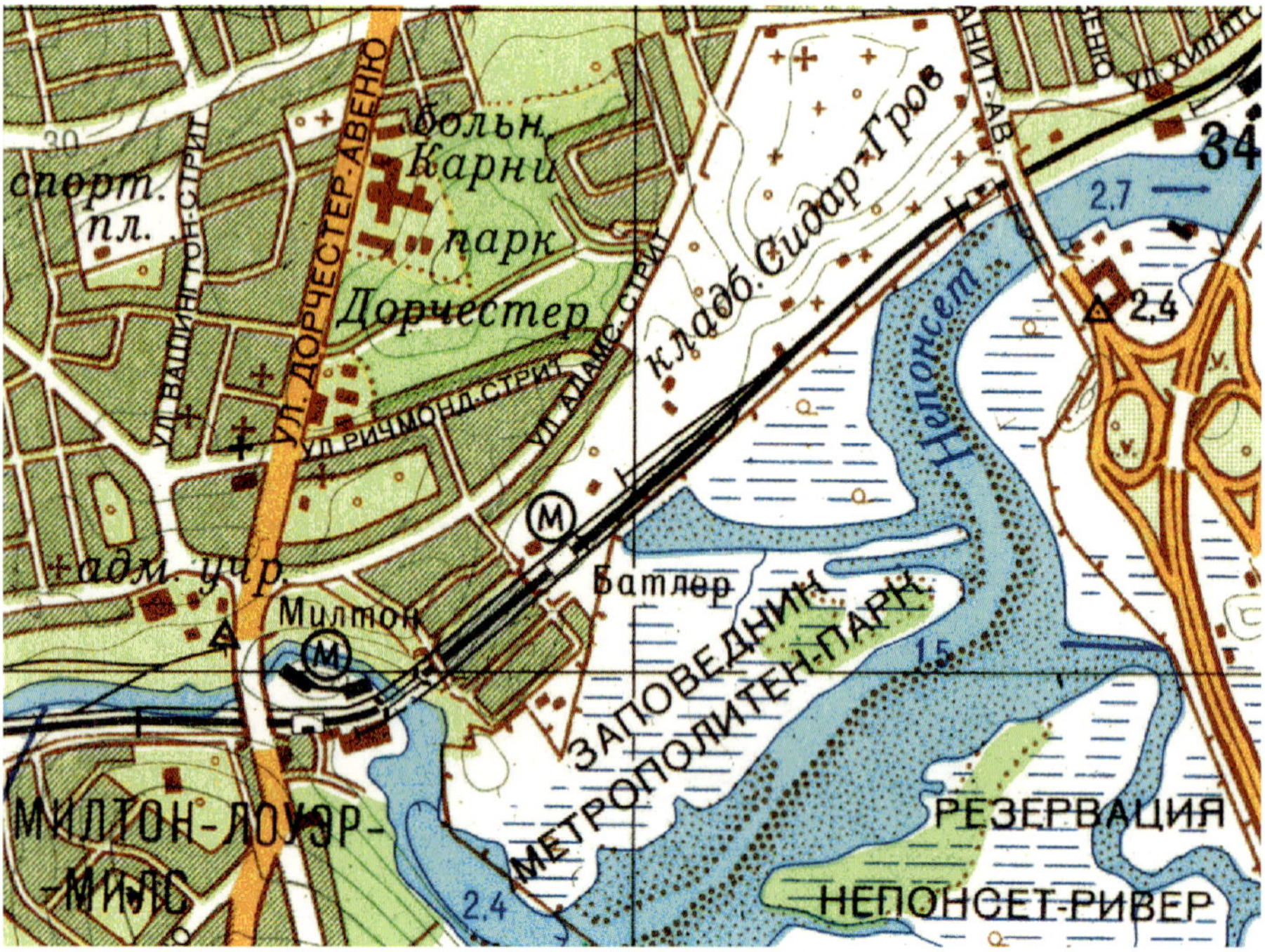

3-89 ボストンの2万5000分の1地図(1979)、地上にある地下鉄駅。

ロンドンの地図には索引の別冊が付属しており、地下鉄路線図は折りこみ付録で入っている。この路線図で特筆したいのは、地理的に正確であることだ。一般的な地下鉄路線図は直線主体で図式化されており、距離や位置関係は二の次になっている。とはいえ、駅の順序の入れかわり、綴りのまちがい、存在しない区間や乗換駅の記載など、誤りはたくさんある。おそらく単純化された地下鉄路線図から、地理的関係を反映した複雑な路線図をつくったためだろう。その一部を図3-94に示した。ブリクストン駅はイースト・ブリクストン（Ист-Брикстон）駅になっているし、ピムリコ駅はティムリコ（Тимлико）駅になっているうえに、ボクソール（Воксхолл）駅と入れかわっている（ボクソール駅はテムズ川南岸）。ちなみにロシア語で鉄道駅を意味するВокзал（バグザール）は、ターミナルであるこのボクソール駅と、隣接する大きな公園に由来する。

路面電車（軽量軌道鉄道など）の表示もばらつきがある。一九八三年のハバント市街図と一九八八年のポーツマス市街図が重複している部分には、二つの町を結ぶ路面電車が幹線道路に沿って記されている。しかしこの路面電車は、五〇年前の一九三四年に廃止されてバス輸送に置きかわっていた（図3-95、3-96）。一九八〇年のダブリン市街図（図3-97）にも、市内を縦横に走る路面電車網が記されている。だがダブリンの路面電車は一九四〇年代から徐々に縮小され、一九四九年に完全に廃線になった。

反対にサンフランシスコ名物ケーブルカーは、ソ連の地図にはまったく登場しない（図3-98）。当時最新のUSGS版地図（図3-99）では、路線となっている通りにケーブルカーの記載がある。

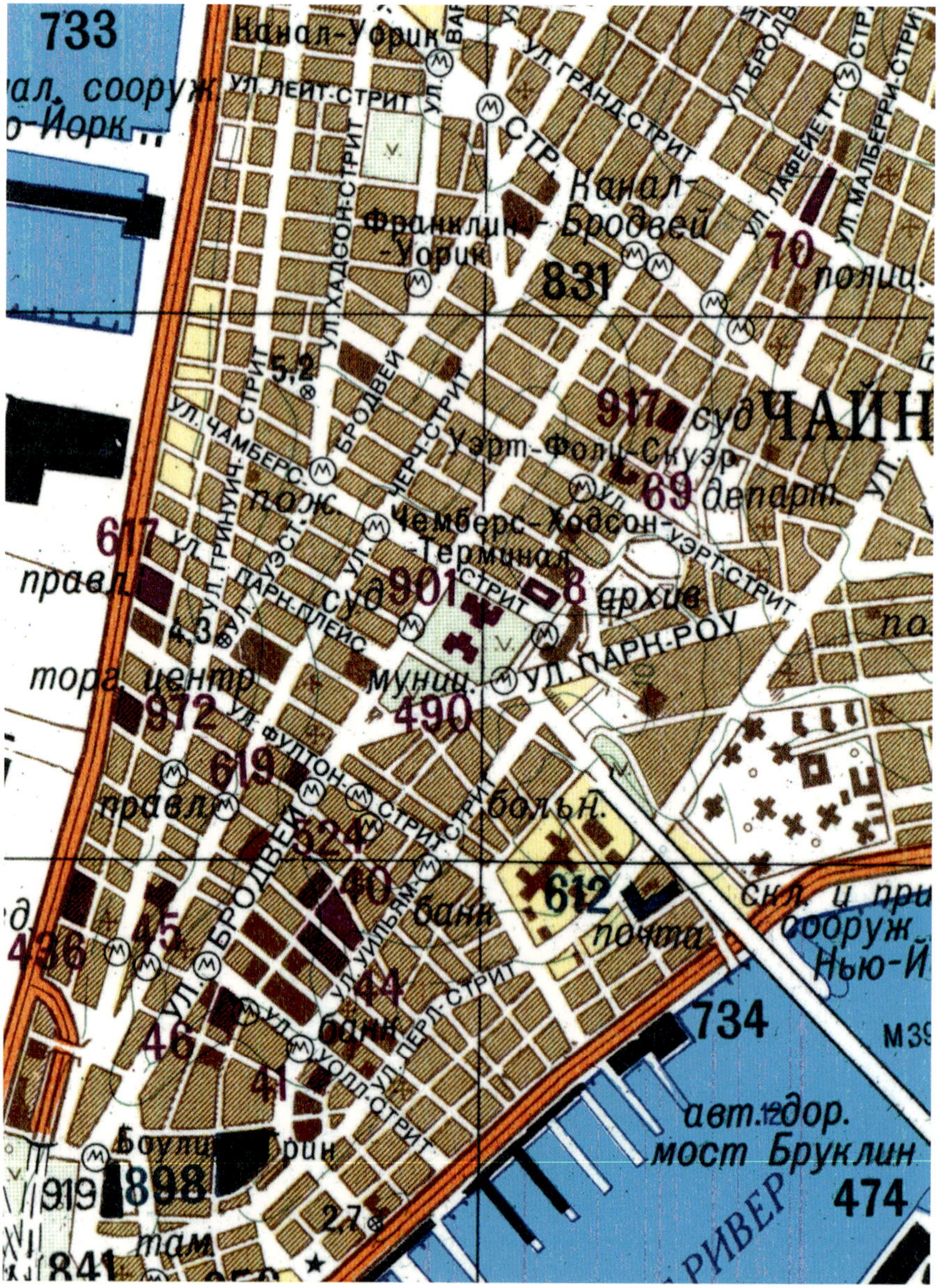

3-90 ニューヨークの2万5000分の1地図（1982）、マンハッタンに集まる地下鉄駅。

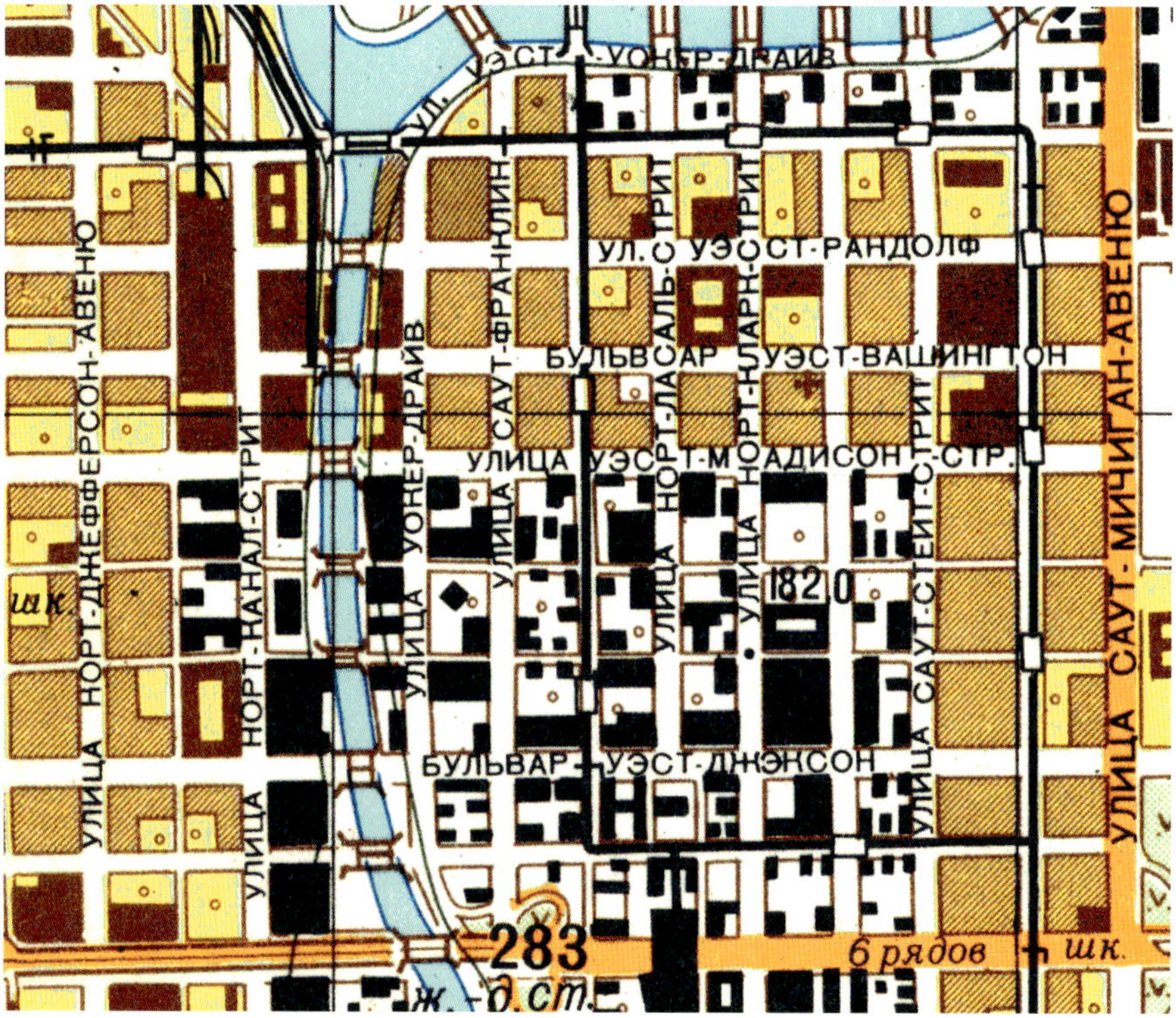

3-91 シカゴの2万5000分の1地図(1982)、中心部の高架鉄道。

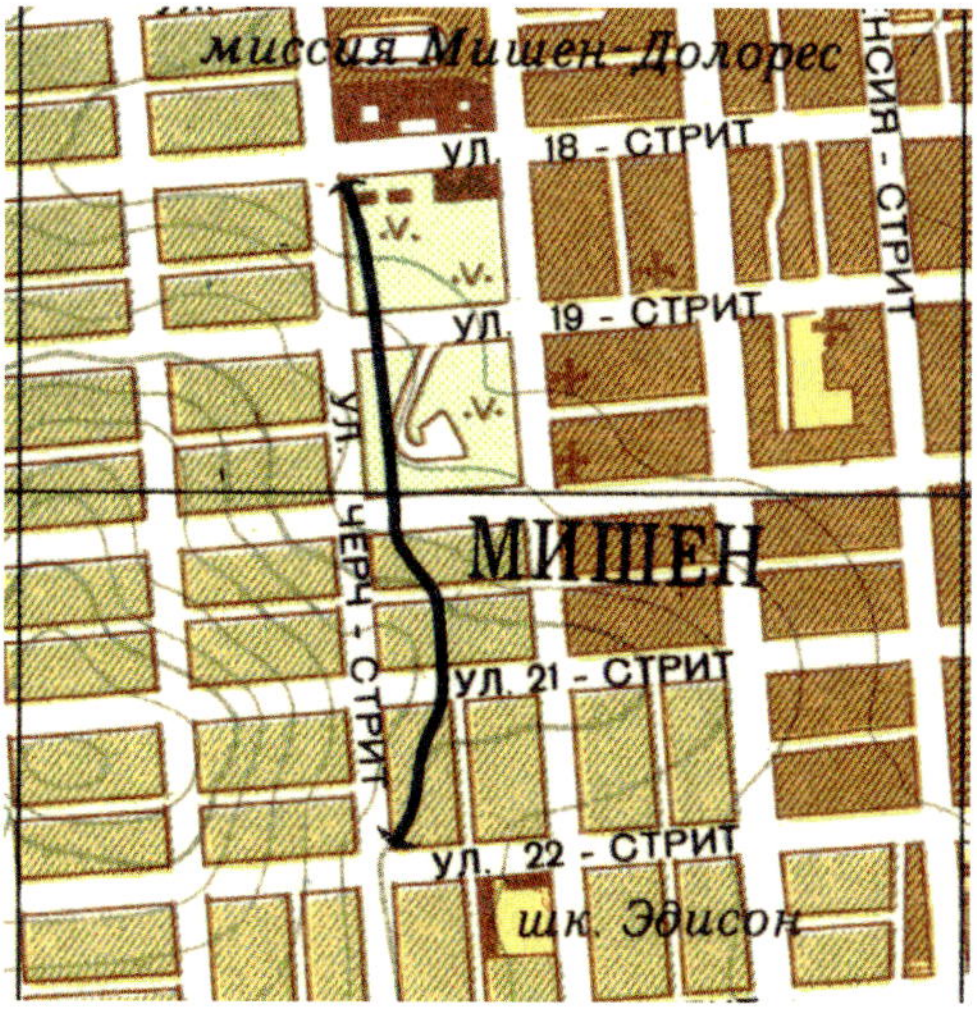

3-92 サンフランシスコの2万5000分の1地図(1980)、地下鉄の地上路線部分。

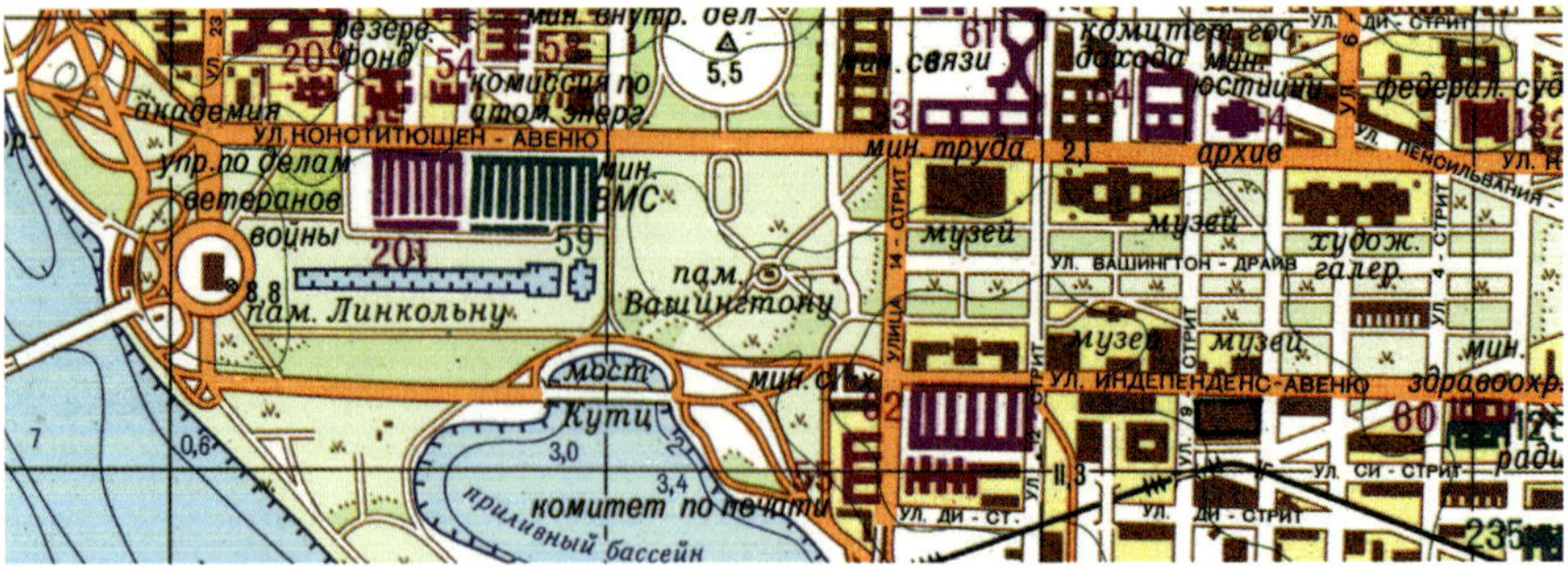

3-93 ワシントンDCの2万5000分の1地図(1975)。

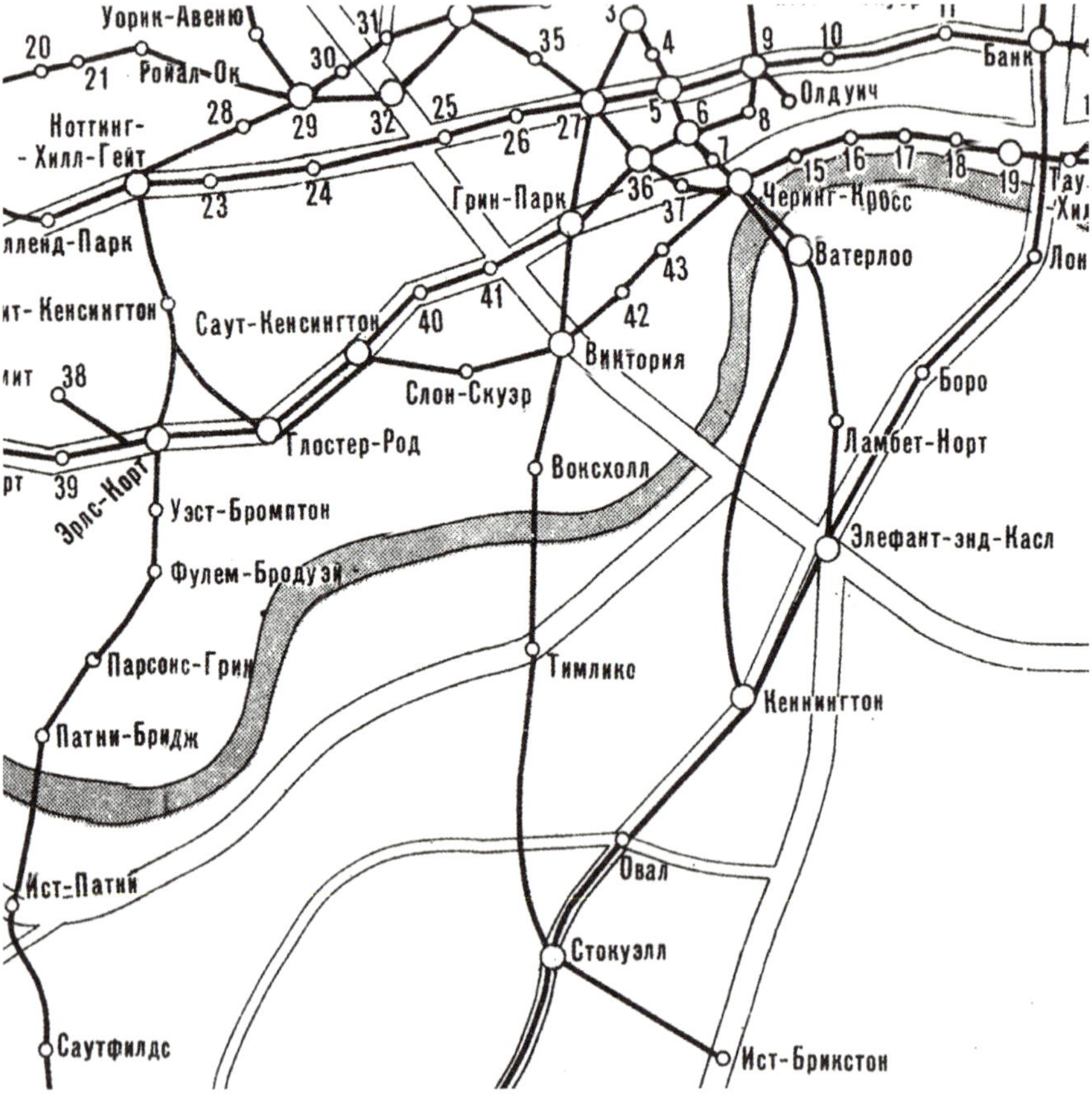

3-94 ロンドン市街図(1985)に折りこみ付録で入っている地下鉄路線図の一部。

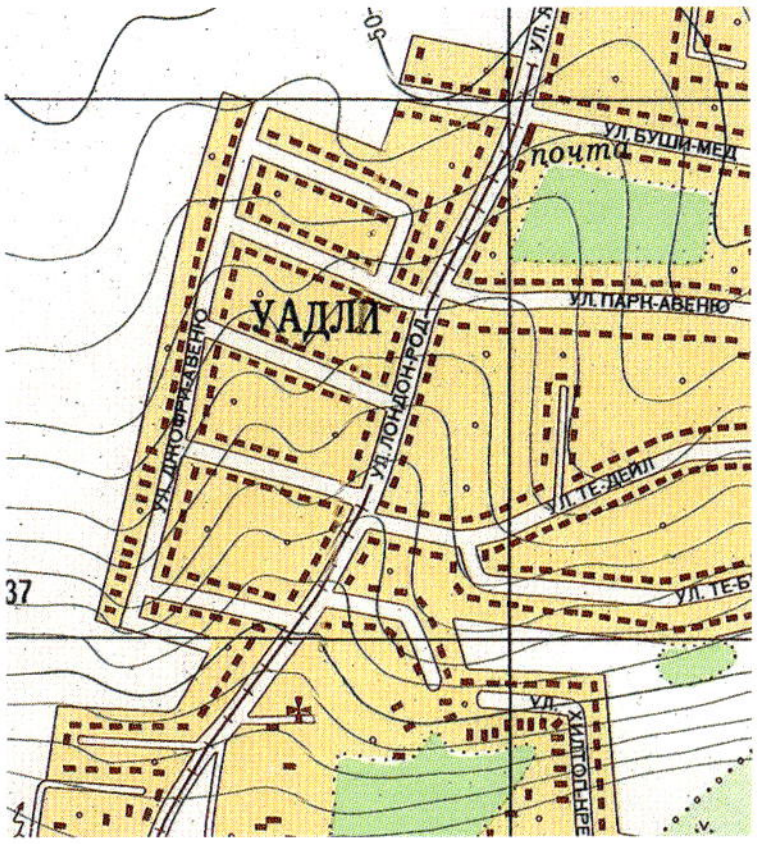

3-96 図3-95のすでに存在しない路面電車路線は、英国ポーツマス、フェアラム、ゴスポートの1万分の1地図(1988)にも描かれている。

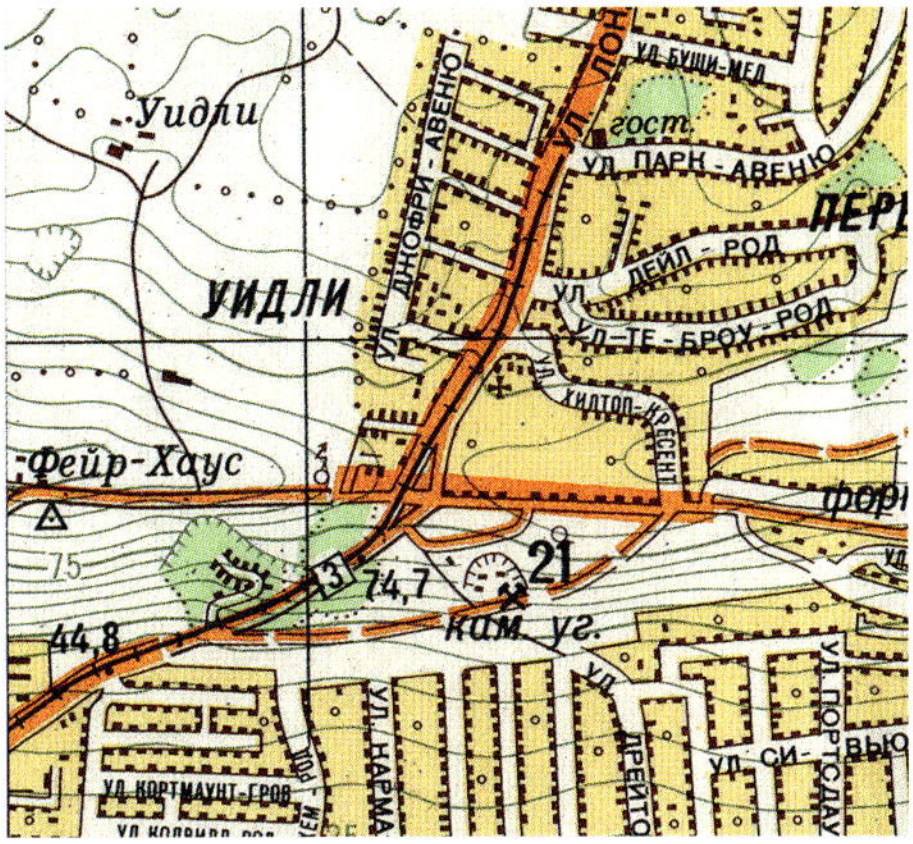

3-95 英国ハバントの2万5000分の1地図(1983)に描かれた、廃線になって久しい路面電車の路線。

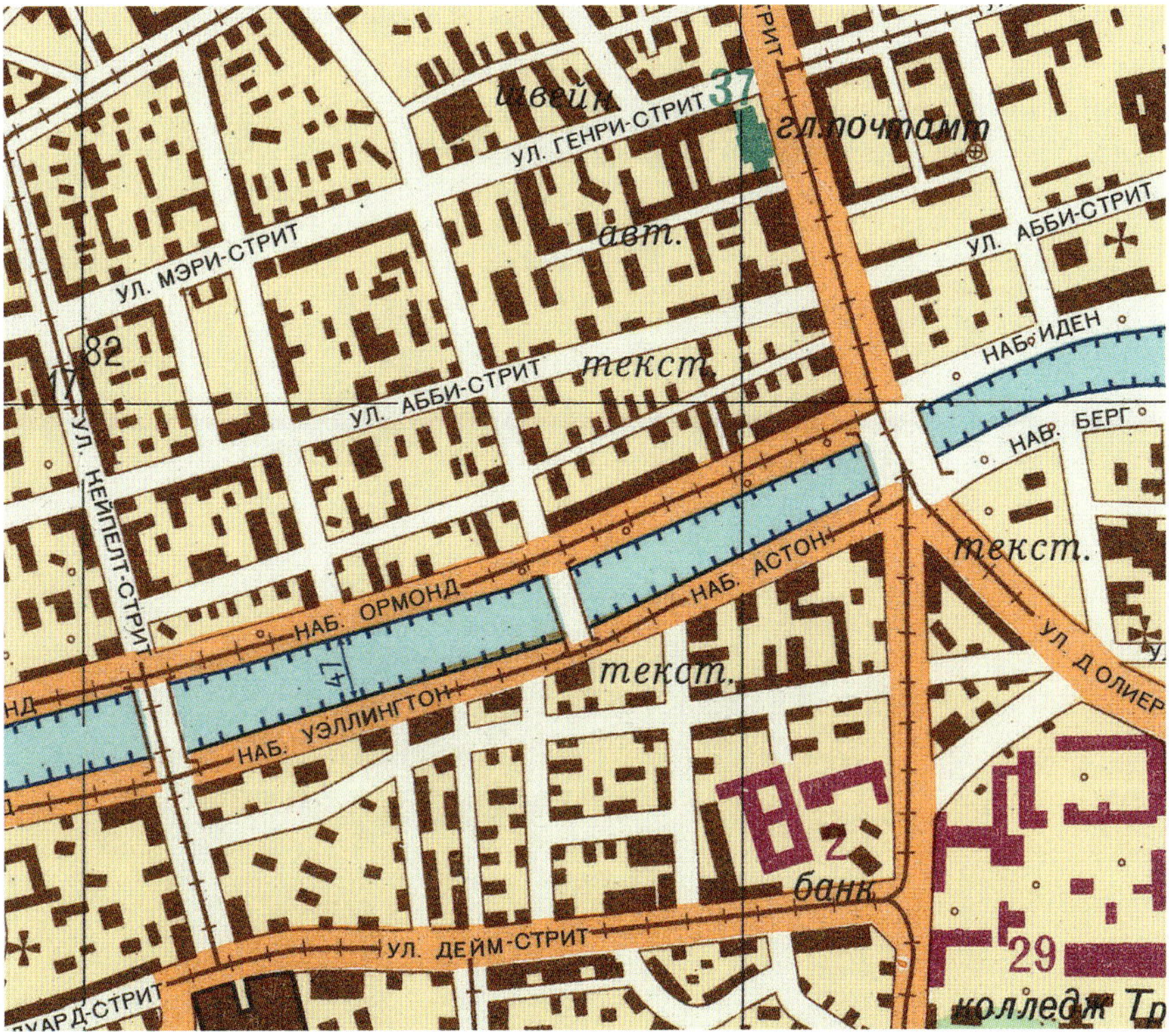

3-97 ダブリンの1万分の1地図(1980)。とっくに廃線になった路面電車が記載されている。

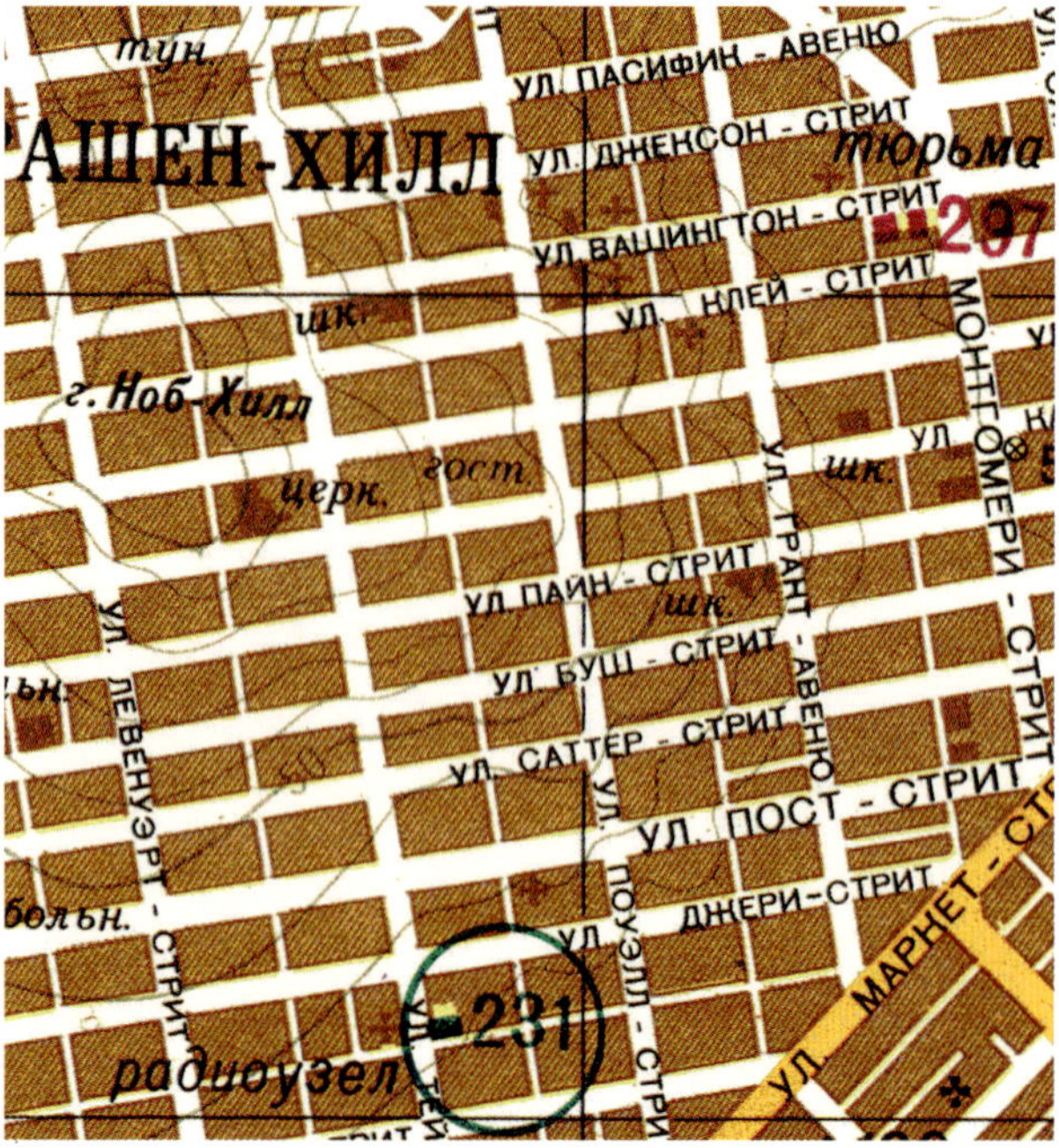

3-98 サンフランシスコの2万5000分の1地図(1980)。
ケーブルカーが完全に省略されている。

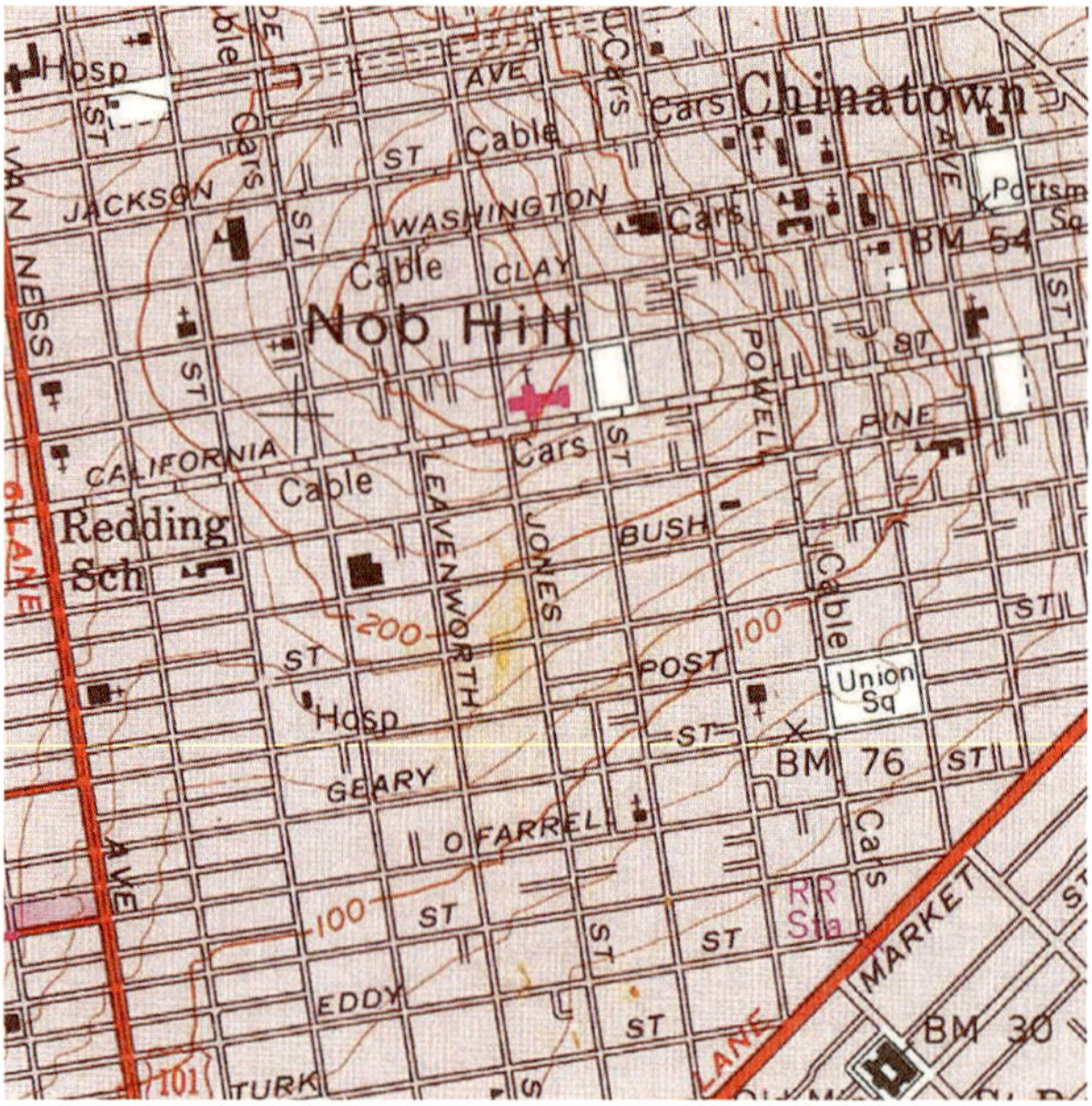

3-99 USGS版サンフランシスコ北部の2万4000分の1地図(1956)。

連絡船

連絡船も同様だ。運航が終了し、代わりの橋やトンネルが地図に記載されているのに、航路が残っていたりする。ここでは二つの例を紹介しよう。グラスゴーの地図（図3‐100）では、クライド川にかかるアースキン橋の隣に連絡船（паp.）と書かれている。またニューカッスル・アポン・タインの地図（図3‐101）では、ジャローに通っているタイン・トンネルのそばに連絡船の表記が読める。数えると、グラスゴーとアースキン橋のあいだのクライド川には合わせて六つの連絡船航路が書かれていた（当時の陸地測量部版地図では、運航していたのは三航路だけ）。タイン川も航路は六つだが、そのうち運航中で陸地測量部版にも記載されているのはひとつだけである。

道路

道路番号は地名と同様、地図やガイドブックといった文書から収集すべき情報だ。ソ連が作成した米国の地図の欄外を見ると（図3‐102）、国道は四角囲み、州間高速道路にはT（大陸横断の意味）

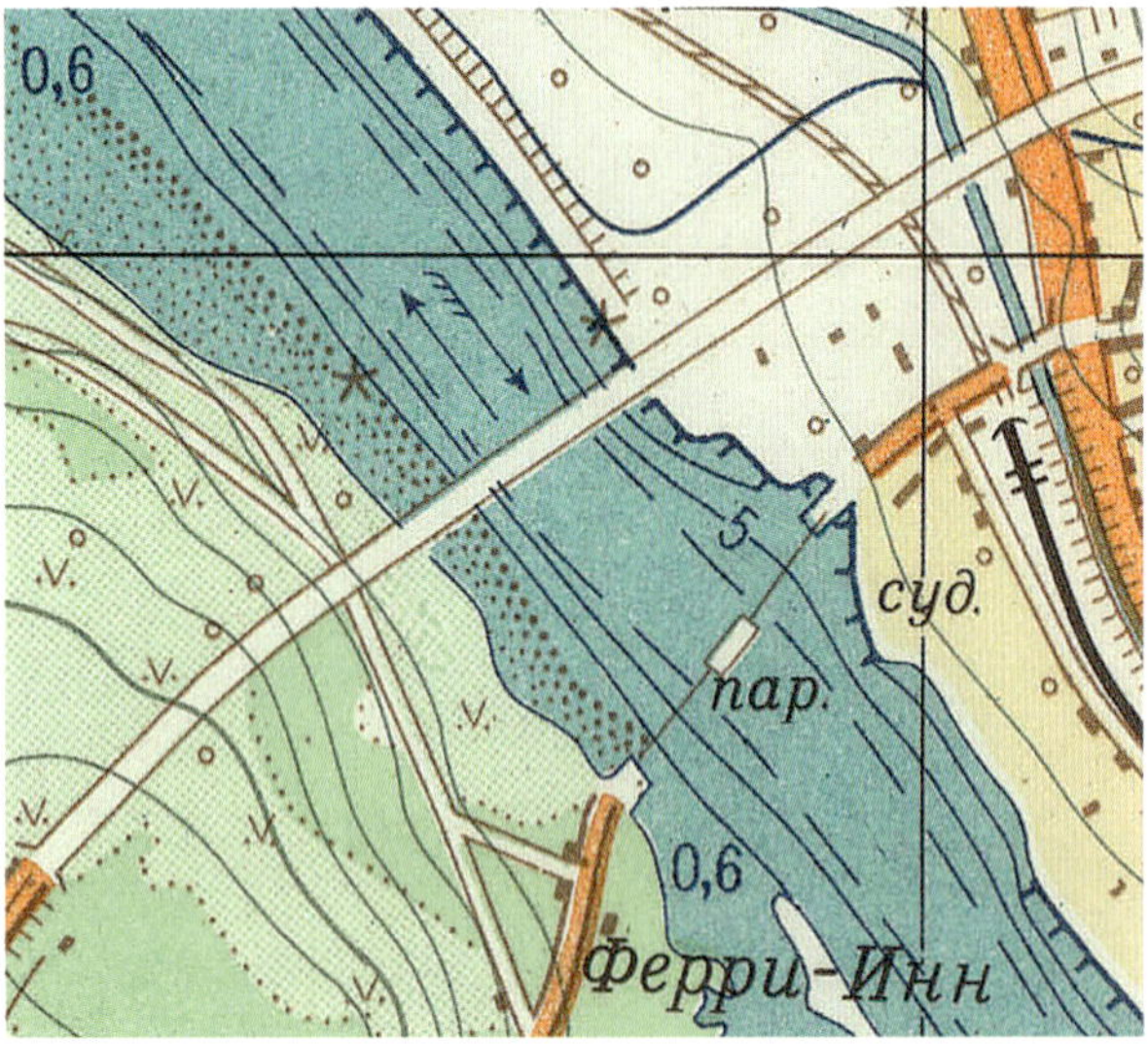

3-100 スコットランド、グラスゴーとペイズリーの2万5000分の1地図(1981)。アースキン橋と廃止になった連絡船。

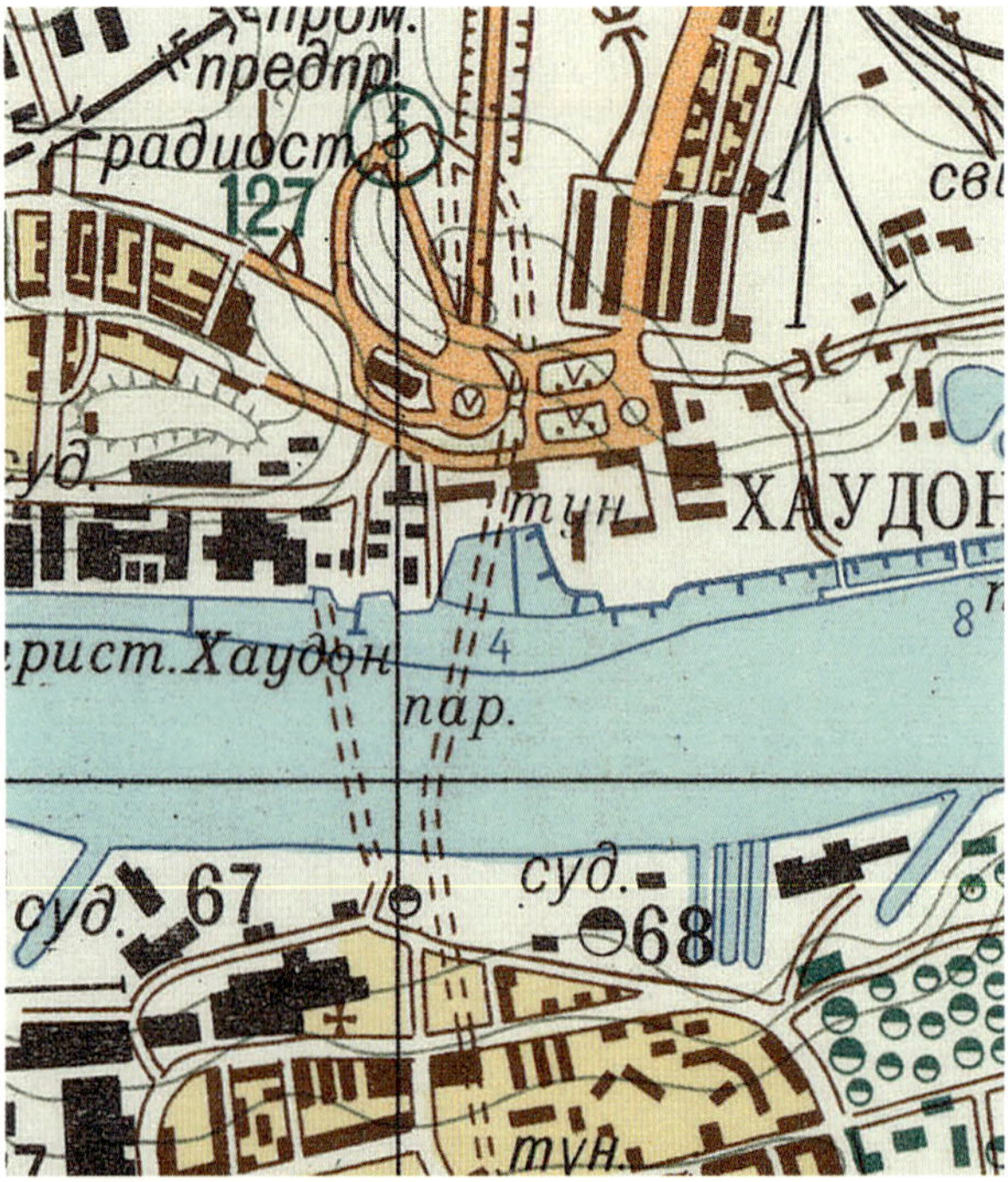

3-101 英国、ニューカッスル・アポン・タインの2万5000分の1地図(1977)。タイン・トンネルと廃止になった連絡船

がつき、州道は丸囲みとなっているようだ。注釈の意味は以下の通り。

道路番号

a　政府（Tがつくものは大陸横断道路）

b　州

わかりやすい例は図3-103だろう。ニュージャージー州パターソン近郊で、I-80（州間高速道路80号線）がUS-46（米国道46号線）、州道23号線と出合うところだ。道路に関しては調査が綿密に行なわれたようで、規則の逸脱や誤りはこれまでほとんど見つかっていない（例外は図A1-29を参照）。

これが英国になると、話は少しややこしくなる。英国の道路は大きくM、A、Bの三種類に分かれている。Mは高速道路、Aは国道、Bは一般道だ。ソ連製の地図では、この区別に一貫性がない。図3-104は、ランカシャーのセントヘレンズ近くにあるM62とA570のジャンクション部分だが、このように道路番号はすべて四角で囲み、高速道路だけはMをつけるが、あとは数字だけというのが基本のようだ。

ソ連の地図に見られる特徴は、Eで始まる欧州自動車道路の表示があることだ。この国際自動車網に属する道路には、国内の道路番号とは別の番号が振られている。ただし英国の道路標識、英国内で刊行されている地図、ガイドブック、道路地図には、こうした表記は皆無だ。それでもソ連が作成した地図では、高速道路を意味するM道路や主要幹線道路にE番号が併記されている。情報源は欧州自動車道路

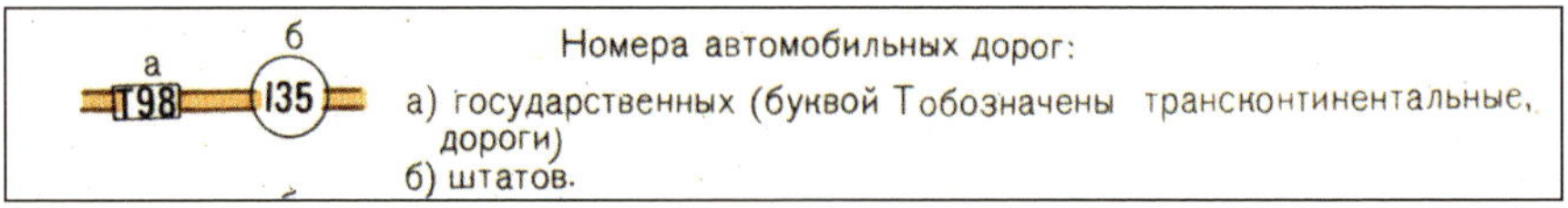

3-102 ボストンの2万5000分の1地図(1979)の欄外。

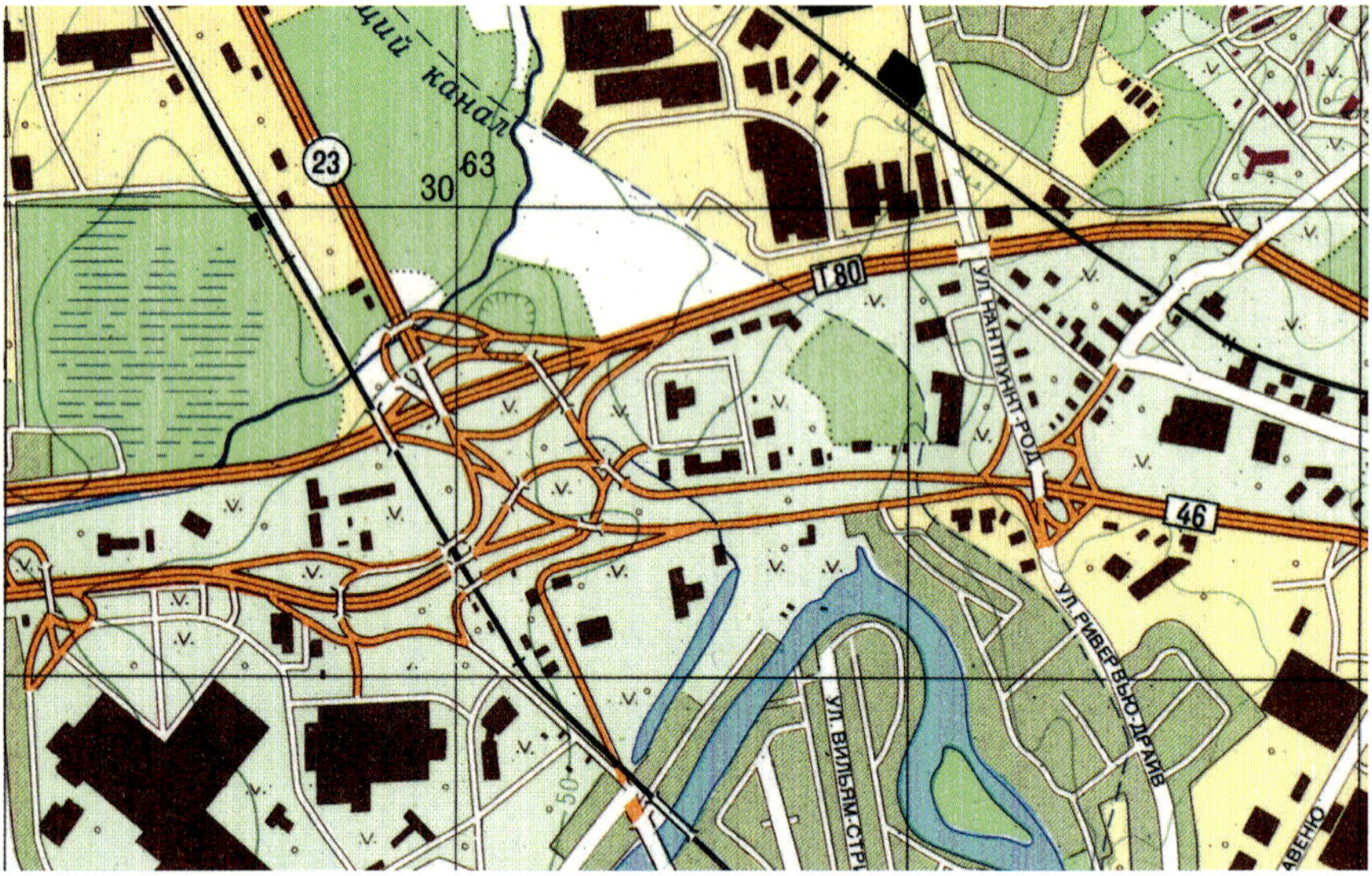

3-103 ニューヨークの2万5000分の1地図(1982)、パターソン近郊の高速道路。

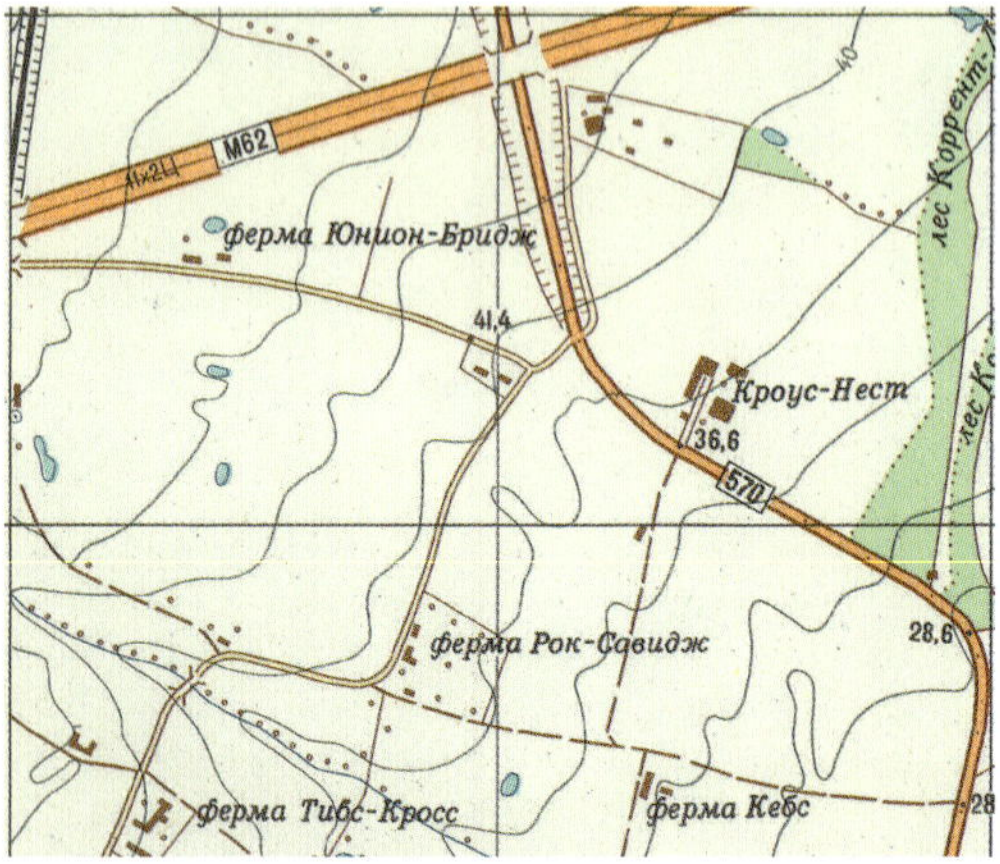

3-104 英国セントヘレンズの1万分の1地図(1984)に出てくる道路番号。

の公式出版物だと思われる。ソ連の地図作成者は、英国の地図づくりを欧州統合の一環と見なしていたのかもしれない。その一例が図3-105で、ランカシャーを走る高速道路はM6およびE33となっている。道路上にAの文字があるので路面はアスファルト舗装だが、寸法は不明だ。

もっとも変則、不一致、誤りも多い。文字と番号のあいだにハイフンが入っていたり、番号のあとに「トランク・ロード（一般道）」を意味する（T）が入っていたりする。番号ちがい、道路番号とジャンクション番号の混同も含め、英国の市街図には地方を問わず誤りが頻出する。図3-106は、ケンブリッジの北にあるジャンクションを示したものだが、A45、A10のどちらも、ソ連の地図では基本ないはずのAで始まり、番号とのあいだにハイフンが入り、末尾に（T）とある。図3-107はロンドン南東、A2とM25のインターチェンジ近辺だが、A2はA2（T）、E107、2と三通りに記載され

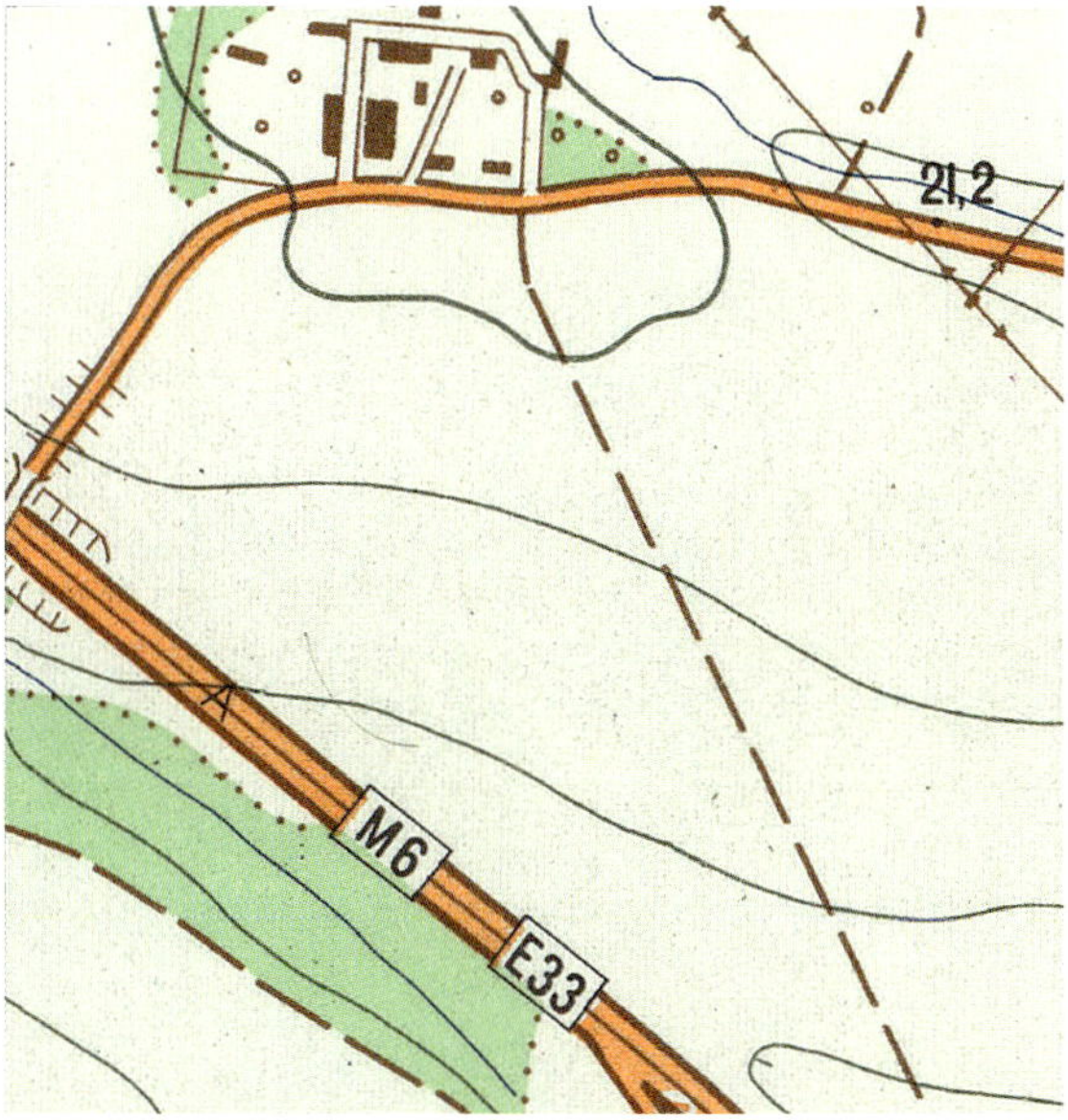

3-105 英国ウィガンとアシュトン・イン・メイカーフィールドの1万分の1地図(1979)に出てくる道路番号。

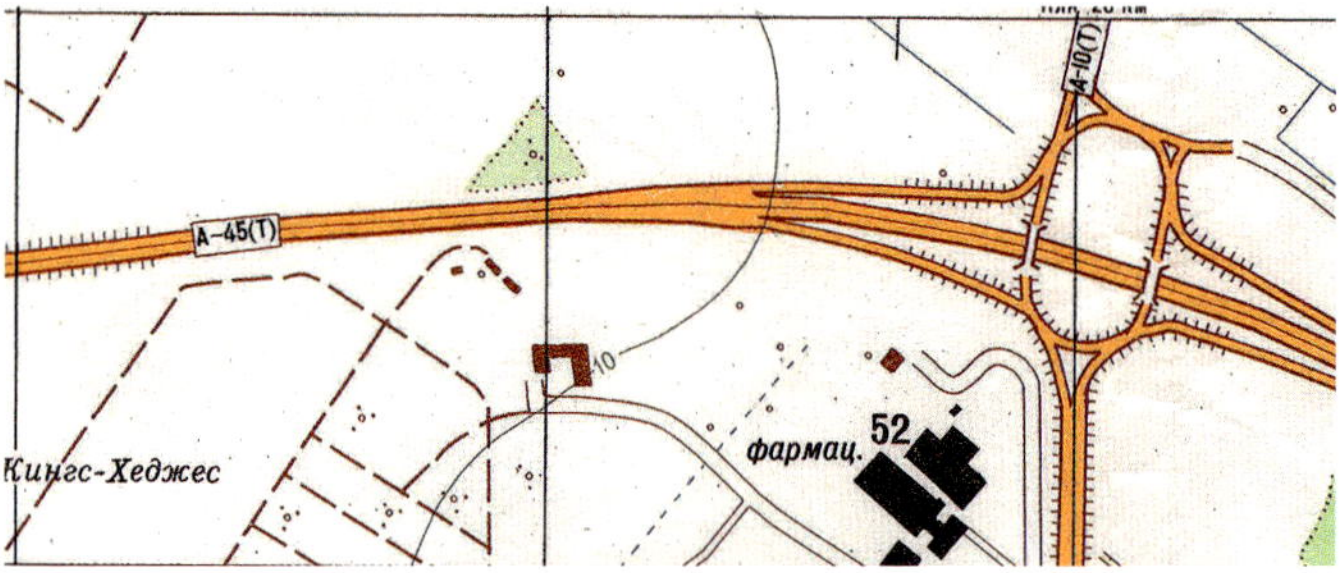

3-106 英国ケンブリッジの1万分の1地図（1989）に出てくる道路番号。

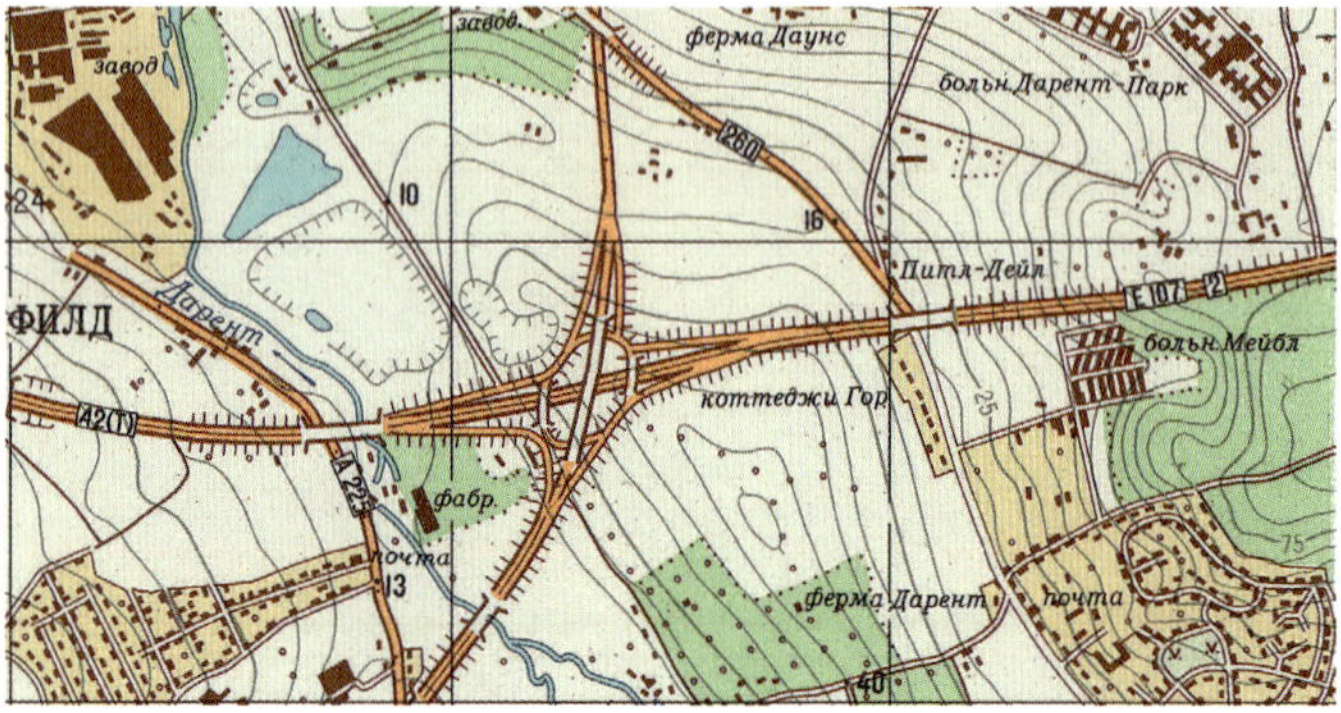

3-107 ロンドンの2万5000分の1地図（1985）に出てくる道路番号。

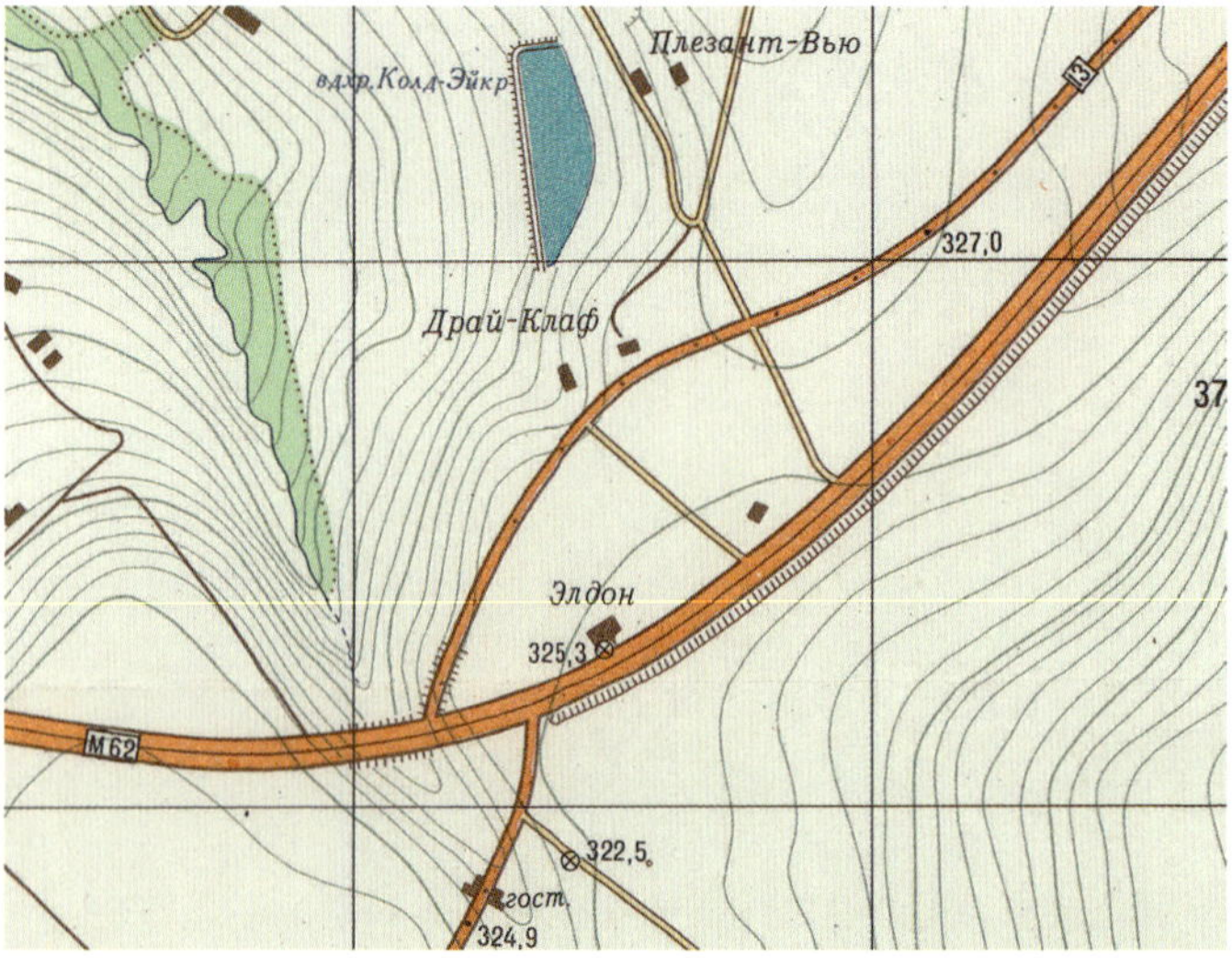

3-108 英国ハッダーズフィールドの1万分の1地図（1984）。道路配置と番号がまちがっている。

ている。Ａ２２５はそのままで、Ｂ２６０は数字だけだ。

図３‐１０８は英国ハッダーズフィールドの西側の地図だが、不思議なまちがいがいくつかある。Ａ６４０はM62と並行して北に走り、途中で立体交差している。両者を接続する進入路はない。ところがこの図では、13と表記された道路とたがいちがいのジャンクションで接続している。また高速道路は切取部に挟まれていなくてはならないが、地図では二本の一般道から高速道路に出られることになっている。

図３‐１０９にあるように、バーミンガム市街図は記号の使いかたが独特であり、他にはない誤認も見られる。欄外の注釈は「道路番号（Ｅは欧州自動車道路の意味）」と書かれているだけで、四角囲みと丸囲みのちがいは説明されていない。バーミンガムの地図では（図３‐１１０）、M６高速道路上に四角囲みの８と９が見えるが、これは近くにあるジャンクション番号。そして図３‐１１１、丸囲みでアルファベットなしの５は高速道路番号だ。

それまで色つきだった主要道路が市街地に入ったところで白くなると、道路の重要性がぼかされる。そんな例が、英国トーキーの北、キングスカーズウェルで海岸に向かう国道Ａ３８０だ（図３‐１１２）。ロンドンの北東、ヘイバーリング＝アット＝バウワーを走るＢ１７５も同様である（図３‐１１３）。図３‐71、３‐72、３‐73でも、Ａ58、Ａ６５１、Ａ６５２の描かれかたがすべて異なっている。奇妙なのはロンドンの北、エンフィールドだ。グレート・ケンブリッジ・ロードとも呼ばれるＡ10が白いままなのに、重要度が低い地元のハートフォード・ロードに色がついている。図左上には、Ａ10の着色が始まった部分が見える。

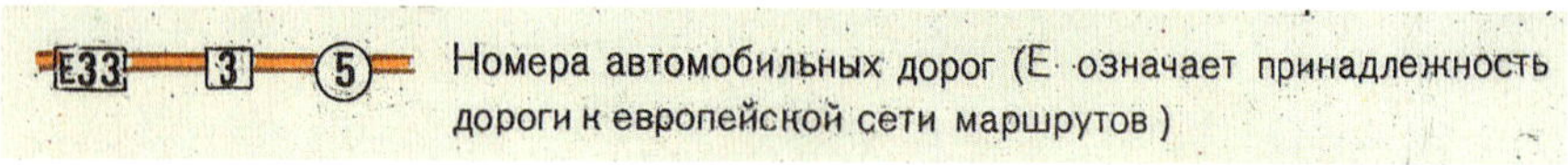

3-109 英国バーミンガム、ウルバーハンプトン、ウォルソールの2万5000分の1地図(1977)の欄外。

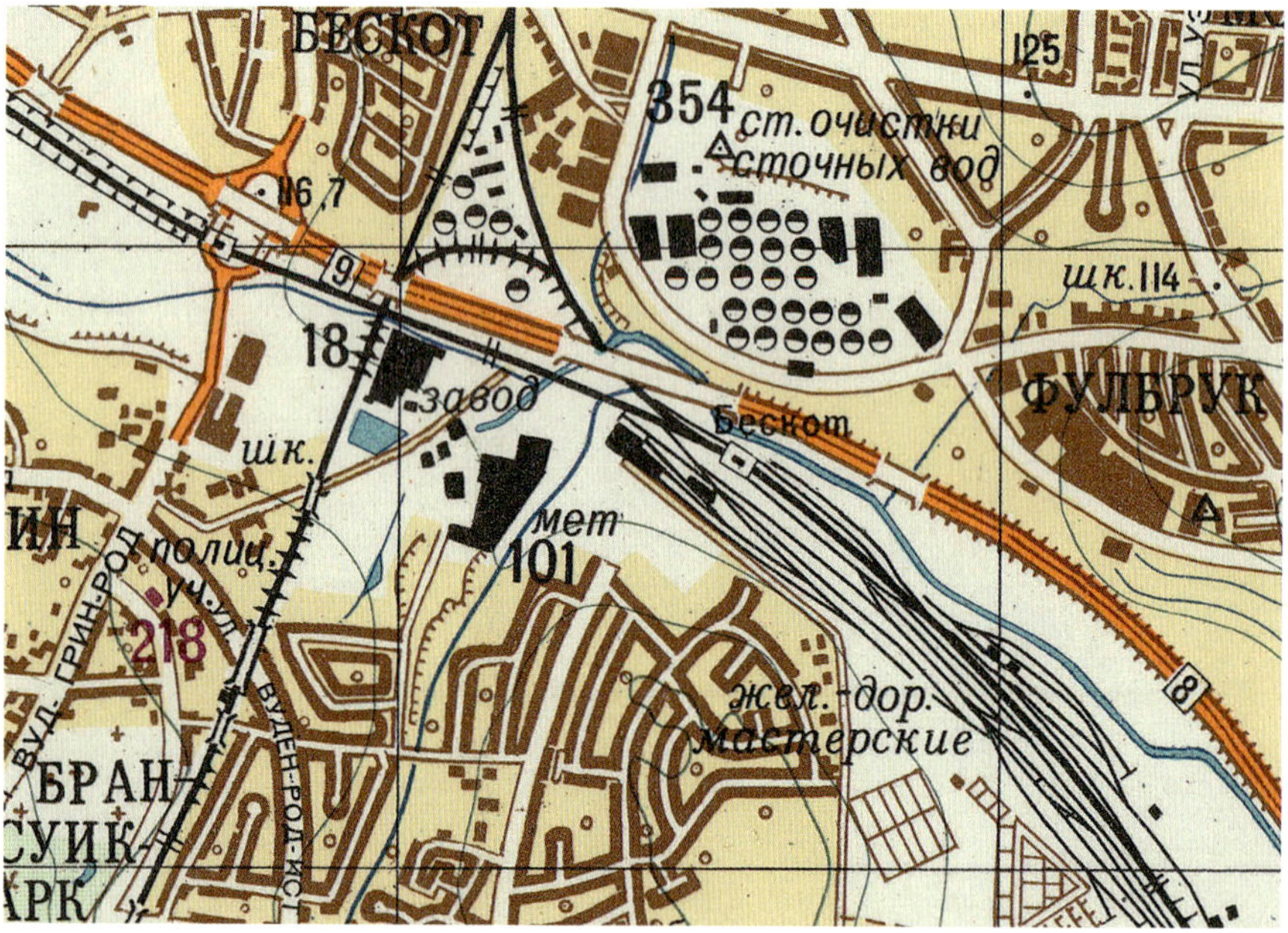

3-110 英国バーミンガム、ウルバーハンプトン、ウォルソールの2万5000分の1地図(1977)。ジャンクション番号が道路番号として記載されている

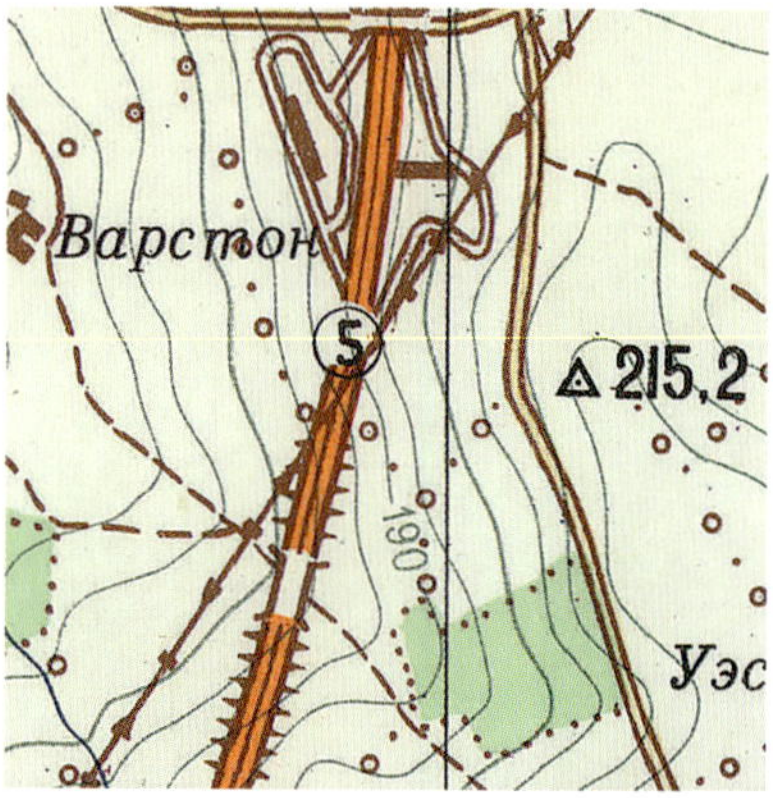

3-111 英国バーミンガム、ウルバーハンプトン、ウォルソールの2万5000分の1地図(1977)。道路番号が丸囲みになっている。

3-112 英国トーベイの1万分の1地図(1976)。キングスカーズウェルで道路が色つきになっている。

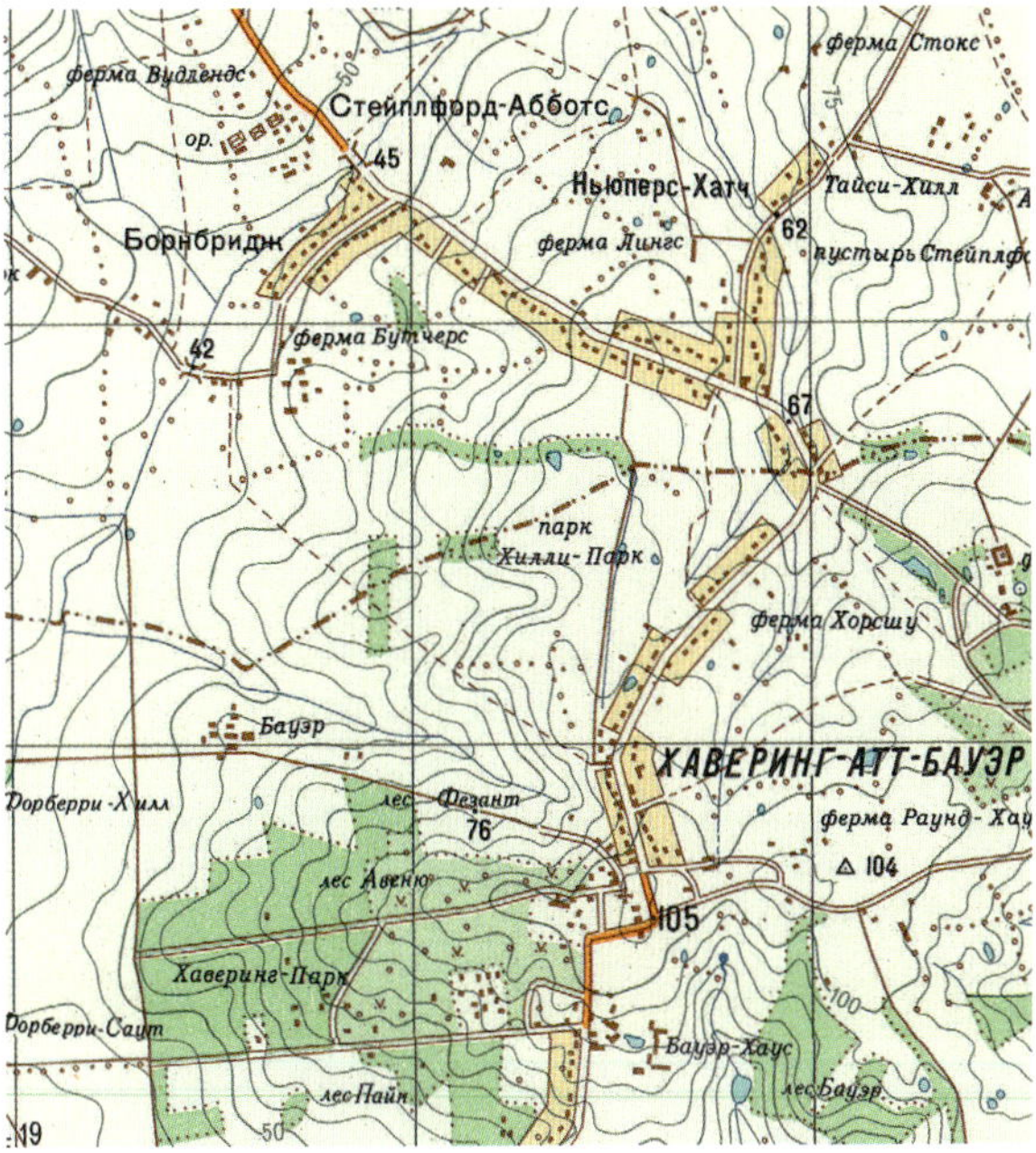

3-113 ロンドンの2万5000分の1地図(1985)、ヘイバーリング=アット=バウワーで道路が色つきになっている

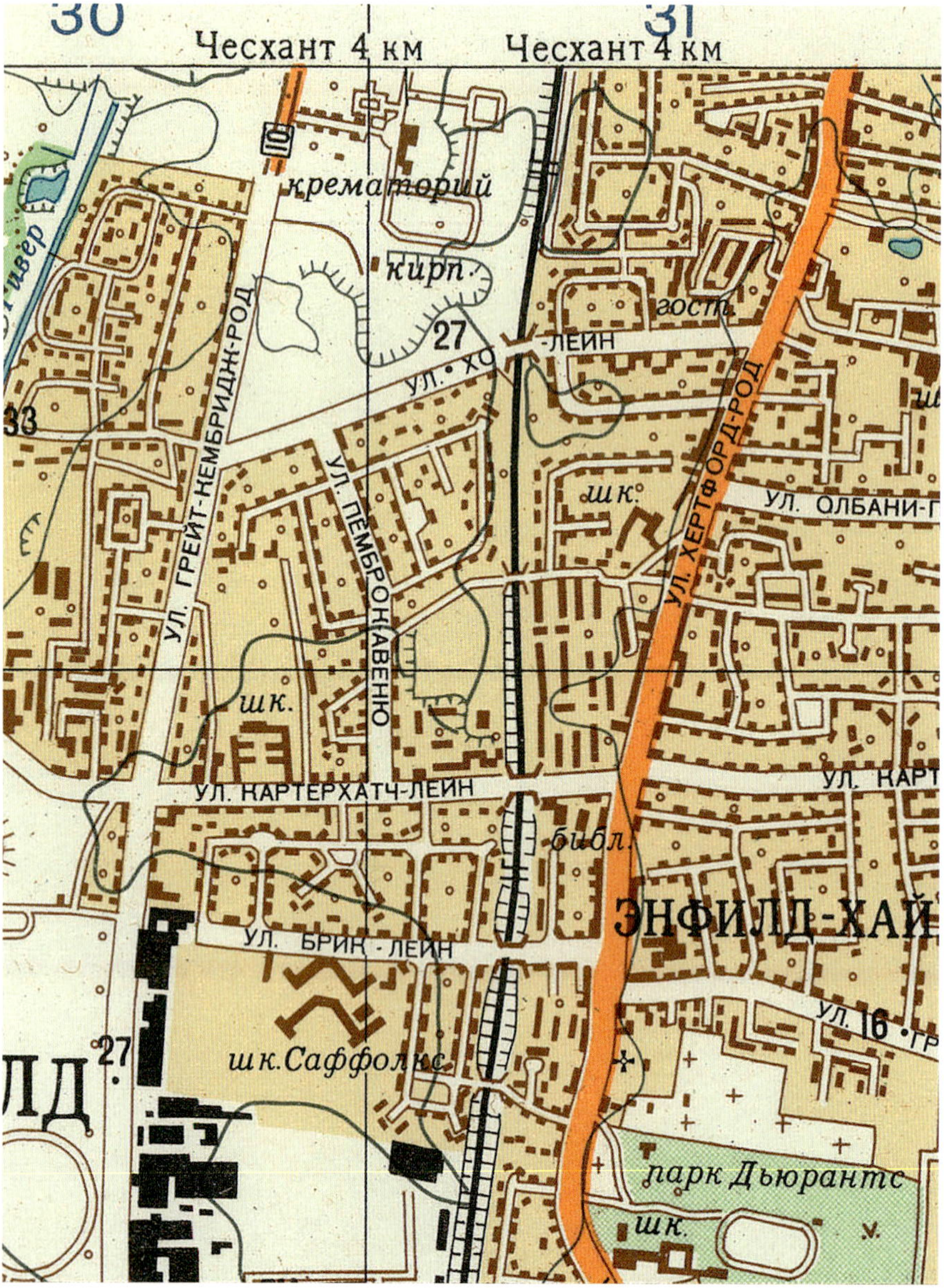

3-114 ロンドンの2万5000分の1地図(1985)、エンフィールド。道路の色に注目。

五里霧中

ソ連がつくった地図は、海洋に関してはかなりくわしい。海と河口域の水深点、等深線、浚渫《しゅんせつ》の有無、潮差〔満潮と干潮の海面の高さの差〕などが記載されている。ただそれでも、米国沿岸測量部や英国水路部が作成した海図とくらべると矛盾点が見つかる。さらには米国地質調査所（ＵＳＧＳ）の地図と比較すると、近接した陸地の標高は一致しているのに、水路測量の数字はちがっていたりする（英国陸地測量部の地図に記載されているのは干潮線まで）。

米国カリフォルニア州サンペドロ湾に、アストロノート・アイランズと呼ばれる人工島群が浮かんでいる。石油掘削のために一九六五年に建設された。一九七五年にソ連が編集し、翌一九七六年に印刷されたロサンゼルス市街図（図３‐１１５）を見ると、名称はなく「石油プラットフォーム」と説明されている。照明塔の記号もあって、二基と三基の島がひとつずつ、四基の島が二つだ。平均潮差は一メートル。ところが当時最新の一九六四年版ＵＳＧＳ地図には、人工島も潮差も記載されていない。一九七〇年版沿岸測量部海図（図３‐１１６）では、四つの島はA～Dで表記され、一九七四年版でグリソム、ホワイト、チャフィー、フリーマンになっている。どちらの海図も島の役割には触れておらず、照明塔はすべての島で四基ずつになっており、潮差は書かれていない。

シカゴ・ネイビー・ピアの地図（図３‐１１７）では、港のすぐ外の水深が四・三メートル、防波堤

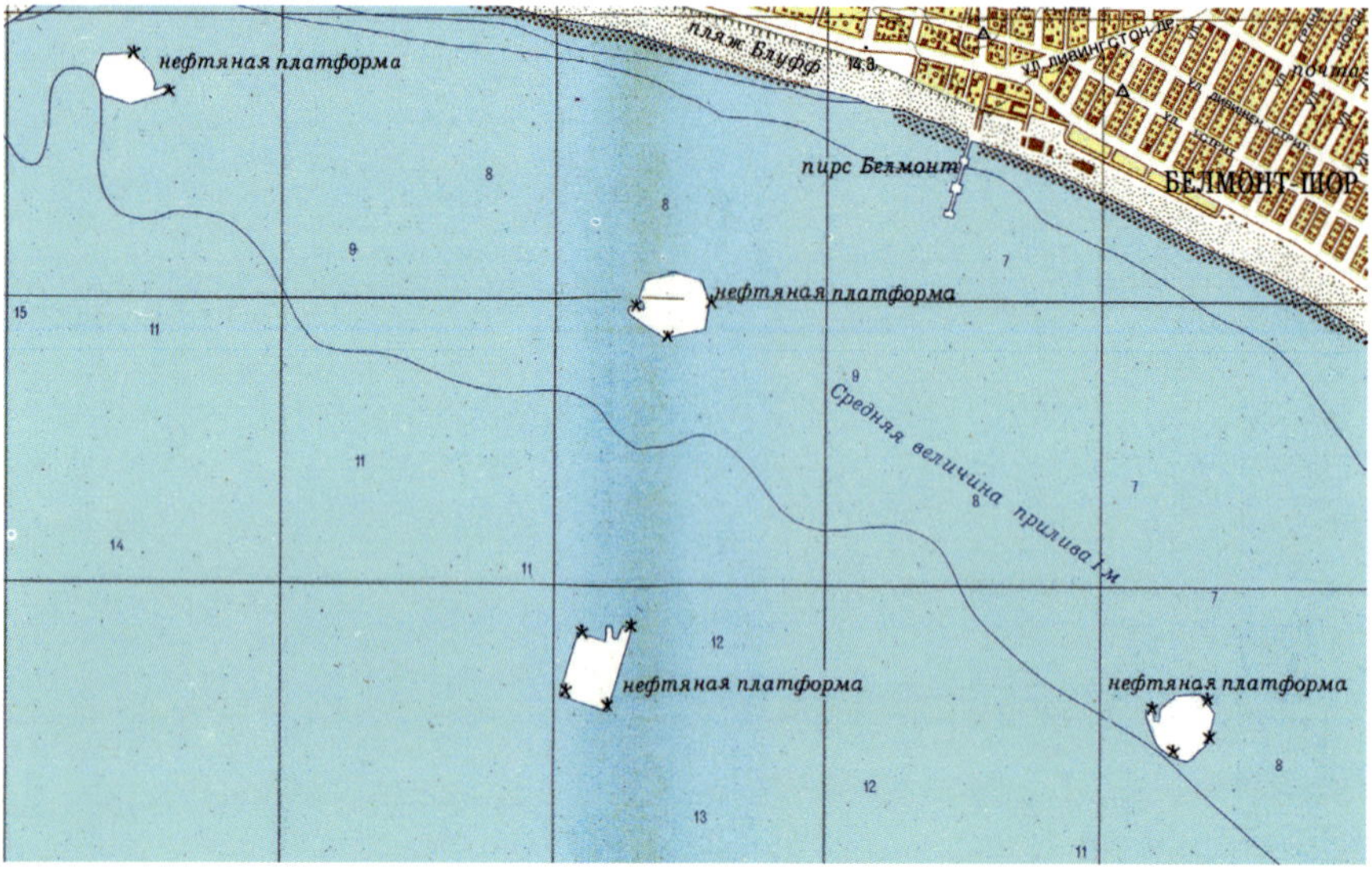

3-115 ロサンゼルスの2万5000分の1地図(1976)、サンペドロ湾のアストロノート・アイランズ。

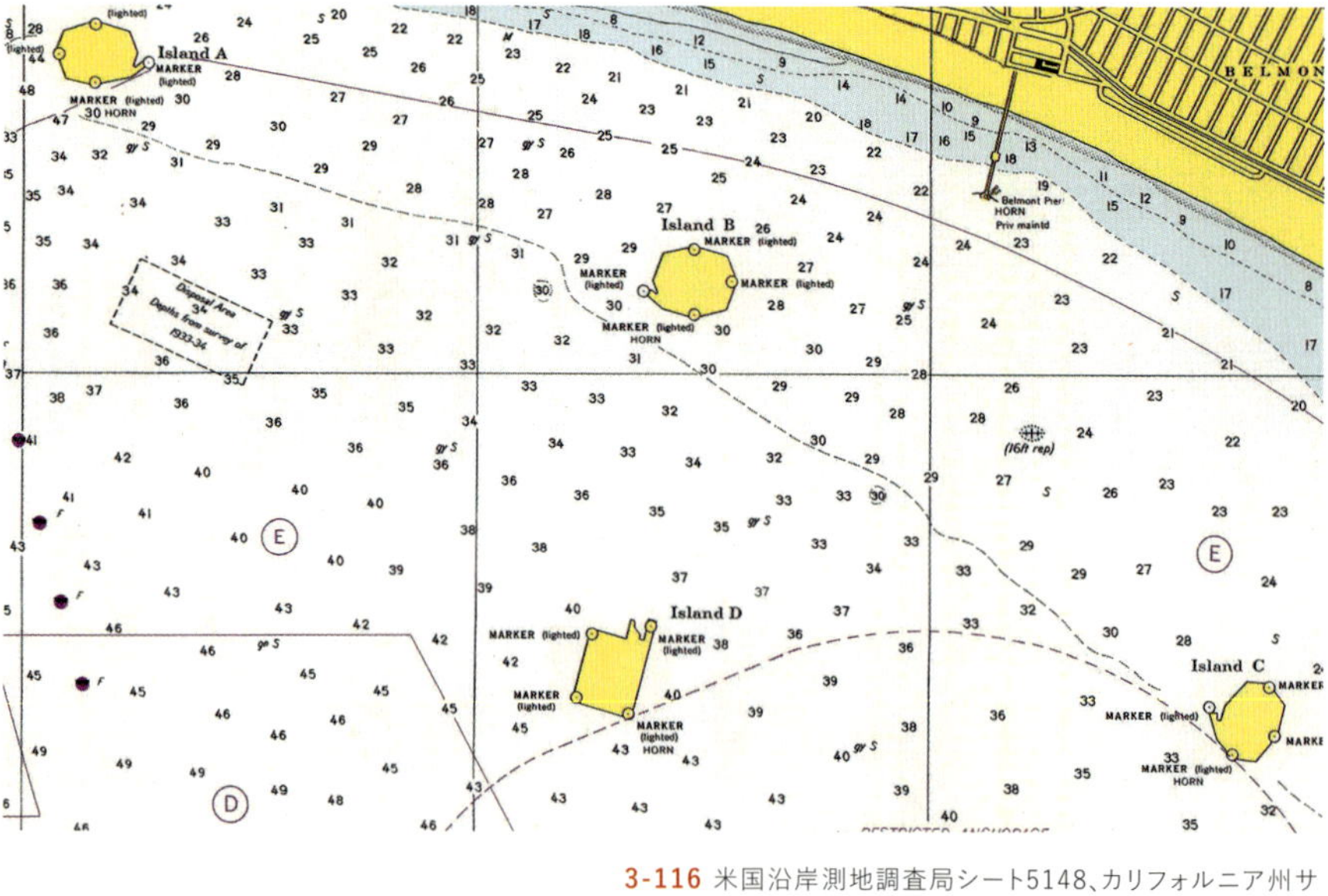

3-116 米国沿岸測地調査局シート5148、カリフォルニア州サンペドロ湾、1万8000分の1(1970)。

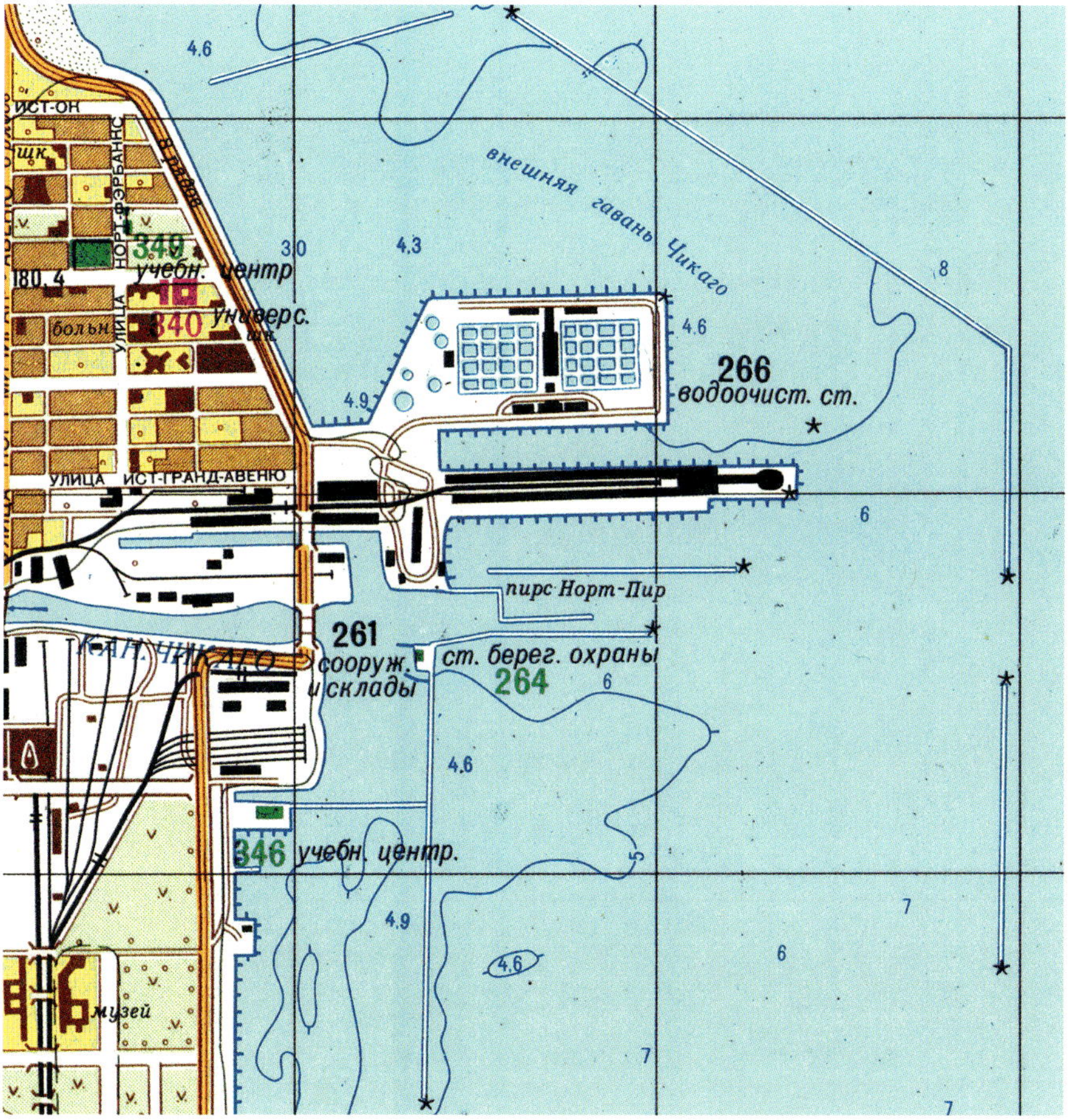

3-117 シカゴの2万5000分の1地図(1976)に記載された水路測量データ。

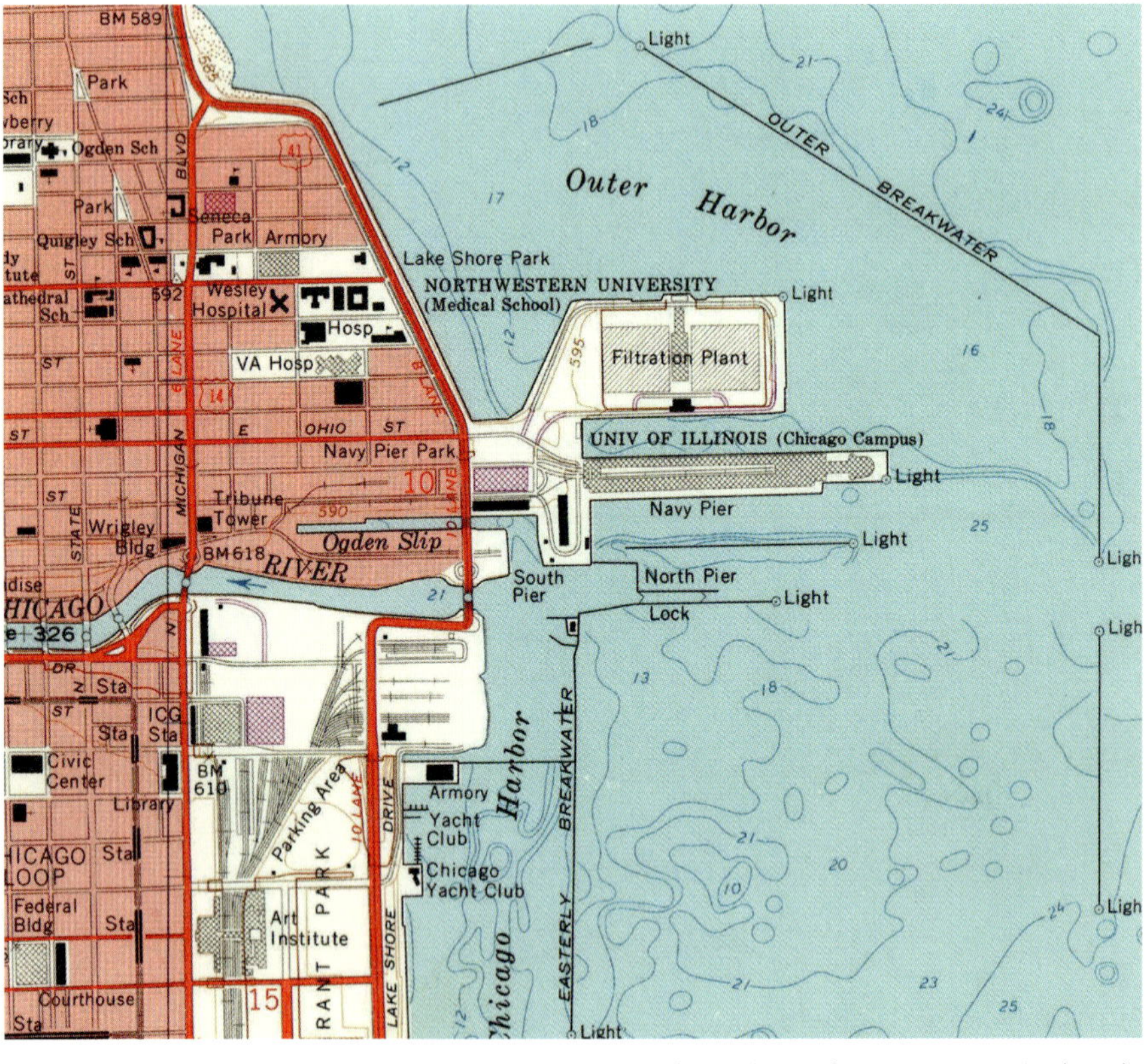

3-118 USGS版シカゴ・ループの2万4000分の1地図(1963)。

近くの水深が四・六メートルとなっている。しかし当時最新のUSGS版（図3‐118）では、近くの陸地の標高は一致しているのに（一八〇・四メートル＝五九二フィート）、水深はそれぞれ一七フィート（五・二メートル）、一三フィート（四・〇メートル）とずれている。USGS版の数値と等深線は、一九七六年沿岸測量部の「湖沼調査図七五二」にある詳細なデータを取りこんでいる。

カリフォルニア州サンディエゴでは、またちがった種類の不一致が見られる。一九八〇年にソ連が作成した南サンディエゴ湾地図（図3‐119）には、水上飛行機の滑走路と着陸レーンが描かれている。米国沿岸測地調査局が一九六九年につくった海図も同様だ。ところが一九七〇年版（図3‐120）以降になると、着陸レーンの図形が消えている。

英国の沿岸海域や河口部となるとさらに状況は複雑で、ロシアの地図作成者が英国水路部の海図をどこまで参考にしたのかわからない。もちろん類似点や共通点はあるが、明らかに別の情報源から得たデータが載っているのだ。海図をそのまま写したと思われる特徴や注釈があるいっぽう、水深や河道は参照していないことが多いし、変則的な記述が数多く見られる。たとえばサウサンプトンの地図（図3‐121）だが、東西それぞれの河道にある「一〇・二メートルまで浚渫」「九・九メートルまで浚渫」という注記は、英国水路部海図2041から転記したようだ（図3‐122）。ところが近隣の建物や鉄道、左手に広がる浅瀬の水深点は食いちがっているのだ。

一九八五年のロンドン市街図（図3‐123）を見ると、テムズ川の地下にケーブルトンネル（кабельн. тун.）が描かれている。このトンネルは水路部海図2484（図3‐124）にも出てくるが、それ以前の版や、陸地測量部の地図にはない。なお川のなかの水深点といった情報は、水路部海

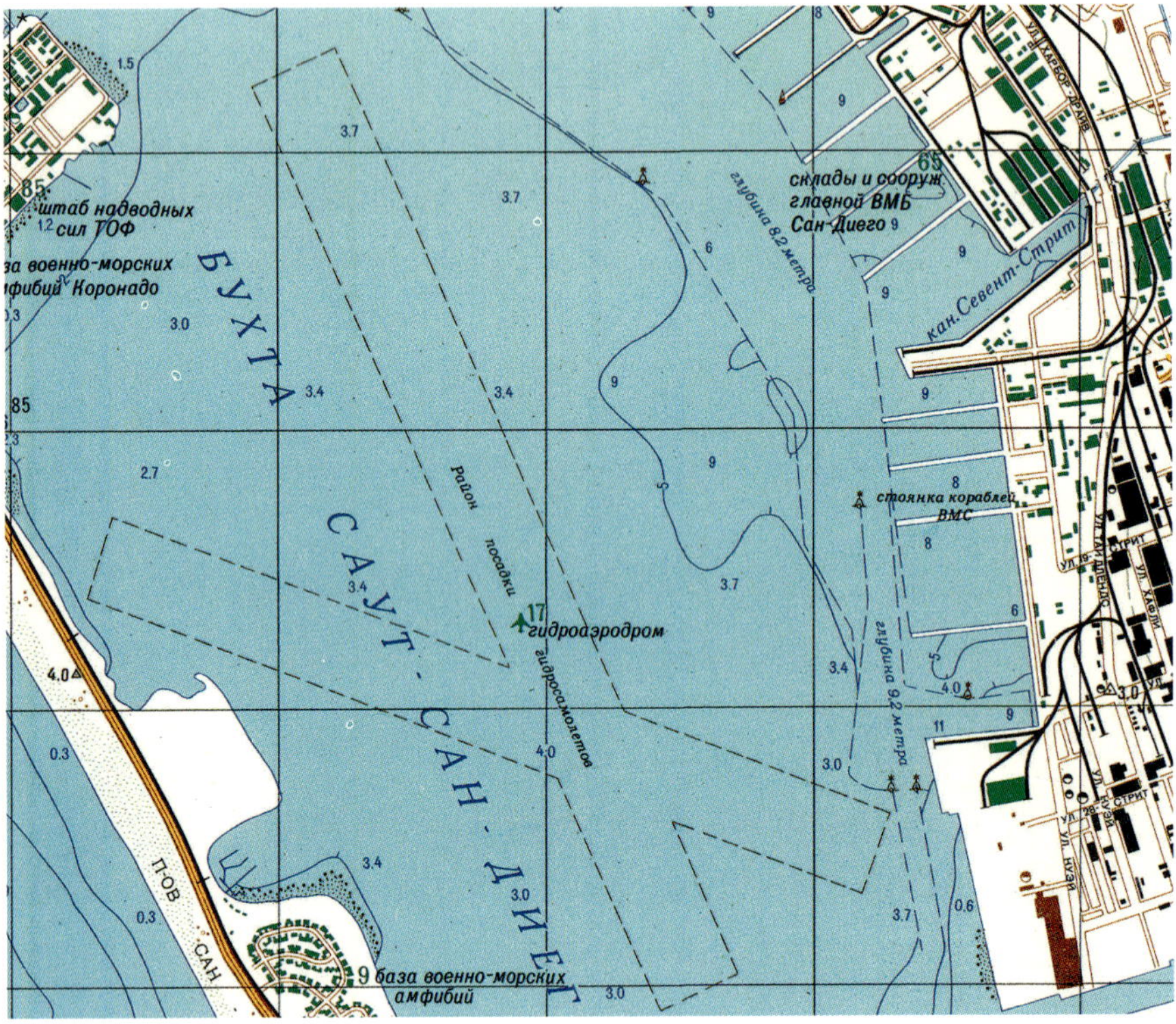

3-119 カリフォルニア州サンディエゴの2万5000分の1地図(1980)。水上飛行機の着陸レーンが描かれている。

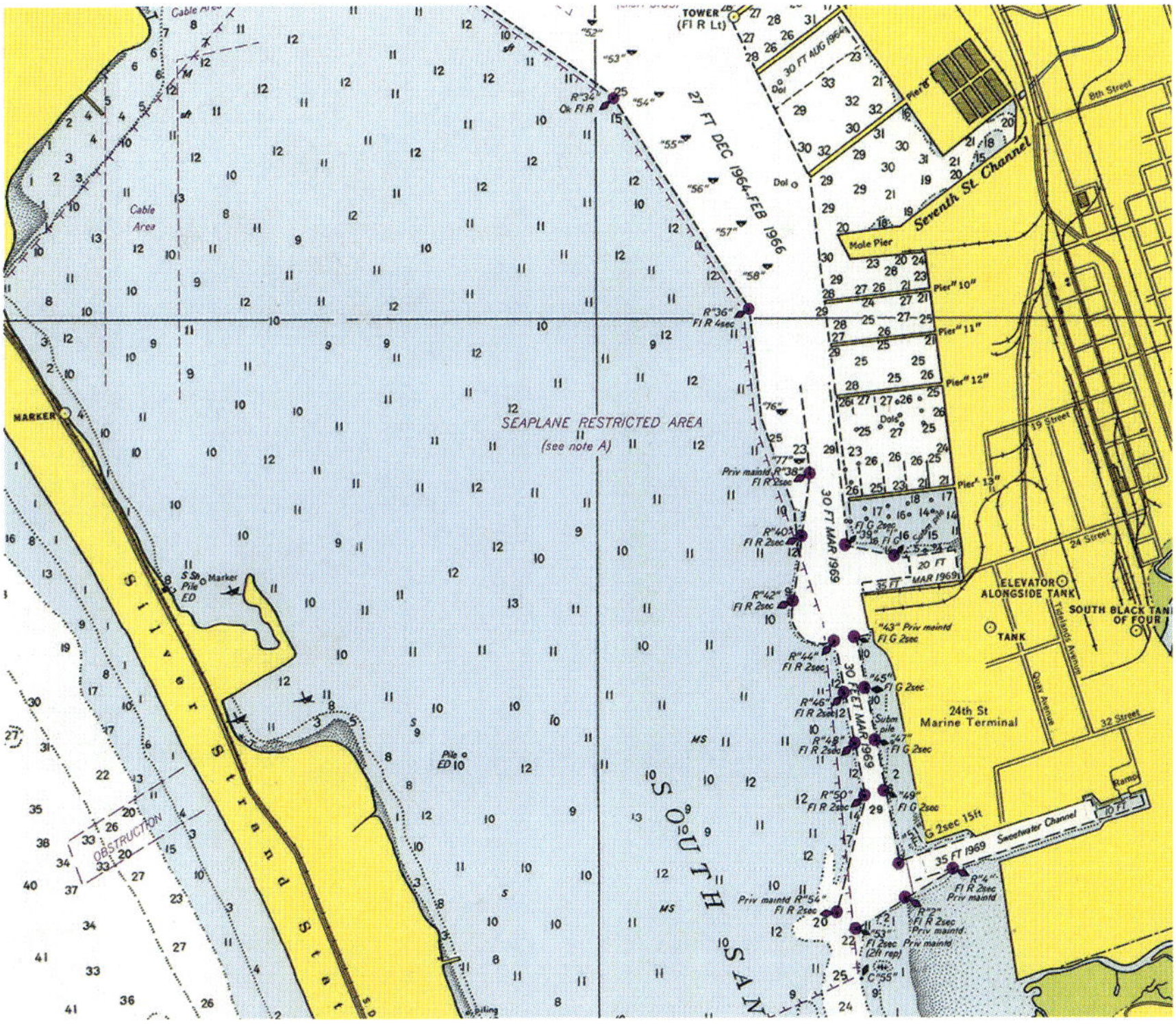

3-120 米国沿岸測地調査局シート5107、カリフォルニア州サンディエゴ湾の1万2000分の1地図（1970）。

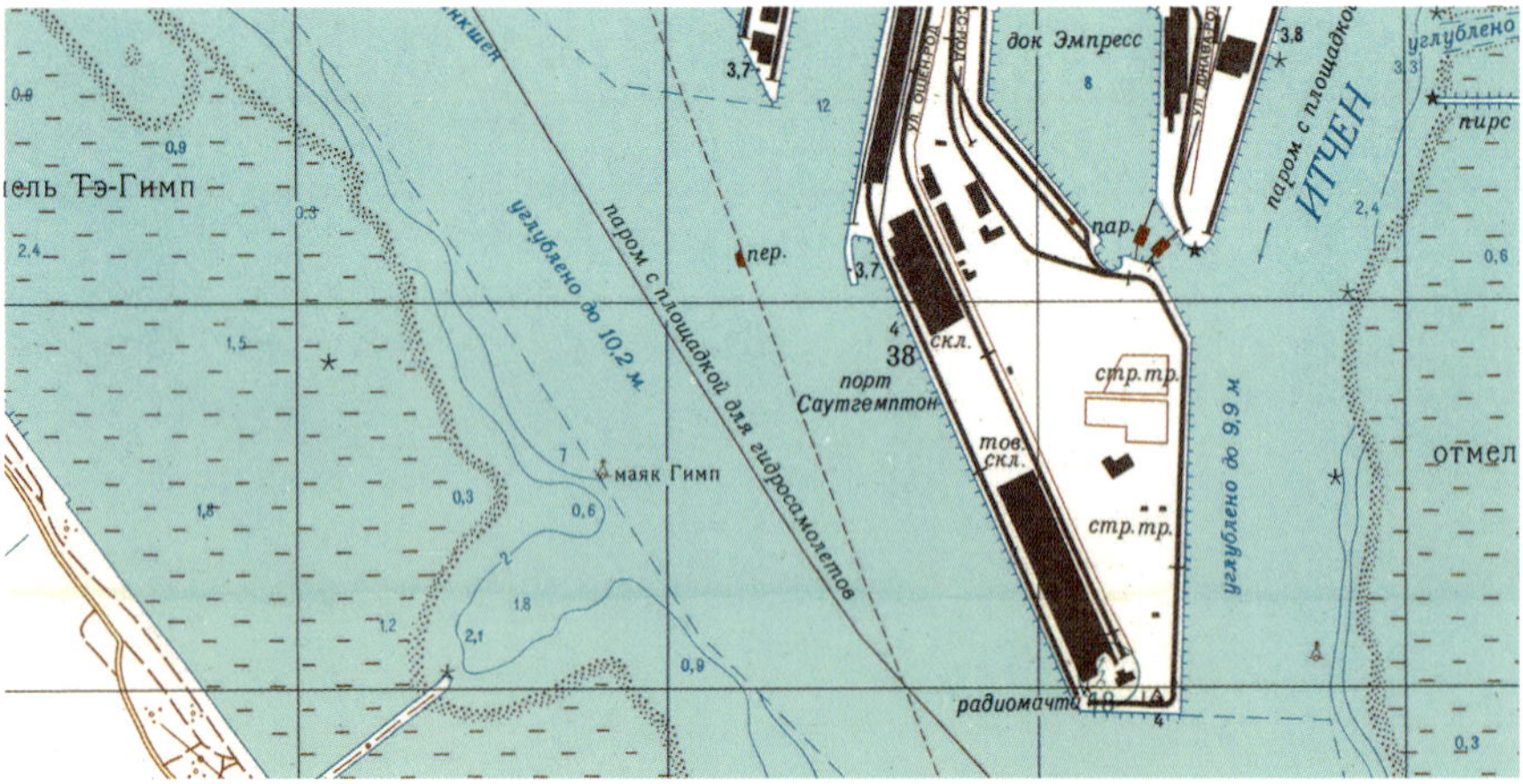

3-121 英国サウサンプトンの1万分の1地図(1986)に記載された水路測量データ。

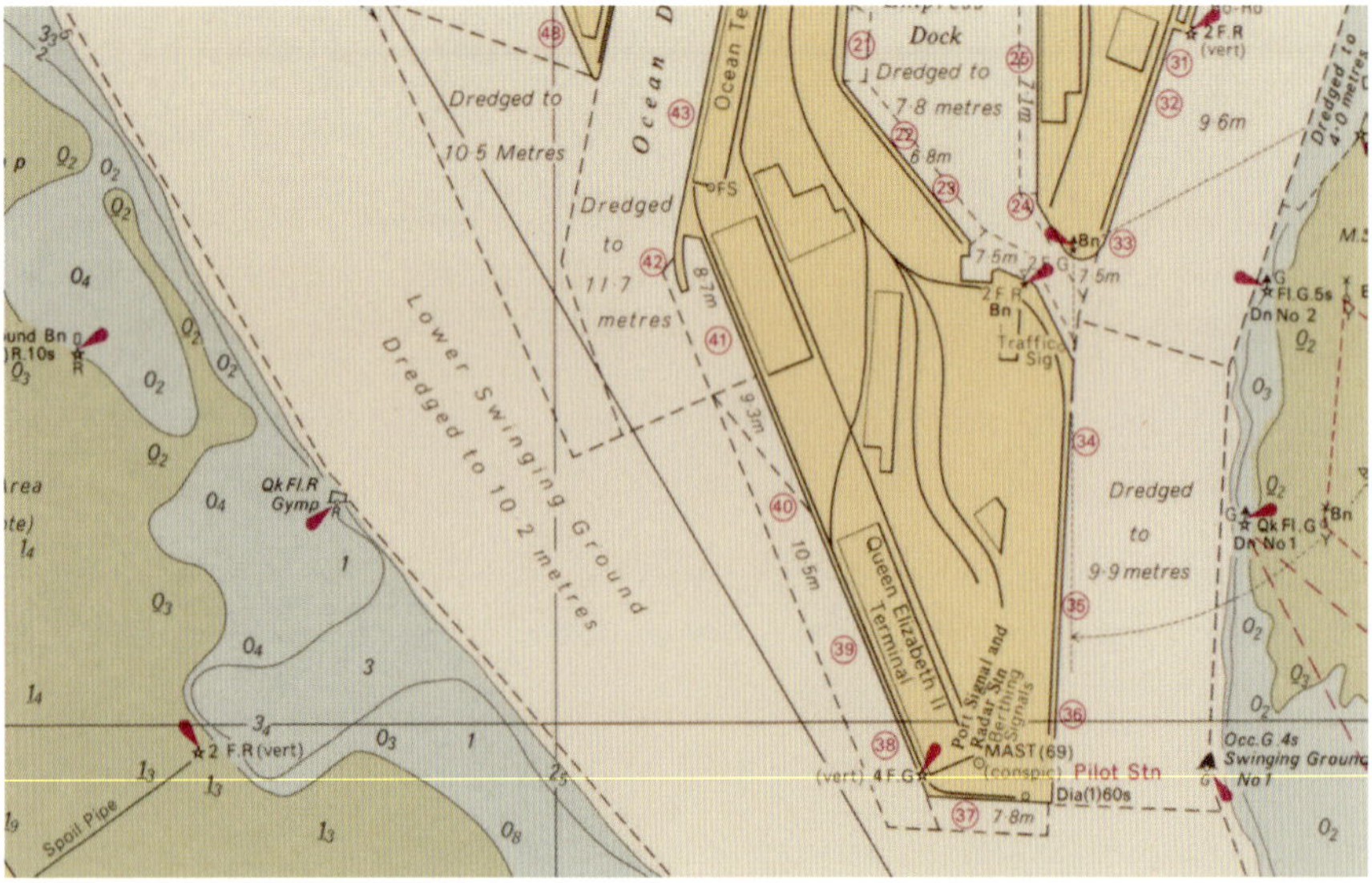

3-122 英国水路部海図2041(1979)。

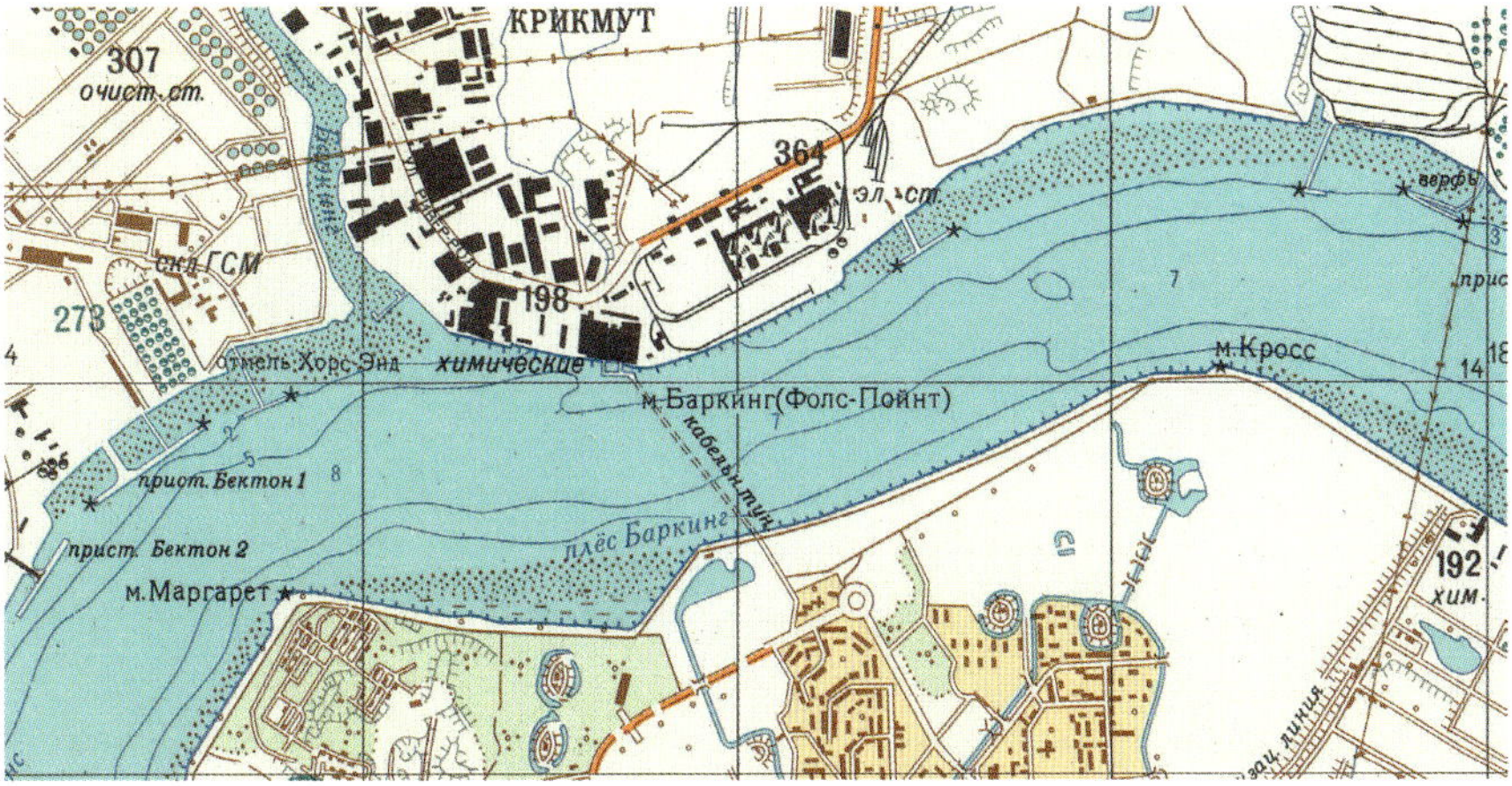

3-123 ロンドンの2万5000分の1地図(1985)、バーキング・リーチを横切る地下ケーブルトンネル。

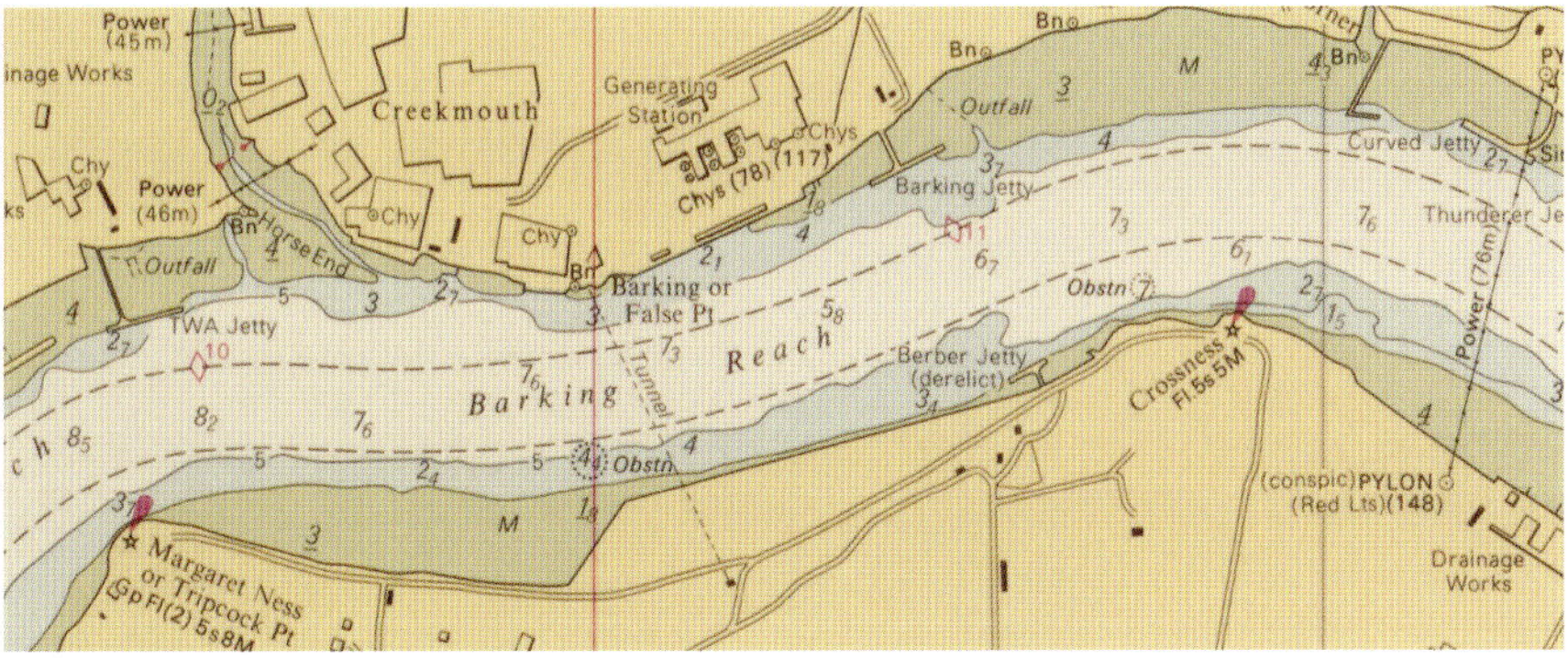

3-124 英国水路部海図2484(1978)。

図を参照していない。

グラスゴーの地図では、クライド川のアースキン橋の下流と上流部分にそれぞれ「八・〇メートルまで浚渫（1963）」と書かれ、その近くには「平均満潮位三・九メートル」の注記がある。隣接するフォース・アンド・クライド運河は幅一九メートル、水深二・六メートルとなっている。対応する一九七二年の水路部海図2007では、下流部は「二七フィートまで浚渫（1963）」、上流部は「二六と二分の一フィートまで浚渫（1963）」と記載されているが、潮差の記述はなく、運河は「航行不可」となっている。ちなみに二七フィートは八・二メートル、二六・五フィートは八・一メートル。これ以前の版は、浚渫の深さは同じで年代が1957だった。リバプールのマージー川河口、エディンバラのフォース川河口、ドーバーの英国海峡、ティーズ川、タイン川、メドウェイ川も同様だ。

既存の海図から写したのでなければ、どこから情報を得たのか？　その答えは、ロンドンのキューにある国立公文書館（TNA）で見つかりそうだ。「一九六三～六五年の英国領海におけるソ連船舶の監視」と題された海軍文書ADM1／28642からは、英国の港湾や領海にさまざまなソ連船が頻繁に入っており、その目的を突きとめるのに当局が苦労した様子がわかる。たとえば、防衛省から外務省に宛てた一九六四年六月一七日付の覚書を見てみよう。ソ連科学アカデミーの調査船ザーリャ号、アカデミーク・コバレフスキー号、ミハイル・ロモノーソフ号および科学調査船オケアノグラフ号とアイスバーグ号が予定している訪問について、ソ連大使館が関係機関に通知を求め、さらにソ連海軍の水路測量実験船ポーリュス号、ズボフ号、ストボル号の訪問許可を要請しているという内容だ。これを受けて、八月三日付の覚書にはこう記されている。

ポーリュス号、ズボフ号、ストボル号のグラスゴー来港について得られた情報から、これらが任務を帯びた軍艦であるとのソ連海軍武官の話は誤りだと思われる。海軍水路学者がグラスゴーにてこれらの船を訪問した際に、軍艦ではなく海軍補助艦であると明言されており、乗組員の大半が民間科学者である事実もそれを裏づけている。しかしながら、このソ連海軍武官はクライド大佐の前でポーリュス号士官の記章を識別できず、今回が海軍の初任務であると漏らしたことから、誤解を与えたことは容赦されるべきであろう。

この覚書には、七月四日にポーリュス号を訪問した海軍水路学者E・G・アービング少将の報告書が添付されている。

通訳不在のため、本船の行動や専門的な内容を明らかにすることはできなかった［……］ウォッカの杯を重ね［……］興味を惹くものは皆無［……］機器はすべて標準的なもので［……］音響測深機器はいずれもケルビン・ヒューズ製だったが、精密音響測深機は見あたらなかった。同じ港に入っている他の二隻を訪問する機会は与えられなかったものの、三隻とも「軍艦旗」を掲揚していない海軍補助艦だと説明された。

さらに一九六四年七月一三日付の海軍情報部長の文書も添付されている。

これらの船は「軍艦」ではないとソ連側は説明しているが、今回のサウサンプトン訪問で起きたような不透明な状況を避けるために、今後は海軍船舶として扱うものとする。

サウサンプトンで何があったのかは記載されていないが、困惑する事態があったと思われる。ひょっとするとこうした来港時に何らかの調査が行なわれ、収集した情報が地図作成に使われた可能性もある。

基本情報と街路索引

大縮尺の市街図には、基本情報（Справка）、重要目標物一覧、街路索引という文字情報も入っている。基本情報は現地の概要をまとめた二〇〇〇～三五〇〇語程度の文章で、地理的・地質的な特徴、住民の民族構成、気候、町の構成、主な建築物、経済的な重要性、産業、公益設備、交通の連絡などが書かれている。誰でも入手できる資料に拠るだけでなく、精力的な情報収集を行なった痕跡もある。典型的な例が付記二、英国の大学都市ケンブリッジの基本情報だ。道路の建設材料といった実用的な情報がくわしいのは当然として、大学の門の装飾の描写や、講堂を古城にたとえるなど、文化的な記述もあって、これ自体がおもしろい読み物になっている。重要目標物（Перечень Важных Объектов）一覧は、地図上に番号が振られた建築物や設置物の説明だ。

表3-2は、米英それぞれ六都市の典型的な市街図で、重要目標物の内容を分析したものだ。米国の場合、地図上にある工場はすべて製品が明らかにされており、ロサンゼルス以外は会社名も記載されている。ところが英国およびアイルランドでは、工場の製品が明記されたものは少なく、会社名があるのはオクスフォードだけだ。こうしたくわしい情報は、現地で収集できる人間がいるかどうかに左右されるのだろう。米国ではそれができたということだ。

図3-125は、米国マサチューセッツ州ボストンの重要目標物一覧だ（翻訳は図3-126）。アイルランドのダブリンの重要目標物は図3-127である（翻訳は図3-128）。これを見ると、製造物や所有者といった詳細も可能なかぎり調べていることがわかる。ダブリンの3～10は＊がついているが、これは末尾に「製造分野は不明」と説明されている。

表3-2

米国の都市	重要目標物の数	工場、工業プラント、商業施設などの数	製品や目的が記載されている数	会社名が記載されている数	工場などで名称が記載されている割合
ボストン	314	73	73	12	56%
ロサンゼルス	500	184	184	27	15%
マイアミ	278	167	167	105	63%
サンディエゴ	90	30	30	29	97%
シアトル	134	52	52	46	88%
ワシントンDC	252	23	23	18	78%
英国およびアイルランドの都市					
バーミンガム	395	197	182	9	5%
チャタム	70	18	13	1	5%
ダブリン	63	15	5	5	33%
ロンドン	374	142	142	1	1%
オクスフォード	41	10	9	8	80%
サウサンプトン	87	19	3	3	16%

61 Завод радиоэлектронный и
лаборатория научно-исследовательская
62 Завод радиоэлектронный
Рейтсон-Корпорейшен
63 Завод радиоэлектронный
Транзитрон-Электроник-Корпорейшен
64 Завод ракетный
65 Завод резинотехнических изделий
66 Завод резинотехнических изделий
67 Завод резинотехнических изделий
68 Завод станкостроительный
69 Завод станкостроительный
Юнайтед-Шу-Машинери- Корпорейшен
70 Завод судоремонтный
Бетлехем-Стил-Корпорейшен
71 Завод судоремонтный военно-морских
сил Бостон-Нейвл-Шипярд
72 Завод судостроительный
Дженерал-Дайнемикс-Корпорейшен

3-125 米国、ボストンの2万5000分の1地図(1979)、重要目標物一覧。

61 電子機器プラントと研究所
62 無線機器工場
ライトソン・コーポレーション
63 無線機器工場
トランジトロン・エレクトロニック・コーポレーション
64 ミサイル工場
65 ゴム製品プラント
66 ゴム製品プラント
67 ゴム製品プラント
68 工作機械プラント
69 工作機械プラント
ユナイテッド・シュー・マシナリー・コーポレーション
70 船舶修理工場
ベスレヘム・スティール・コーポレーション工作機械プラント
71 海軍船舶修理所
ボストン海軍シップヤード
72 造船所
ゼネラル・ダイナミクス・コーポレーション

3-126 ボストンの重要目標物一覧の翻訳。

1 Аэродром
2 Банк
3 *Группа промышленных предприятий
4 *Группа промышленных предприятий
5 *Группа промышленных предприятий
6 *Группа промышленных предприятий
7 *Группа промышленных предприятий
8 *Группа промышленных предприятий
9 *Группа промышленных предприятий
10 *Группа промышленных предприятий, в том числе завод по производству железнодорожного оборудования
11 Завод газовый
12 Завод газовый
13 Завод металлообрабатывающий фирмы Джон-Уиайтакер (Холоуузйр) Лимитед
14 Завод металлообрабатывающий фирмы Джордж—Милнер-знд-Сонс Лимитед
15 Завод металлообрабатывающий фирмы Смит-знд-Пирсон Лимитед
16 Завод металлообрабатывающий фирмы Хели-Том Лимитед
17 Завод злектротехнический фирмы Арелл-Злектрикал-Зксессерис Лимитед

3-127 アイルランド、ダブリンの1万分の1地図(1980)、重要目標物一覧。

1 飛行場
2 銀行
3 *工業系企業集団
4 *工業系企業集団
5 *工業系企業集団
6 *工業系企業集団
7 *工業系企業集団
8 *工業系企業集団
9 *工業系企業集団
10 *工業系企業集団
11 ガスプラント
12 ガスプラント
13 金属加工会社プラント
ジョン・ホイッテカー(アロイズ)リミテッド
14 金属加工会社プラント
ジョージ・ミルナー・アンド・サンズ・リミテッド
15 金属加工会社プラント
スミス&ピアソン・リミテッド
16 金属加工会社プラント
ヘリ=トム・リミテッド
17 金属加工会社プラント
アロル・エレクトリカル・アクセサリーズ・リミテッド

*製造分野は不明

3-128 ダブリンの重要目標物一覧の翻訳。

第四章

復活

ソ連崩壊後の地図発見とその重要性

ソ連で作成された大量の地図は、体制崩壊でどうなったのか。その物語は、作成にまつわる話と合わせて、いろんな意味で興味ぶかい。ソ連時代、縮尺や場所に関係なくすべての地図は、全国におよそ二五か所ある軍事施設の倉庫に保管されており、士官はいつでも見ることができた。ソビエト連邦の解体でこうした地図がたどった運命は、どこに保管されていたかで大きく変わった。

ベラルーシ、ロシア連邦、ウクライナにあった地図は、そのままロシア政府の管理下に置かれた。そして外貨稼ぎのために、公式や非公式に、あるいは内密に、ときには法に触れる形で、地図が西側に売られるルートが少しずつできていった。こうした取引が記録に残ることはまずないし、関係者も口を開こうとしない。だがグレッグ・ミラーが伝えているように、なかには大胆不敵な手口もあったようだ[24]。

エストニアの首都タリン近郊のヘリポート。現金二五万ドル入りのアタッシュケースを持ったラッセル・ガイは、軍用ヘリコプターが着陸しているのを見ていやな感じがした。ここは軍事基地ではないはずだが、兵士とおぼしき男たちが何人も立っている。しかも銃を持って。

時は一九八九年。ソ連は崩壊に向かっており、軍の将校たちは物資の売りとばしに忙しかった。ガイがヘリポートに着いたとき、ヘリコプターに積まれた荷物はあらかたどこかに運びだされており、残ったのは木箱の山だけだった。それがガイの目的だ。中身を確かめるために蓋をこじあけると、強烈なマツの匂いがする。木箱のなかにさらに箱があり、隙間を埋めるためにセイヨウネズの葉を詰めこんであった。麻薬探知犬の鼻をごまかすための工夫だ。だがガイが手に入れようとしているのは、麻薬ではなかった。

箱の中身は何千枚もの地図だった。

ガイのような米国の地図販売業者［55］は、こうして紙の地図を大量に入手しては、それを図書館や収集家に売るようになった。昨今はデジタル画像にした地図をウェブサイトで販売もしている。流出させる地図はロシア政府が選んでおり、縮尺が五万分の一以上のロシア連邦の地図は手ばなさなかった。

ラトビアでは事情が異なる。一九九三年、首都リガから東に一〇〇キロの古都ツェーシスで、オリエンテーリング愛好家のアイバルス・ズビルブリスは中古の印刷機を手に入れた。オリエンテーリング用の地図を印刷するためだ。そのとき耳にしたのが、ロシアの将校たちが大量の紙を処分しているという噂だった。彼はソ連の地図保管所の存在を突きとめ、そこにある六〇〇〇トンもの地図をすべて破棄し、古紙パルプにする命令が出ていることを知った。興味を持ったズビルブリスは交渉して、約一〇〇トンを買いとることにした。地図は印刷作業所の庭にパレットで運びこまれたが、不運なことに近所の子どもに火をつけられ、わずか二、三トンしか救いだせなかった。しかもそのほとんどは訓練用地図で、さほど価値のないものだった。（ズビルブリスがほしかったのはバルト三国や西欧の大縮尺地図、それに他地域の小縮尺の地図だった）

一九九三年にドイツのケルンで開かれた国際地図学会議で、ズビルブリスはその一部を公開している。会議に出席していた元ＫＧＢ幹部たちはそれを見て仰天し、たいへんなことになると脅したが、彼らにそれだけの力はもうなかった。その後ズビルブリスは地図作成・販売会社ヤナ・セタをリガに設立する。旧ソ連の地図は主力商品ではないので、安い値段で出したところ大人気となる。この店には、いまもたくさんの地図収集家が訪れる[54]。

ケルンでの会議には、英国の地図愛好家デビッド・ワットも参加していた。彼は職業柄、地図にまつわるあらゆることに関心があり、個人的にも情熱を注いでいた。とくに興味があったのは軍事的な地図だ。ワットはリガの店のほか、エストニアのタリンにあった専門店とも太いパイプをつくりあげる。やがて英国各地の図書館や収集家が、旧ソ連時代の地図をまとめて購入しはじめた。一九九六年には英国の地図販売業者デビッド・アーチャーが目録を出版[5]、二〇〇一年にはケンブリッジ大学図書館が「ソ連軍用地図をどこで買うか」というパンフレットを出した[17]。後者は北米のほか、ロシアやバルト三国など九か国、一二の業者が紹介されていた。同じ二〇〇一年、大英図書館は「偽りの地図（Lie of the Land）」と銘打った大規模な展覧会を開き、そのなかで大縮尺のロンドン市街図を公開している。

いまはオンライン地図、ストリートビュー、衛星画像が自由に使える時代だが、当時はちがう。英国で商売として地図を作成し、販売するとき、必要な地理的情報を手に入れる手段は三つしかなかった。

●独自に調査する（時間がかかりすぎる）
●著作権切れの陸地測量部地図を使う（五〇年以上前で古すぎる）
●陸地測量部にライセンス料を払う（費用がかかりすぎる）

そこにとつぜん、安くて正確で新しいソ連製地図が大量に流入してきたのである。これで地図がつくりやすくなるはずだと関係者の期待は高まった。

陸地測量部は、英国自動車協会との著作権をめぐる裁判が長引いており、自らのビジネスモデルを揺るがす状況は避けたかった（裁判は二〇〇一年三月、二〇〇〇万ポンドの支払いを条件に裁判外の和解が成立した[2]）。陸地測量部は一九九七年九月一〇日付で、ソ連の地図は「陸地測量部の国家著作物をほぼそのまま適用したものであり、したがって陸地測量部の国家著作権を侵害している」と声明を発表した。さらにソ連製地図を所有する者は陸地測量部に提出することを求め、地図の輸入・販売・複製をした者は法的手段に訴えると脅した[51]。この声明が対象としているのはあくまで小縮尺の地図だけであり、内容の事実関係も疑問の余地がある。それでも声明の効果は絶大で、英国内ではその後長いあいだソ連製地図への関心は封印された。

ただし世界では、ソ連がつくった地図は大いに日の目を見た。多くの地図がウェブサイトで公開され、公私のコレクションにおさまった。それまで空白に等しかった場所も、信頼性の高い地図で埋めることができた。探検家、冒険家、ＮＧＯ、さらには軍隊までもが、ソ連製の地図の存在を知るやいなや恩恵に浴したのである。この章では、著者が私信を通じて得たそんな証言の数々を紹介していこう。

デーモン・テイラー

ニュージーランド陸軍中佐だった私は、二〇〇三年に情報将校としてアフガニスタンのバーミヤンに入った。最初のうちは、ソ連の地図以外に頼りになるものがなかった（図４-１、４-２、４-３を参照）。（しかし作戦が進むにつれて、連合軍が作成した地図を使うようになった）

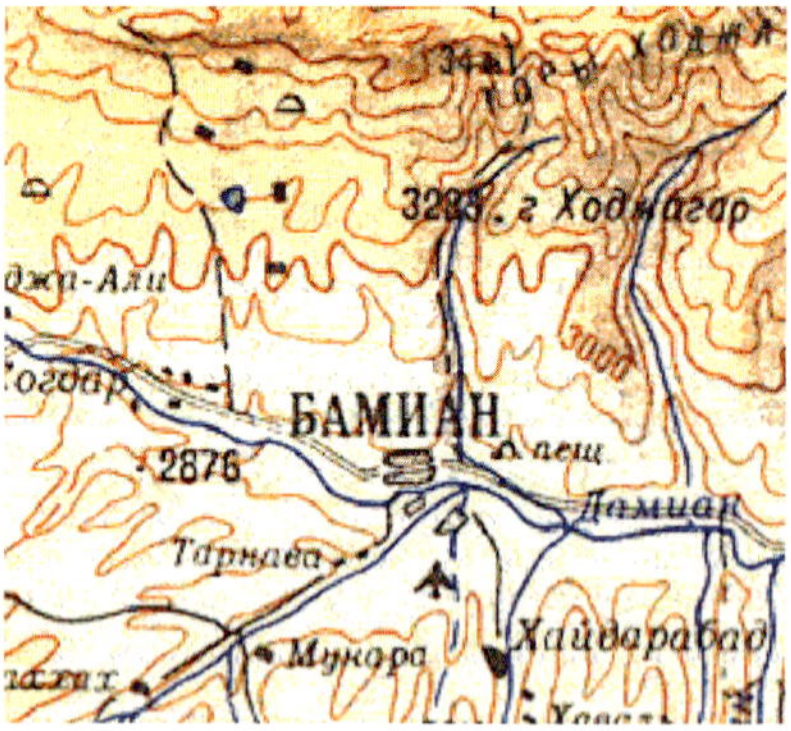

4-2 アフガニスタン、バーミヤンの50万分の1地形図I-42-1の一部。

4-1 アフガニスタン、バーミヤンの100万分の1地形図I-42の一部。

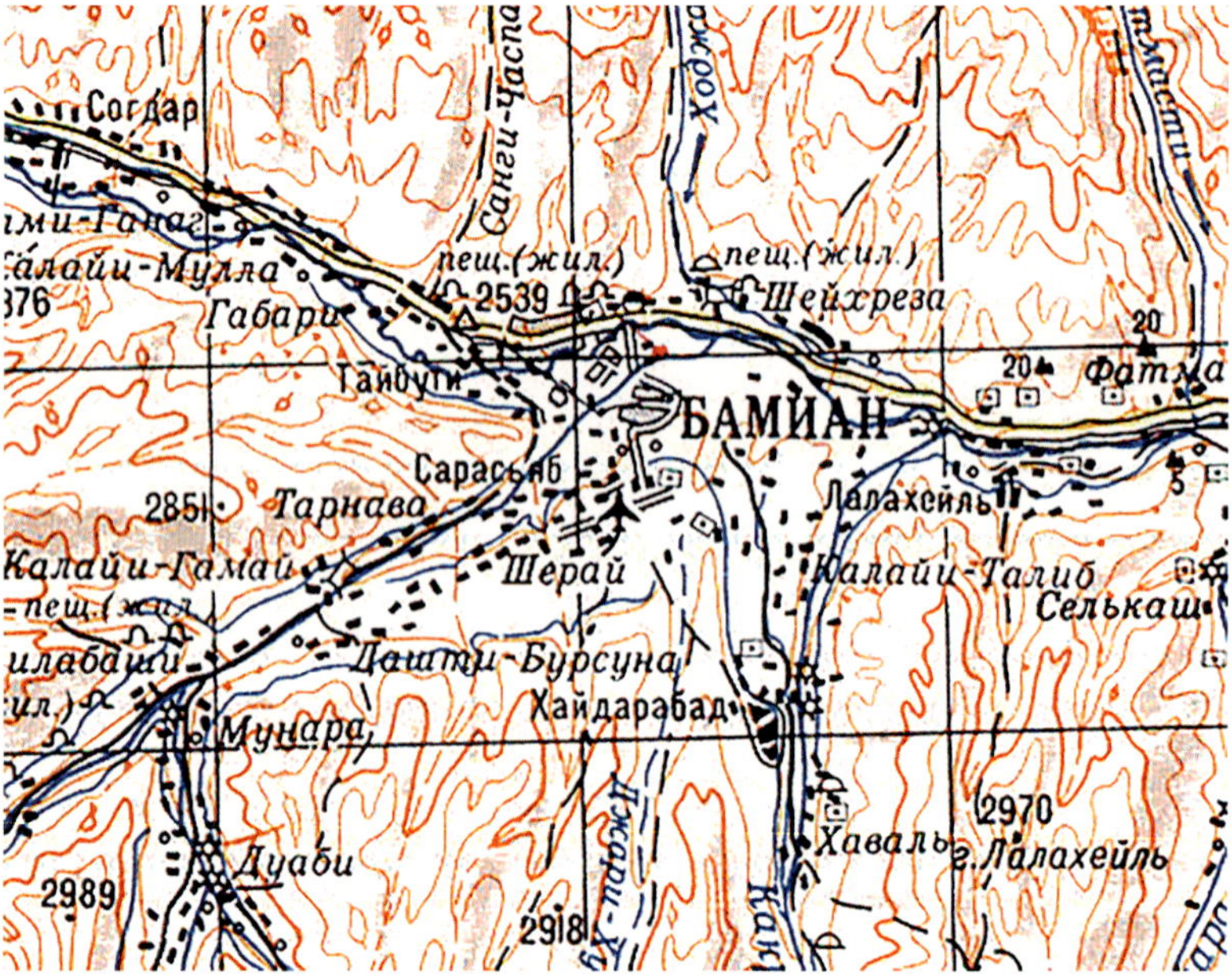

4-3 アフガニスタン、バーミヤンの20万分の1地形図I-42-08の一部。

トム・ケイ

米軍侵攻前に、国家地球空間情報局でアフガニスタンの地図をつくっていたときは、ロシアの地図を活用した。ほかに入手先がなかったので、地図は大英博物館から手に入れた。一九五〇年代の古いフェアチャイルド版もあったが、ロシアの五万分の一、一〇万分の一地図にはとうてい及ばなかった。驚いたのは山道で、ロシアの地図には通行可能な期間まで書きこまれていた。よほど綿密な調査をしないと、こうした情報はわからないはずだ。また乾燥地帯とあって、井戸や泉といった必要不可欠な水源も細かく記載されていた。ここまで詳細な情報は衛星画像を見ないとわからない。それだけにロシアの地図の価値は絶大だった。

クレイグ・ジョリー

米国科学振興協会の科学技術政策フェロー。合衆国国際開発庁で、アルメニアのアララト山で水源管理を支援していた。

アルメニアで困ったのは、被圧井戸の位置や状態に関する過去の情報が見つからないことだった。ところがソ連の地形図には、被圧井戸が克明に記載され、流速まで入っていた。私たちはアララト山帯水層のデータを更新したいと考えており、過去の流速情報があれば、枯渇状況を判断し、対応の必要性を住民に説くうえで有用だ。環境条件、土地の利用状況、帯水層の位置などの変化を知るには、ソ連の地図はとても価値があるものだった。

スチュアート・パスク

石油開発の初期に実施される地球物理学的・地質学的調査と地図作成に携わっていた。

一九九〇年代半ば、現地調査ではまずロシアの五万分の一地図を使った。地理情報システム（GIS）が出はじめたばかりで、地図をスキャンし、衛星画像に透かしで重ねていた。それに基づいて調査計画を立てるのだが、土地利用の目星をつけて下見を行ない、裏づけを得てから本格的な調査に入る。一九九〇年代後半にはインドで、その後もネパールやカメルーンでこの手法を用いた。

GISやGPSが発達したいまは、車の後部座席にノートPCを置いてArcGISを動かし、ロシアの地図と衛星画像を重ねたところに、車の現在位置を表示させることができる。未知の場所を調べるには理想的な方法だ。

GISシステムにあらゆる情報を入れておくと、安全保障の観点から地図に神経をとがらせる国でも面倒を避けられる。地図や衛星画像を紙で持っていたら、インドの空港では没収されるだろう。でもノートPCにインストールしてある地図ソフトなら、向こうも気づかないんだ！

デズモンド・トラバーズ

元アイルランド陸軍大佐。一九八〇年代、国連の活動でイスラエルとレバノンを数回訪れた。

私の任務はイスラエルとレバノンの国境付近で起きた衝突を調査することで、そのために背景となる歴史的文脈を理解する必要があった。頼りになったのは、イスラエルとパレスチナに関しては英国委任統治時代の地図、レバノンとシリアはフランス政府が作成した地図だった。これらの地図を見ると、人工地物に政治的配慮が加えられていく過程がよくわかった。集落や、ときには古代の歴史的遺産が消され、地名も宗教的で無味乾燥なものに変更された。

退役後の二〇〇六年、レバノン南部にヒズボラと対立するイスラエルが侵攻したときは、人権団体の軍事アナリストを務めた。さらにガザ紛争が続いていた二〇〇九年には、国連の現地調査団に加わった。その後も何度か派遣されたが、このとき役に立ったのがソ連時代の地図だった。衛星画像から取りこんだ地形表現が秀逸で、配色も優れていたが、やはり政治的な修正は加えられていた。ソ連の地図は行政目的ではなく、あくまで「軍事用」だったからだろう。社会的な特徴ではなく、道路や鉄道、航空路線網、水力施設や発電所、製造工場、修理工場への関心の強さが見てとれた。レバント沿岸は「肥沃な三日月地帯」に属する文明揺籃の地だ。少なくとも、ここを経由して欧州やアジアに移った者にとっては。だがソ連は、歴史的遺産や遺跡を地図に記載することには無関心だった。「カナンの神殿」のような重要な遺跡も地図には出てこない。最近の地図には、イスラム教シーア派（南レバノン）やユダヤ教（イスラエル）など、後代の宗教施設がきちんと書きこまれているが、カナンの神殿もちゃんとあるのは皮肉な話だ。

ソ連がつくったアイルランドの地図には、とうの昔に使われなくなり、重要性がまったくない田舎の水力施設が入っているいっぽう、この国の文化を語るうえで欠かせない教会の建物や遺跡が無視されていたという（図4‐4）。

ソ連の地図作成事業は、さまざまな形で遺産を残している。ラトビアは一九九一年に独立を回復後、地図を扱う国土局を設立した。ここで定めた地形図記号の仕様[10]はソ連のものを踏襲しており、道路や河川、橋、森林などの寸法や数値の記載も似通っている（図4‐5、4‐6）。さらに地名の情報源としてもソ連の地図を活用した（図4‐7）。

二〇〇六年、ラトビア地理空間情報局（ＬＧＩＡ）が新設されて地図関連の業務を担うことになると、仕様は単純化され、注記もなくなった（必要な情報を収集・管理する労力が大きいことが理由だった）。

一九九〇年にドイツが再統一され、ひとつの国にまとまる過程では、閉じていたいくつもの扉が開き、多くの資料が公表された。東ドイツ軍事測量局（ＭＴＤ）は国家保安省と協力し、ワルシャワ条約機構座標系42を基準とした軍用地図を作成していた。これはソ連の地図仕様と同じであるが、キリル文字とラテン文字が使用されている（図4‐8）。さらに国家経済版（Ausgabe fur die Volkswirtschaft）、略してＡＶ版も作成された。これはグリッド線をはじめとする「機密に関わる」情報が割愛され、方角や縮尺が意図的に歪曲されていた。

再統一でMTDは西ドイツ軍の軍事地理局（MGD）に吸収される。それとともに過去の記録が公開され、秘密も明らかになった。東ドイツ時代の地図と、その作成過程を取りあげた著作も出版されている。ひとつは『ドイツ民主共和国における国家防衛と地図作成——地図の変造は行き過ぎた秘密主義の産物か？』[32]だ。徹底した秘密主義が暴走して、滑稽な結果を生んだ例が数多く紹介されている。歪曲や省略だらけの代用地図づくりに莫大な費用と労力が注ぎこまれ、その地図が国家経済にも悪影響をおよぼしたというのだ。道路や工場を計画し、建設するときも、戦前の地図に頼っていたせいで多くの困難が生じた。もうひとつ、『東ドイツの軍事地理局、その始まりから統一まで』[35]は、MGD

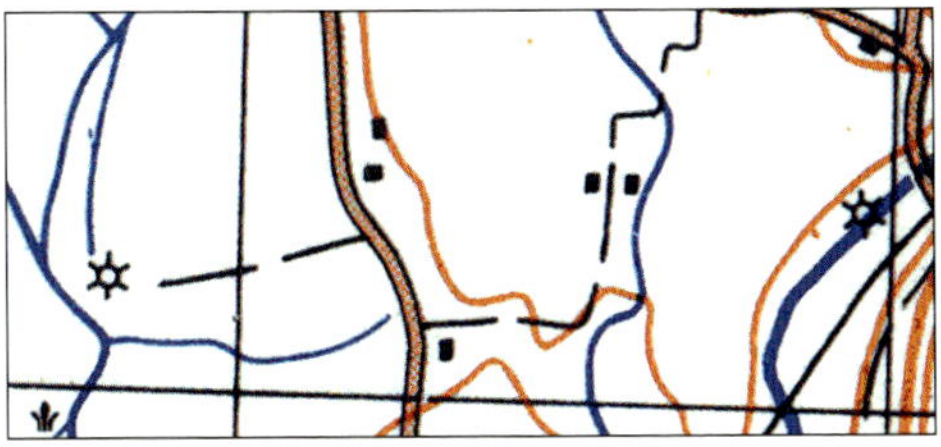

4-4 アイルランド東部、カーローウの10万分の1地形図N-29-119の一部。2個の星型記号は水力施設。

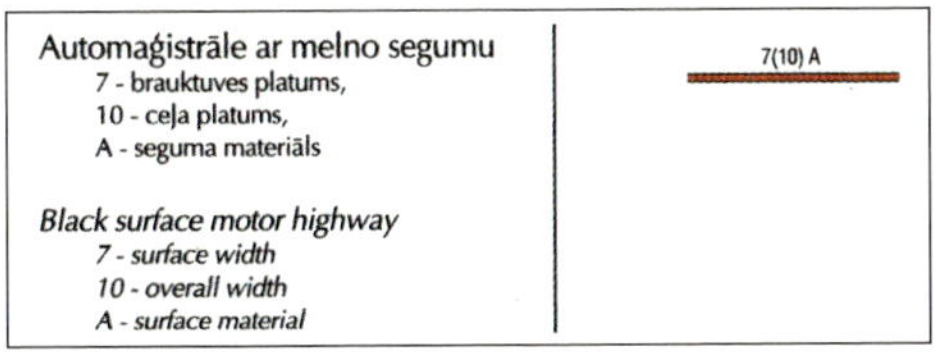

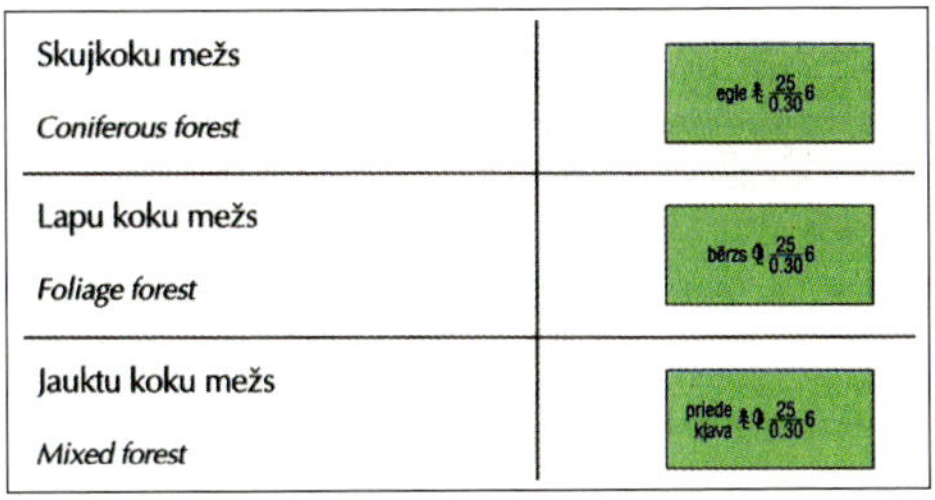

4-5（中央） 4-6（下） ラトビア共和国国土局が2000年に発行した5万分の1地形図より、仕様の一部を抜粋。道路や森林の特徴を伝える注記は、ソ連式を踏襲している。

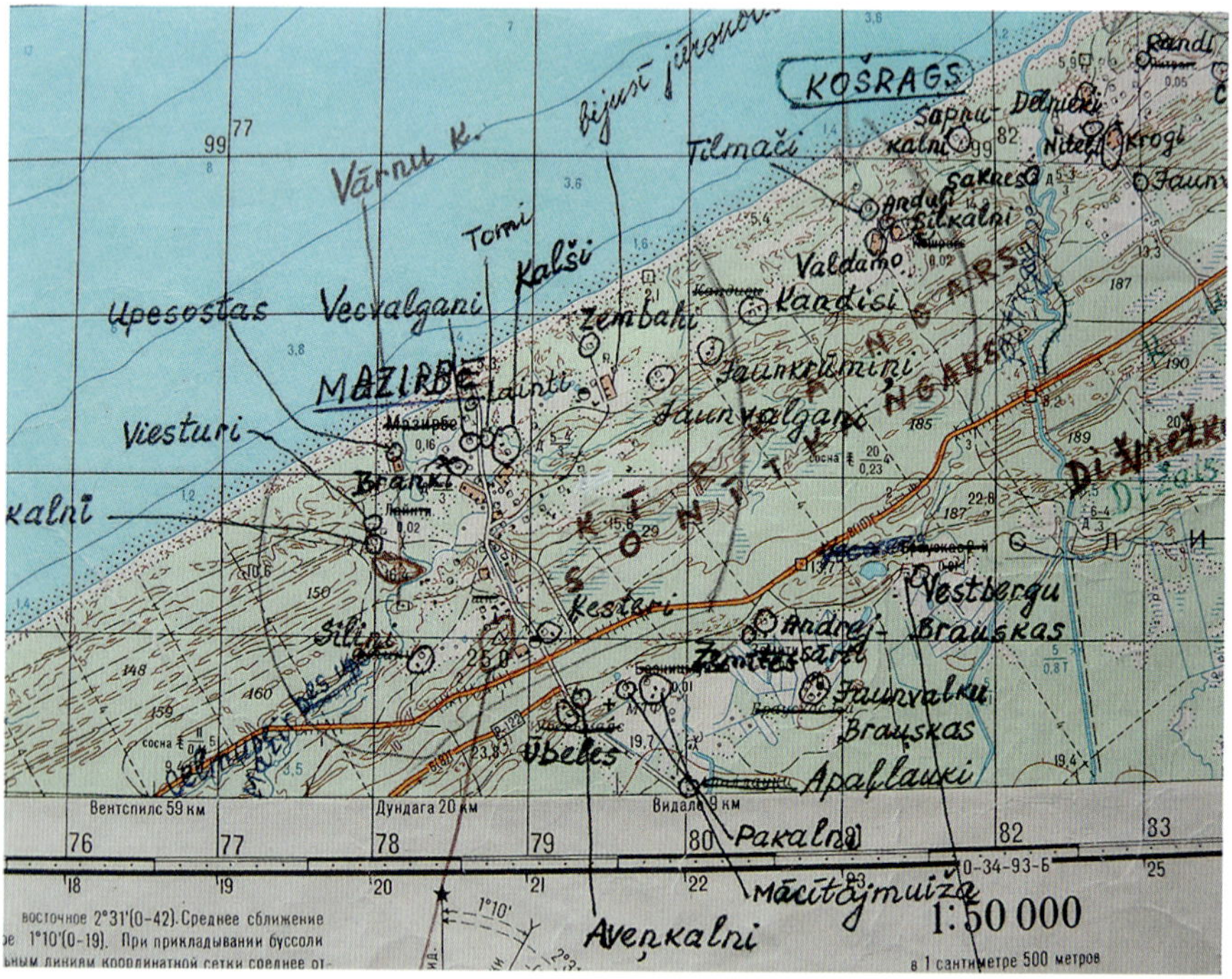

4-7 ソ連が作成したラトビアの5万分の1地図(O-34-081-4)の一部。ラトビア地理空間情報局(LGIA)で使われていた。ラトビア語の手書きで地名が書きこまれている。

4-8 ドイツ民主共和国、国家防衛省軍事測量局が1986年に作成・発行した西ベルリンの20万分の1地図N-33-32。二言語表記になっている。

の歴史とそこでつくられた地図をまとめたもので、軍用地図、特殊用途の地図、ＡＶ版地図、訓練用地図（標準地図を鏡映反転させたもの）の例が豊富に掲載されている。
冷戦後のフィンランドとソ連の関係も興味ぶかい。その事情を深く知るのが、フィンランド国土測量局の刊行物部門で技術部長を務めていたエルッキ＝サカリ・ハルユだ。

私は一九六九年から刊行物部門で働きはじめた。第二次世界大戦後のフィンランドでは、ソ連に割譲された地域の地図をつくることが許されなかった。フィンランドのパリ平和条約順守を監視するために英ソ管理委員会が設立され、ソ連側の委員から、ソ連管理下にある地域のすべての地図と航空写真、測地データ、地図原本などを渡すよう命じられたからである（ただしこれは条約の規定外だった）。縮尺五〇万分の一以下を除き、フィンランドの地図に管理下地域を表示することは認められなかった。一九八九年、フィンランド外務省がこの取り決めを無効としてからすべてが変わった。それまでは空白だったが、もう禁じられた場所ではなくなったのだ。私たちはカレリア地峡の一部と東カレリアが含まれる二〇万分の一道路地図をつくるため、モスクワにあるソユーズカルタ社とデータ入手の交渉を開始した。その後、レニングラードの国営企業アエロゲオデジヤ社（北西航空測地研究所）にも話を持っていき、道路地図に必要な追加データを手に入れることに成功した。このつながりから、かつては機密扱いだった地形図が入手可能になっていることが判明する。フィンランド軍が大いに関心を持ったので、私たちは地図の購入を始めたのだった。ソ連では、フィンランド全土が五万分の一、一〇万分の一、二〇万分の一、五〇万分の一の縮尺で地図化されていた。情報源は、フィンランド国内で誰でも自由に買える地形図だ。新しい二万分の一地形図をはじめ、すべての地図は国土測量局の売店で手に入った。一九七五年に完成した二万分の一地形図は、ソ連が購入していた（英国もNATOのために買っていた）。ソ連大使館の公用車が角を曲がるころには、英国大使館の車が国土測量局の売店前に横づけしているとよく冗談を飛ばしたものだ。軍のために作成した五万分の一地図は一般購入も可能で、こちらもソ連が買っていった。ソユーズカルタ社を訪ねたとき、フィンランド五万分の一地図のデジタル版を見せてもらった。価格は一〇〇万フィンランド・マルッカ。ラスタデータでサンプルをいくつかもらってみたら、フィンランド製地図をそのままコピーしたもので、記号だけソ連の基準に合わせて修正していたことが判明した。

一九九五年、私は刊行物部門をやめて民間の地図会社ジオデータに移った。通信会社向けに、デジタル地形モデルを作成することが業務のひとつだ。トルコのほか、アルジェリアなどアフリカ諸国がこうしたモデルを必要としていた。そのためにモスクワのプリローダ社から、ロシアの地図やデジタルデータを購入した。

米国陸軍教本一九五七年版、一九五八年版、一九六三年版を見ればわかるように［4、9、3］、ソ連の地図の存在を西側が知っていたことは明らかだ。しかしソ連崩壊後の一九九二年になっても、その範囲と規模は著しく過小評価されていた。英国陸軍測量部の地理調査局が出した出版物からもそのことがうかがえる［1］。

ソビエト連邦の公式地形図が入手可能になったことは、体制崩壊がもたらした恩恵のひとつだろう。ソ連のみならず、南米、アフリカ、アジアなど世界の他の地域の地図もある。縮尺は二万五〇〇〇分の一、五万分の一、一〇万分の一、二〇万分の一、五〇万分の一、一〇〇万分の一だが、最も手に入りやすいのは五万分の一と二〇万分の一である。鉄道盛土の高さ、橋の構造、道路の幅と路面素材など、以前のソ連の地図にはなかった細部が書きこまれており、他の公式地形図には見られない特徴だ。ただし飛行場はほとんど載っていない。

市街図や欧州の地形図にまったく言及していない点は興味ぶかい。

ソ連が崩壊したあとも、地図に関しては秘密主義が守られ、慎重な扱いが続いていた。世界のほとんどの地域の地形図や市街図は少しずつ世に出ていたが、ロシア連邦領内の大縮尺地図は厳しく管理されていたのだ。二〇一〇年、ロシア人ゲンナジー・シパチェフは、「国家機密」に分類された地図をインターネット経由で米国に流した罪で懲役四年の判決を受けた。「地図を使えば、ロシアをねらう米国の巡航ミサイルがより正確に目標を定められる」というのが保安当局の主張だった[8]。二年後、七〇〇〇枚の地図のスキャン画像が入ったディスクをベラルーシで米国の諜報員に渡したとして、ウラジーミル・ラザル大佐が懲役一二年の刑を宣告され、重警備刑務所に収監されている。ラザルは「軍最高司令部の軍事技術部門に所属」していたというのが、ロシア連邦保安庁（ＦＳＢ）の説明だった[6]。

近年、ソ連時代の地図にことさら強い関心を寄せているのがスウェーデンだ。国土がバルト海に面する戦略的な位置関係から、たえずロシアの不穏な視線を感じてきた（第三章にそれを物語る逸話がある）。同国の軍事研究者は、軍用地図が果たした役割を軸に、スウェーデン－ロシア関係史を詳説した書籍を出版しているほどだ[42、43]。

ソ連が地形図や市街図づくりに時間と努力と資源を費やし、膨大な地理空間情報を集積させていったのは、いったい何のためだったのか。当時高まっていた核戦争の脅威がもし現実になれば、地図に描かれた都市部や地方は、見る影もなく変わりはてたはずだ。

地図に設定された重要目標物（軍事、通信、政治、行政、軍需関連の施設）や、橋の荷重や樹木被覆率にまで言及した注記は、軍事作戦を遂行するうえで大いに役に立つだろう。測地の正確さ、異なる縮尺で何通りも作成する周到さ、方位を維持するための正角図法の採用（火砲の狙いを定めやすい）といった特徴からも、戦闘での使用が視野に入っていたことがうかがえる。

しかしこれまで見てきたように、こうした地図は敵国の軍事施設を記すことが最優先だったわけではない。ＮＡＴＯの軍事施設を破壊するために、ミサイルサイロの位置などを示した地図はもっと極秘裏につくられていたはずだ。しかし本書で紹介した地図では、そうした目標物は割愛され、むしろ社会基盤（廃止になった鉄道も含めて）をくわしく記載している。もしかすると、侵略後の統治に使うことが念頭にあったのかもしれない。

最終的な用途はともかく、正確な地理空間情報を編集し、わかりやすく提示するのが軍用地図の伝統であり、ソ連製の地図もその伝統に従っている。それが敵意に満ちた侵略攻撃の青写真なのか、はたまた全世界が共産主義化する日に備えた平和的な準備作業なのかは、今後大いに議論されるところだろう。いずれにしても、ソ連がつくった地図が比類なき地形情報の宝庫であることに変わりはない。

ソ連が手がけた地図作成事業の遺産は、無視できない問題をいくつも投げかける。ソ連崩壊後も、世界各地を大縮尺で地図化する作業は続いている。たとえば英国南岸の軍港都市ファルマスの二万五〇〇〇分の一地図は、一九九七年につくられたものだ。ただし「機密」扱いではなく、「著作権はＶＴＵ帰属」と書かれている。二〇〇三年作成のカナダ、バンクーバーの地図も同様だ。

全世界の地勢と資源を詳細に描いた軍用地図を作成するべし――スターリンのそんな決定が、地政学的な可能性を秘めた地理情報の集大成へと結実したのである。

謝辞

この本を世に出すうえで、おそらく当人が思っている以上に貢献してくれた人びとをここで紹介し、感謝のしるしとしたい。

デビッド・アーチャー、フィリップ・アリス、チャールズ・エイルマー、インタ・バラノフスカ、アイバルス・ベルダブス、エリオット・カーター、ジョン・クリュックシャンク、カニンガム一家、アラステア・デイビス、サムエル・ファナス、エルッキ＝サカリ・ハルユ、クレイグ・ジョリー、トム・ケイ、アリソン・ケント、ニック・ミレア、グレッグ・ミラー、スチュアート・パスク、トニー・スワーブリック、アン・テイラー、デーモン・テイラー、サラ・ティンカー、デズモンド・トラバーズ、デビッド・ワット、ジョン・ウィンターボトム、ジェリー・ジーラー。

本書の情報と図版の編集に協力してくれたマーティン・デイビスとジョン・ヒルズにはとくに謝意を捧げる。

付記

レッド・アトラスを解読するための資料集。

《付記一》

主要都市地図

ソ連の地図は驚くほど広範囲を網羅し、様式も多岐に渡る。そのことに加え、本文で指摘した要点を端的に表わす実例として、地図の抜粋を示す。

図Ａ１-１～Ａ１-36　市街図（アルファベット順）
図Ａ１-37～Ａ１-56　標準的な地形図（小縮尺から大縮尺）
図Ａ１-57～Ａ１-58　特殊な地図

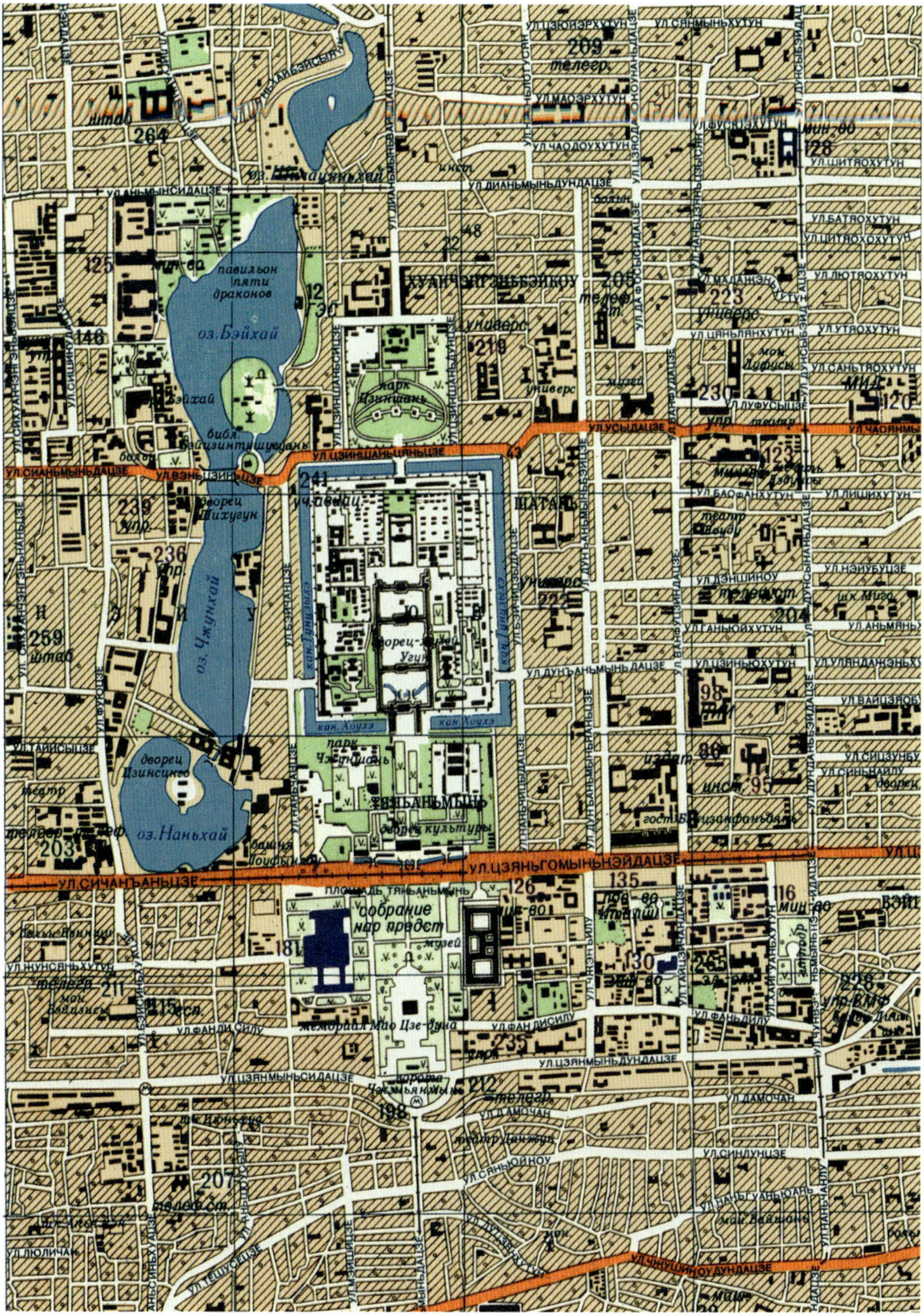

A1-1 北京の2万5000分の1地図、1978年編集、1987年印刷(全2枚中2枚目)。紫禁城と天安門広場がある。市街地に平行線で陰影がついているのは、個々の建物の輪郭が不明だったため。天安門広場の西にある重要目標物181(下中央左寄り)は、索引では「ミサイルエンジン実験施設」となっているが、実際は人民大会堂だ。

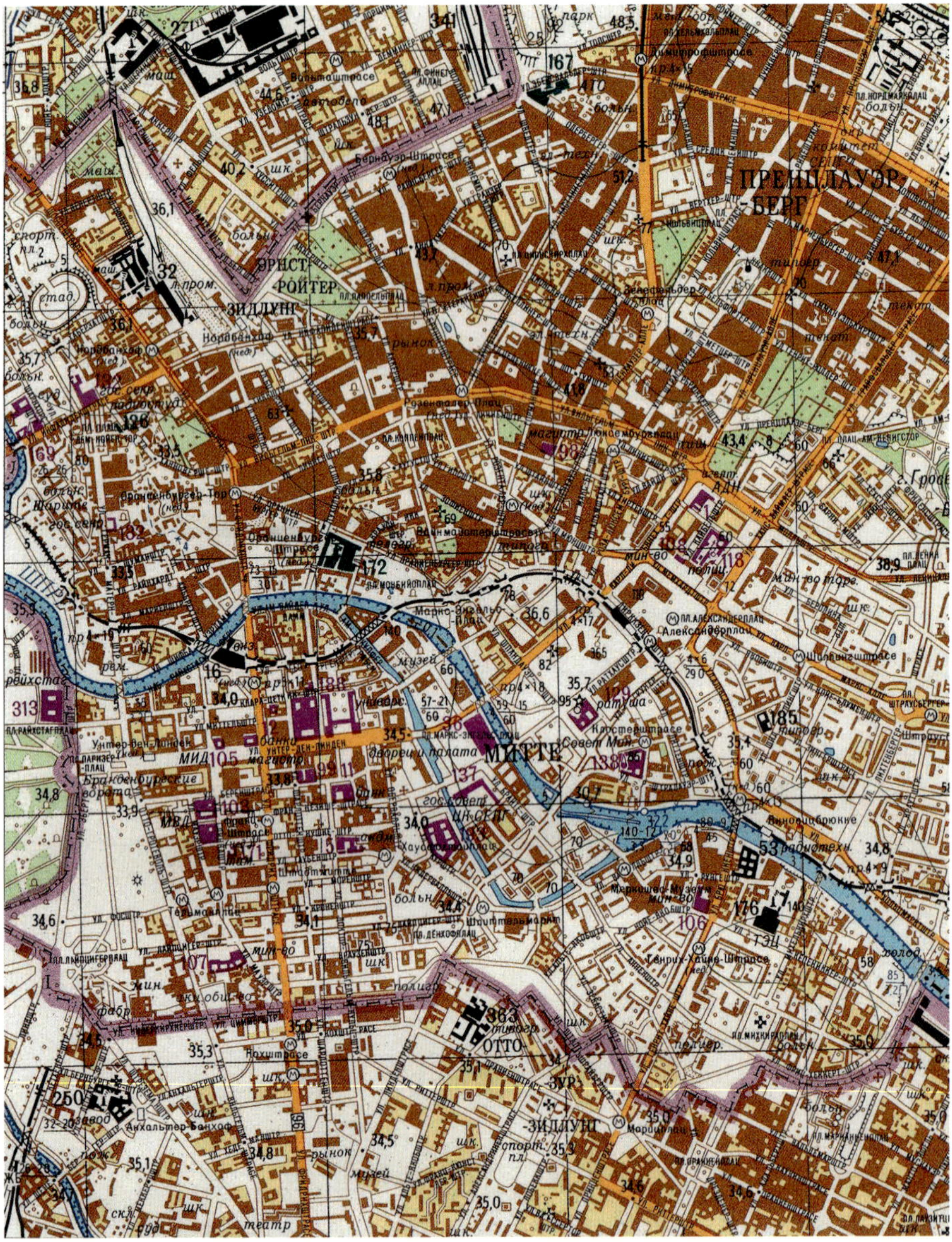

A1-2 ベルリンの2万5000分の1地図、1979年編集、1983年印刷(全4枚中2枚目)。ベルリンの壁が国境になっている。

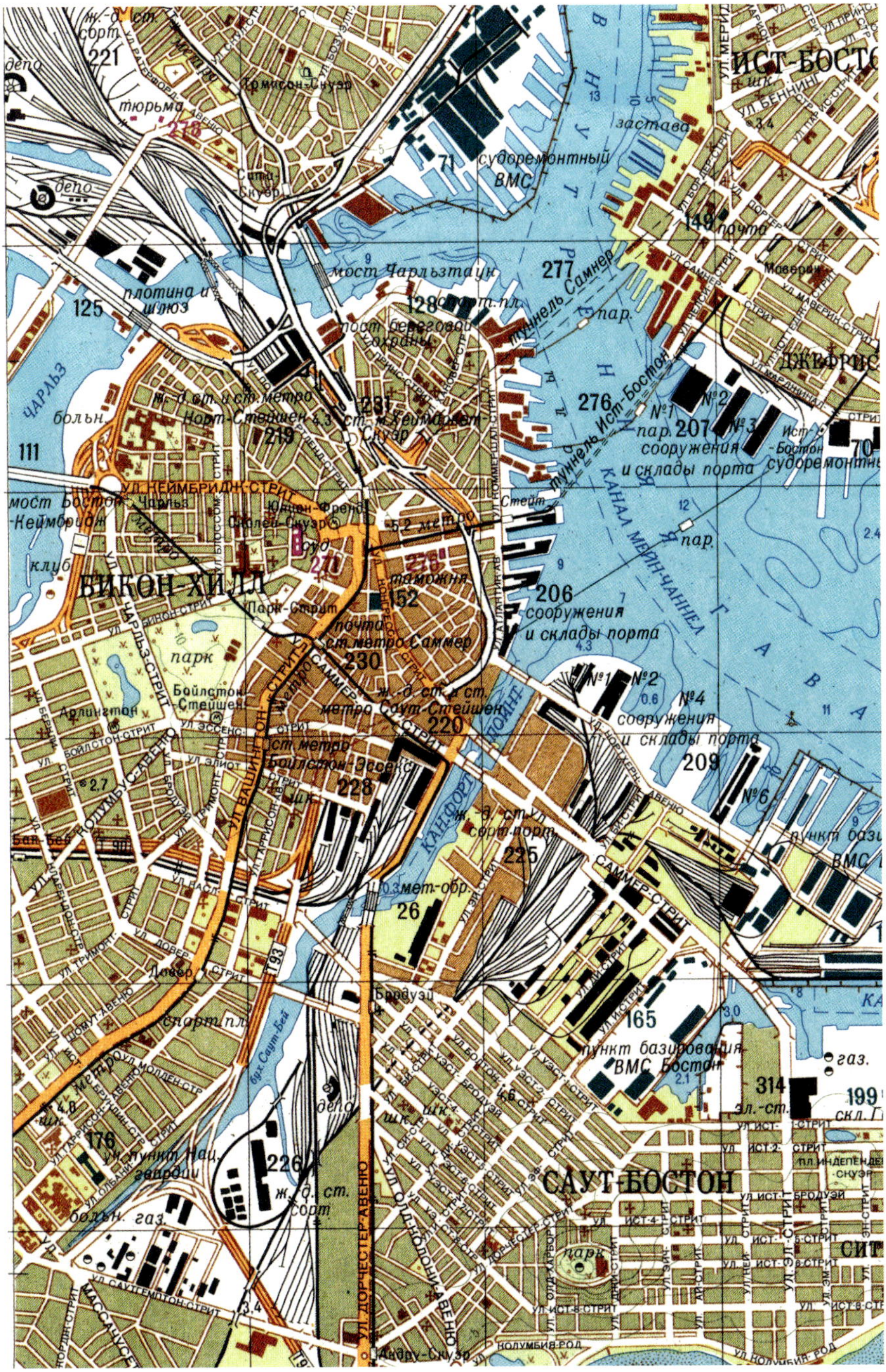

A1-3 米国ボストンの2万5000分の1地図、1977年編集、1979年印刷（全4枚中2枚目）。港を渡るフェリー航路（並行する道路と鉄道のトンネルの南）は、観光ガイドには記載されているがUSGS版にはない。海軍造船所（上中央）と境界フェンスが重要目標物71として入っている点に注目。

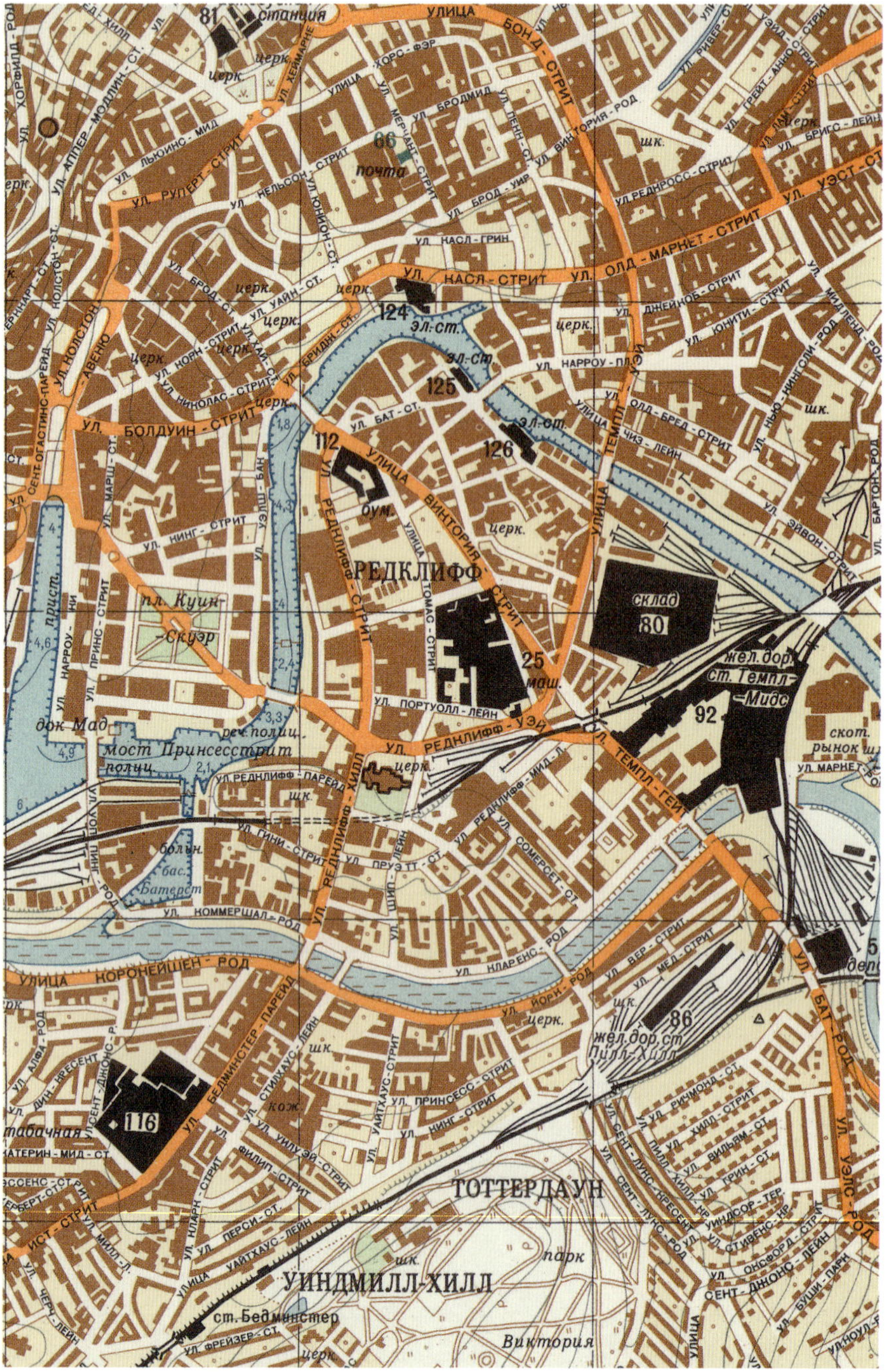

A1-4 英国ブリストルの1万分の1地図、1971年編集、1972年印刷(全4枚中3枚目)。エイボン川(下中央)の茶色の横線は、干満によるシルトの浅瀬を意味する。水路内側をなぞる青い記号は波止場だ。

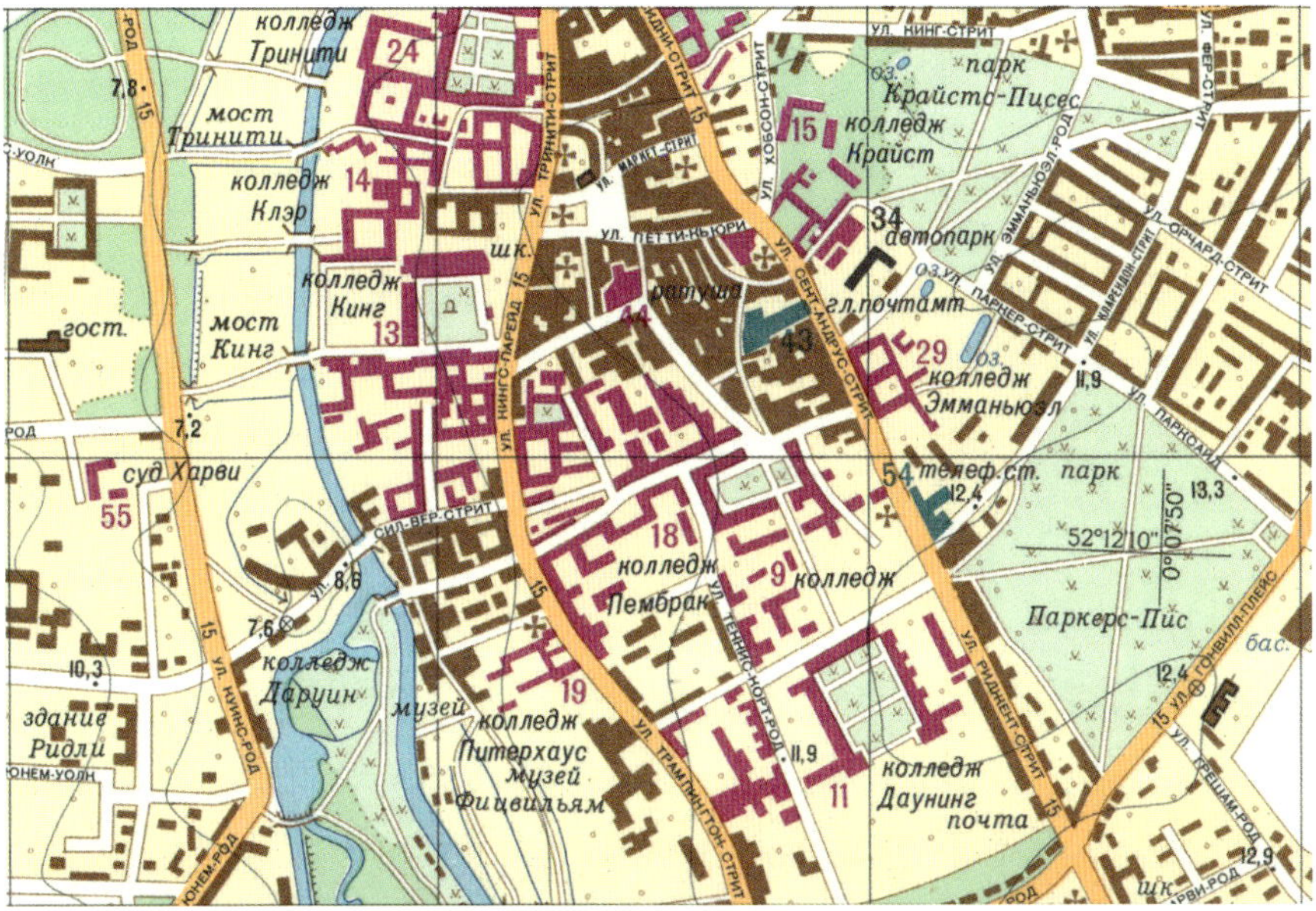

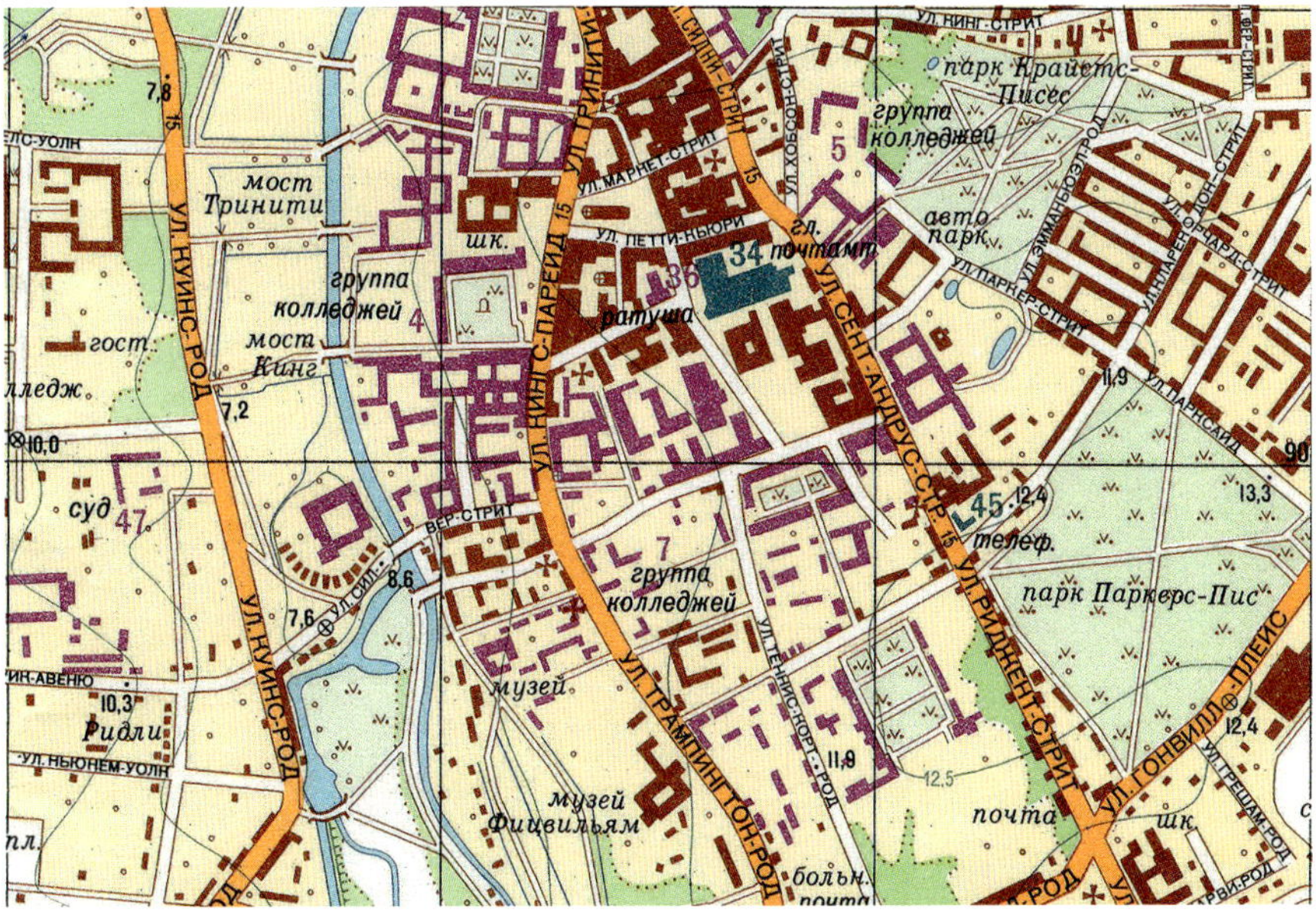

A1-5AとA1-5B 英国ケンブリッジの1万分の1地図、1973年編集、1977年印刷（上）。1986年編集、1989年印刷（下）。上ではカレッジはひとつずつ名称が記されているが、下の地図では「カレッジ群」でまとめられた

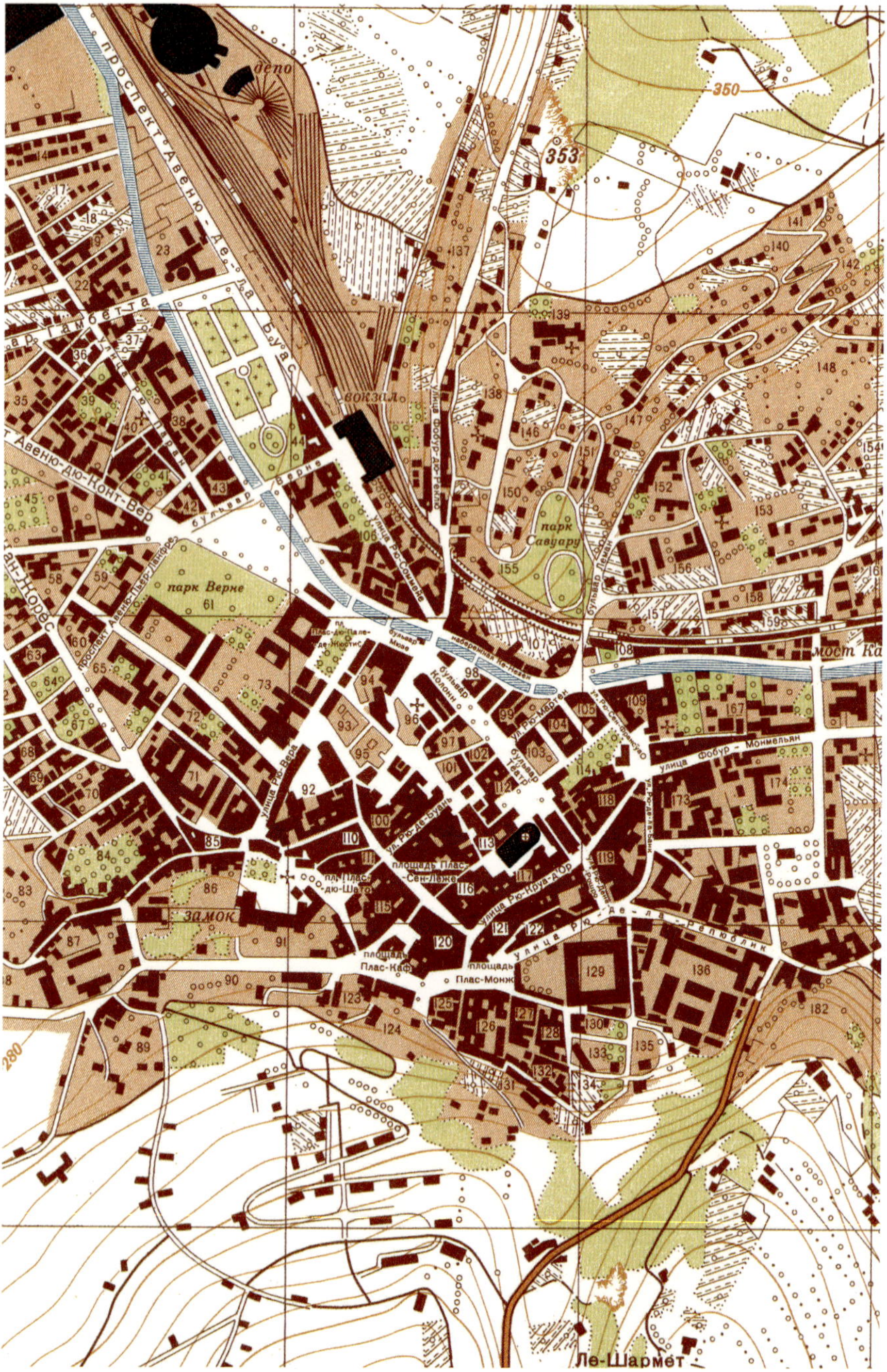

A1-6 フランス、シャンベリの1万分の1地図、1954年編集、1954年印刷。1970年代以前の典型的な初期の地図。短い基本情報と街路索引はあるが、重要目標物一覧はない。街区は通し番号が打たれている。フランスの小さな地方都市がなぜ地図化の対象になったのか謎である。

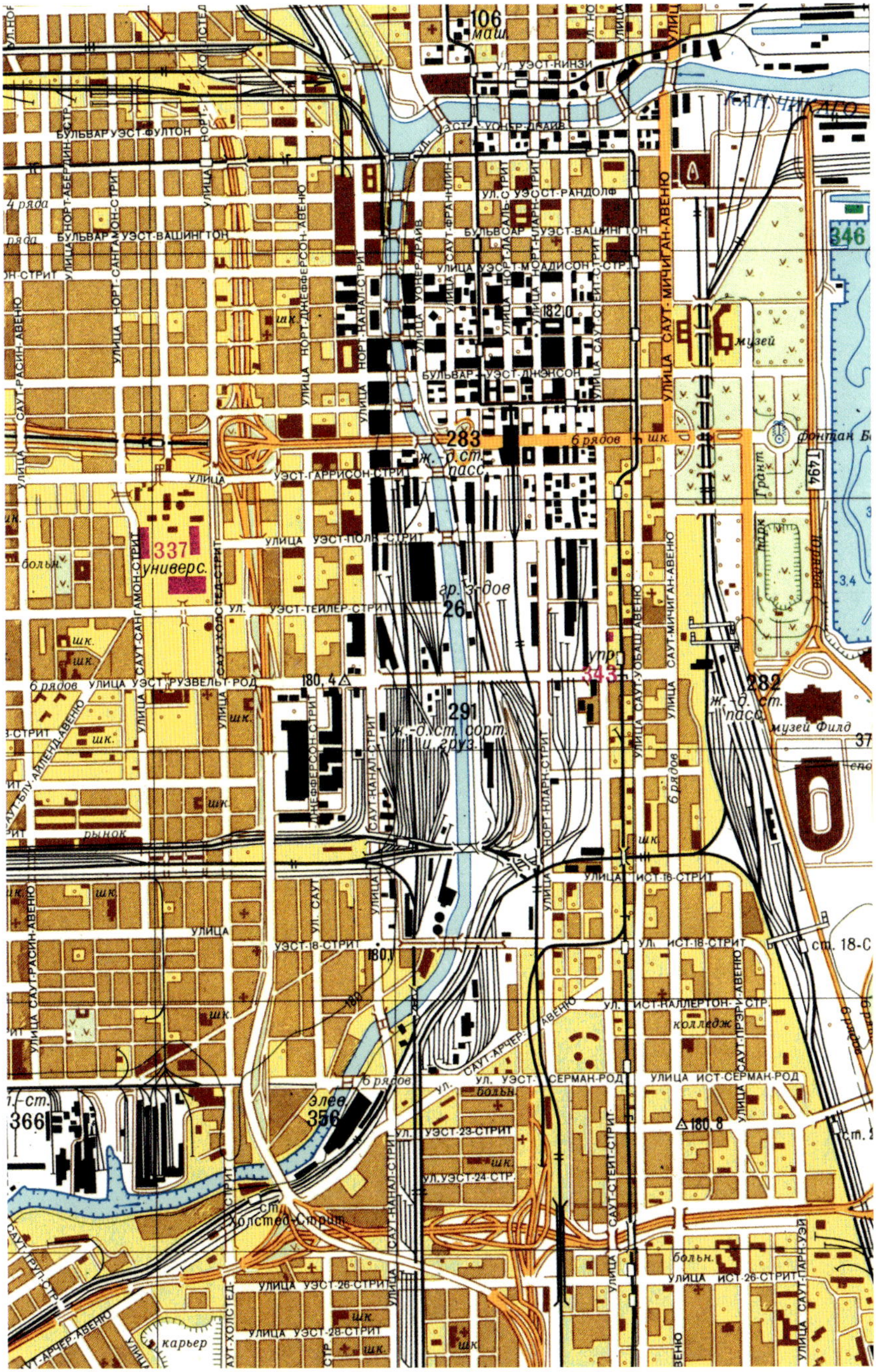

A1-7 米国シカゴの2万5000分の1地図、1972年編集、1982年印刷（全7枚中4枚目）。工業地区（白黒）と市街地区がはっきり区別されている。USGS版や地域版地図では、ここまで区別は明確ではない

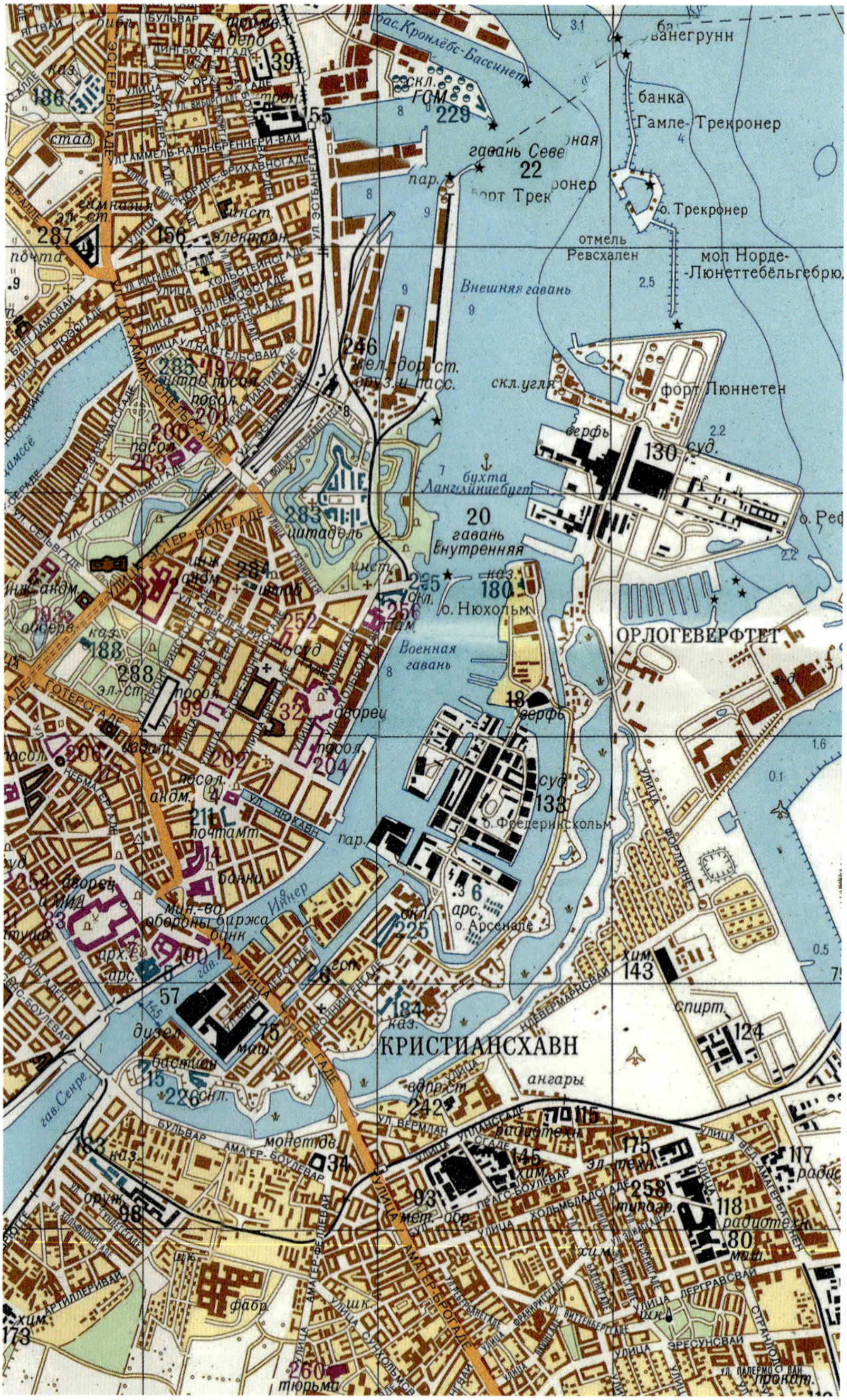

A1-8 デンマーク、コペンハーゲンの2万5000分の1地図、1982年編集、1985年印刷（全2枚中1枚目）。右下、滑走路を意味する飛行機の記号とангары（格納庫）の表記は明らかに時代遅れだ。クローバーマーケン飛行場は1920年代に閉鎖され、スポーツ複合施設になった。

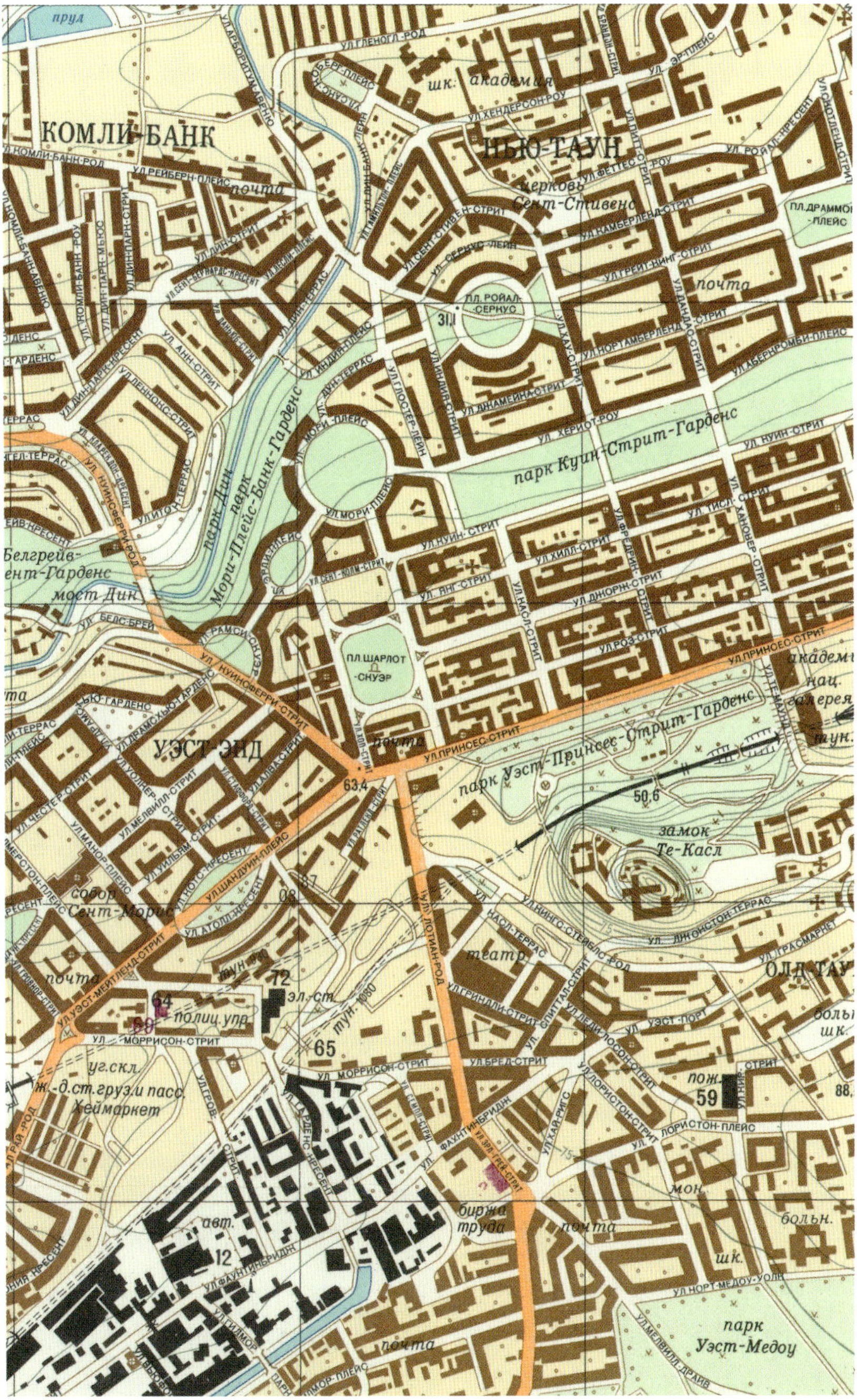

A1-9 英国エディンバラの1万分の1地図、1980年編集、1983年印刷（全3枚中1枚目、ただし3枚目は基本情報と索引のみ）。中央右、Te-Касл（ザ・キャッスルの音訳）とあるのはエディンバラ城。古代の要塞で、儀礼的役割を果たすために一部に陸軍が駐留しているものの、当然のことながら軍事目標物には入っていない。

A1-10 英国グラスゴーとペイズリーの2万5000分の1地図、1975年編集、1981年印刷（全2枚中1枚目）。上右、川の北側のセント・イーノック駅は1966年に閉鎖、1977年に取りこわされた。

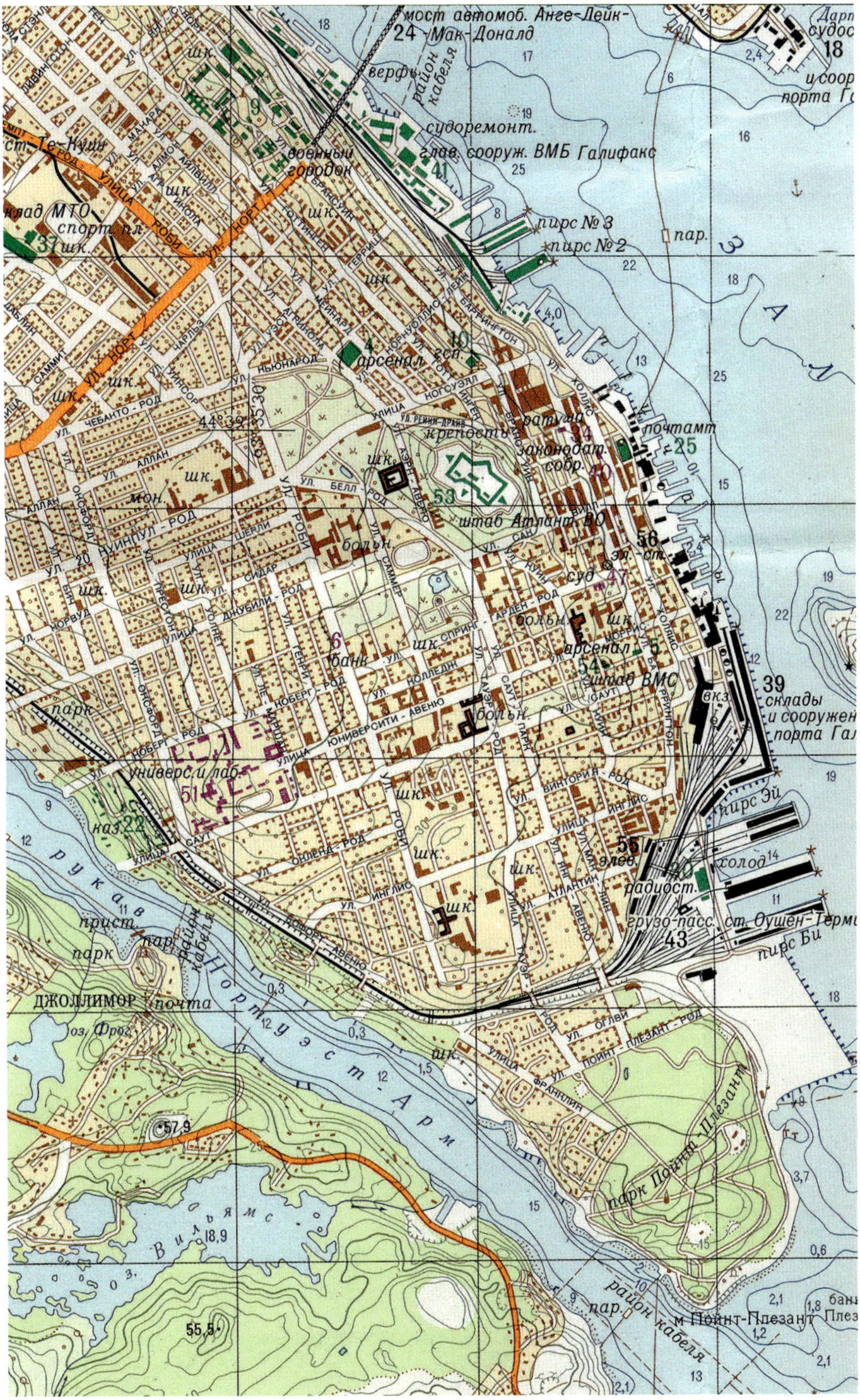

A1-11 カナダ、ノバスコシア州ハリファックスの2万5000分の1地図、1973年編集、1974年印刷。重要目標物53（中央）は「大西洋司令部軍事区域（戦時交通管制地）」とあるが、第2次世界大戦後の1956年に軍事的な役割は終えた。現在は国立史跡として観光地となっている。

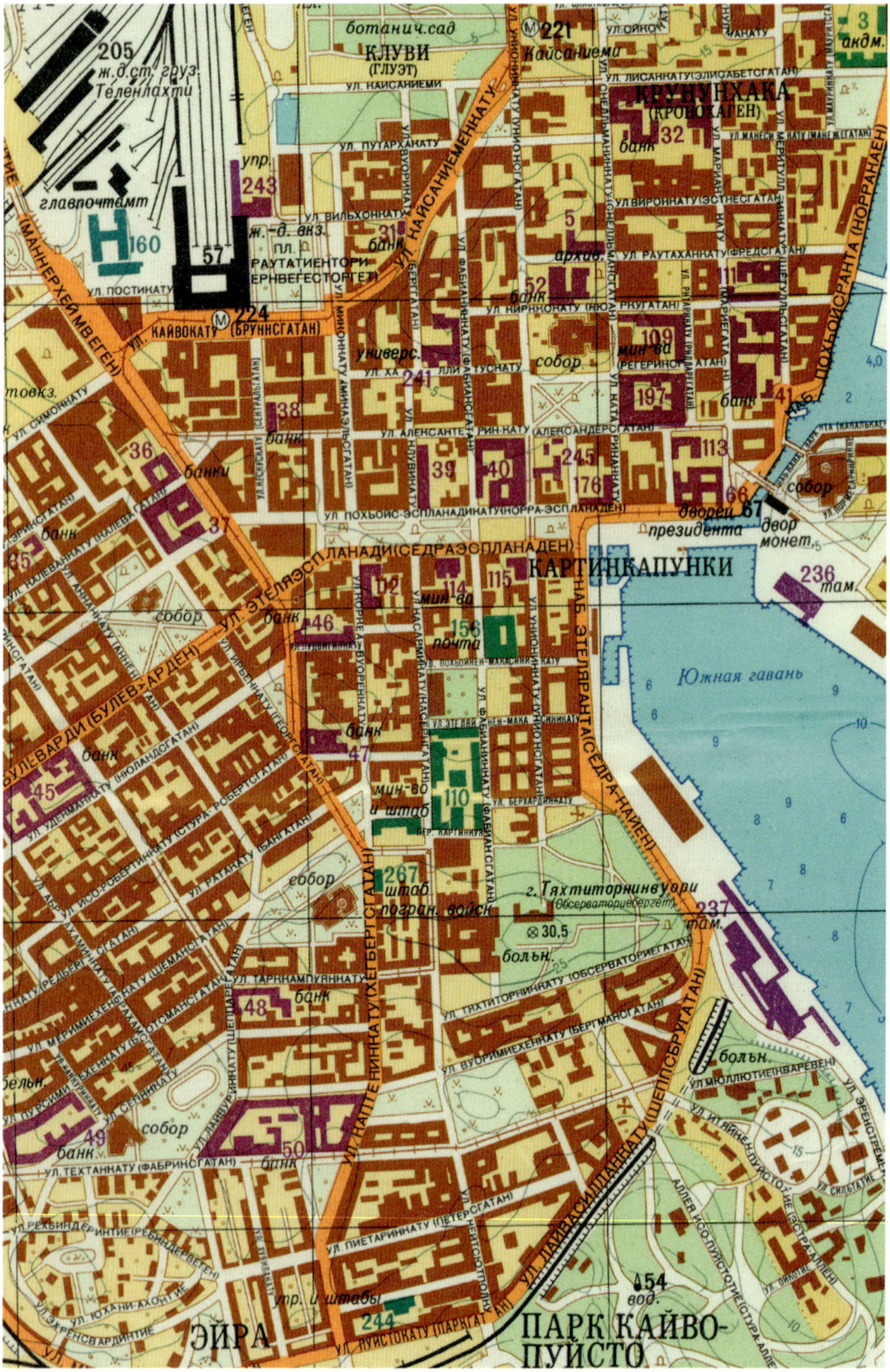

A1-12 フィンランド、ヘルシンキの1万分の1地図、1984年編集、1989年印刷（全6枚中5枚目）。索引と基本情報は別冊になっている

A1-13 トルコ、イスタンブールの1万分の1地図、1978年編集、1987年印刷(全4枚中4枚目)。東側の橋(地図上右、金角湾にかかるガラタ橋)に引かれた斜交線は、鉄製の橋であることを示す。この橋は1992年に現在のものに架けかえられた

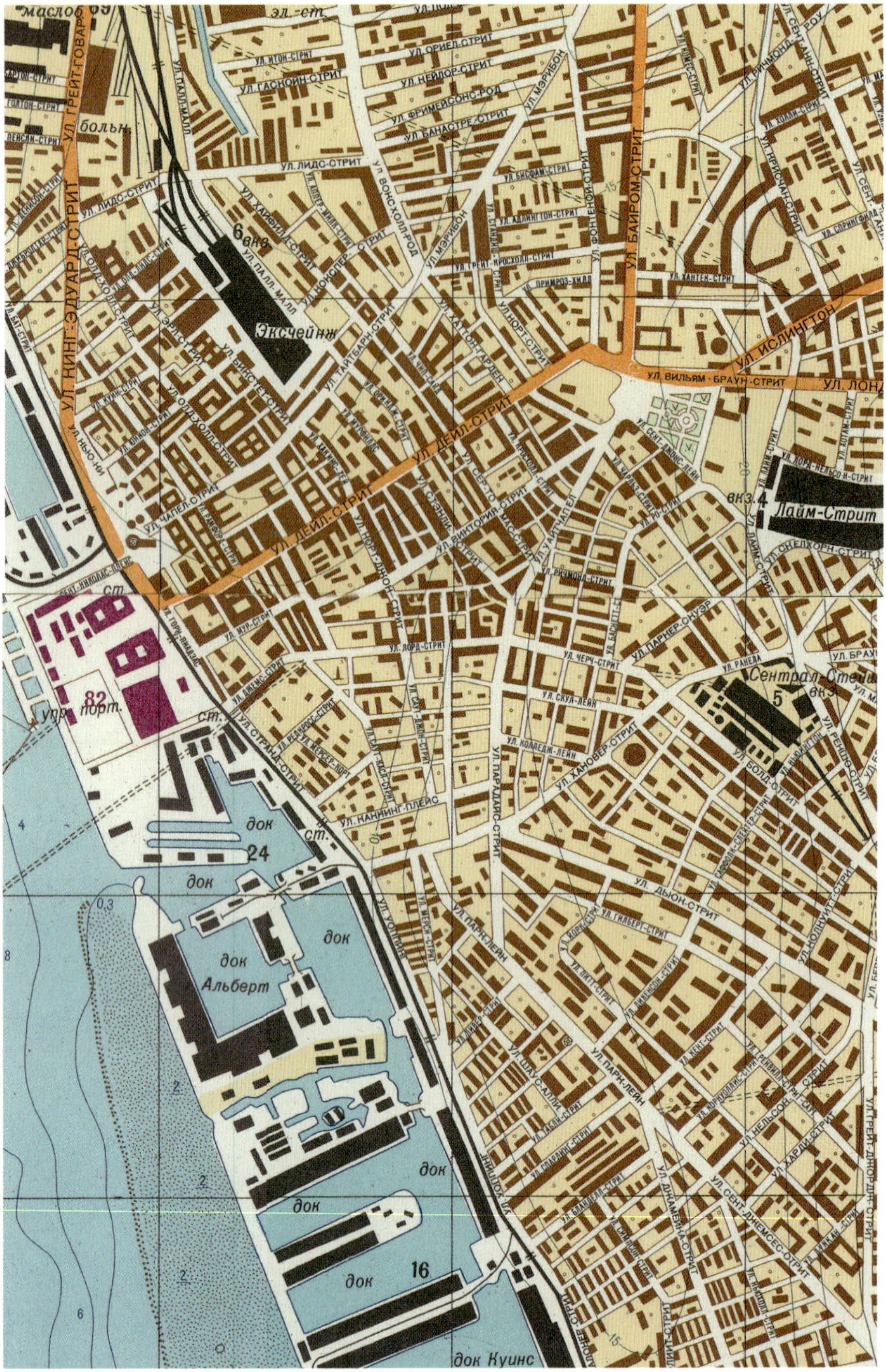

A1-14 英国、リバプールの1万分の1地図、1968年編集、1974年印刷(全4枚中1、3枚目)。全4枚中、北西部と南西部の地図が中心部で重複なく合わさる形になっている。埠頭ぞいに北西から南東に走る鉄道はリバプール高架鉄道だが、この地図が編集される11年前の1956年に廃止され、翌1957年に解体されている

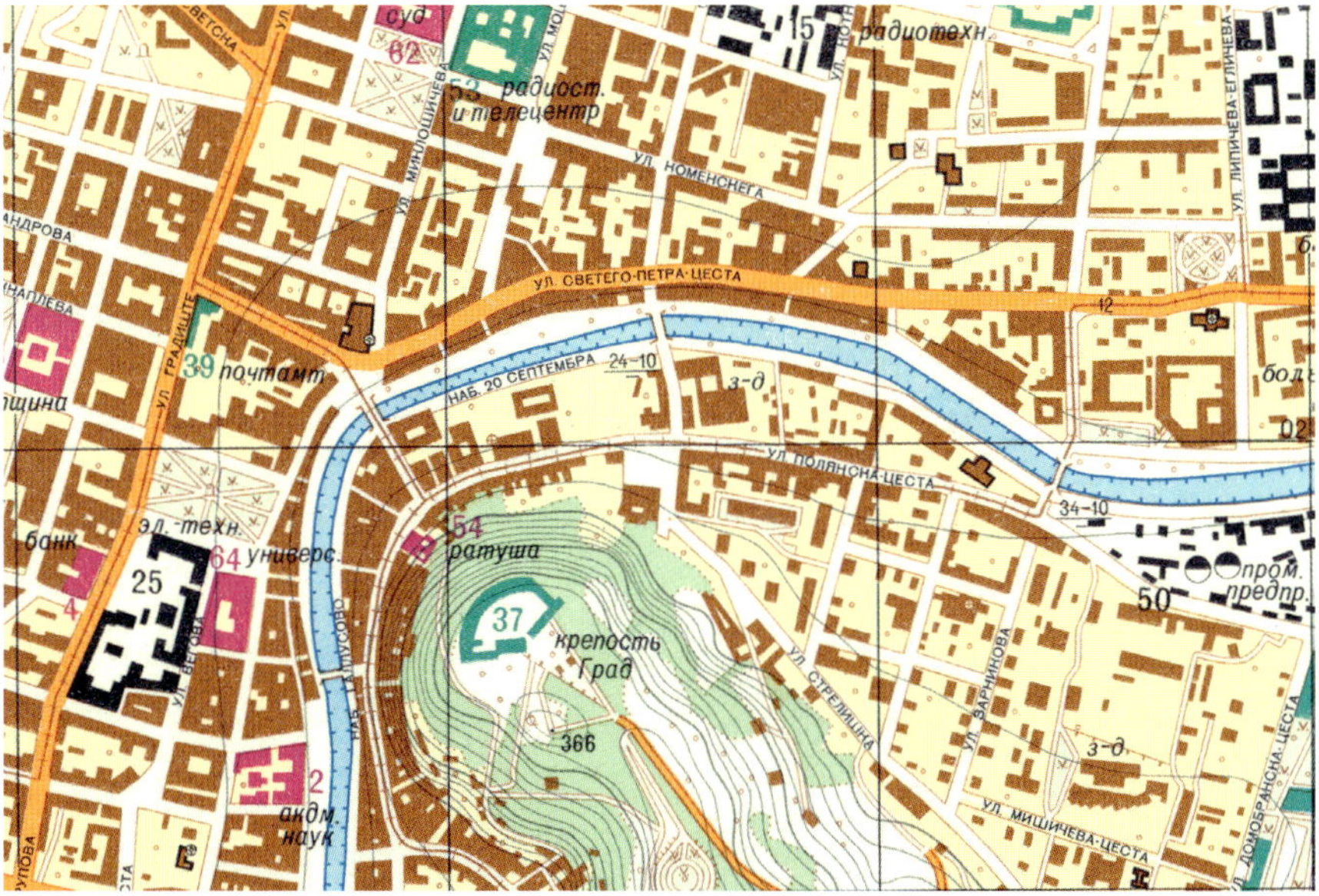

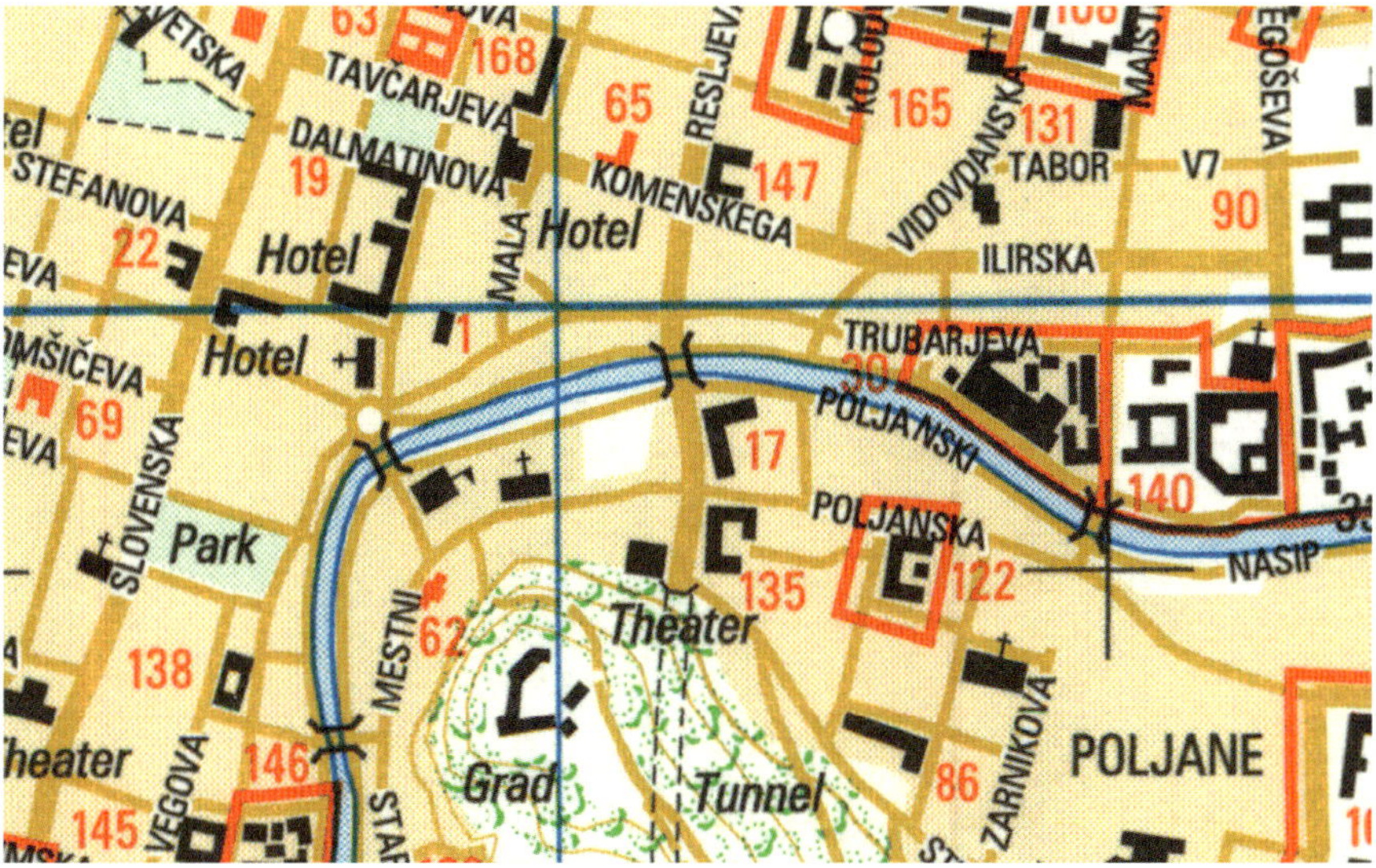

A1-15AとA1-15B 上はスロベニア、リュブリャナの1万分の1地図、1978年編集、1980年印刷。下は米国画像地図局作成の2万5000分の1地図(1997)。縮尺も年代も異なるとはいえ、様式や細部の扱いのちがいがはっきり見てとれる。米国の地図は機密扱いではない。総合的な地理情報データベースの一部というより、軍隊内で常用するための地図だったと思われる

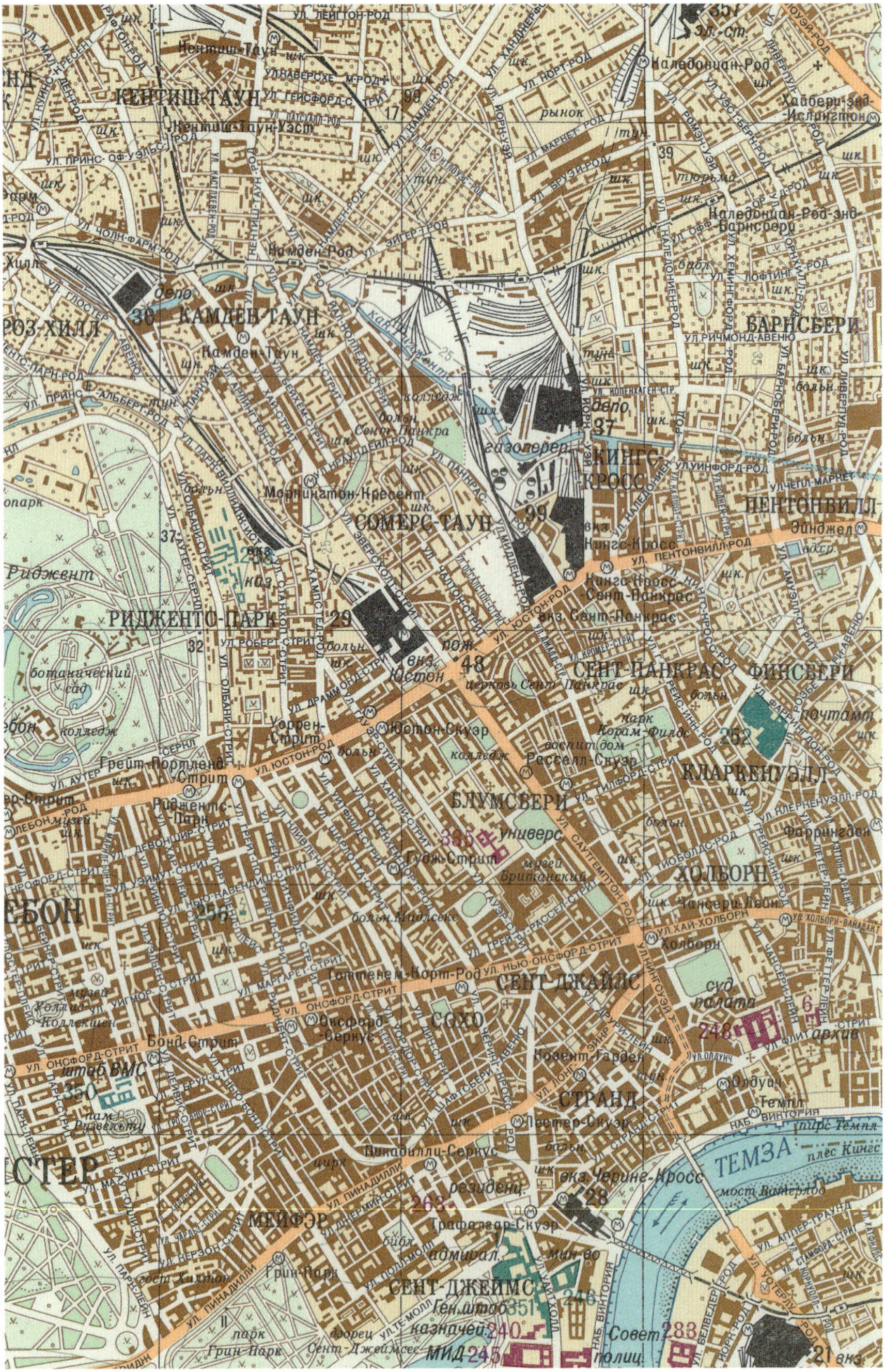

A1-16 ロンドンの2万5000分の1地図、1980年編集、1985年印刷（全4枚中1枚目）。中心部の密集状況を綿密に写しとった傑作だ

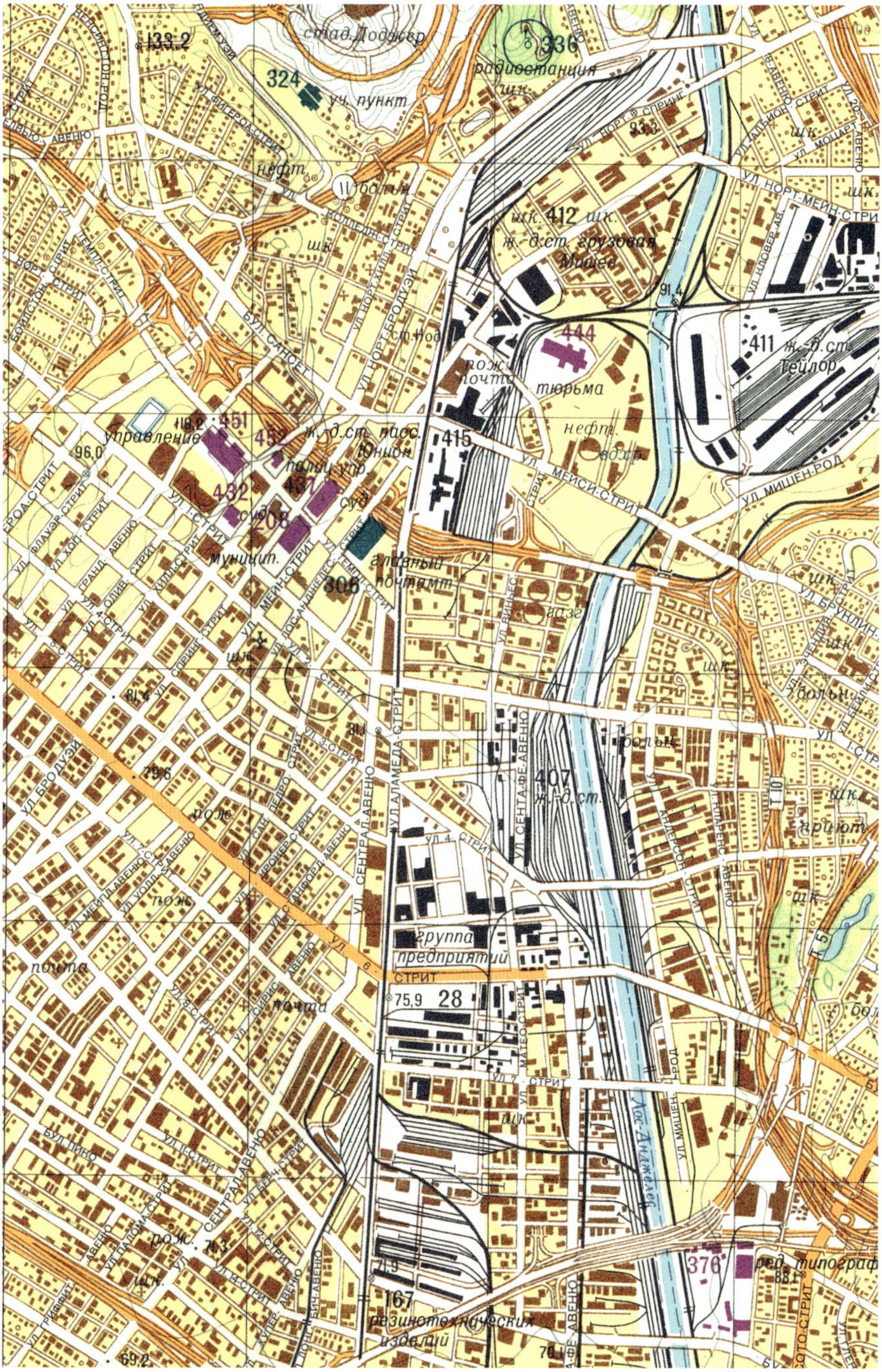

A1-17 米国ロサンゼルスの2万5000分の1地図、1975年編集、1976年印刷(全12枚中5枚目)。全12枚組のロサンゼルス広域地図は、北西のサンフェルナンド・ヒルズから南東のサンタアナまで網羅している。その距離はおよそ60マイル(100キロメートル)にもなり、市街図の範囲としては他に例のない広さだ。

A1-18 英国マンチェスター、ボルトン、ストックポート、オールダムの2万5000分の1地図、1972年編集、1975年印刷(全4枚中3枚目)。ウォリントン、セントヘレンズ、リバプールの市街図へと連続しており、全部つなげると、ペナイン山脈山頂に始まる分水嶺からアイリッシュ海まで、50マイル(80キロメートル)におよぶ大縮尺の広大な市街図が完成する

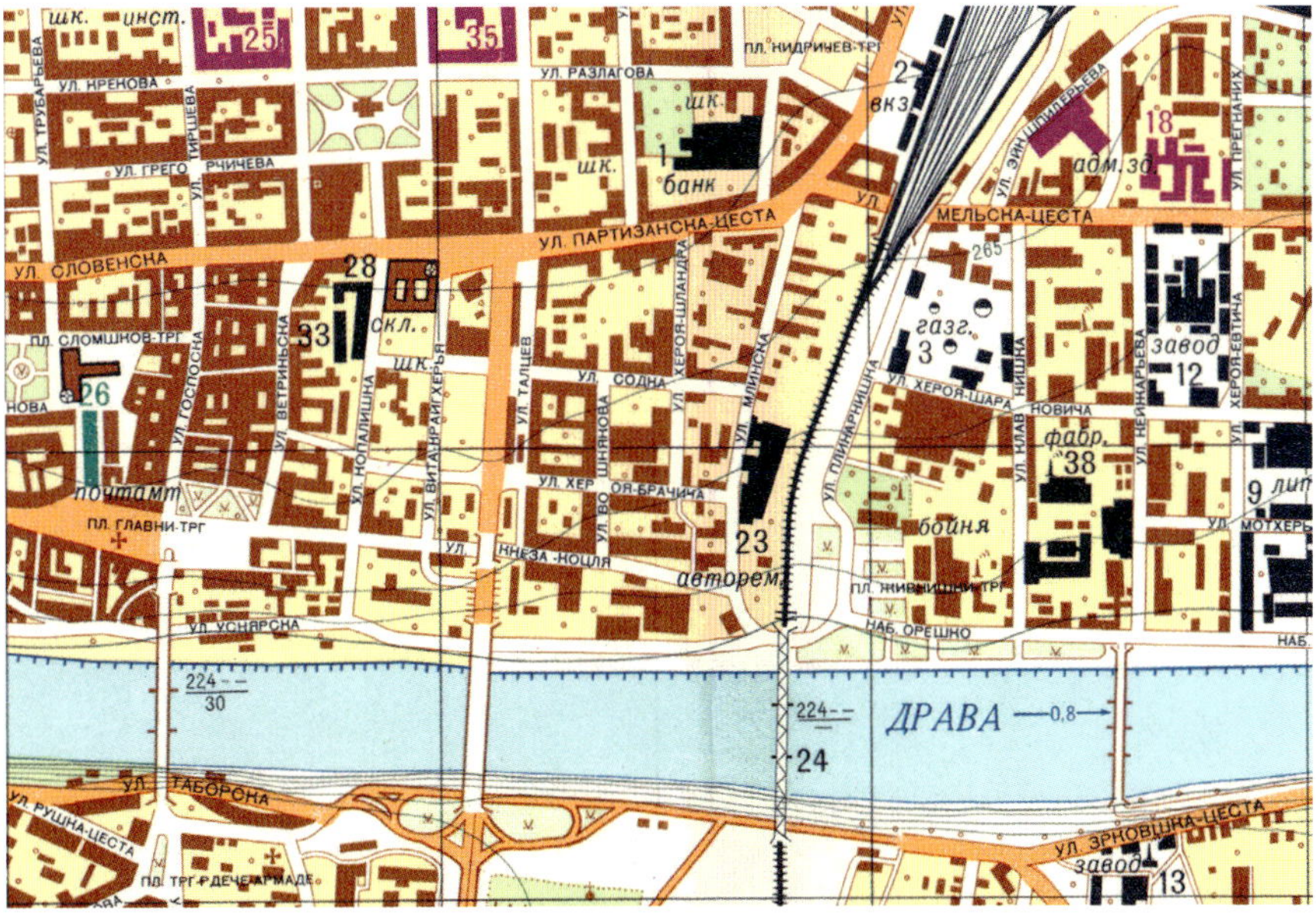

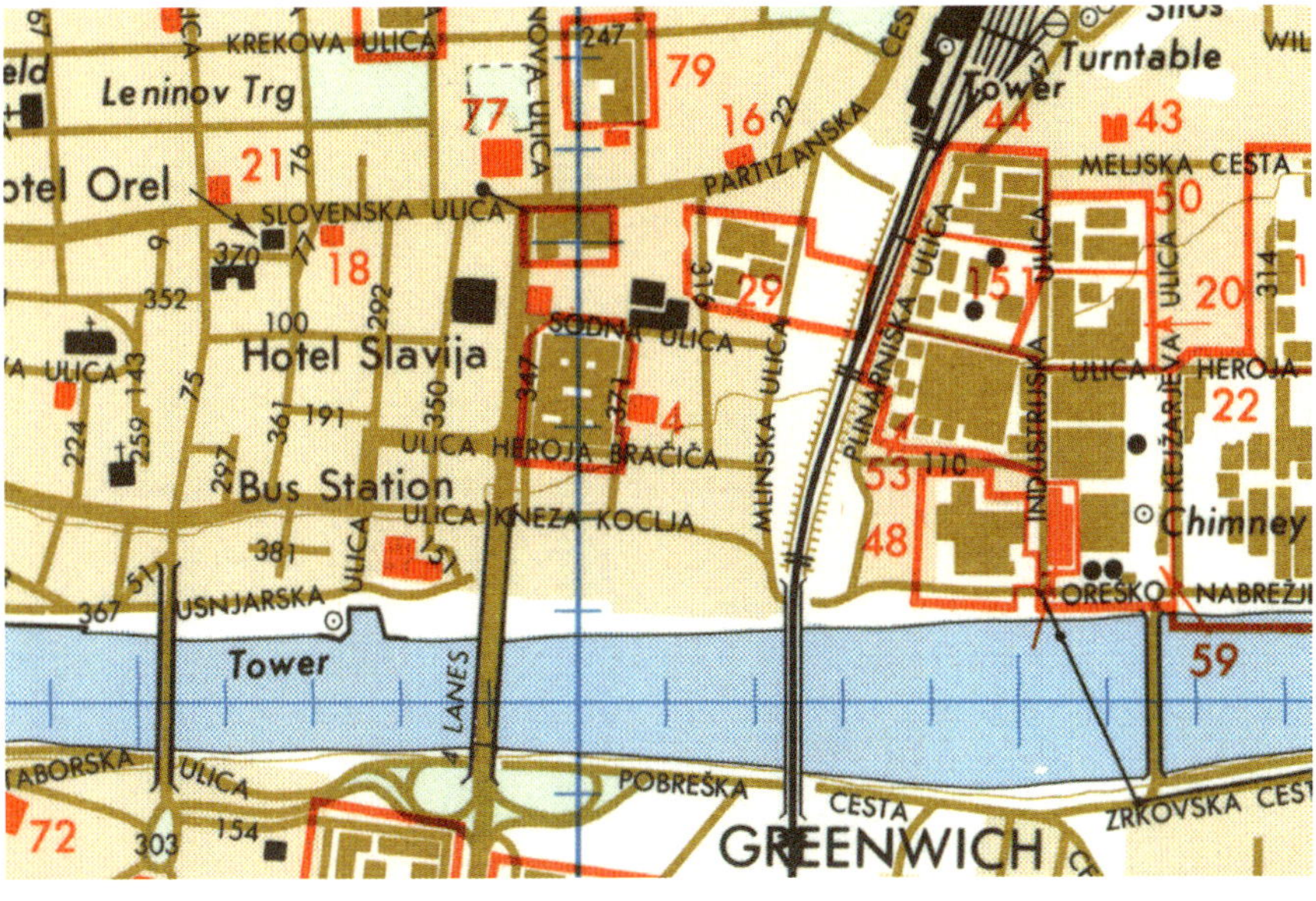

A1-19AとA1-19B 上はスロベニア、マリボルの1万分の1地図、1972年編集、1975年印刷。下は米国画像地図局作成の2万分の1地図(1993)。2枚の地図の様式についてはA1-15を参照。

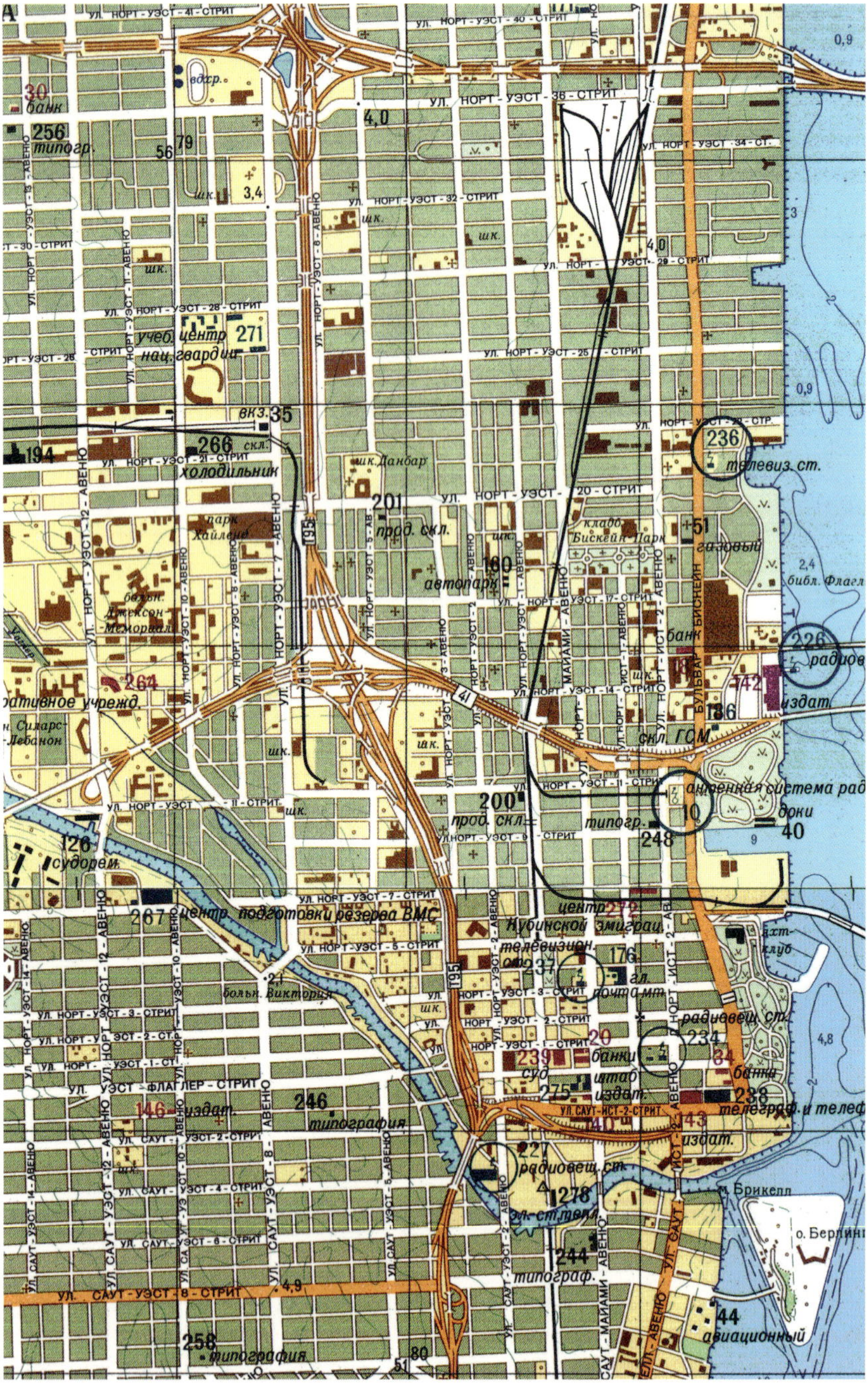

A1-20 米国マイアミの2万5000分の1地図、1981年編集、1984年印刷（全2枚中1枚目）。南北で2枚に分かれた地図を合わせると、重複なくきれいにつながる。

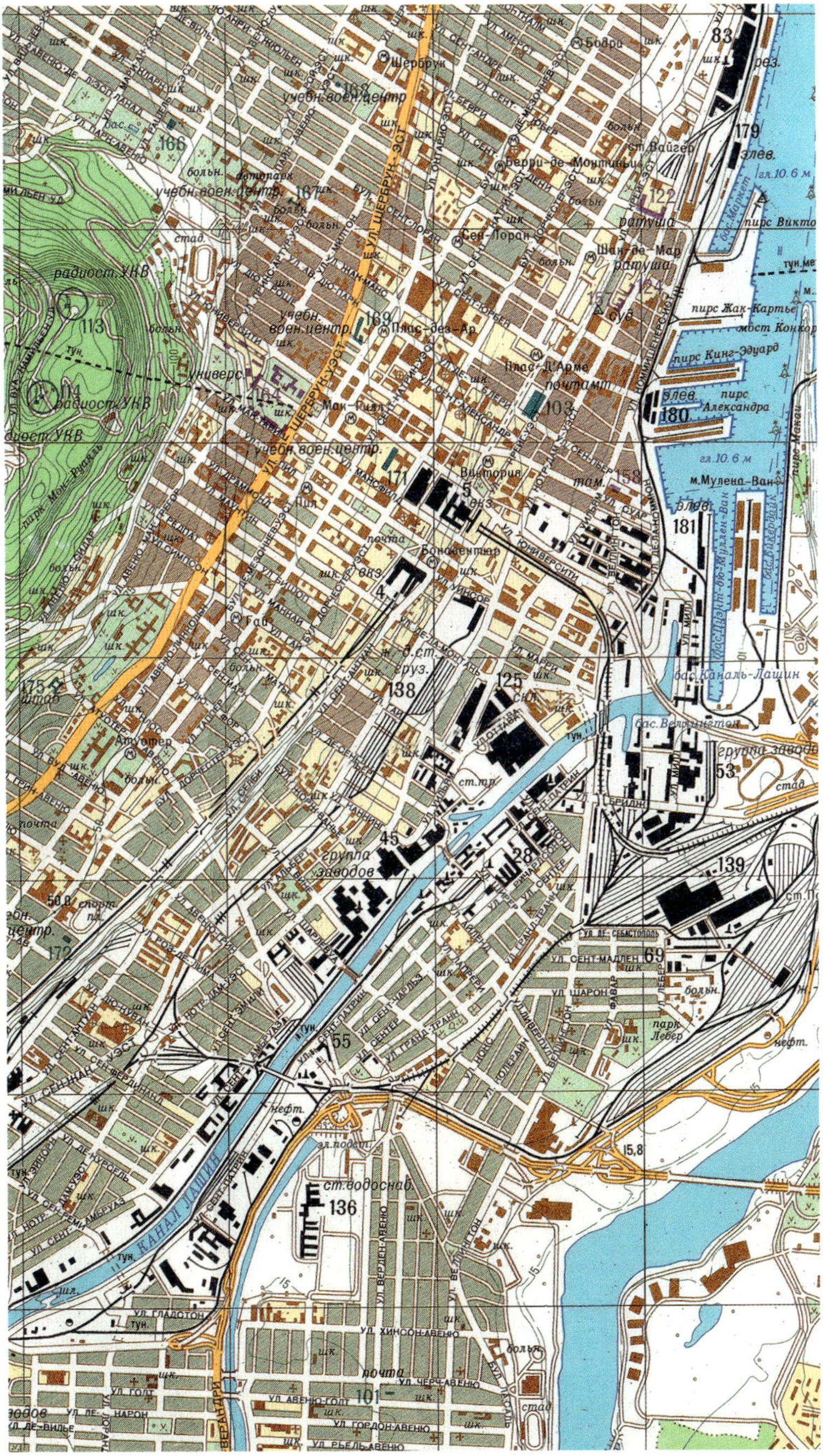

A1-21 カナダ、モントリオールの2万5000分の1地図、1981年編集、1986年印刷（全2枚中2枚目）。主要道路を挟んだ東西で、高層建築が集まる街区は薄茶、低層建築の街区は灰色に色分けされている。

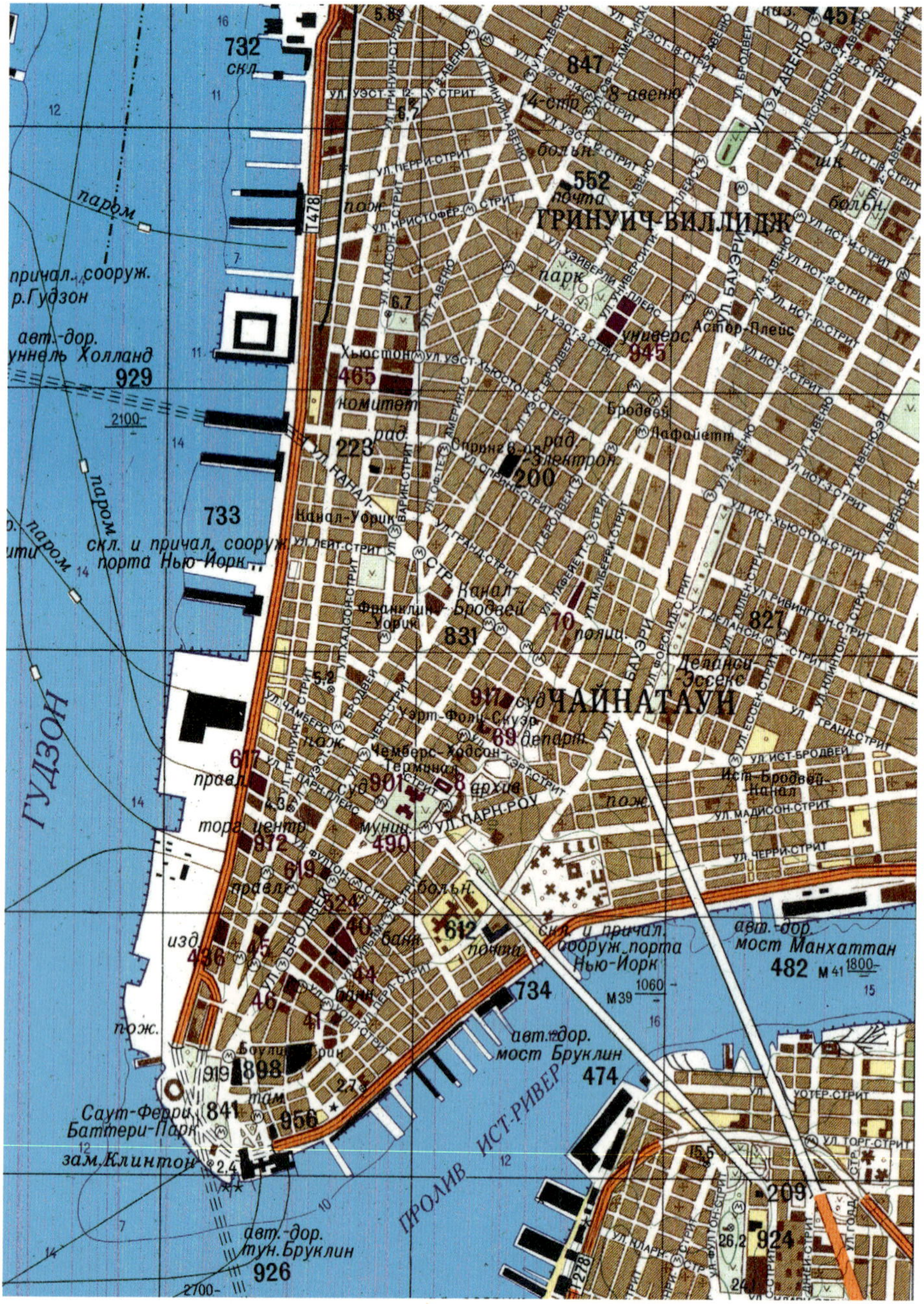

A1-22 ニューヨークの2万5000分の1地図、1979年編集、1982年印刷(全8枚中6枚目)。ロンドン市街図と異なり、個々の建物までは描きこまれていない。街区は塗りつぶされ、高層建築に分類されているのみ。

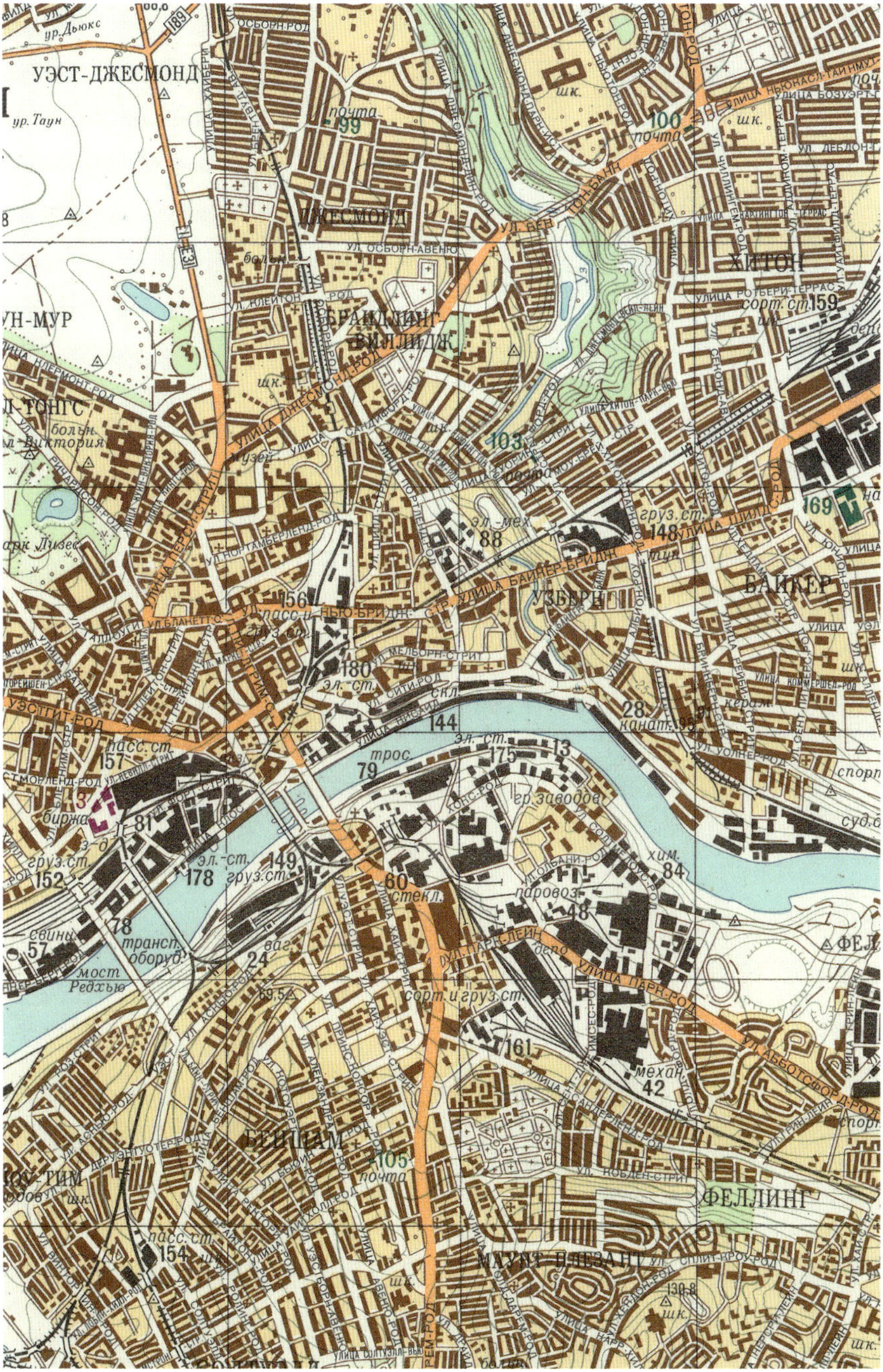

A1-23 英国ニューカッスル・アポン・タイン、ゲイツヘッド、サウス・シールズ、タインマスの2万5000分の1地図、1974年編集、1977年印刷。北を走る高速道路A1(上左)はE31となっているが、英国では使われない表記だ。

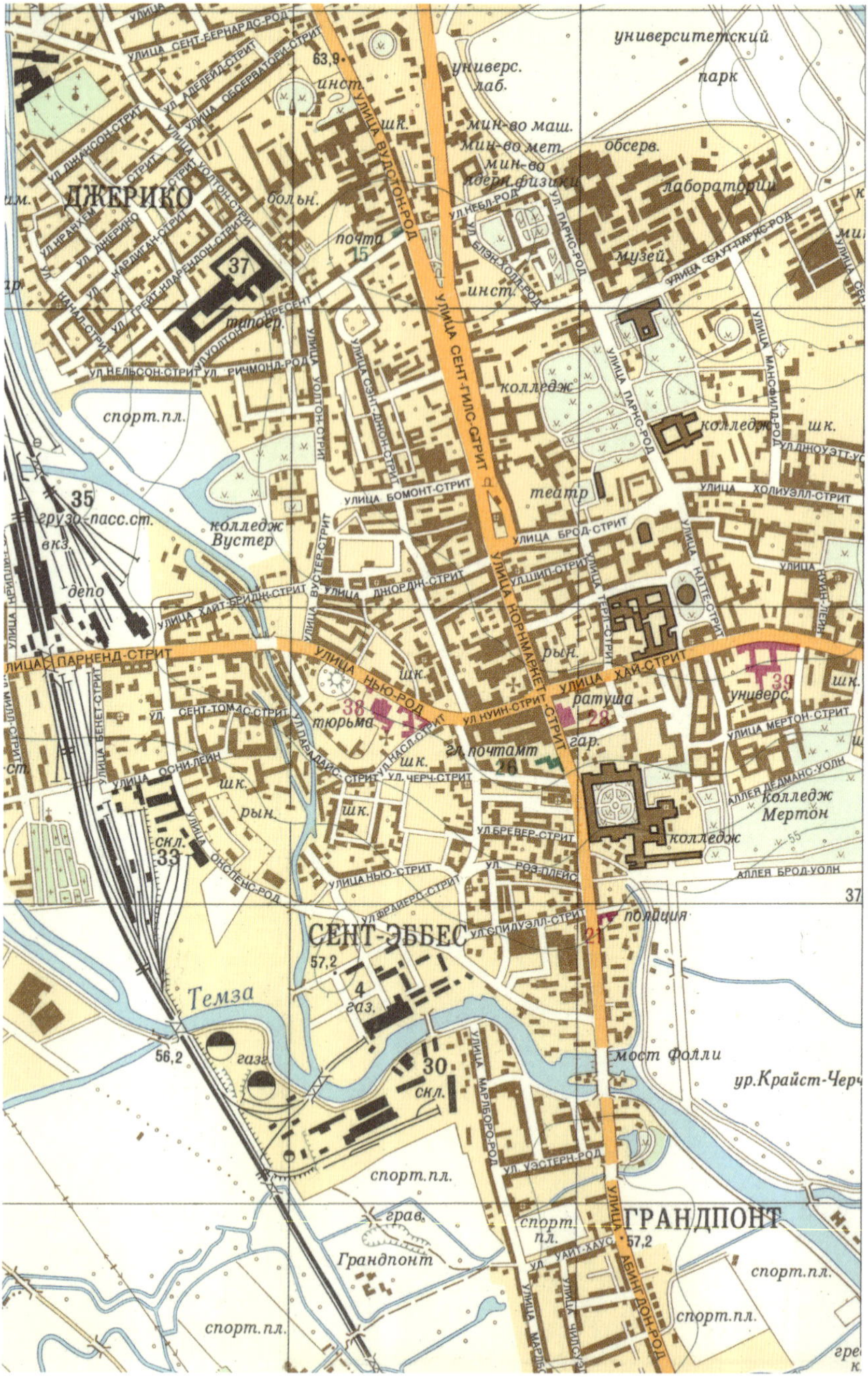

A1-24 英国オクスフォードの1万分の1地図、1972年編集、1973年印刷。重要目標物39（中央右）は「大学」となっている。だがこの一帯の建物は、明示されていないものの多くがオクスフォード大学のカレッジであり、39はユニバーシティ・カレッジになる。

A1-25 米国メイン州ポートランドの1万分の1地図、編集年代不明、1972年印刷。米国都市の1万分の1市街図はめずらしい。

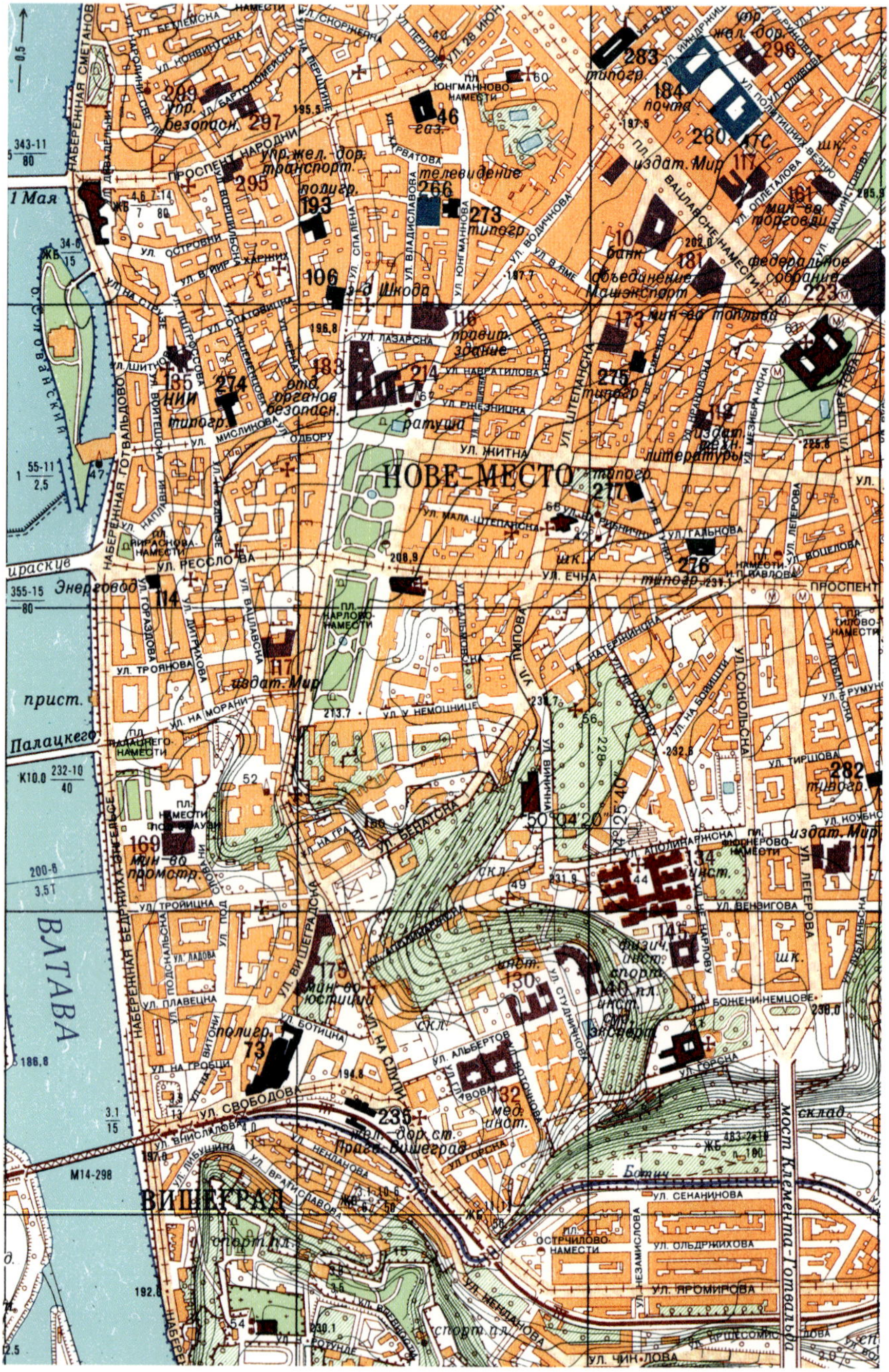

A1-26 チェコスロバキア(当時)、プラハの1万分の1地図、編集年代不明、1980年印刷(全9枚中5枚目)。ワルシャワ条約機構加盟国の都市市街図はこのように詳細を極めている。等高線は2メートル間隔、高低水位、島南端(上左)の水路の長さ、幅、深さまで書かれている。

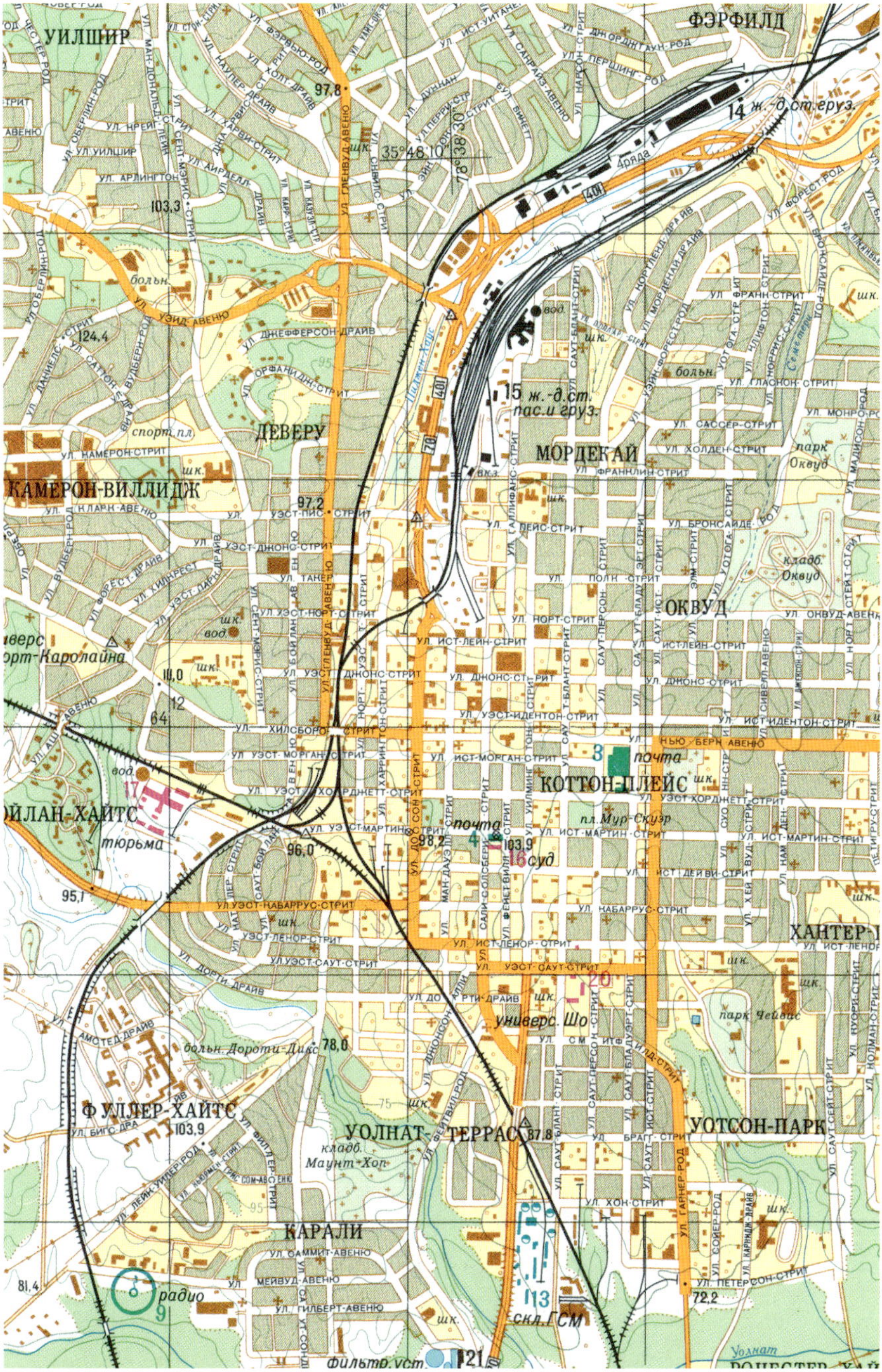

A1-27 米国ノースカロライナ州ローリーの2万5000分の1地図、1976年編集、1980年印刷。街区のほとんどは低層建築の分類で塗りつぶされ、ところどころに建物の輪郭が描かれている。この抜粋部分より東には、当時最新のUSGS版よりあとに開発された住宅地や高速道路も記載されている。

A1-28 米国カリフォルニア州サンディエゴの2万5000分の1地図、1975年編集、1980年印刷(全4枚中1枚目)。国境を越えてメキシコのティファナまで網羅している。USGS版では国境の南は簡略化されているが、こちらはメキシコ側もまったく同じ様式で詳細に描かれている。

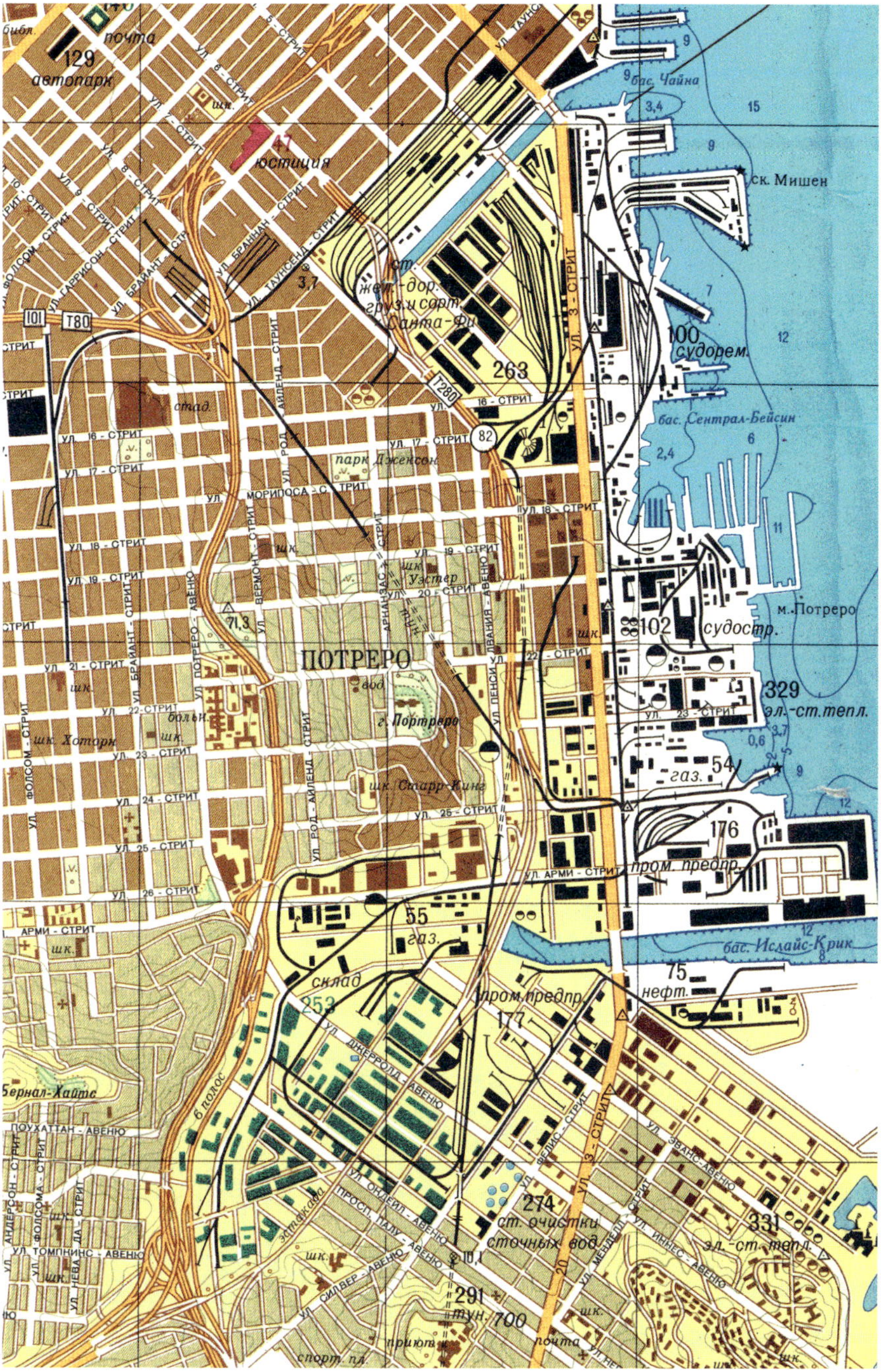

A1-29 米国サンフランシスコの2万5000分の1地図、1976年編集、1980年印刷(全8枚中3枚目)。道路番号82(上右)とT80(上左)は誤り。

A1-30 米国、シアトルの2万5000分の1地図、1976年編集、1980年印刷（全3枚中2枚目）。エリオット湾の水深（中央と左）はUSGS版にはない。この地図の数字は、沿岸調査局地図6442（1974）とも異なっている。

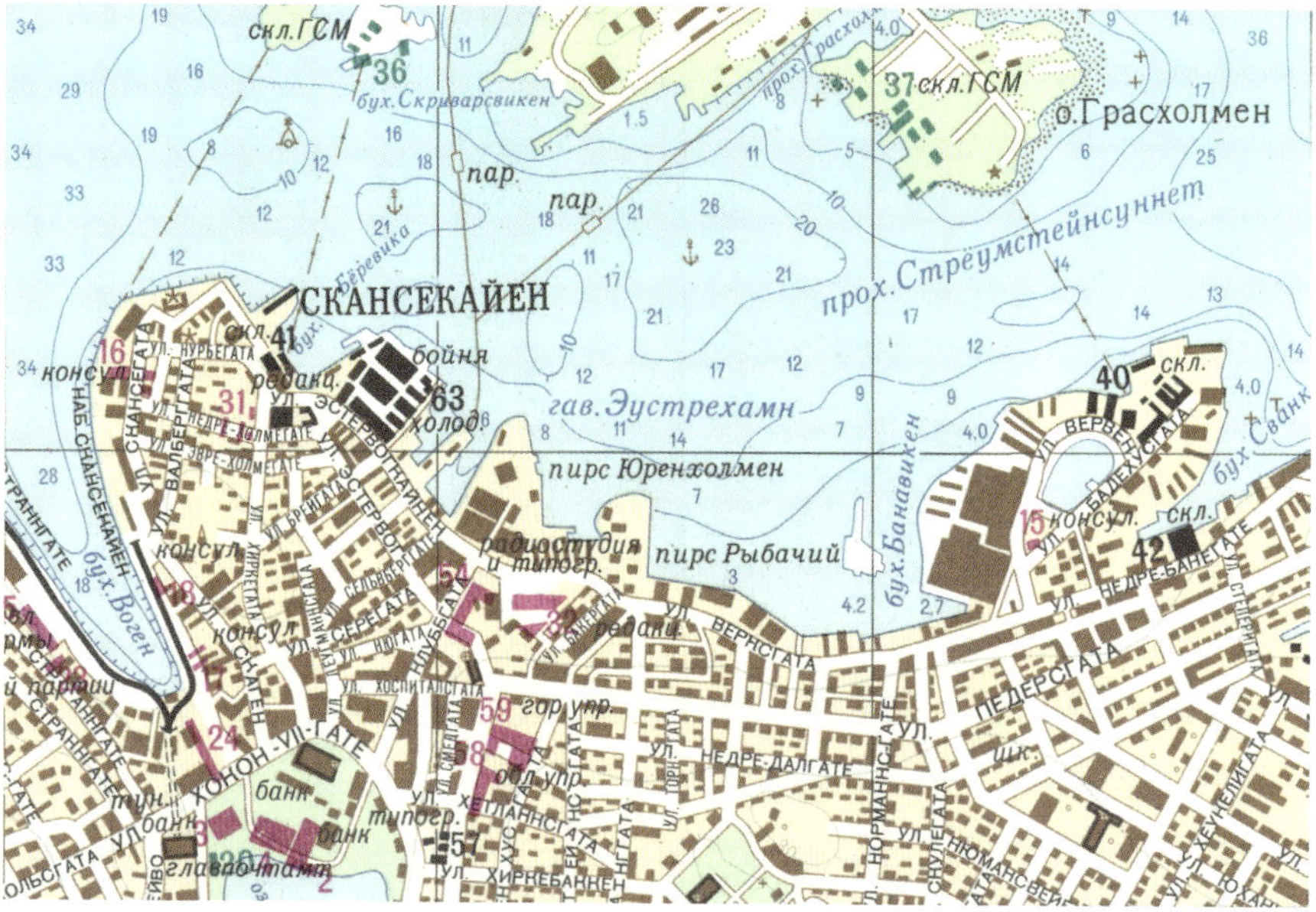

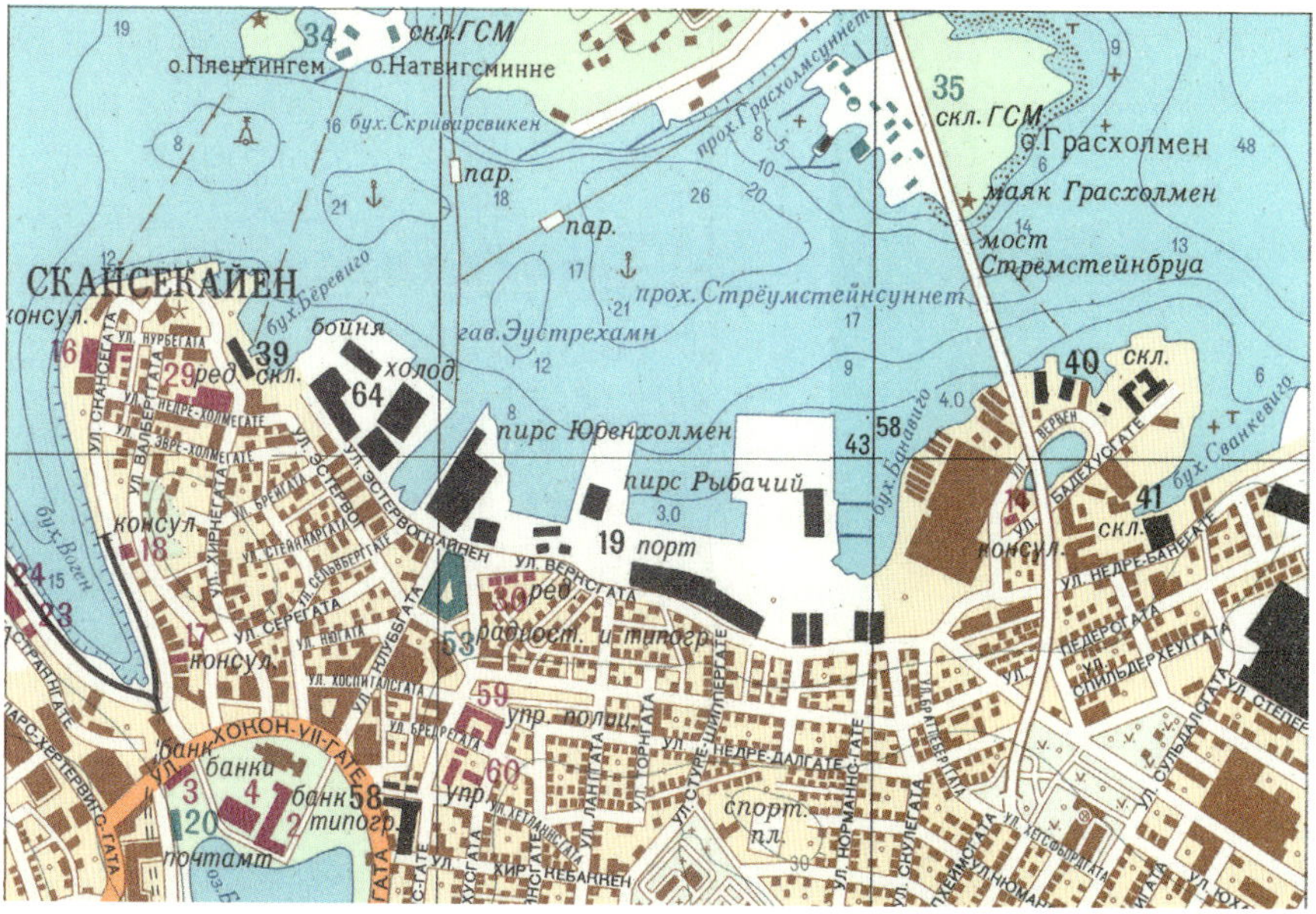

A1-31AとA1-31B ノルウェー、スタバンゲルの1万分の1地図。上は1971年編集、1975年印刷、下は1985年編集、1989年印刷。海、陸ともに表現がかなり異なっている。

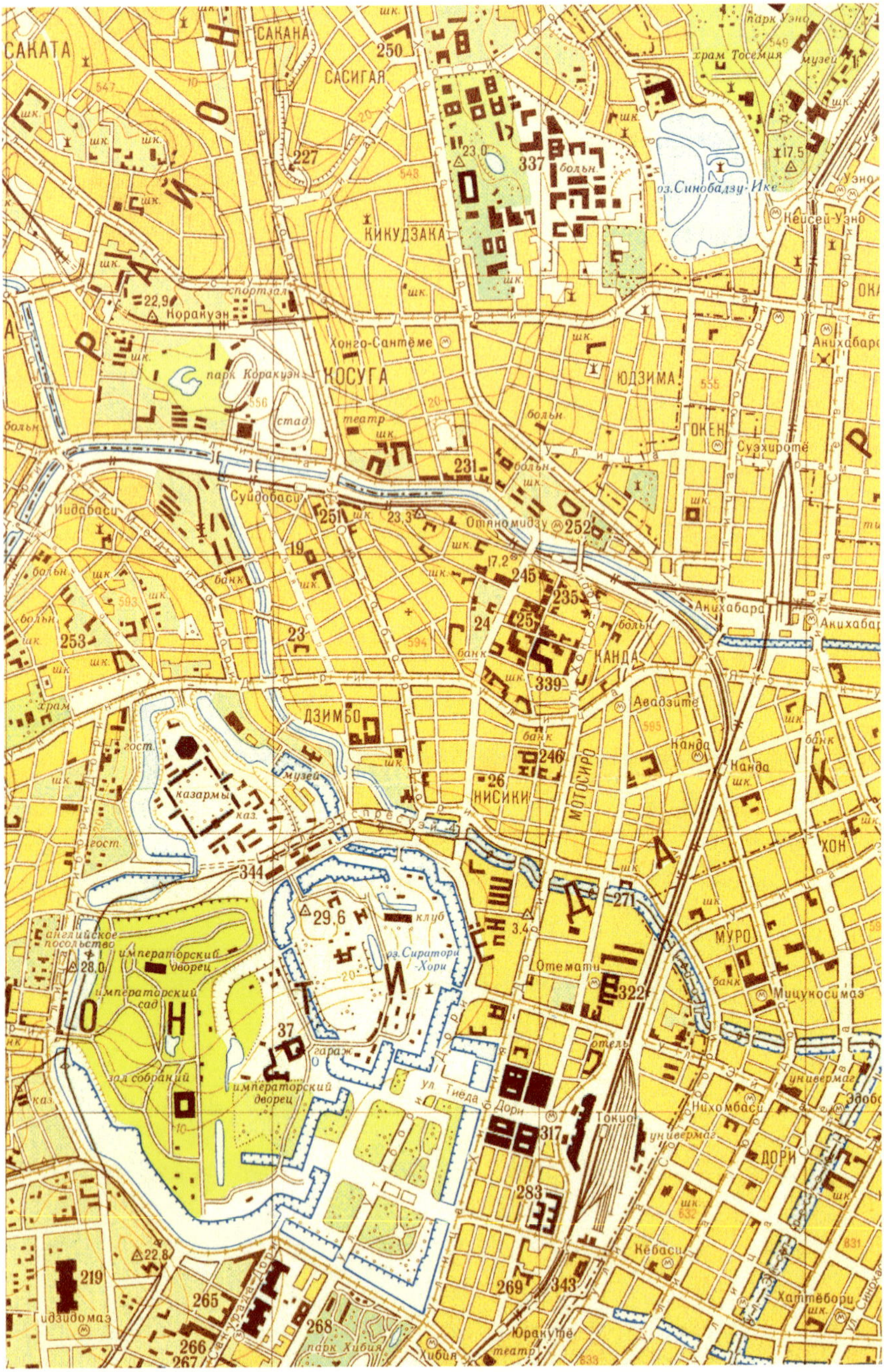

A1-32 東京の2万分の1地図、1966年編集、1966年印刷(全4枚中2枚目)。縮尺、様式ともに標準からはずれている。薄黄色は建物が密集している区域。道路は白いままで、鉄道とすべての文字は茶色。重要目標物37(下左)は皇居。

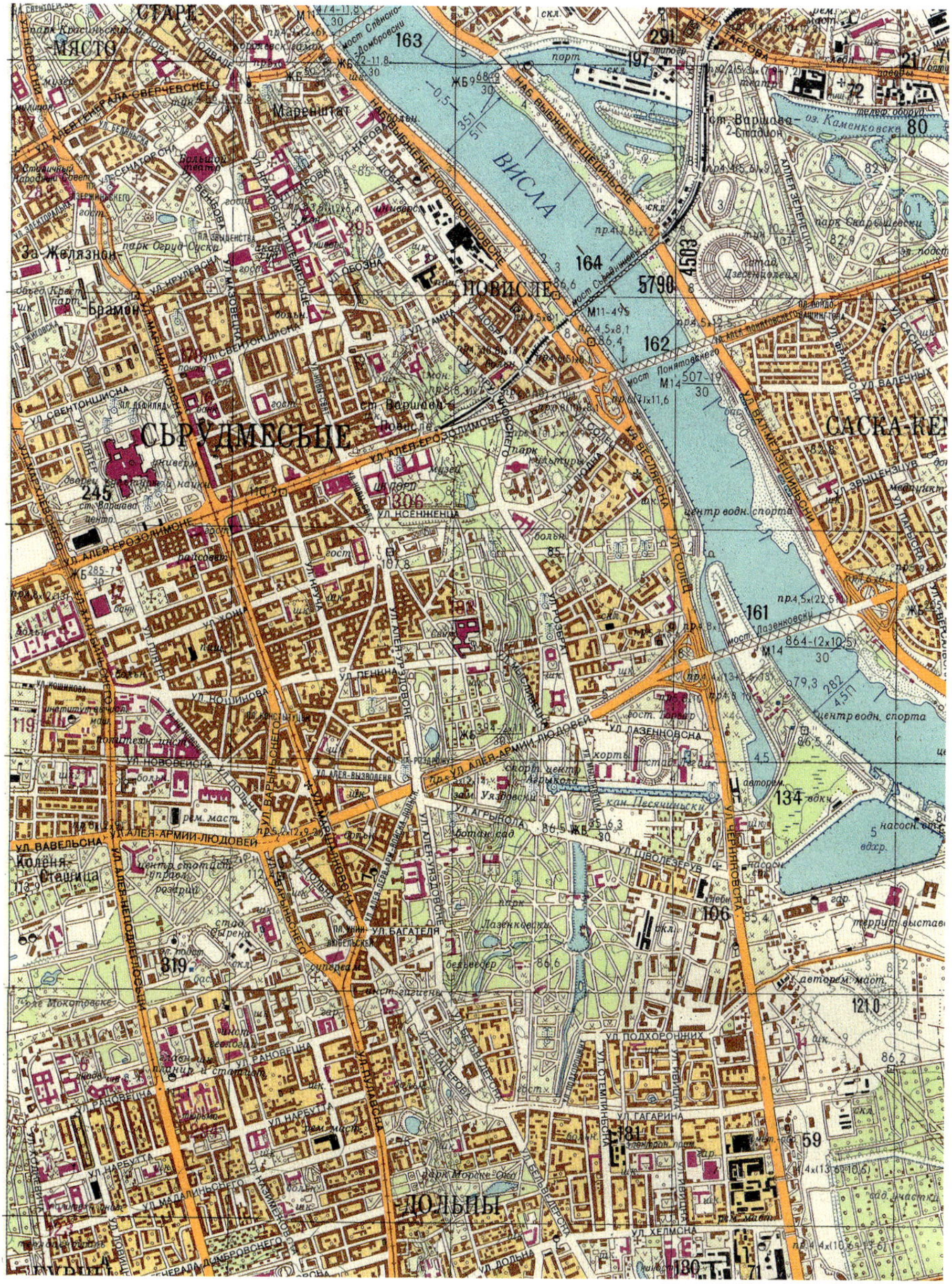

A1-33 ポーランド、ワルシャワの2万5000分の1地図、1980年編集、1981年印刷（全4枚中4枚目）。共産主義時代のワルシャワ市街図には地勢的な特徴が事細かに書きこまれている。ビスワ川（中央上）は幅351メートル、深さ5メートル、川底は砂地で、北に向かって流速毎秒0.5メートルで流れていると記されている。道路橋や鉄橋のアンダーパスも寸法がわかる。

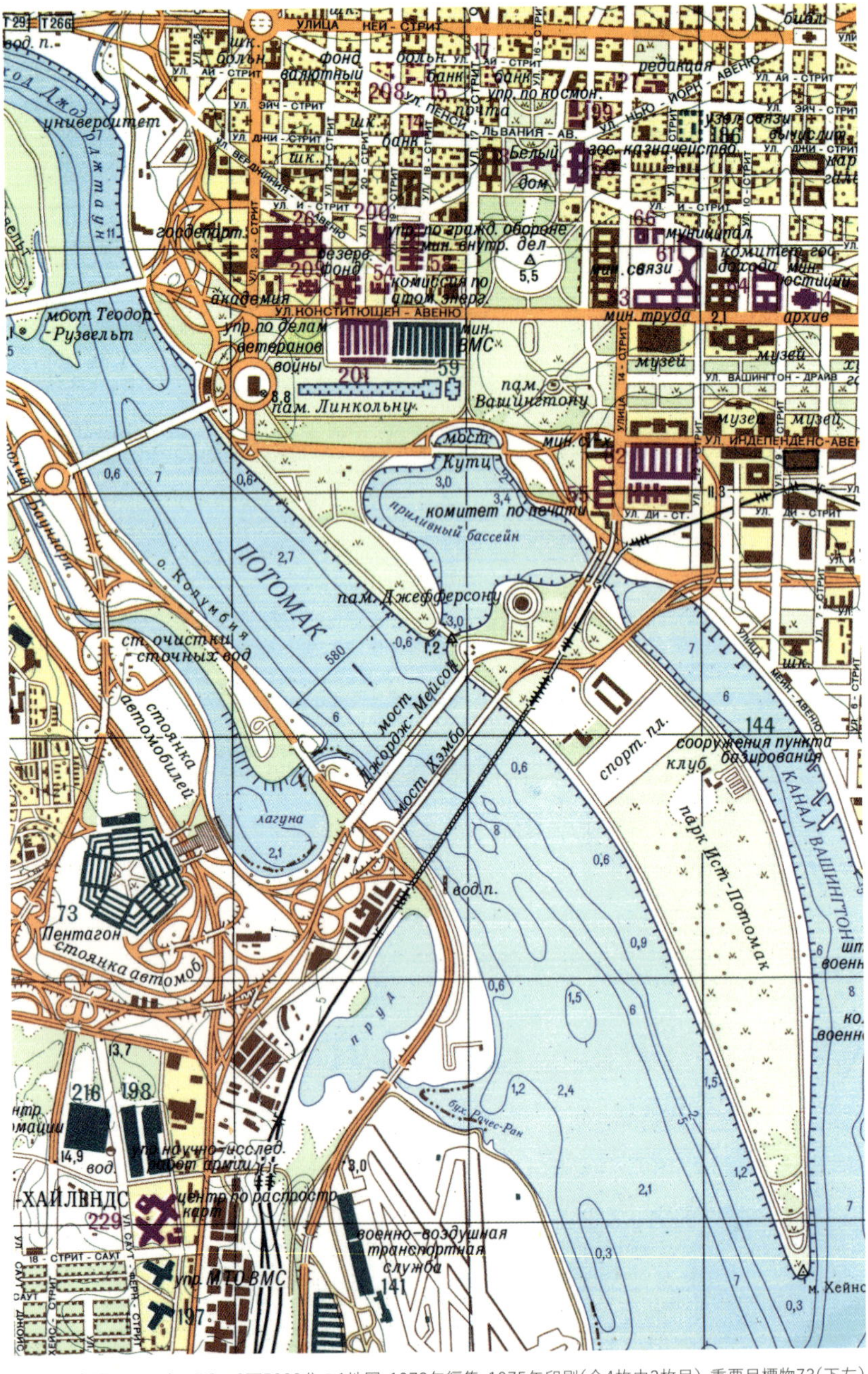

A1-34 米国、ワシントンDCの2万5000分の1地図、1973年編集、1975年印刷(全4枚中3枚目)。重要目標物73(下左)は「ペンタゴン(国防総省、陸軍、海軍および統合参謀本部)」とていねいに説明されている。上中央の重要目標物201(紫)と59(緑)はそれぞれ退役軍人省、海軍省(紫は行政機関、緑は軍事施設に使う)。ただし建物は第1次および第2次世界大戦中に建てられた一時的なもので、この地図が編集される前の1970年に取り壊しになっている。ナショナル・モールの中心部をВАШИНТОН-ДРАВ(ワシントン・ドライブ)という道路が走っているが、この道路は存在しない。

A1-35 米国、ノースカロライナ州ウィンストン・セーラムの2万5000分の1地図、1973年編集、1976年印刷(全1枚中1枚目)。四角囲みの道路番号が空白になっているめずらしいミスがある(中央右)。

A1-36 チューリヒの1万5000分の1地図、1952年編集、1952年印刷（全1枚中1枚目）。縮尺、様式ともに類例の少ない地図。重要目標物一覧はあるが、基本情報と街路索引はない。陸地に区画番号（薄茶）が振られているのは、初期の地図に共通する特徴だ。

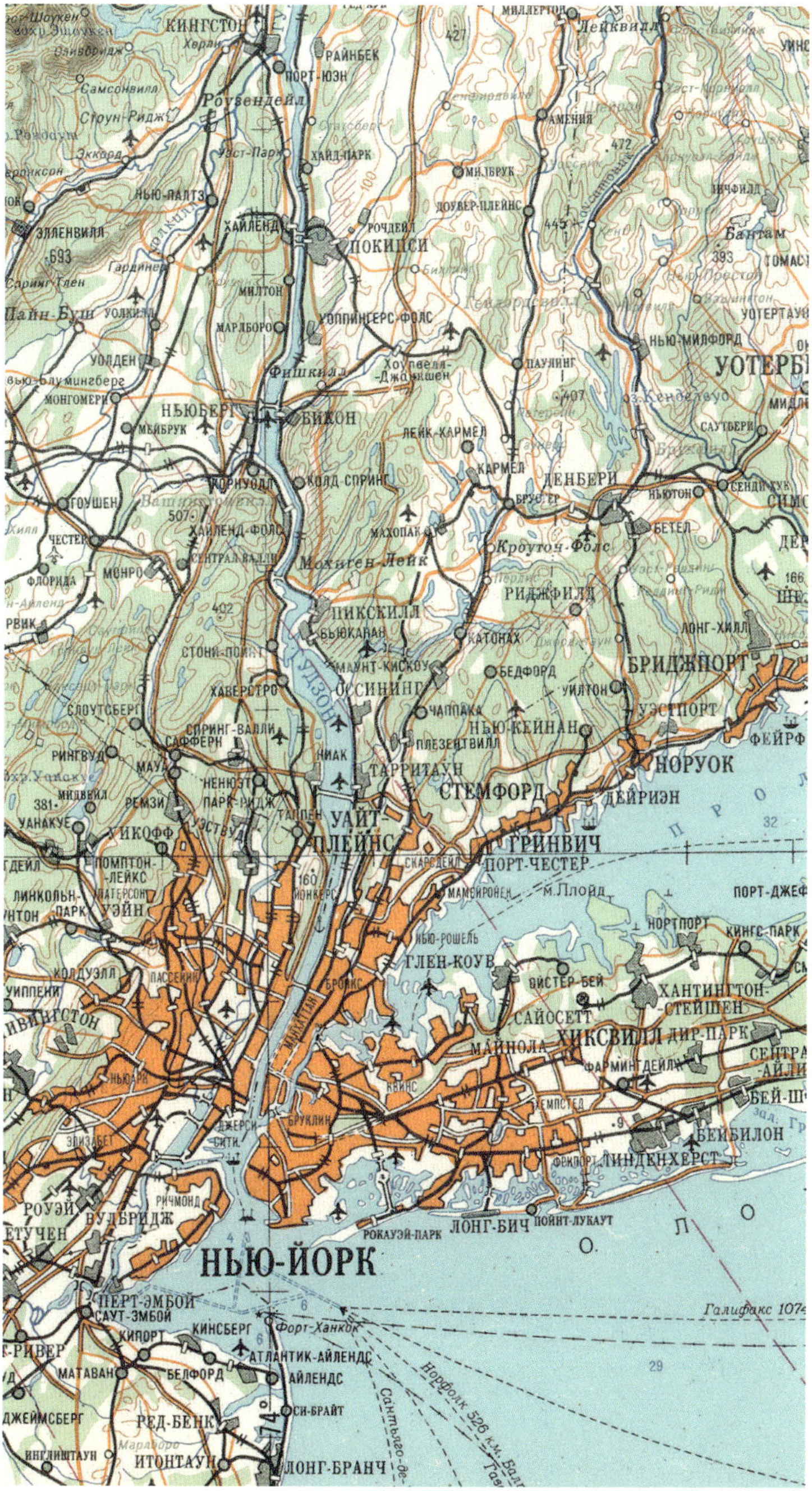

A1-37 ニューヨークの100万分の1地図K-18、1966年編集、1978年印刷。

A1-38 英国ロンドンの100万分の1地図M-30、1938年編集、印刷。海底ケーブルが陸にあがっているところも記載されている(中央右)。

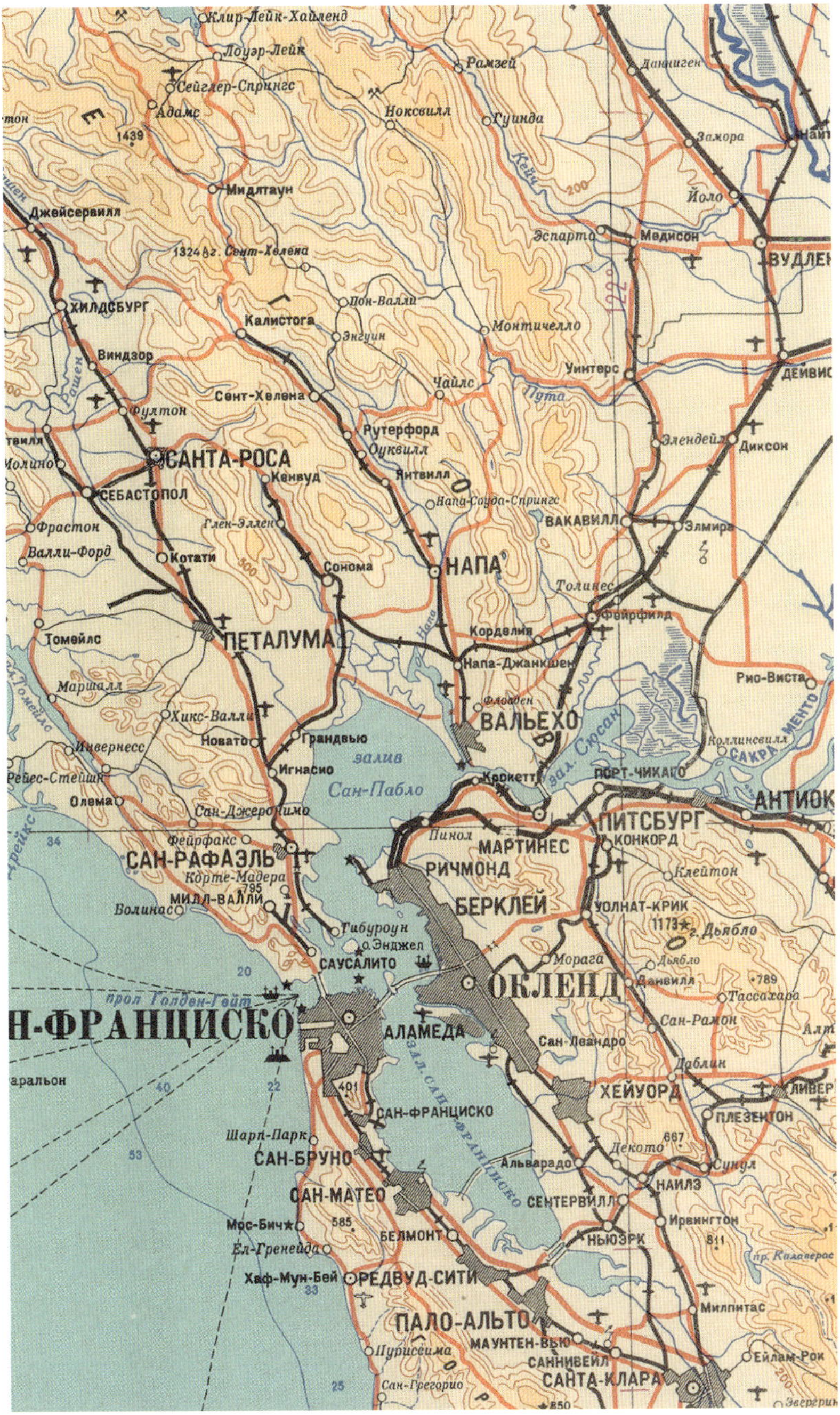

A1-39 米国サンフランシスコの100万分の1地図J-10、1959年編集、印刷。

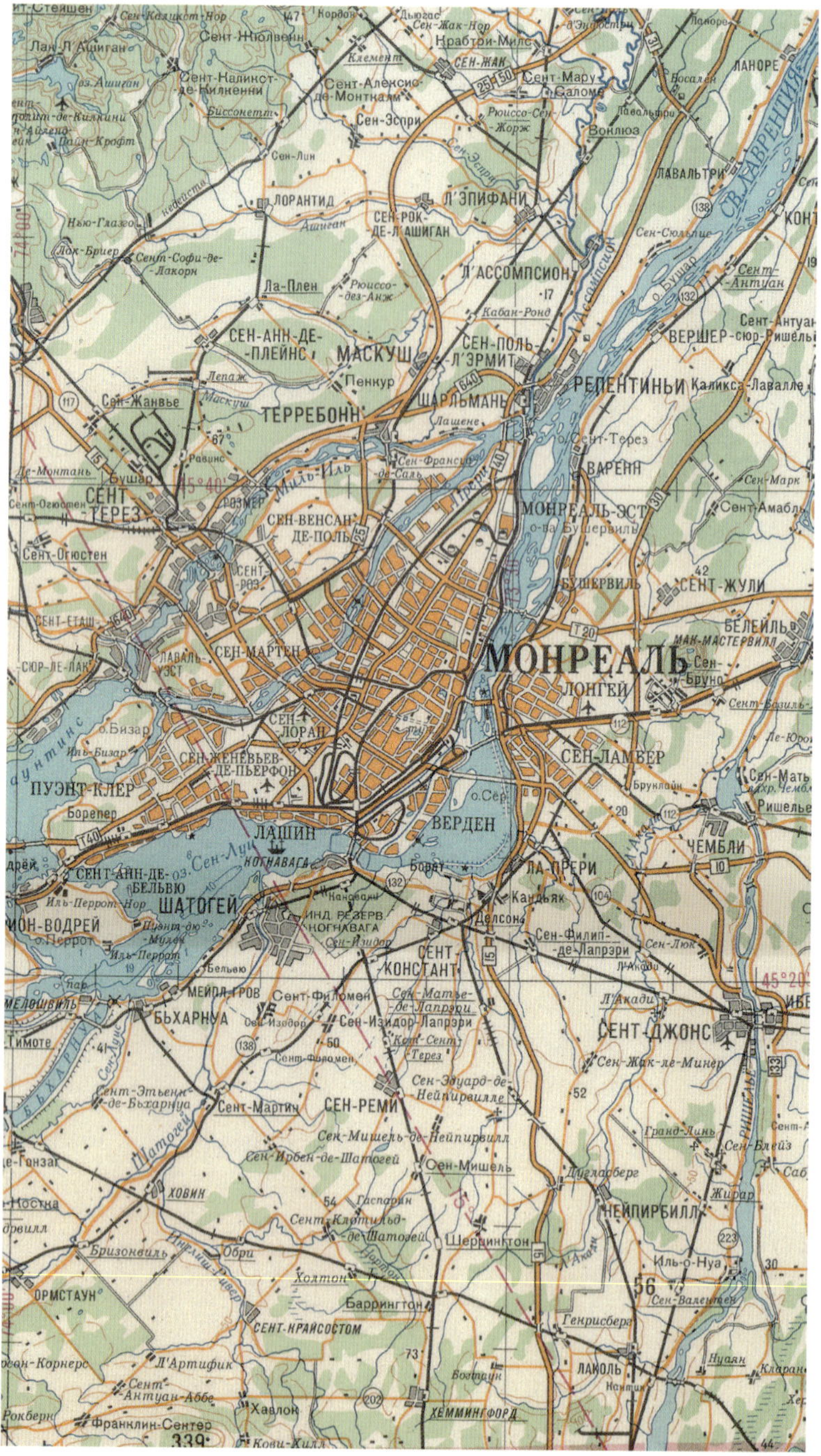

A1-40 カナダ、モントリオールの50万分の1地図L-18-4、1981年編集、印刷。

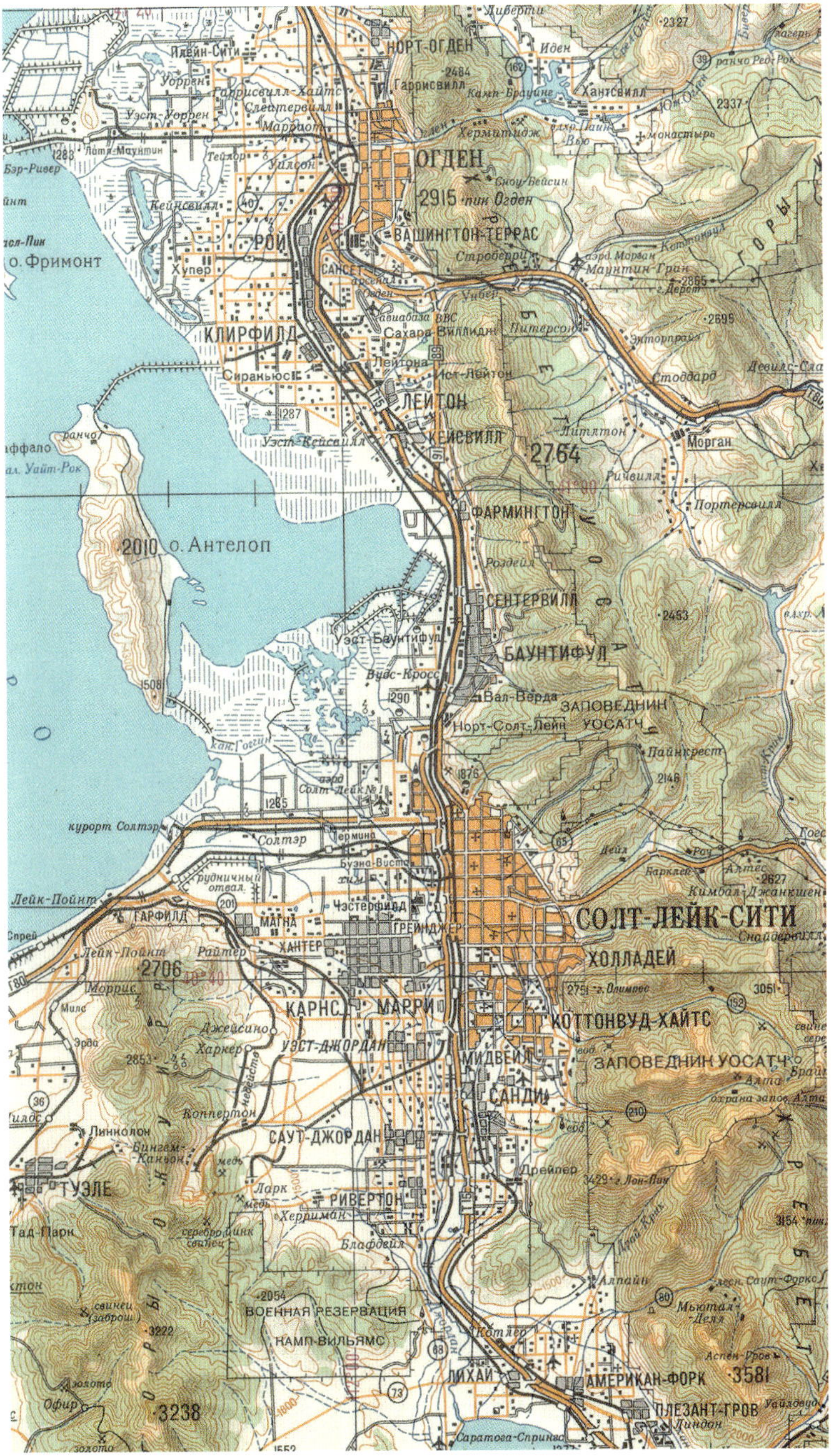

A1-41 米国ユタ州ソルトレークシティの50万分の1地図K-12-3、1980年編集、1982年印刷。

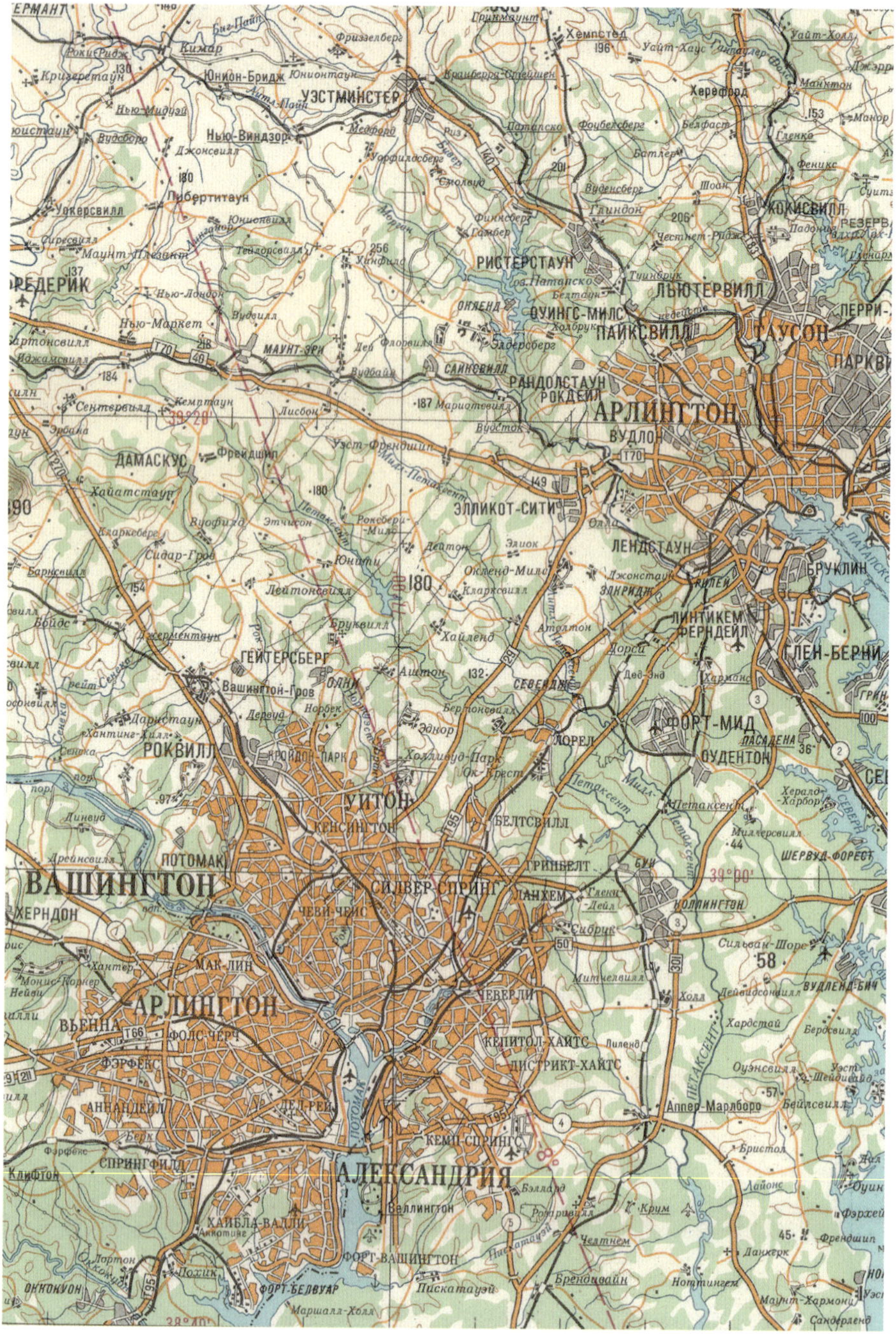

A1-42 米国、ワシントンDCの50万分の1地図J-18-1、1979年編集、1981年印刷。

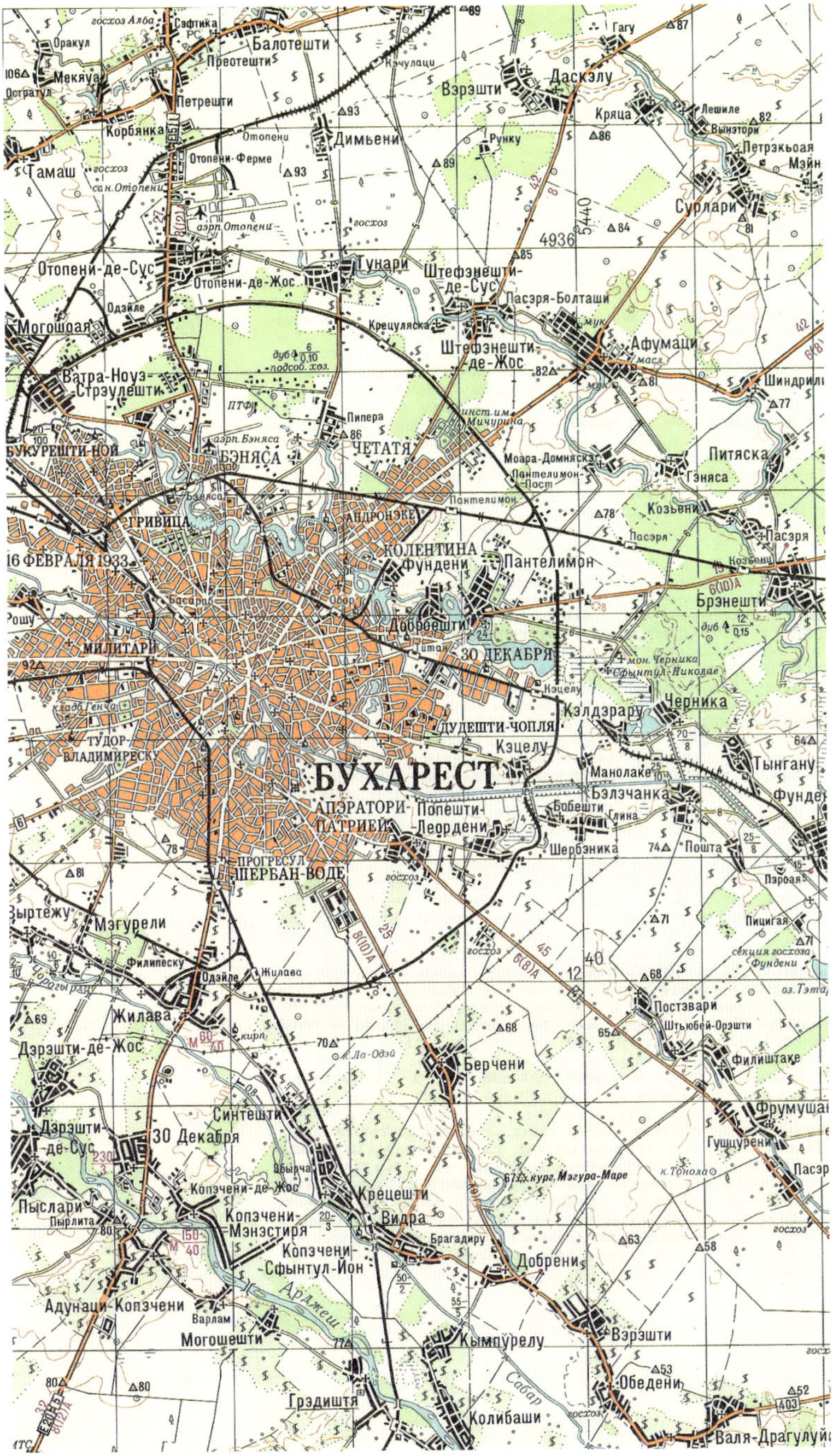

A1-43 ルーマニア、ブカレストの20万分の1地図L-35-33、1975年編集、1985年印刷。道路には幅と路面素材だけでなく、距離まで記されている。

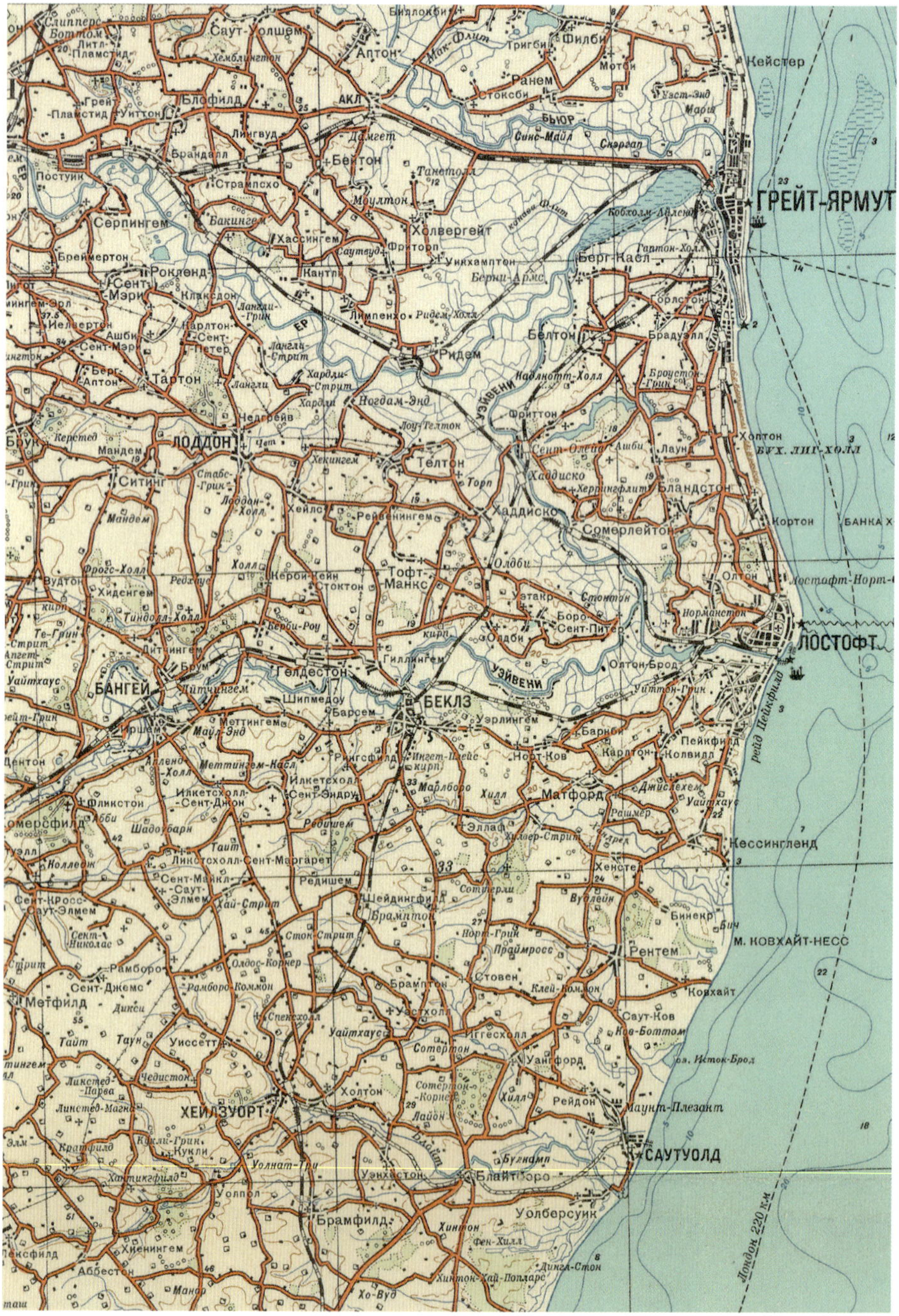

A1-44 英国ノリッジの20万分の1地図N-31-32、1949年編集、1950年印刷。ノーフォーク州とサフォーク州の一部も入っている。主要道路も中小道路も区別されていないため、経路をたどることができない。

A1-45 ナザレスの20万分の1地図I-36-30、1983年編集、1985年印刷。ガリラヤ湖と、イスラエル、ヨルダン、シリアの一部も描かれている。

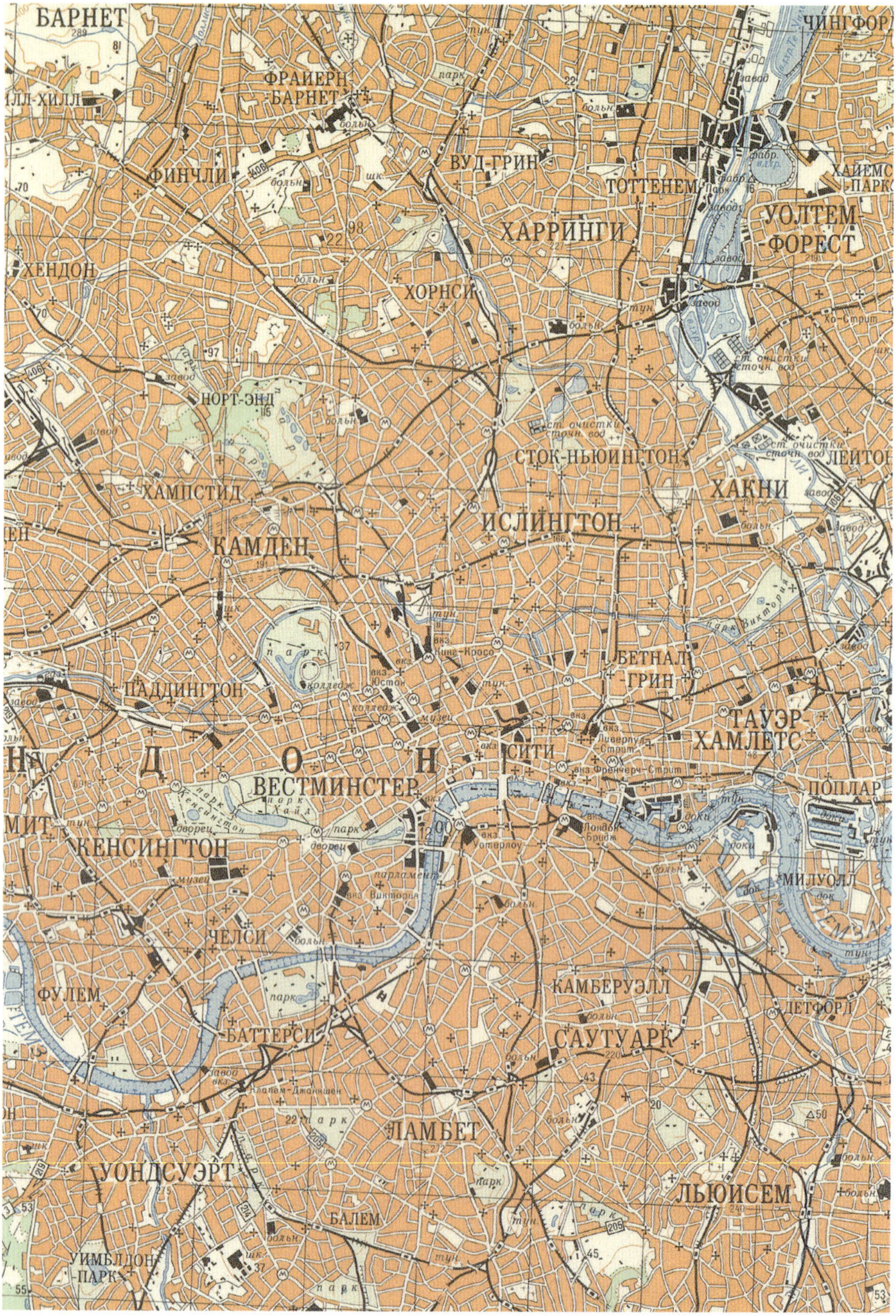

A1-46 ロンドンの10万分の1地図M-30-024、1981年編集、1983年印刷。

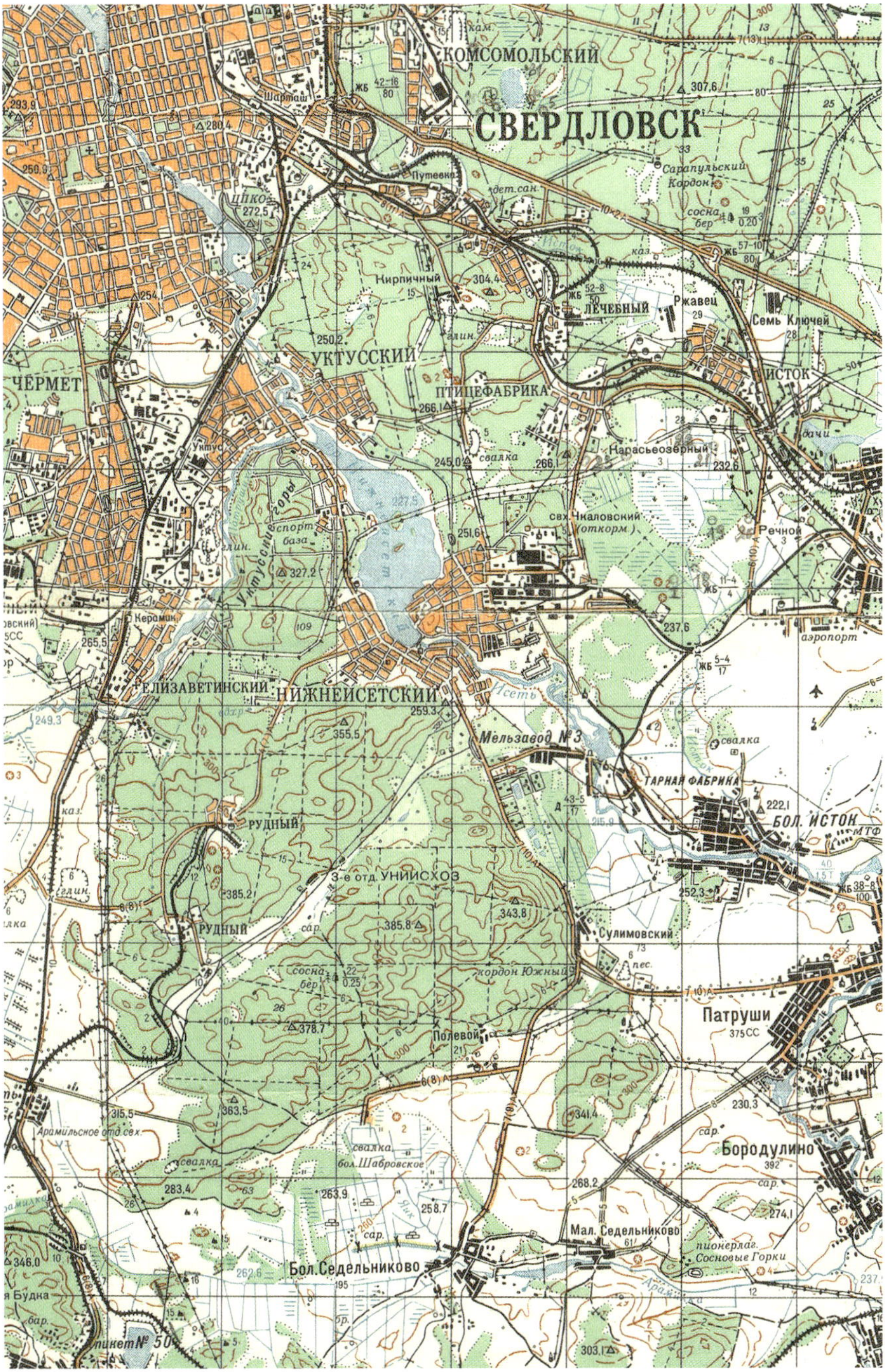

A1-47 ロシア、スベルドロフスク(現在のエカテリンブルク)の10万分の1SK-63投影図W-18-31、無題、1985年編集、GUGK制作。行政機関向けに作成された地図で、位置を確定する地理座標の記載が内。SK-42地図O-41-110に近いが、描かれている範囲が異なる。

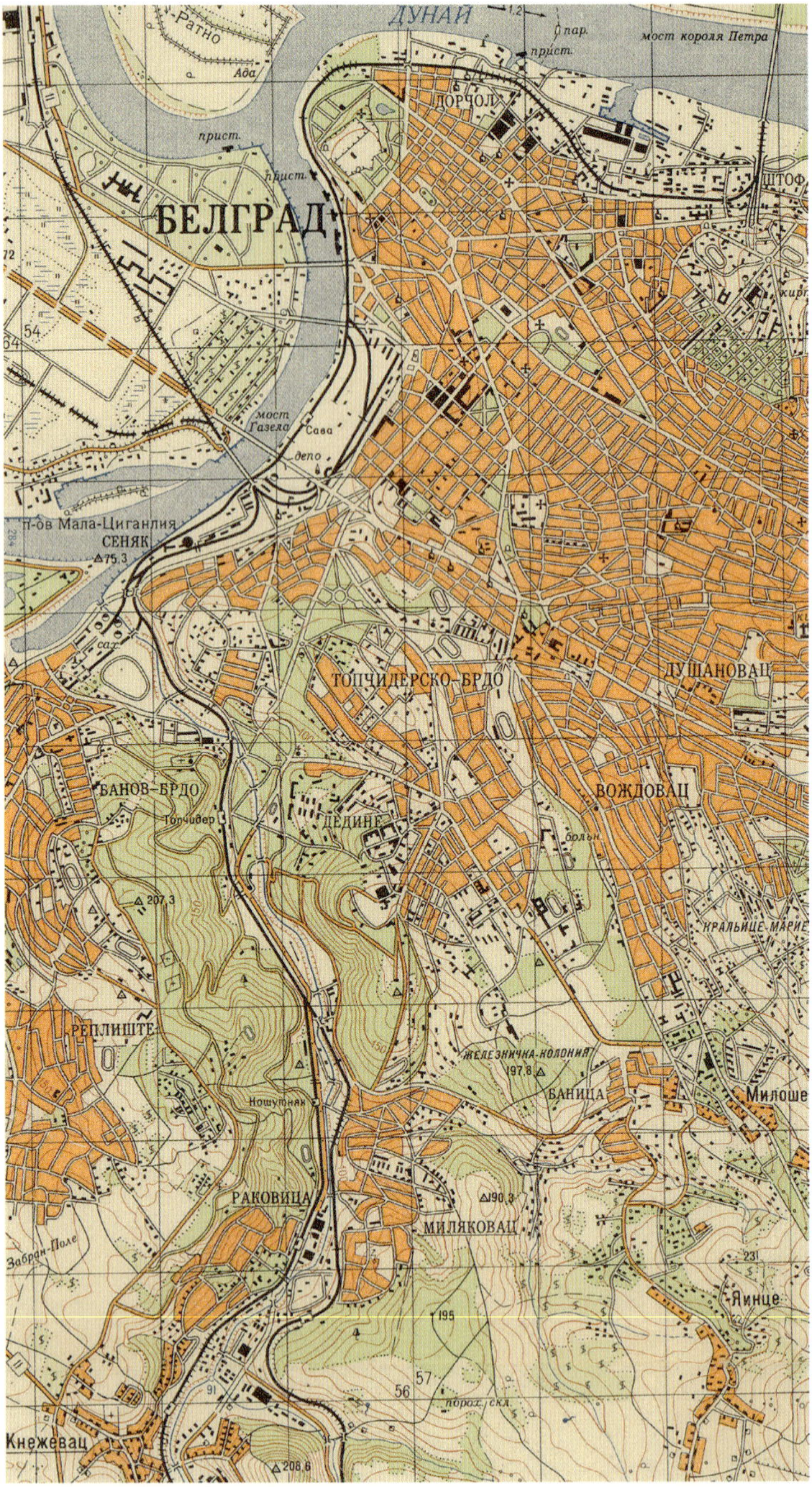

A1-48 セルビア、ベオグラードの5万分の1地図L-34-113-4、1971年編集、1973年印刷。

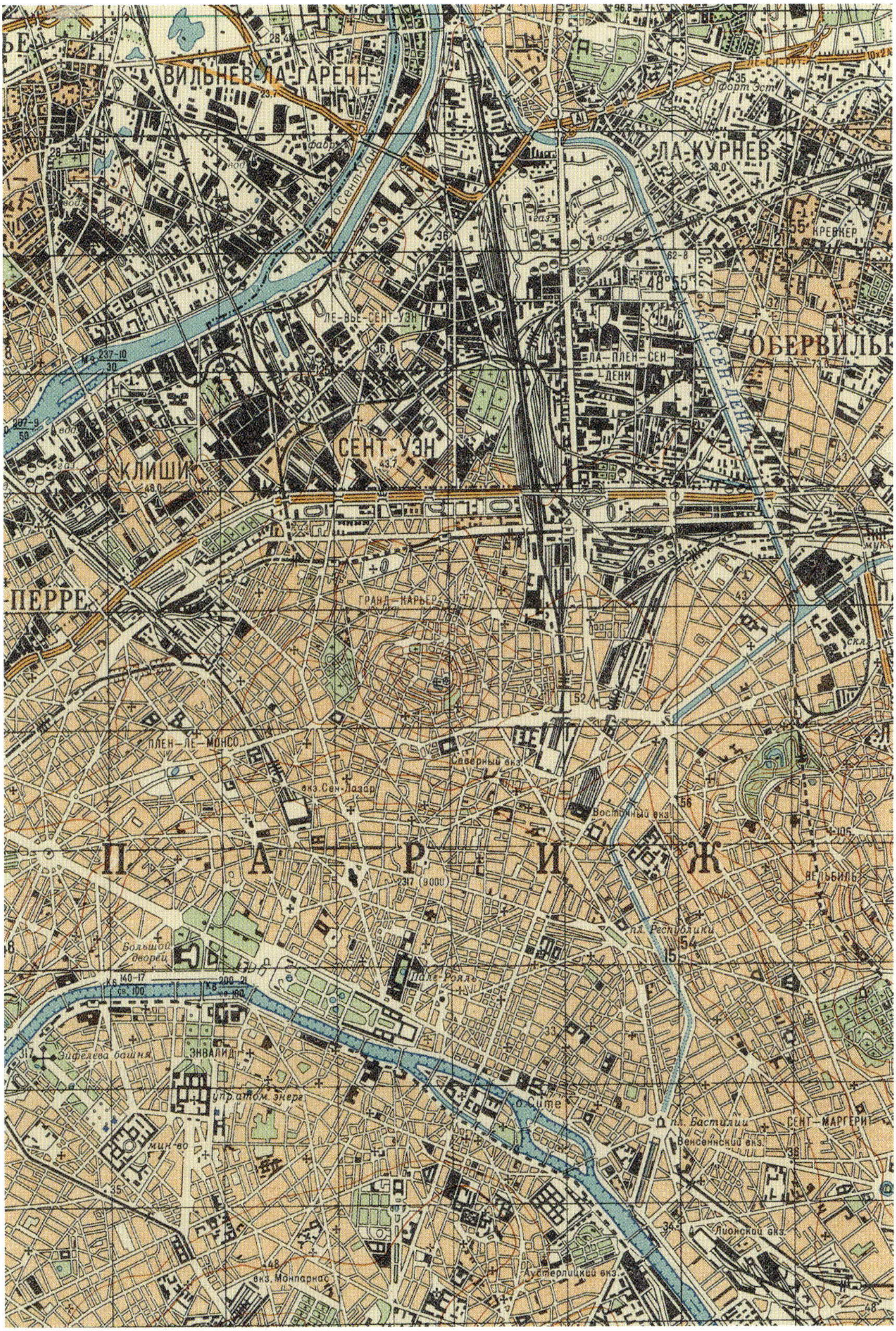

A1-49 パリの5万分の1地図M-31-113-2、1987年編集、印刷。

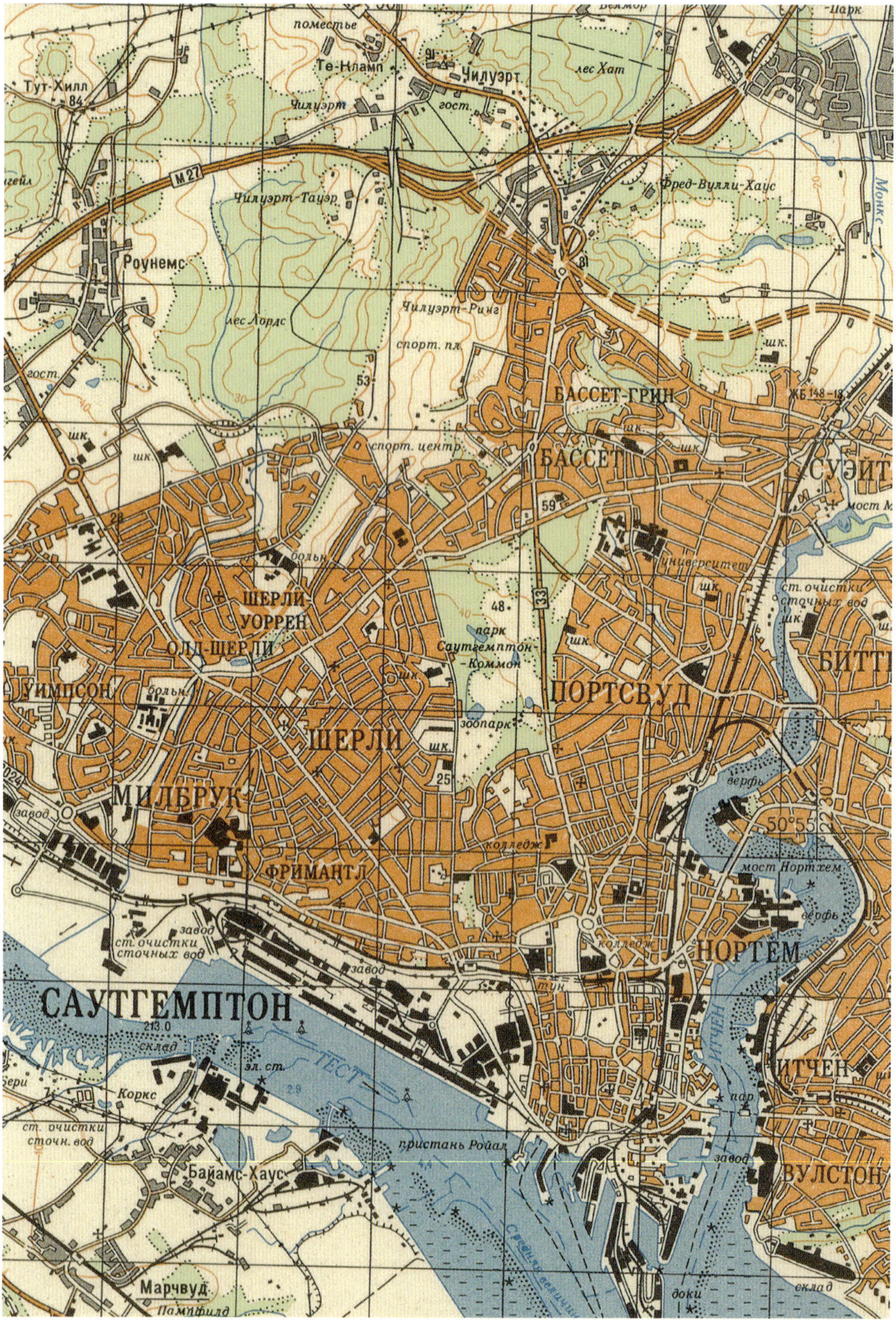

A1-50 英国サウサンプトンの5万分の1地図M-30-046-1、1981年編集、印刷。

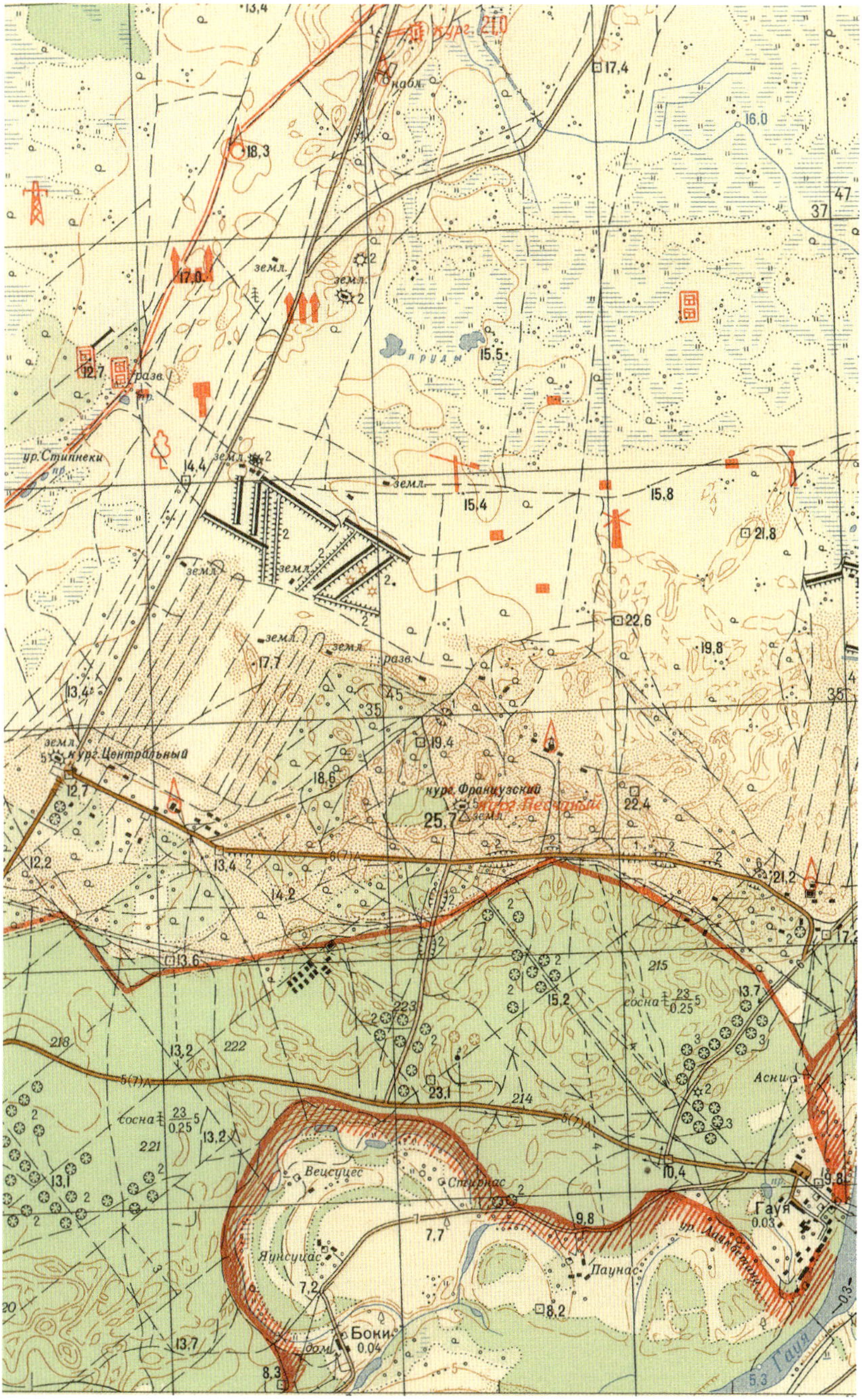

A1-51 ラトビア、ガウヤの2万5000分の1地図O-35-097-4-2。首都リガの北東にあるアーダジ練兵場が描かれている。重ね刷りされた赤い記号は射撃場の境界と戦場の特徴を示している。

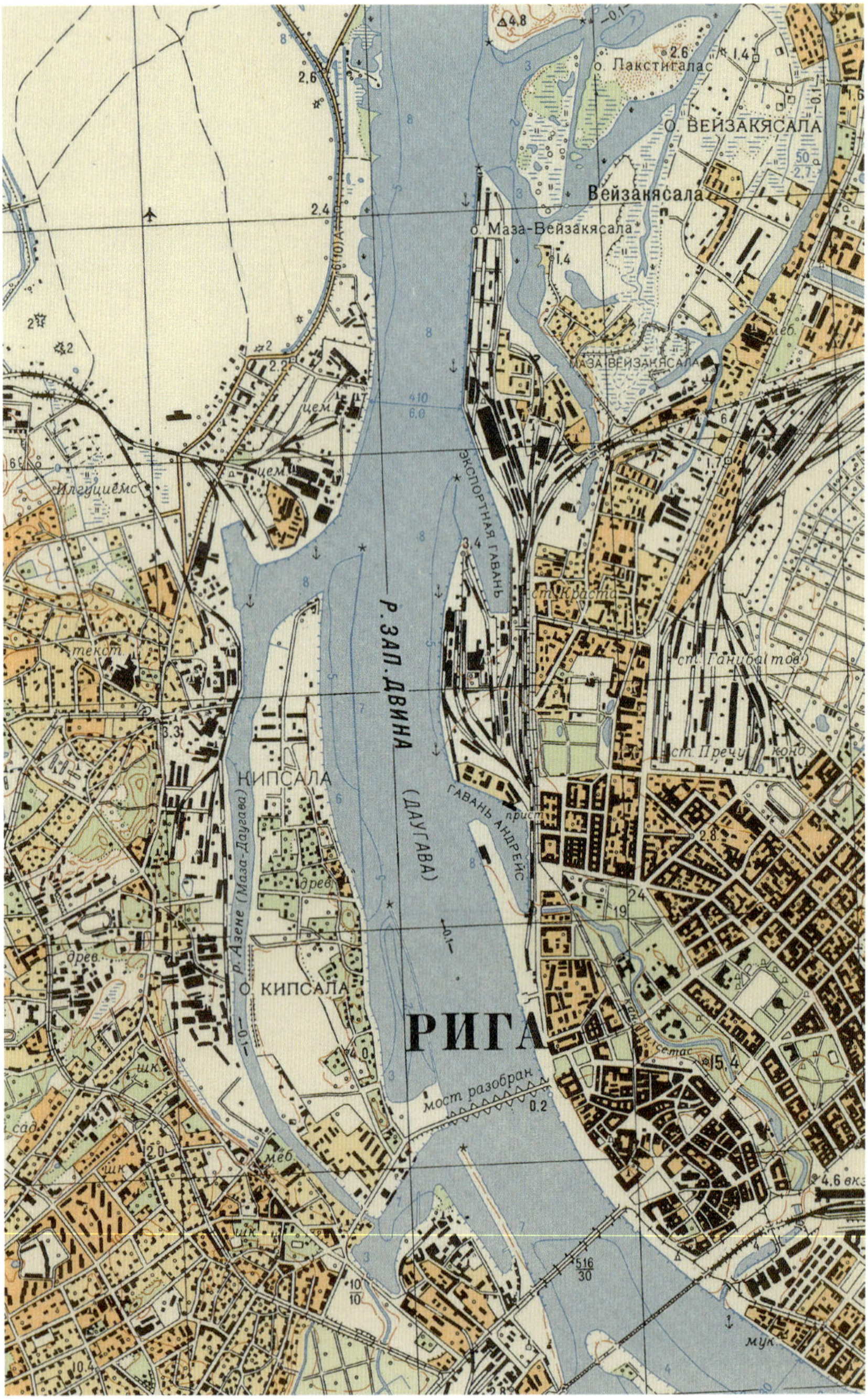

A1-52 ラトビア、リガ西部の2万5000分の1地図O-35-109-1-1、1965年編集、印刷。同縮尺の市街図と異なり、街路名が記載されていない。

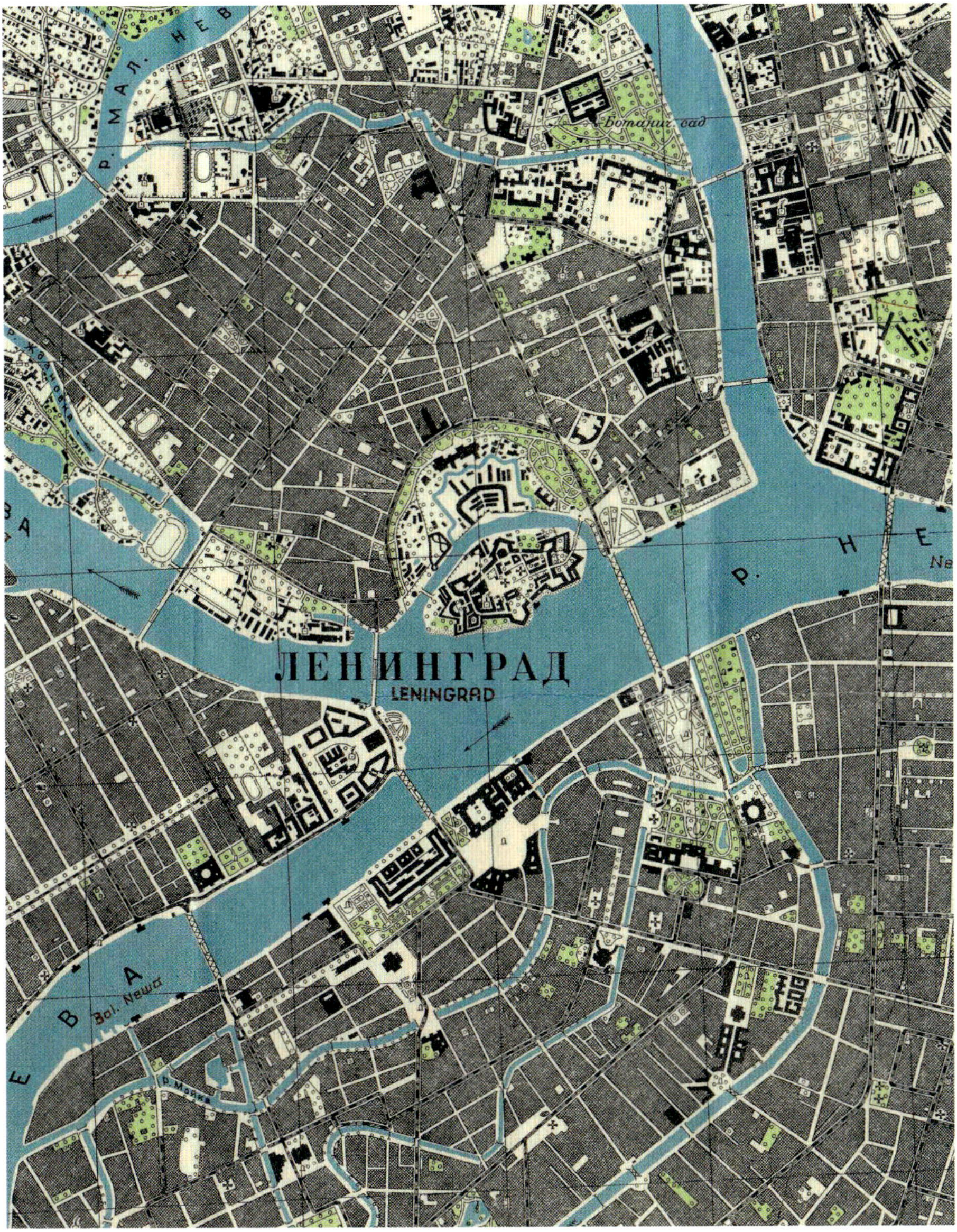

A1-53 レニングラード(現在のサンクトペテルブルク)の2万5000分の1地図O-36-001-2-1、1941年版。

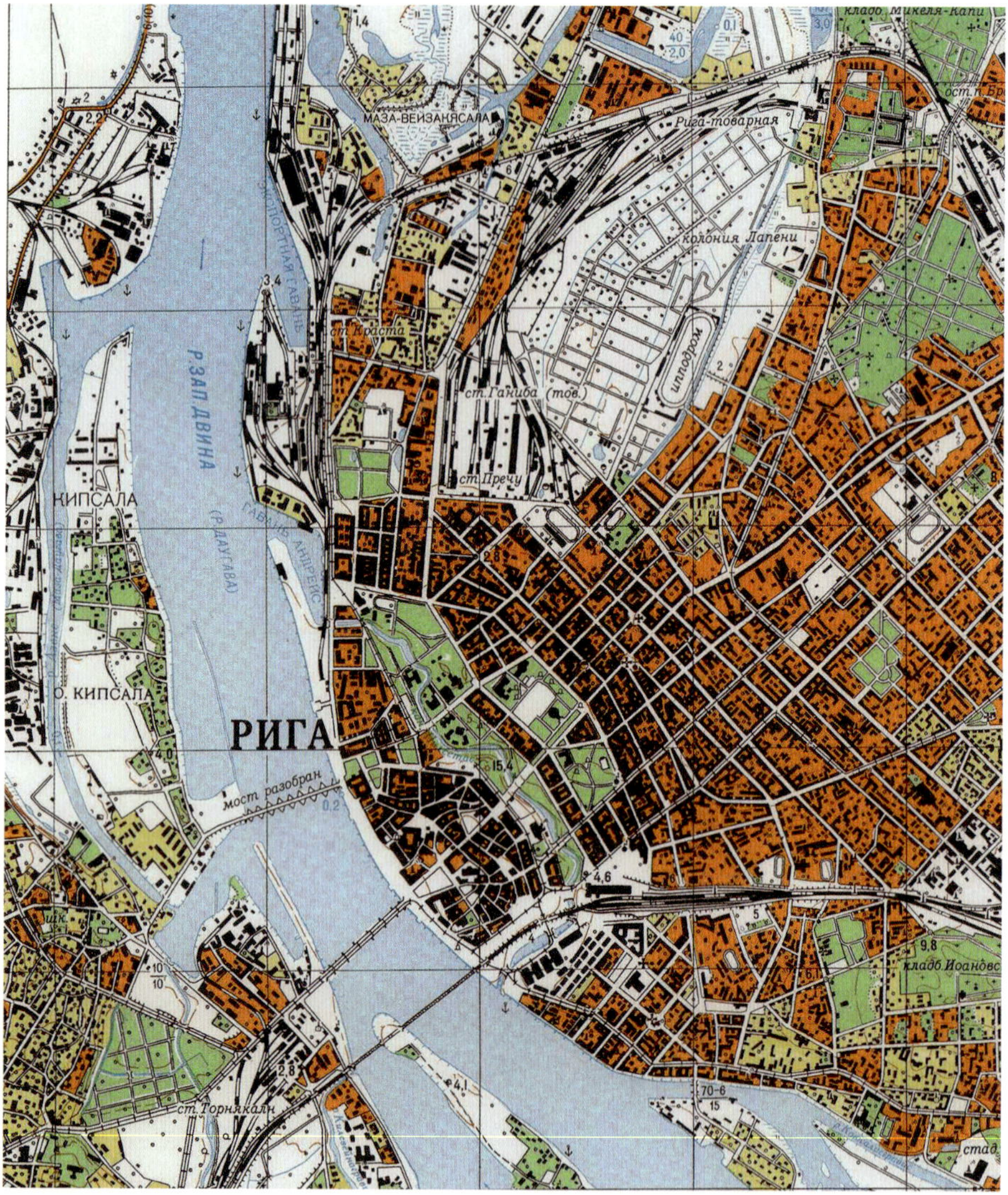

A1-54 ラトビア、リガの一部が描かれた2万5000分の1SK-63投影図C-51-022-1-2、無題、1987年印刷。様式や細部が図A1-52のSK-42版に似ている。

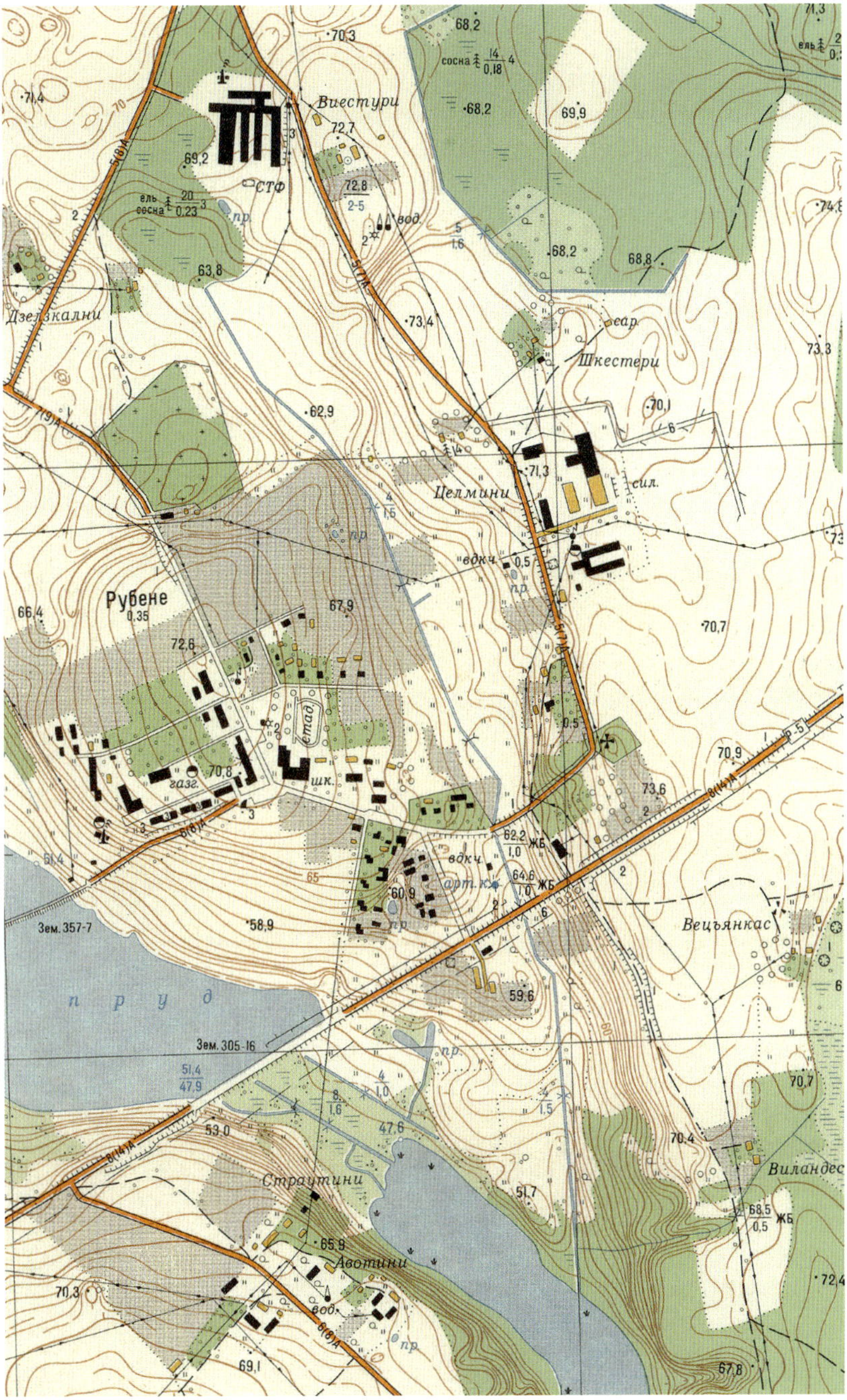

A1-55 ラトビア、ルベネの1万分の1地図O-35-087-4-1-1、1986年編集、1988年印刷。ラトビア、バルミエラ近郊の様子で、道路、森林、水路、堤防といった特徴やデータが細かく記載されている。

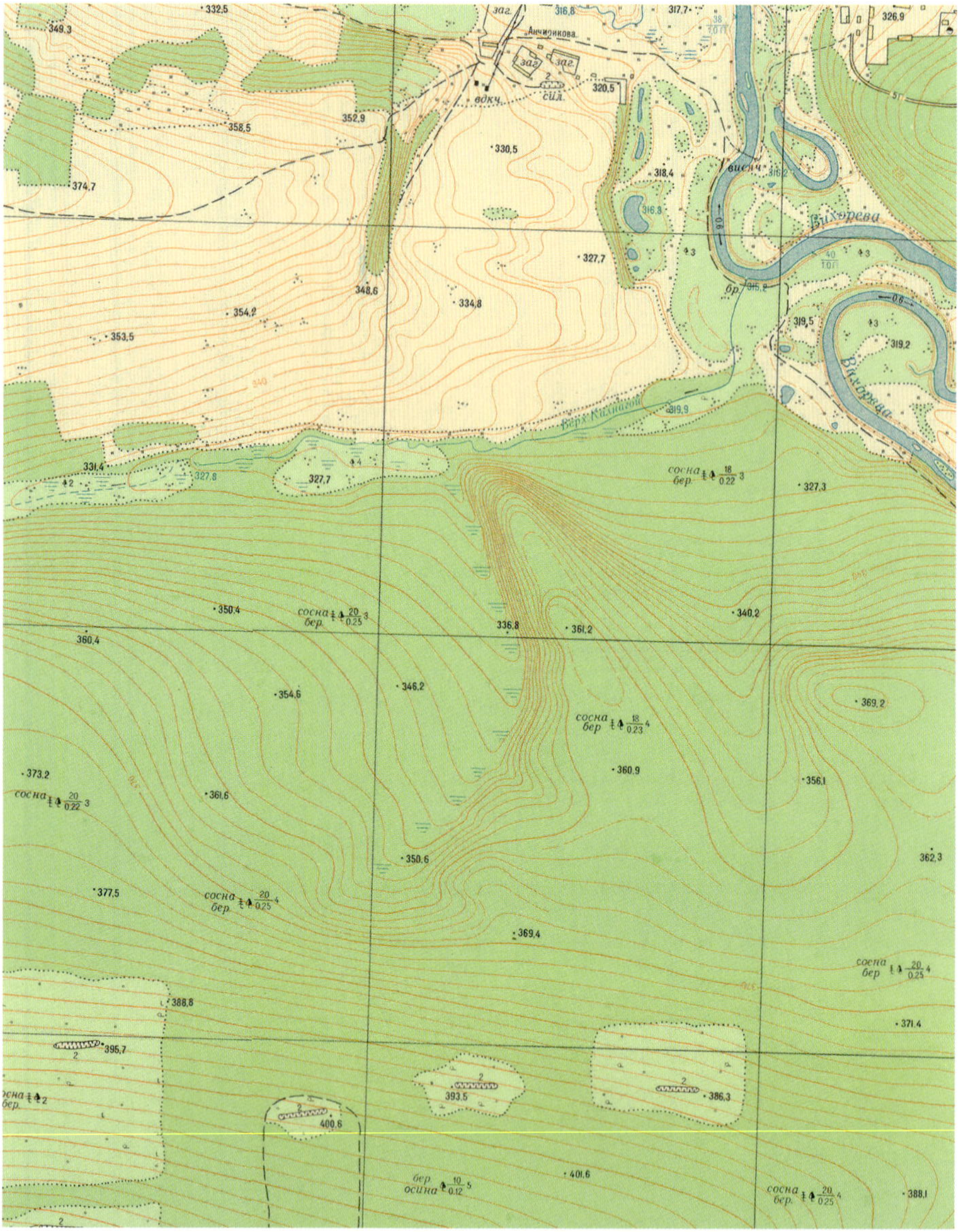

A1-56 1万分の1、SK-63 F-36-031-2-4-2、標題なし、1981年印刷。イルクーツク州内だが場所は不明。

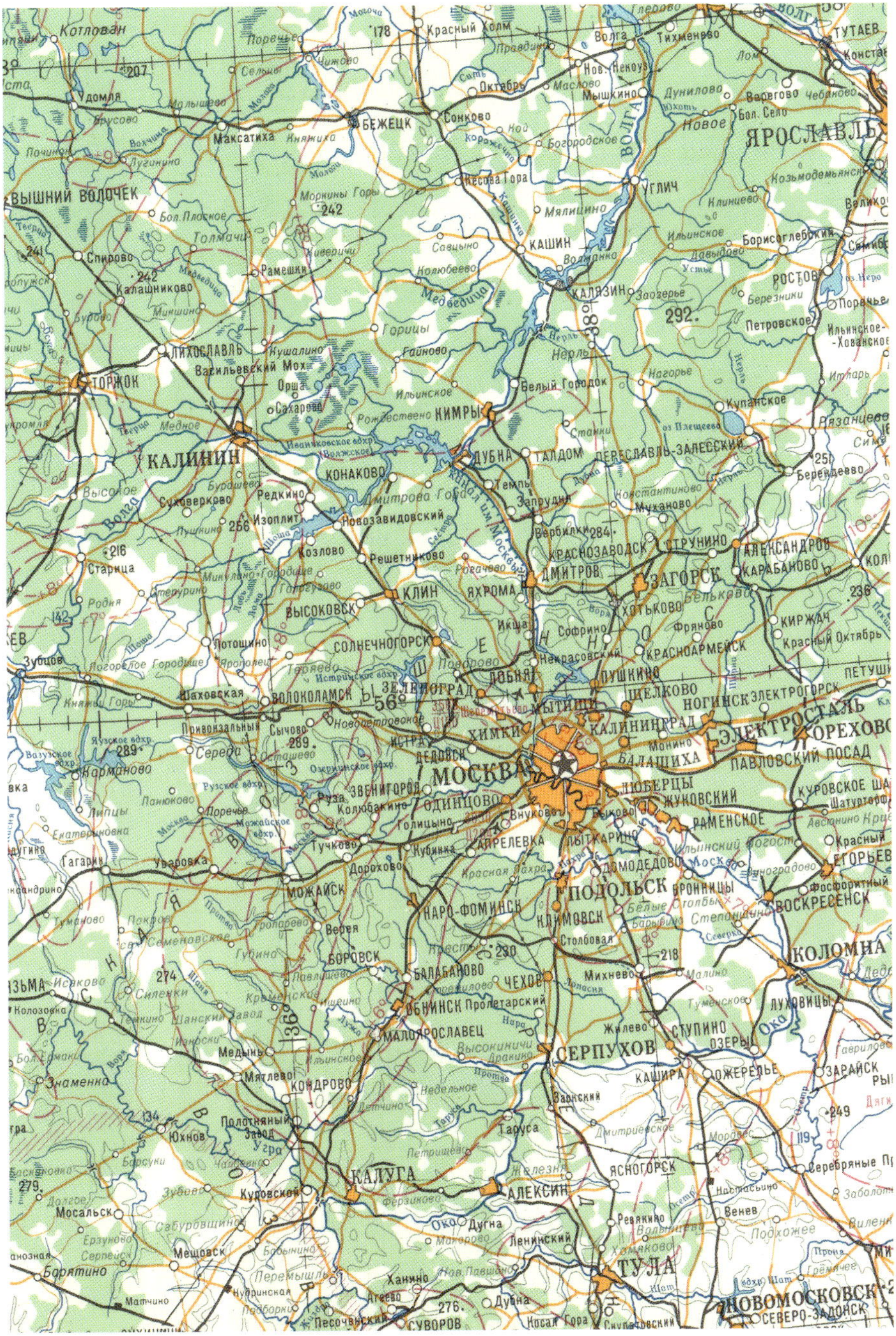

A1-57 モスクワの200万分の1航空地図Б-III、1985年編集・印刷。

A1-58 ロンドン-パリの100万分の1長方形地図14-00-68、1974年編集・印刷。標準的な地形図と異なり、余白を切って並べれば連続した地図になる。

《付記二》

市街図の「基本情報（SPRAVKA）」には何が書いてあったか

英国ケンブリッジの一万分の一市街図（一九九八年）の基本情報。チャールズ・エールマーによる英訳からの訳。

概要

ケンブリッジは英国南東部、ケンブリッジシャーの行政中心地であり、英国最古の大学都市でもある。カム川（ウーズ川の支流）に面し、ロンドンから北に七五キロメートルに位置する。人口九万人（一九八一年現在）、面積は二五平方キロメートル。

周囲は丘陵や平坦な耕作地が広がり（最高点は七〇メートル）、深さのない渓谷が横切っている。丘陵および山地の高度は一〇～五〇メートルで、頂上は丸みを帯びるか平坦で、なだらかな斜面に続く。地質は漂礫粘土が主体で、北部には広大な砂地がある。粘土質の土が濡れると浸水し、車両の道路外走行が困難になる。

ケンブリッジとその周辺で最大の障害物は、カム川（別名グランタ川）である。ケンブリッジの北まで航行可能だが、市内を流れるときは幅一〇～三〇メートル、深さ一・五～二メートル。河岸はおおむね低く、傾斜が緩やかだが、市内では随所で石積みの岸壁補強がなされている。これ以外の河川は幅が最大一〇メートルと小さい。どの河川も冬は凍結せず、一年を通じて水が流れている。一一月から二月までが最も水位が高い。周辺の土地はほぼ耕作地であり、小麦や大麦、馬鈴薯、砂糖大根が栽培されている。青果の作付面積も広く、果樹園もある。農地や道路の境は高い生垣で区切られているため、郊外地域の観察は困難である。自動車道路網が張りめぐらされており、年間を通じてあらゆる方角への交通が確保されている。ロンドン-ケンブリッジ道路は二車線で、アスファルトと鉄筋コンクリート舗装。一車線は一一メートル幅で、分離帯は二・五〜五メートル。改良型幹線道路は舗装がアスファルトコンクリートもしくはアスファルト、一車線が八〜一二メートル幅、路体幅は一七〜二七メートル幅である。路肩は縁石が敷かれ、最長一〇キロメートルおきに待避線が設けてある。他の幹線道路はアスファルト、砂利、砕石舗装であり、車線は三〜九メートル幅、路体幅は一〇〜一二メートル。幹線道路の橋は鉄筋コンクリートもしくは金属製で、荷重は六〇〜八〇トンである。

市街地周辺は人口はまばらで、五〇〜五〇〇人の集落が多く、最大で千人超である。重要な集落は街区が密集しているが、小規模な集落は住戸が不規則に点在している。農家は多く、石造りの平屋もしくは二階建てである。所有地は低い生垣もしくは石垣で区切られている。空から見ると、ケンブリッジはその形状とカム川の位置、道路網ですぐに確認できる。

ケンブリッジはカム川で二つの地域に分かれ、鉄道橋一本を含む一八本の橋で連絡している。市内の区画に一貫性はなく、一方向に直線的に伸びる区域もあれば、放射線状もしくは環状に住戸が並ぶ区域もある。中心部は建物が密集しているものの、町はずれになると間隔が広がる。旧市街はカム川が蛇行した右岸に位置しており、長い歴史を持ち、興味ぶかい建築が多い。通りはきわめて狭く、曲がりくねっている。二〜四階建ての古い石造りの建物（一三〜一九世紀）が並び、中世の美しい教会も点在する。タウンホール（目標物36）と中央郵便局（同34）は旧市街にある。カム川沿いにはケンブリッジ大学のカレッジが並ぶ。棟付き屋根で小塔が立ち、つたにおおわれた建物で、広い方形の中庭があり、門は紋章と浅浮彫りで飾られている。学生寮とその講堂は修道院か古城のようだ。

旧市街を抜けると、石造りで二〜五階建ての建物が並ぶ。町はずれでは一〜二階建てのコテージタイプが主流になる。旧市街の南や南東側には、行政機関（目標物50、51など）や公共施設、電話交換局（同45）が集まっている。目抜き通りは幅一五〜二〇メートル、それ以外の道は五〜一〇メートル。緑は豊富で、公共空間、公園、庭園がたくさんある。工業活動は北や東の郊外に集中している。

ケンブリッジは英国の科学研究の中心地で、世界的に有名な大学がある。この大学は英国で最も優秀な学生が集まる重要な大学のひとつで、歴史は一三世紀にまでさかのぼり、いまなお組織に中世時代の特徴が残っている。大学は多くのカレッジの集まりで（目標物3～7、20～23）、幅広い分野の科学研究を行なっている。学部（目標物48など）ごとに専門が分かれているが、学科数は少ない。科学研究所（目標物24～27）、博物館、美術館もあり、図書館（Z-5）には希少な手稿本の膨大なコレクションがある。このほかにも、科学研究センター（目標物53）、教育学研究所（同18）、植物の品種改良機関（同19）、スコット極地研究所、天文台（同28）、科学研究・実験ステーション（同43など）といった高等教育機関や科学研究機関がある。

◉工業および交通目標物

ケンブリッジの主要工業は機械工学、とくに電子工学と無線の分野である。重要な無線電子工場（目標物12～16）、精密機器工場（同11）、航空機整備工場（同8）がある。またセメント（同17）、コンクリート組立部品（同9）、アスファルト、れんが、タイルといった建設資材工場、印刷工場も多数ある。食品工業も発展している。鉄道は連絡駅が二つあり（目標物41と42）、必要な施設はすべてそろっている。倉庫は可燃性物質や潤滑油向けを含めて多数ある（同37）。

◉経済、通信、医療施設

ケンブリッジは国内送電網から電力を確保している。地元ガス製造工場（目標物

10）で生産されたガスも供給される。水道は一〇キロメートル南のカム川を水源とし、二か所の取水場（同39と40）から上水道網を通じて供給している。下水道も整備されており、処理場（同44）を経て南を流れる川に排水される。市内の主要交通手段はバスである。英国内の多くの町と電話・電信が可能であり、自動電話交換所もある（目標物46）。医療・保健施設は幅広くそろっており、大規模な病院もある（同2）。

《付記三》

地形図の「基本情報」には何が書いてあったか

英国ケンブリッジの二〇万分の一地形図N-31-XXXI（N-31-31）裏面にある基本情報。チャールズ・エールマーによる英訳からの訳。

地域情報

◉居住地域

ケンブリッジシャーの行政中心地ケンブリッジ（人口は一九八一年現在九万人）は、英国の重要な大学都市であり、書籍出版・販売業もさかんである。スワファム、ダウンハム・マーケット、チャタリス、ハドリーといった町は人口五〇〇〇～一万人だが、それ以外の町は一万～二万九〇〇〇人が暮らす。町は計画に従って配置されているわけではない（ただしケンブリッジには、直線で区切られた区画もある）。市街地は中心部にまとまり、郊外が外に大きく広がる。建物は二～三階建ての石造りが中心である。道路は細く曲がりくねったところが多く、表面はアスファルト舗装もしくは石畳になっている。市街地をはずれた居住地域は農場と村で占められる（住民は五〇〇～五〇〇〇人だが、千人超の村もある）。郊外の小規模な居住地域は、市街地どうしの距離があり、配置も体系的ではないが、拠点となる町は街区や通りが整然と並んでいる。建物は一～二階建ての石造りがほとんど。自作農家は、生垣もしくは石垣で敷地を囲む。居住地域には電気が供給され、電話も通じる。町や大きな村には水道も整備されているが、農場は井戸水を汲みあげている。ガスはほぼすべての町に供給されている。鉄道トンネル（9220と6808）は地下シェルターとしても使用可能。飛行場は二三か所あるが、ひとつは廃用になっている（7600）。

◉交通網

鉄道は主要路線は複線だが、それ以外は単線で、軌間は一四三五ミリ。ロンドンとケンブリッジを結ぶ高速道路は二車線道路で鉄筋コンクリート舗装、車線幅は一一メートル、分離帯幅は二・五～五メートルある。改良型幹線道路（欧州自動車道路E112など）はアスファルトコンクリートもしくはアスファルト舗装が多く、車線幅は八～一二メートル、路体幅は一七～二七メートルある。路肩には縁石が敷かれ、最長一〇キロメートルおきに待避線が設けてある。他の幹線道路（地域の主要道路を含む）はアスファルト、砂利、砕石舗装であり、車線幅は三～九メートル、路体幅は一〇～一二メートル。改良型幹線道路の勾配は四～六パーセント、それ以外の道路は最大七パーセント。橋梁は鉄筋コンクリートもしくは石造で、荷重は六〇～八〇トン（最高一八〇トンの橋もある）である。

◉起伏と土壌

平地が大部分を占める。西部は平坦で、河川や運河、多くの下水溝が走っているため、車両の路外走行を妨げる。東部は丘陵で一部森林になっている。南部はイースト・アングリア高地で、渓谷で切りわけられている（高さは八〇～一三〇メートル）。頂上部分は平坦かゆるやかにうねり、小渓谷や窪地が点在する。渓谷を流れる川は大部分が幅広で平底であり、ゆるやかに下りながら少しずつ周辺の風景に融けこんでいる。急傾斜の狭い谷は南部にしか見られない。西部は砂地で（図解参照）、深さ六～二〇メートル。東部は粘土とロームで深さ四～一五メートル。イースト・アングリア高地は漂礫粘土で深さ五～二五メートルある。平地の地下水層は深さ三～二〇メートル、高地では一〇～六〇メートルである。

◉水路学的特徴

ウーズ川は航行可能で、幅五〇～八〇メートル、水深一・五～二メートル、広範囲に運河が引かれている。リトル・ウーズ川、ネイネイ川、カム川、ラーク川。ウエル川、ストゥール川は下流では航行可能、幅一〇～三〇メートル、水深一・五～二メートル。運河が一部に引かれている。その他の川は小さい（幅は最大二〇メートル）。すべての川は両岸が低く、なだらかである。氾濫原は耕作地になっており、北西部には多くの灌漑路が通っている（幅は最大三メートル）。ニュー・ベッドフォード、オールド・ベッドフォード、シクスティーン＝フット、ウィズビーチ、デルファイの各運河は航行可能で、幅一一〜一九メートル、水深一・三〜二・九メートル。

河川と運河は一年を通じて水が豊富で、冬期も凍結しない。水位が最も高いのは一一〜一二月。北部の主要河川と運河の水位は、潮汐の影響で定期的に変動する。

◉植生

ほとんどの森林は種類が混在しており（マツ、オーク、ニレ、ブナ）、針葉樹（マツ）はきわめて少ない。郊外に広がる畑の区画や道路は高い生垣が植えられているため、観察が難しい。

◉気候

冬（一二〜二月）は穏やかで、曇天が多く、湿度が高い。霜はめったに降りない。日中の気温は五〜七度、夜は二〜四度（最低気温マイナス一四度）。たえまない霧雨に、湿った雪がときおり混じるがすぐに融ける。一か月の降雨は一二〜一六日。

春（三〜五月）は長く、天気が変わりやすい。日中の気温は一〇〜一六度だが、四月末までは夜は氷点下になることもある。一か月の降雨は一二～一四日。

夏（六～九月）はほどよい暑さで、日中の気温は一六～一八度（最高三五度、夜間は一一～一三度）。雨は霧雨で、ときおりどしゃ降りになる（雷鳴を伴うことも）。一か月の降雨は一一～一四日。

秋（一〇～一一月）は冷涼で、日中の気温は八～一二度、夜間は四～八度。一〇月末からは、夜は霜が降りはじめる。一か月の降雨は一二～一四日。霧について。秋から冬にかけて、一か月に二～四日は霧が発生する（一〇月は最高六日）。霧の出る日が最も少ない（一～二日）は春と夏。一年を通じて南西風、南風、北風が吹き、平均風速は二～五メートル／秒。秋と冬は強風が吹く（風速一五メートル／秒かそれ以上）。

《付記四》

記号と注解

中縮尺・大縮尺地図および市街図に使われた記号の一部を紹介する。

通信と交通

A4-1 空港

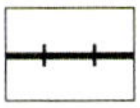

A4-2 軽量軌道鉄道または路面電車

A4-3 鉄道——電化複線

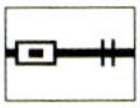

A4-4 鉄道——複線、駅あり
(線路のあいだに駅舎)

A4-5 駅——駅舎の位置

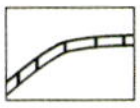

A4-6 廃線の鉄道

A4-7 鉄道信号設備

A4-8 鉄道跨線橋、高さと幅

A4-9 鉄橋とその素材(M＝鉄)、
桁下クリアランス、長さ、幅

A4-10 鉄道切取部とその深さ

A4-11 鉄道盛土とその高さ

A4-12 鉄道トンネルと長さ、高さ、幅

A4-13 中央分離帯のある高速道路、
各道路幅、車線数、
路面素材(Ц=コンクリート)

A4-14 高速道路と道路幅、クリアランス、
路面素材(A=アスファルト)

A4-15 中小道路と道路幅

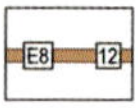

A4-16 道路番号

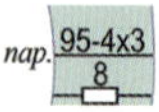

A4-17 渡船の大きさと積載量、水路幅

産業と都市

A4-18 空中ケーブル

A4-19 墓地

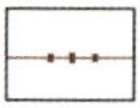

A4-20 送電線

A4-21 ガスタンク

A4-22 重要な建物
(地図上で色分けされ、索引に記載)

A4-23 鉱山

A4-24 油井

A4-25 発電所

A4-26 採石場とその深さ

A4-27 都市部——防火建築

A4-28 都市部——その他

A4-29 揚水車

A4-30 風車

A4-31 風力ポンプ

風景の特徴その他

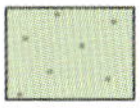

A4-32 低林、樹木のある開けた場所

A4-33 開けた芝地や草地

A4-34 単独針葉樹

A4-35 単独落葉樹

A4-836 混合森林

A4-37 河川——航行可能（名称は大文字）

A4-38 河川——航行不能（名称は小文字）

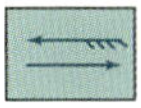

A4-39 感潮河川——潮入方向と下流方向

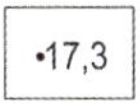

A4-40 独立標高

A4-41 塚とその高さ

A4-42 記念物

《付記五》
用語と略語

А	アスファルト
аэрп	空港
водопровод	営水路
больн	病院
гараж	車庫
ГСМ	燃料貯蔵庫
гост	ホテル
депо	停車場
ЖБ	鉄筋コンクリート
завод	工場
колледж	大学
М	地下鉄駅
метро	地下鉄
мост	橋
тун	トンネル
недейств	廃用
пар	渡船
парк	公園
паровоз	鉄道車両工場
насос ст	ポンプ場
пирс	埠頭／波止場
полиция	警察
почта	郵便局
пристань	埠頭／桟橋
род	泉
спорт пл	競技場
скл	倉庫
ст	駅
стад	スタジアム
суд	造船所
ур	空地
Ц	コンクリート（路面）
шк	学校
заповедник	保留地／保護区

《付記六》

印刷コード

地図の右下に記されている印刷コードは以下の通り。図 A6-1 はマイアミ市街図シート 2 の印刷コードを示した。

種類コード

ジョブ番号／シート
印刷月（ローマ数字）
印刷年
工場コード

A6-1 印刷コードの例

И　種類（市街図）
32 ／ 2　ジョブ番号 32、シート 2
IV84　印刷時期　1984 年 4 月
Л　作成室（レニングラード）

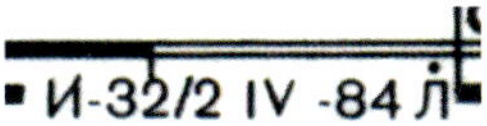

A6-1　典型的な印刷コード。

種類コードは以下の通り

А　1 万分の 1 地形図
Б　2 万 5000 分の 1 地形図
В　5 万分の 1 地形図
Г　10 万分の 1 地形図
Д　20 万分の 1 地形図
Е　50 万分の 1 地形図
Ж　100 万分の 1 地形図
З　200 万分の 1 地形図
И　1 万分の 1 地形図、2 万 5000 分の 1 市街図

1960 年代の一部の 1 万分の 1 市街図は A になっている。
（例として図 3-3 を参照）

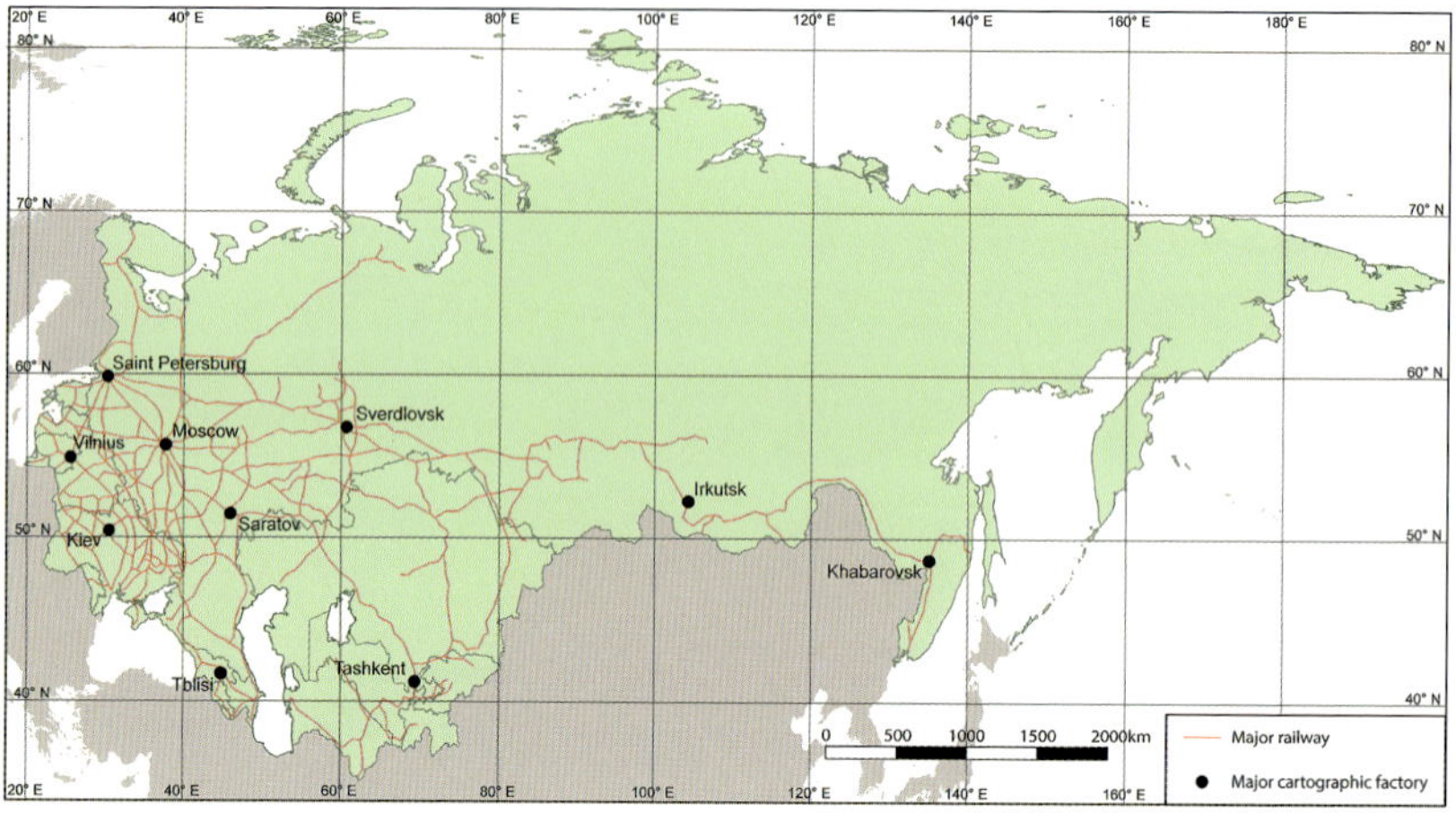

A6-2 地図作成室の所在地（確認できたもの）。

作成室コード

Б　不明

В　ビリニュス（？）

Д　ドゥナエフ（モスクワ）

Е　不明

И　イルクーツク

К　キエフ

Л　レニングラード（現在のサンクトペテルブルク）

Ср　スベルドロフスク（現在のエカテリンブルク）

Срт サラトフ

Т　タシュケント

Тб　トビリシ

Хб　ハバロフスク

《付記七》

秘密保守と管理

ソ連時代は秘密主義が徹底しており、地図の内容はもちろん、世界中を地図化する事業自体が秘密にされていた。ソ連領内で軍が訓練や演習を行なうときには、必要な地図が与えられるだけで、どの範囲でどこまでくわしい地図ができているのかいっさい知らされなかった。

地図の管理も厳しかった。リガにある地図会社ヤナ・セタの経営者アイバルス・ベルダブスは、赤軍将校だったころをこう振りかえる。「演習に必要な地図は署名して保管庫から借りうけ、返すときも署名した。使用中に汚れたり破れたりしたら、その残骸を返さなくてはならなかった」

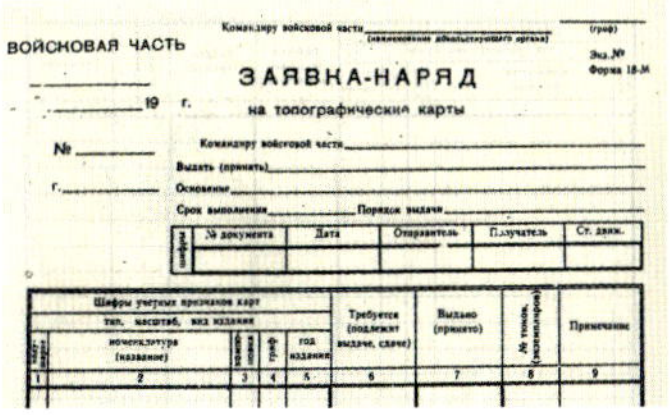

ВОЙСКОВАЯ ЧАСТЬ

Командиру войсковой части ____________ (граф)

Экз.№

Форма 18-М

ЗАЯВКА-НАРЯД

на топографические карты

______ 19 г.

№ ______

г. ______

Командиру войсковой части ______

Выдать (принять) ______

Основание ______

Срок выполнения ______ Порядок выдачи ______

шифры	№ документа	Дата	Отправитель	Получатель	Ст. движ.

Шифры учетных признаков карт тип, масштаб, вид издания					Требуется (подлежит выдаче, сдаче)	Выдано (принято)	№ томов, (экземпляров)	Примечание
	номенклатура (название)		граф	год издания				
1	2	3	4	5	6	7	8	9

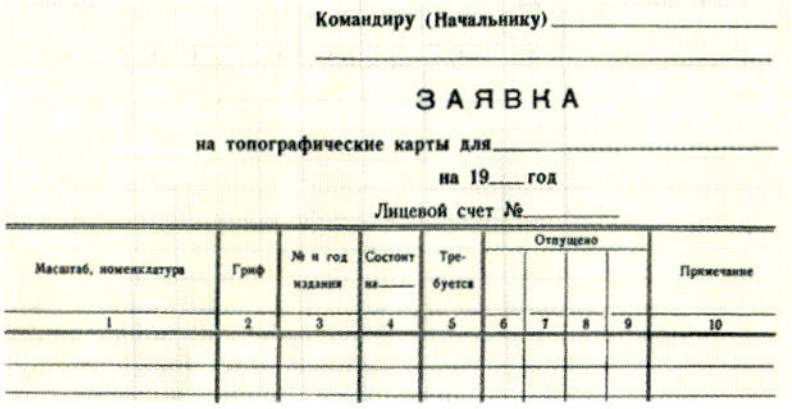

Командиру (Начальнику) ______

ЗАЯВКА

на топографические карты для ______

на 19___ год

Лицевой счет № ______

Масштаб, номенклатура	Гриф	№ и год издания	Состоит на___	Требуется	Отпущено				Примечание
1	2	3	4	5	6	7	8	9	10

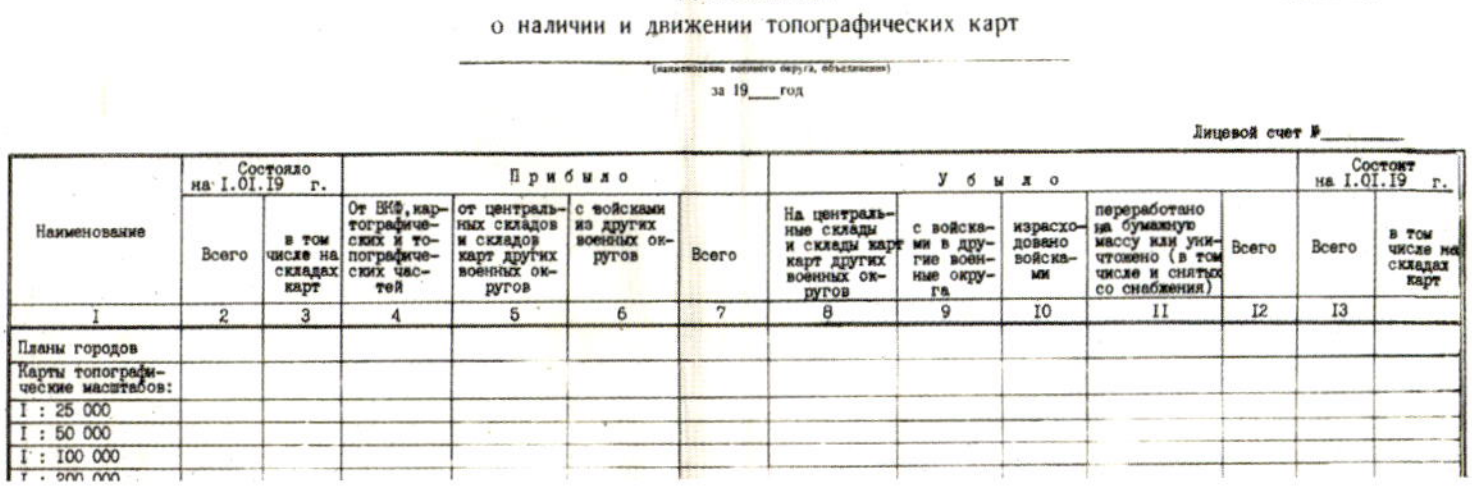

Кому ______

ДОНЕСЕНИЕ

о наличии и движении топографических карт

Форма № Iа/ВТУ

за 19___ год

Лицевой счет № ______

Наименование	Состояло на I.0I.I9 г.		Прибыло				Убыло					Состоит на I.0I.I9 г.	
	Всего	в том числе на складах карт	От ВКФ, картографических и топографических частей	от центральных складов и складов карт других военных округов	с войсками из других военных округов	Всего	На центральные склады и склады карт других военных округов	с войсками в другие военные округа	израсходовано войсками	переработано на бумажную массу или уничтожено (в том числе и снятых со снабжения)	Всего	Всего	в том числе на складах карт
I	2	3	4	5	6	7	8	9	I0	II	I2	I3	
Планы городов													
Карты топографические масштабов:													
I : 25 000													
I : 50 000													
I : 100 000													
I : 200 000													

A7-1、A7-2、A7-3　地図の貸出と返却、在庫管理の用紙

日本版特別付記

東京

日本語版のみ、東京の地図から一六カ所を抜粋して紹介する。
二万分の一、一九六六年版。

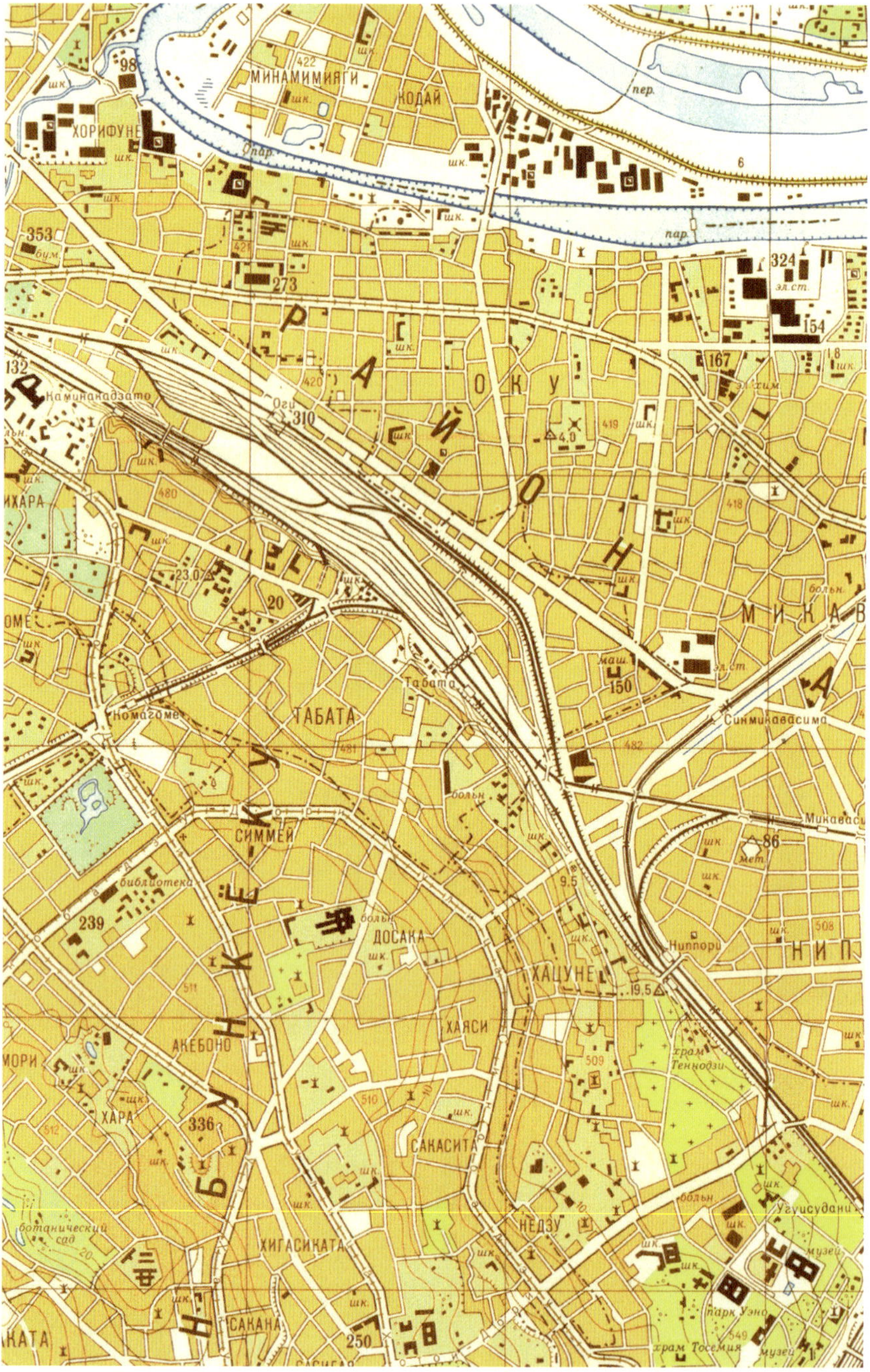
МИНАМИМИЯГИ
КОДАЙ
ХОРИФУНЕ
РАЙОН
ОКУ
Каминакадзато
Оги
ИХАРА
ТАБАТА
Табата
Номагоме
СИММЕЙ
МИКАВ
Синмикавасима
Микаваси
Ниппори
НИП
библиотека
ДОСАКА
ХАЦУНЕ
БУНКЁКУ
АКЕБОНО
ХАЯСИ
МОРИ
ХАРА
САКАСИТА
храм Теннодзи
ботанический сад
НЕДЗУ
Угуисудани
музей
ХИГАСИКАТА
парк Уэно
САКАНА
КАТА
храм Тосемия

上野・文京

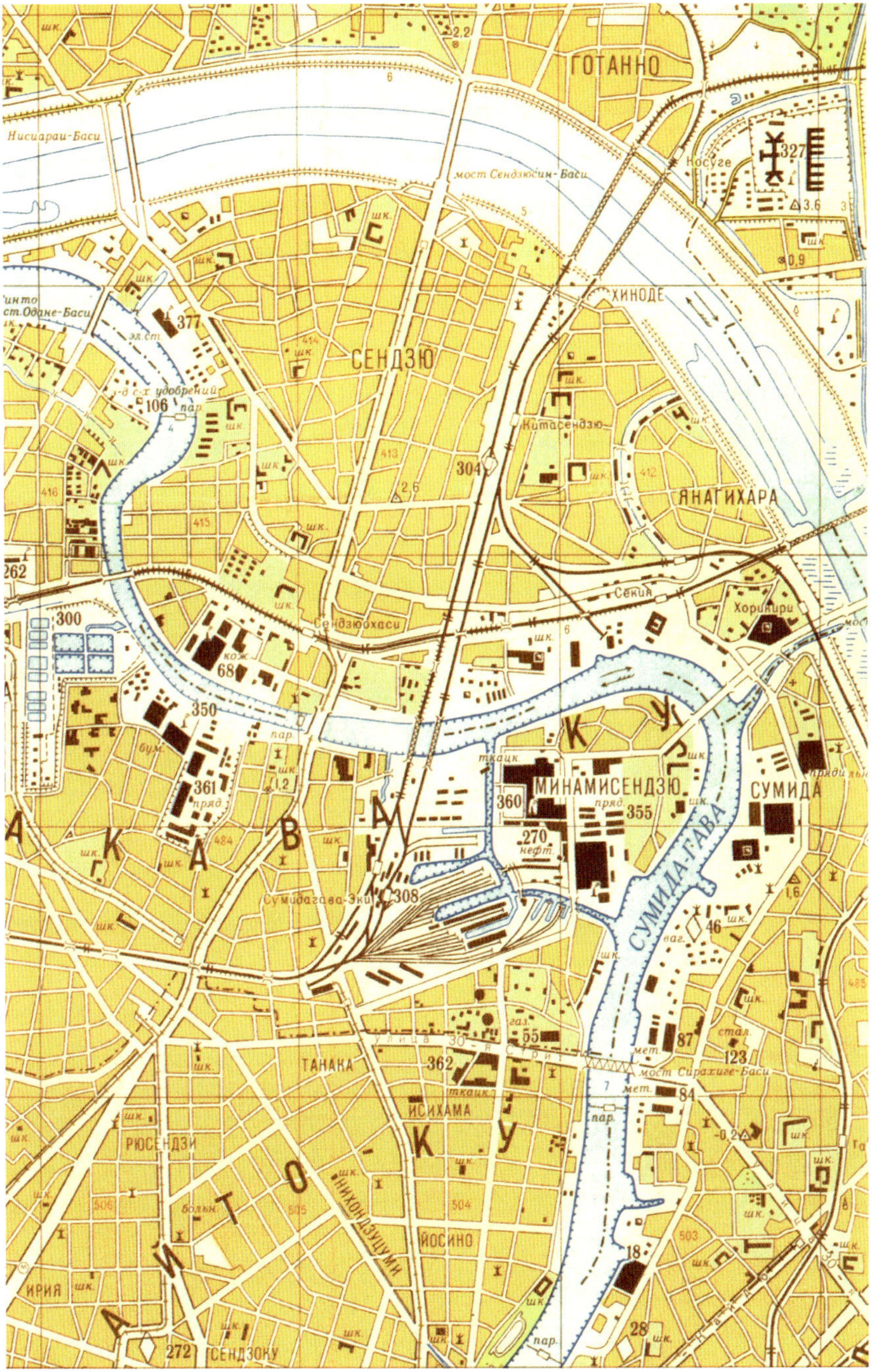
ГОТАННО
Нисиараи-Баси
мост Сендзюсин-Баси
Косуге
ХИНОДЕ
мост Одане-Баси
СЕНДЗЮ
Китасендзю
ЯНАГИХАРА
Секия
Хорикири
Сендзюохаси
К
У
МИНАМИСЕНДЗЮ
СУМИДА
СУМИДА-ГАВА
А
К
А
В
А
Сумидагава-Эки
улица 30-я Стрит
мост Сирахиге-Баси
ТАНАКА
ИСИХАМА
К
У
РЮСЕНДЗИ
О
Т
И
А
НИХОНДЗУЦУМИ
ЙОСИНО
ИРИЯ
СЕНДЗОКУ

千住

СЕНДЗОКУ
САРУВАКА
парк Асакуса
мост Кототои-Баси
КОУМЕ
МАЦУБА
парк Сумида-Коэн
Тобу-Асакуса
Инарите
храм
Таварамати
ИНАРИ
НАГАСУМИ
Асакуса
мост Адзума-Баси
ОКАТИ
КОТОБУКИ
Хондзё-Адзумабаси
Акихабара
ТАКЕ
МИСУДЗИ
мост Умая-Баси
УМАЯБАСИ
Курамаэ
мост Курамаэ-Хаси
типография
ЯНАГИХАРА
ФУКУИ
ИСИВАРА
Асакусабаси
КАМЕДЗАВА
рынок
Регоку
мост Регоку-Гаси
БАКУРО
МИДОРИ
ТАТИБАНА
Хигаси-Нихомбаси
СЕНДЗОКУ
Кодеммате
КИКУГАВА
мост Сино-Хаси
Нингёте
КИЕСУМИ
СИРАКАВА
мост Киесуми-Баси
Эдобаси
МЕСИ
ХИРАНО
ХАКОДЗАКИ
СУМИДА-ГАВА
ФУКУДЗУМИ
мост Эйтай-Баси
ФУЮКИ

日本橋

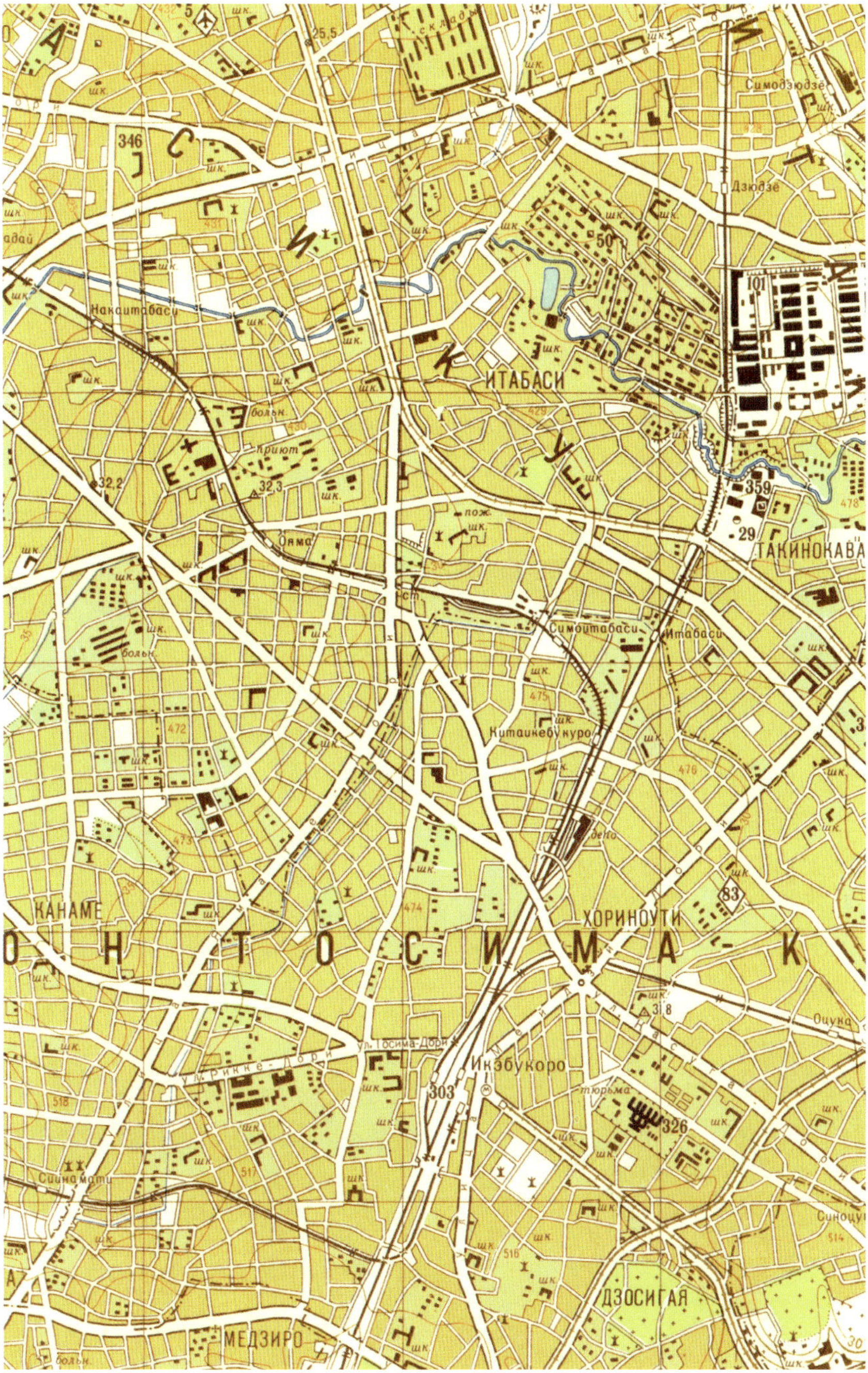
ИТАБАСИ
ТАКИНОКАВА
ХОРИНОУТИ
КАНАМЕ
ДЗОСИГАЯ
МЕДЗИРО
Икэбукуро
Накаитабаси
Симоитабаси
Итабаси
Китаикебукуро
Симодзюдзё
Дзюдзё
Ояма
Оцука
Сиинамати
ул. Тосима-Дори
тюрьма
приют
депо

池袋

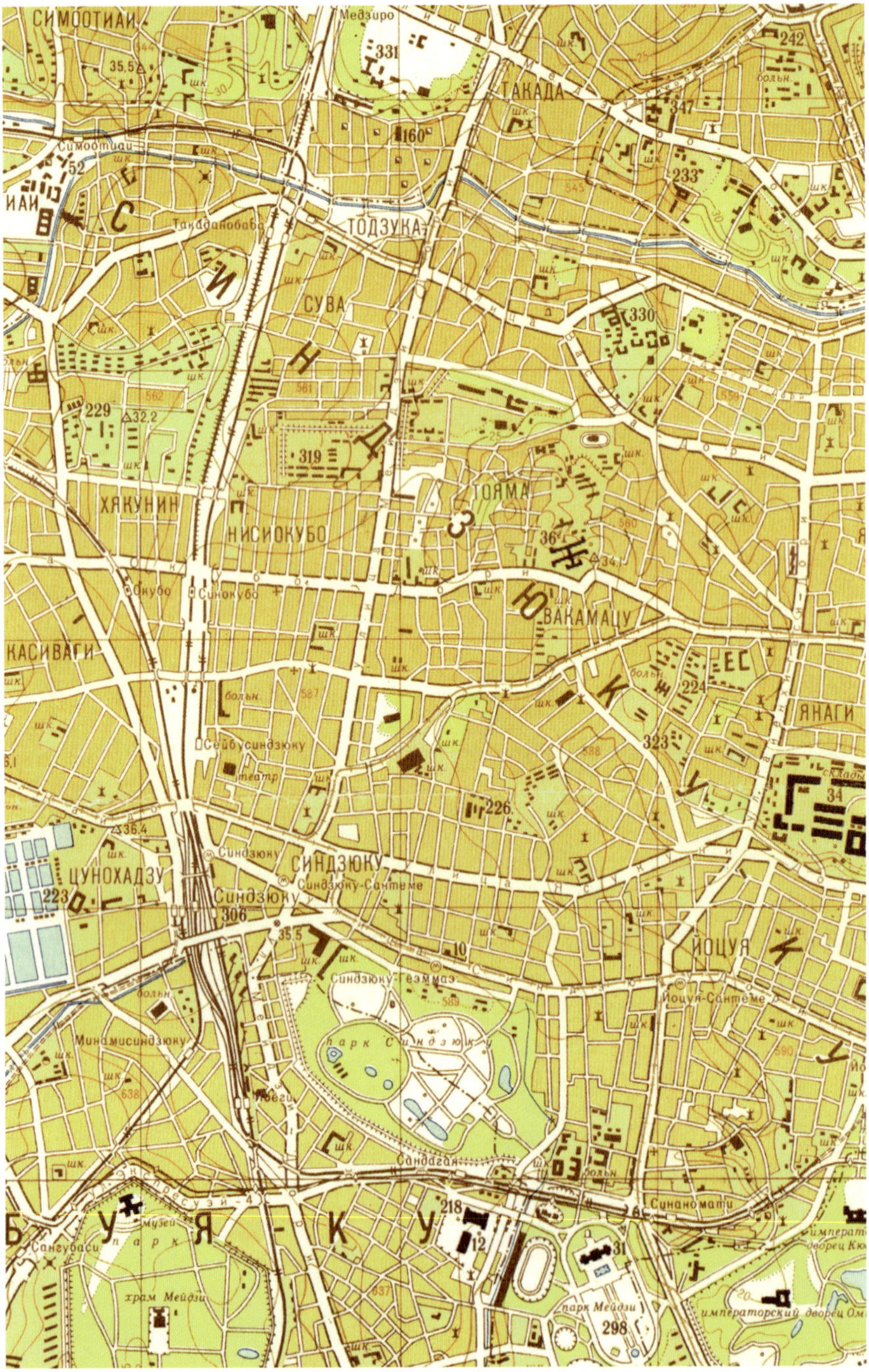
СИМООТИАИ
Медзиро
ТАКАДА
Симоотиаи
Такаданобаба
ТОДЗУКА
СУВА
ХЯКУНИН
НИСИОКУБО
ТОЯМА
Окубо
Синокубо
ВАКАМАЦУ
КАСИВАГИ
Сейбусиндзюку
театр
ЯНАГИ
ЦУНОХАДЗУ
СИНДЗЮКУ
Синдзюку
Синдзюку-Сантеме
Синдзюку-Геммаэ
ЙОЦУЯ
Йоцуя-Сантеме
Минамисиндзюку
парк Синдзюку
Сэндагая
Синаномати
парк
музей
храм Мейдзи
парк Мейдзи
императорский дворец Оми
Сангубаси
Б У Я К У
С И Н Д З Ю К У

新宿

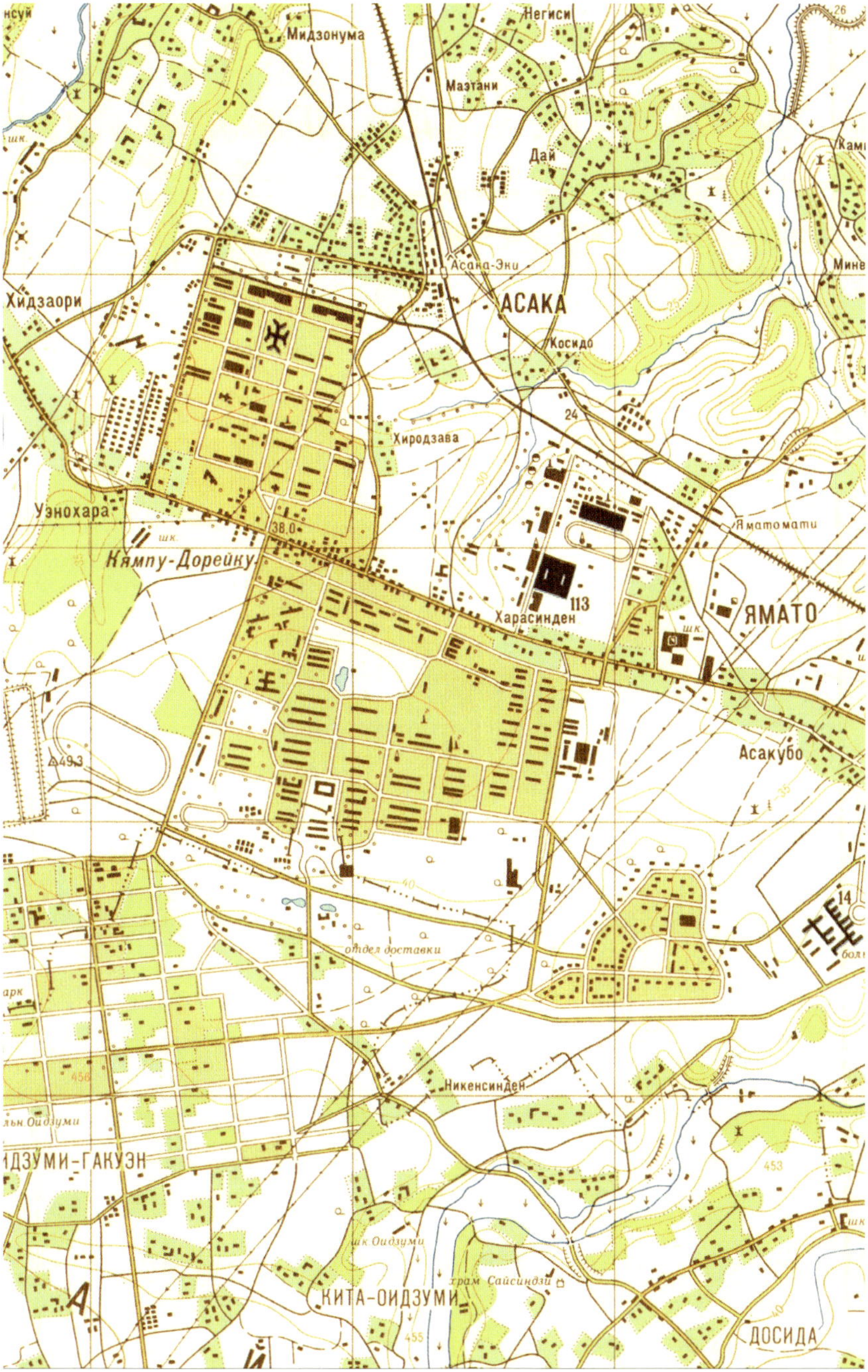
Мидзонума
Негиси
Маэтани
Дай
Асака-Эки
АСАКА
Косидо
Хидзаори
Хиродзава
24
Уэнохара
38,0
Кямпу-Дорейку
Харасинден
113
Яматомати
ЯМАТО
Асакубо
Δ49,3
отдел доставки
Никенсинден
456
ОИДЗУМИ-ГАКУЭН
453
шк Оидзуми
храм Сайсиндзи
КИТА-ОИДЗУМИ
455
ДОСИДА

朝霞

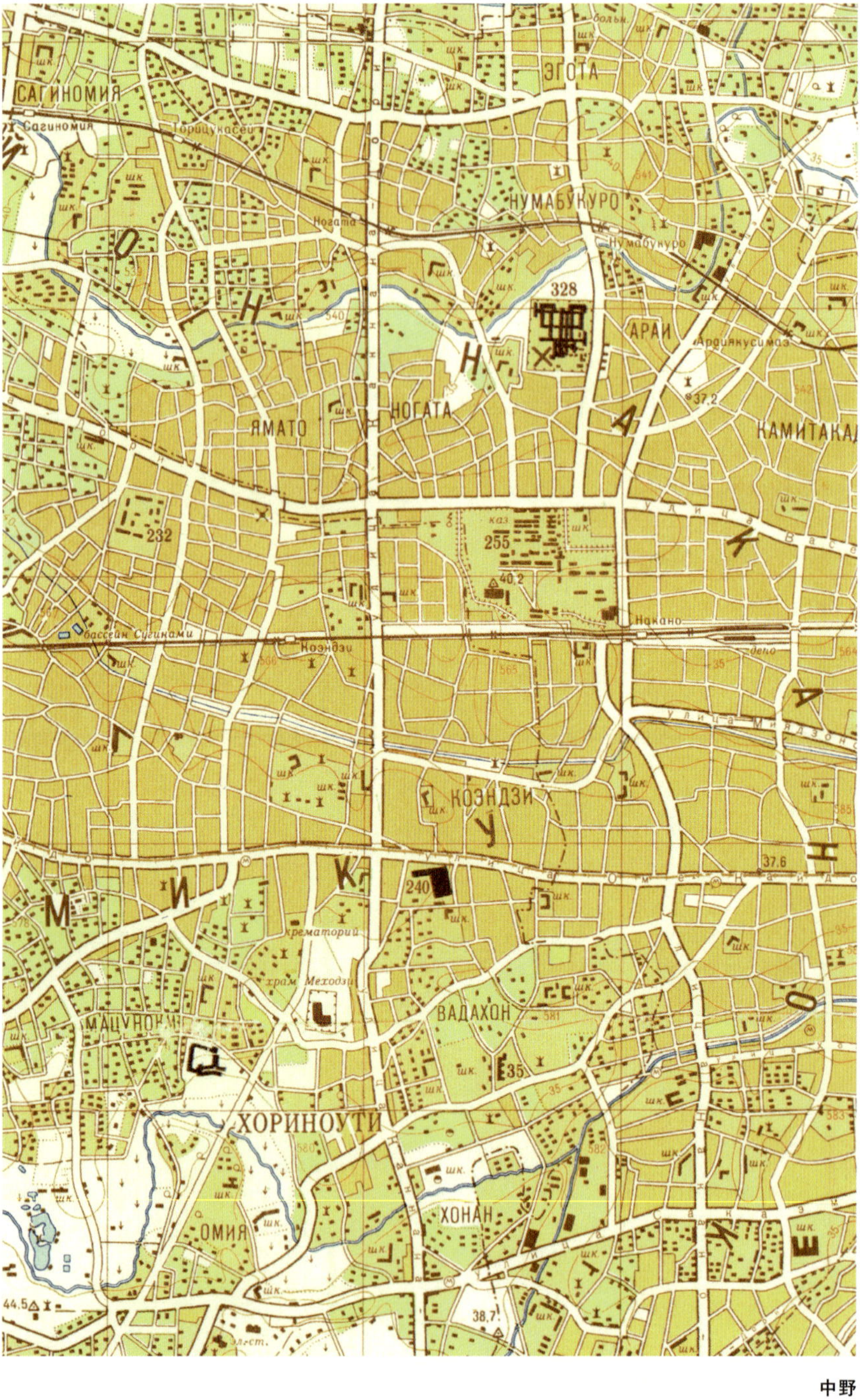
САГИНОМИЯ
Сагиномия
ЭГОТА
НУМАБУКУРО
Ногата
Нумабукуро
328
АРАИ
ЯМАТО
НОГАТА
232
255
40,2
37,2
бассейн Сугинами
Коэндзи
Накано
депо
КОЭНДЗИ
37,6
240
крематорий
храм Меходзи
ВАДАХОН
ХОРИНОУТИ
ХОНАН
ОМИЯ
44,5
38,7

中野

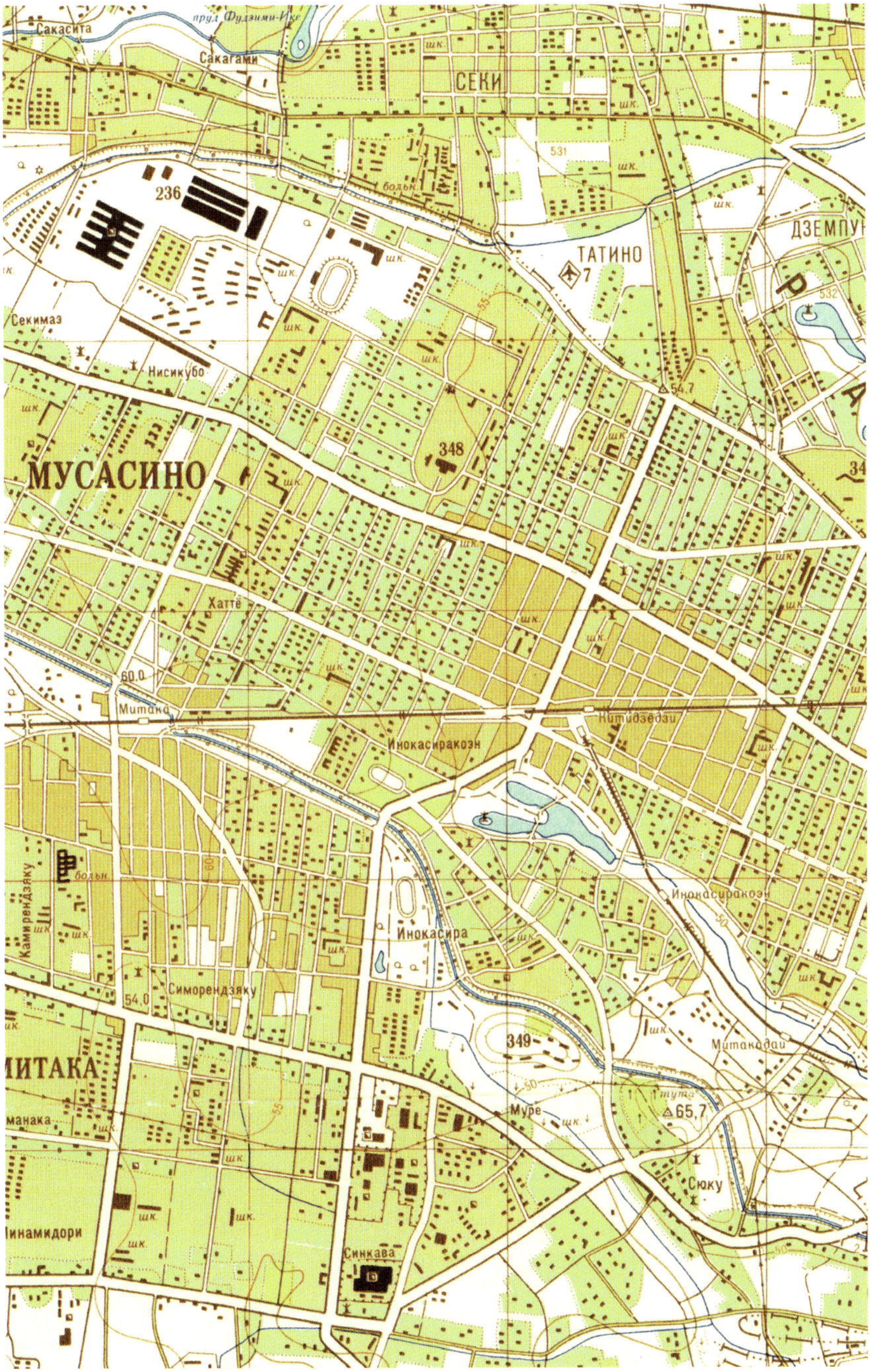
пруд Фудзими-Ике
Сакасита
Сакагами
СЕКИ
531
больн.
236
ТАТИНО
7
532
Секимаэ
Нисикубо
54.7
348
МУСАСИНО
Хаттё
60.0
Митака
Инокасиракоэн
Камирендзяку
Инокасира
Симорендзяку
54.0
349
Митакадаи
Муре
65.7
Сюку
Синкава
шк.

吉祥寺

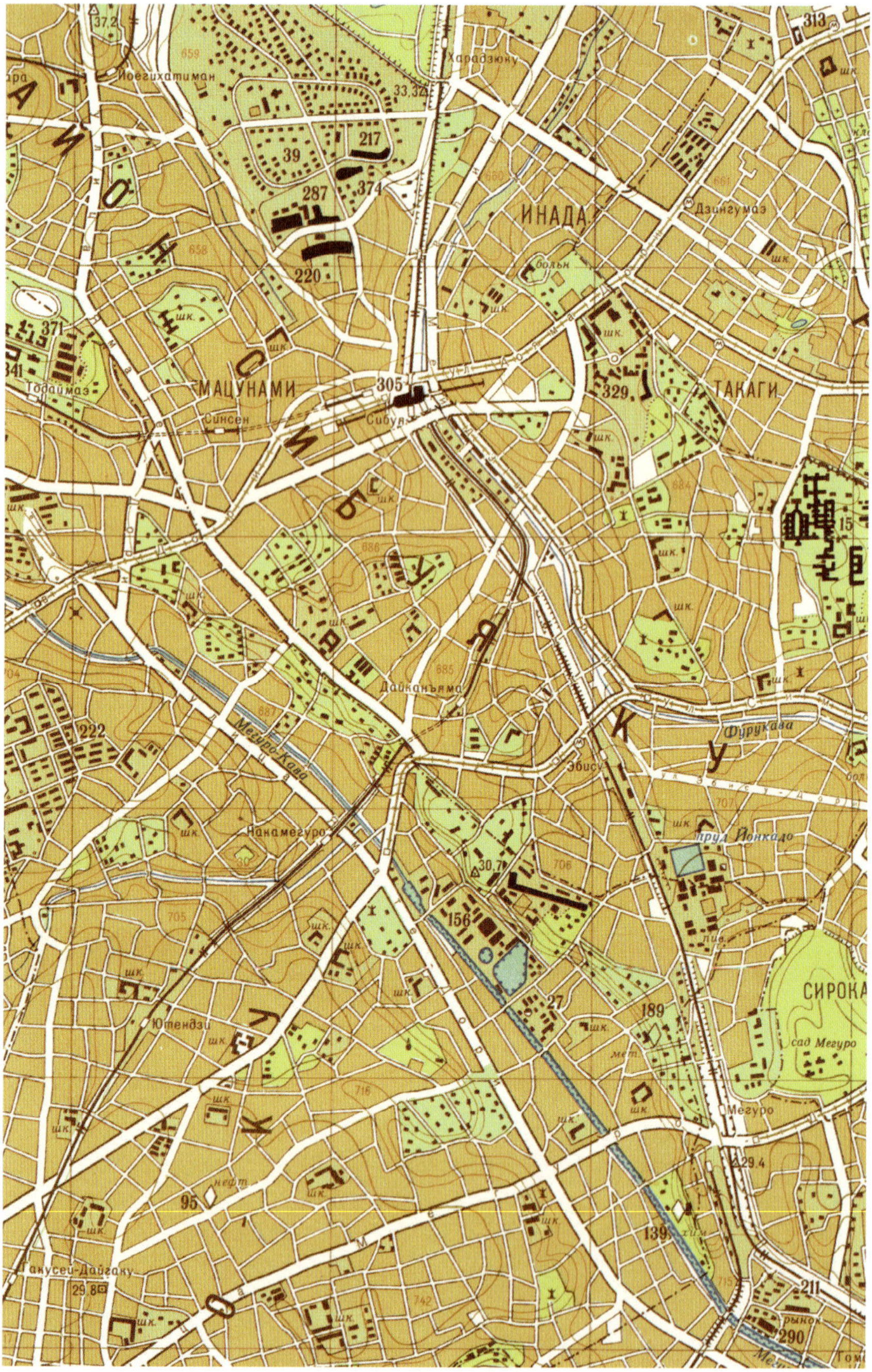
Иоегихатиман
Харадзюку
ИНАДА
Дзингумаэ
МАЦУНАМИ
ТАКАГИ
Синсен
Сибуя
Дайканъяма
Фурукава
Эбису
Мегуро-Кава
Накамегуро
пруд Йонкадо
СИРОКА
сад Мегуро
Мегуро
Ютендзи
Гакусей-Дайгаку

渋谷

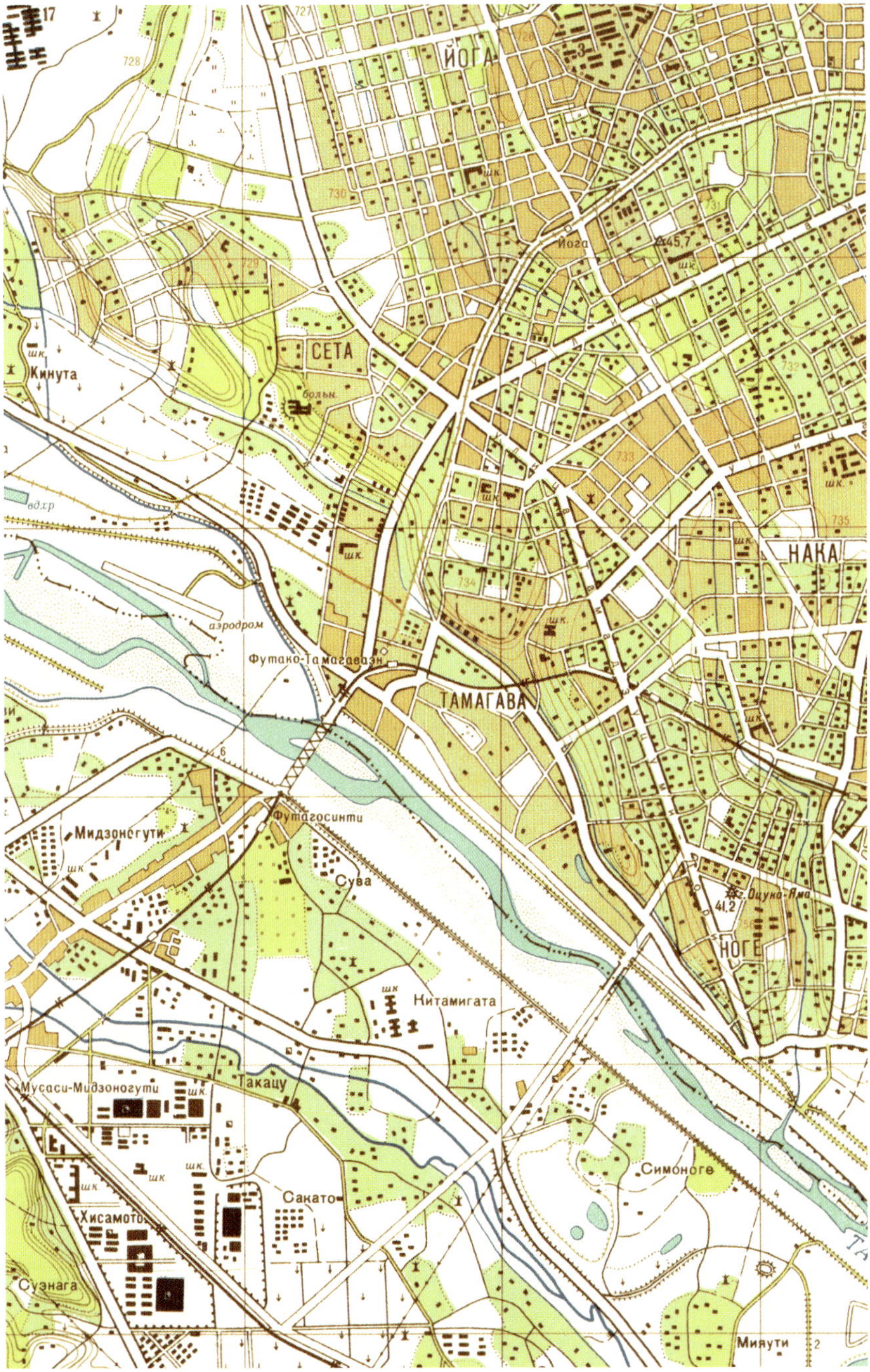
ЙОГА
Йога
45,7
СЕТА
больн.
Кинута
вдхр
аэродром
Футако-Тамагаваэн
ТАМАГАВА
НАКА
Футагосинти
Мидзонсгути
Сува
г. Оцуно-Яма
41,2
НОГЕ
Китамигата
Такацу
Мусаси-Мидзоногути
Симоноге
Сакато
Хисамото
Суэнага

二子玉川・溝の口

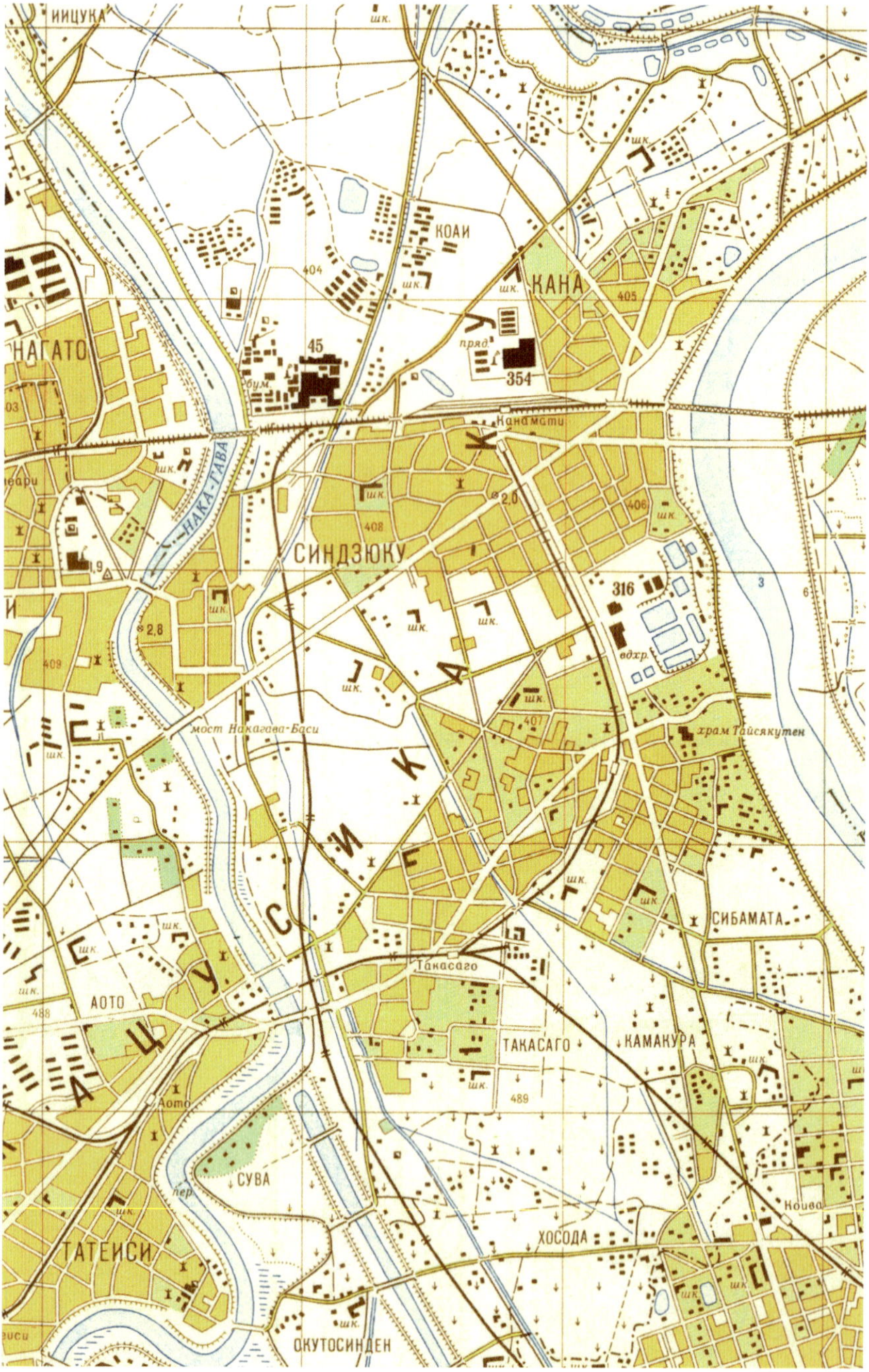
ИИЦУКА
КОАИ
КАНА
НАГАТО
НАКА-ГАВА
СИНДЗЮКУ
Канамати
мост Накагава-Баси
храм Тайсякутен
вдхр.
СИБАМАТА
Такасаго
ТАКАСАГО
КАМАКУРА
АОТО
Аото
СУВА
ТАТЕИСИ
ХОСОДА
Коива
ОКУТОСИНДЕН

葛飾

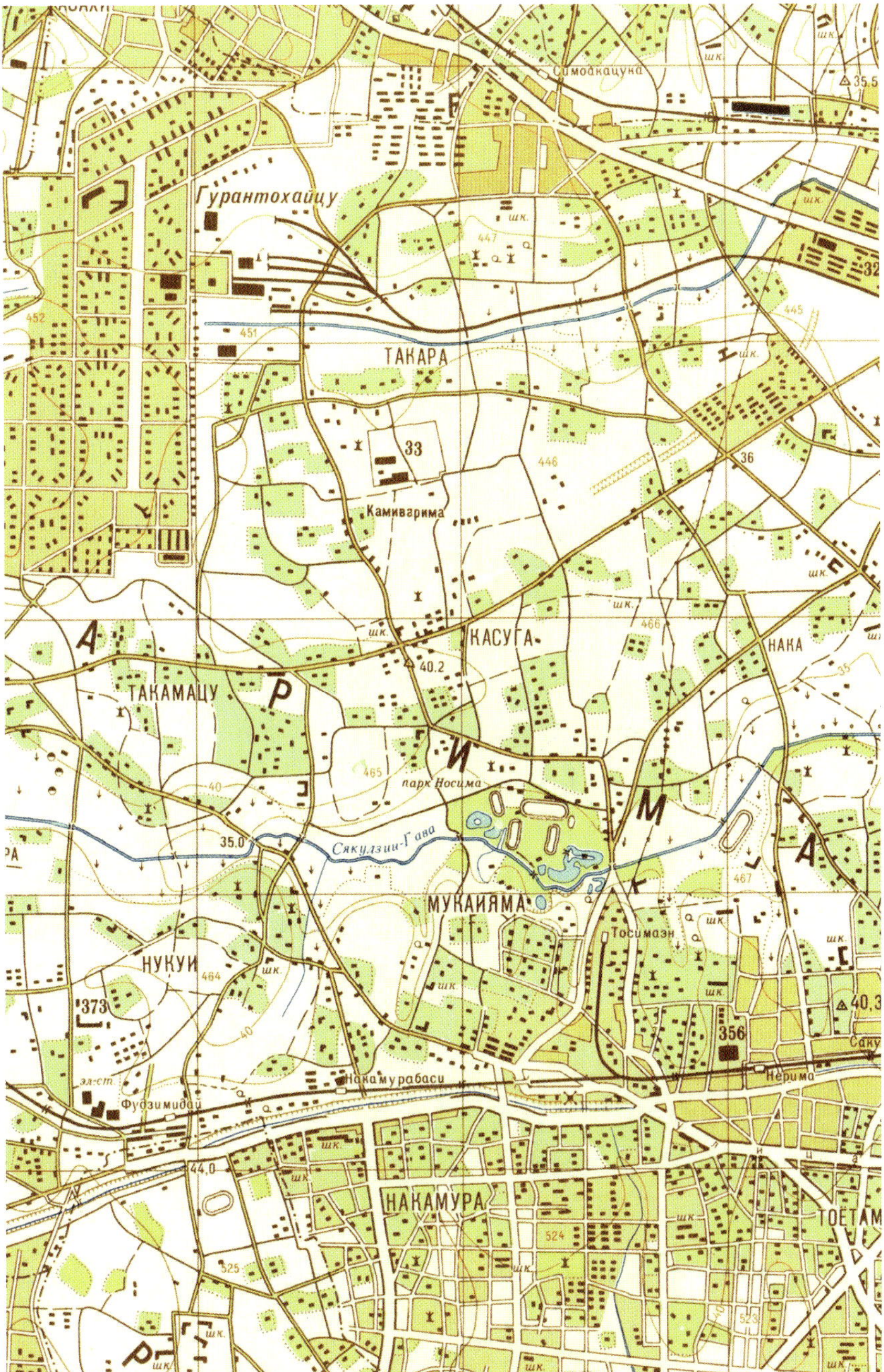
Симодакацука
Гурантохайцу
ТАКАРА
КАСУГА
НАКА
ТАКАМАЦУ
парк Носима
МУКАИЯМА
Тосимаэн
НУКУИ
Накамурабаси
Фудзимидаи
Нерима
НАКАМУРА

練馬

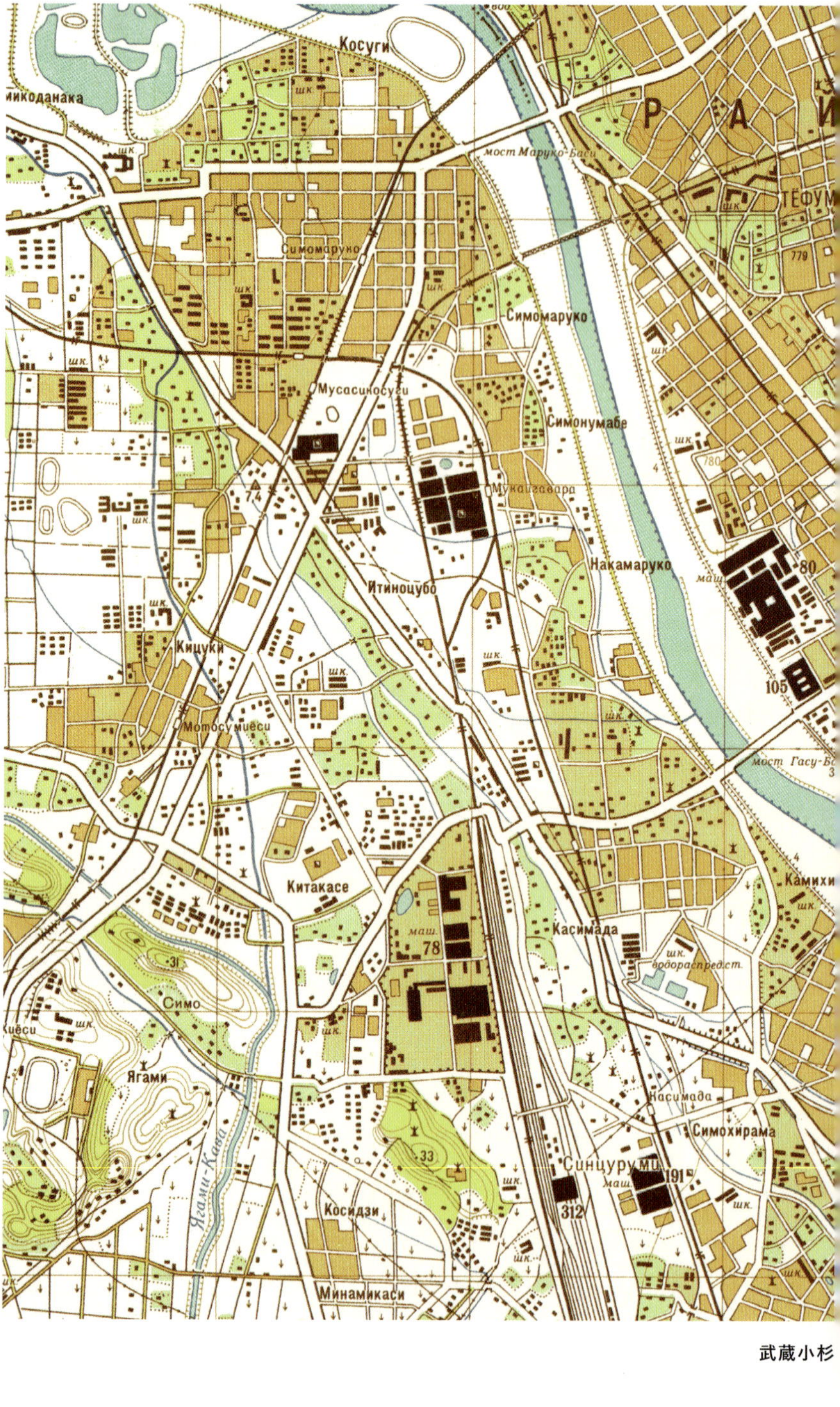
Косуги
шк.
Симомаруко
мост Маруко-Баси
Симомаруко
Мусасикосуги
Симонумабе
Мукаигавара
Накамаруко
Итиноцубо
Кицуки
Мотосумиеси
Китакасе
Касимада
водораспред.ст.
маш.
78
Симо
Ягами
Ягами-Кава
33
Косидзи
Минамикаси
Синцуруми
312
191
Насимада
Симохирама
779
780
80
105
74
31

武蔵小杉

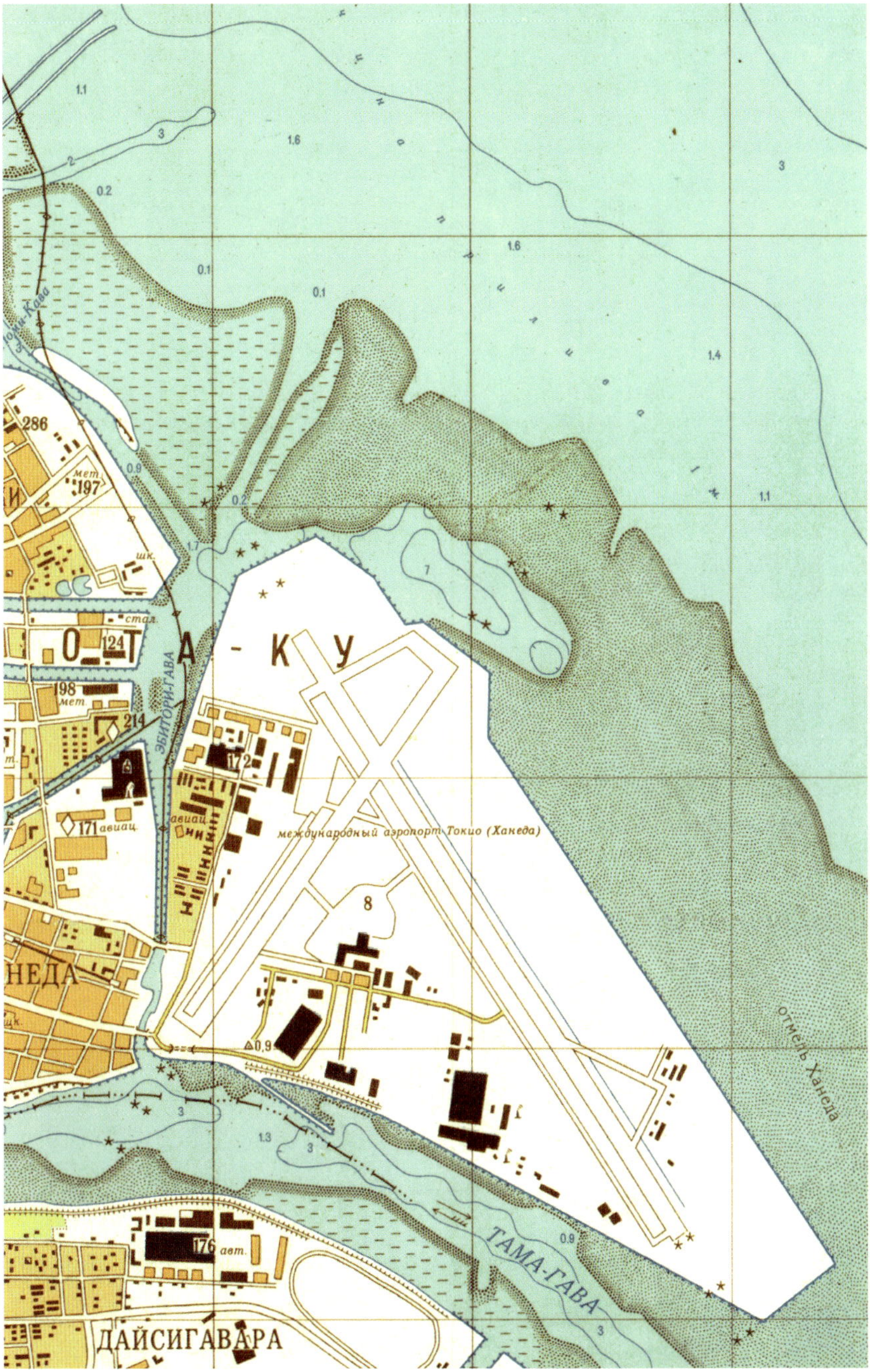

А - К У
ЭБИТОРИ-ГАВА
международный аэропорт Токио (Ханеда)
ТАМА-ГАВА
отмель Ханеда
ДАЙСИГАВАРА
НЕДА

羽田

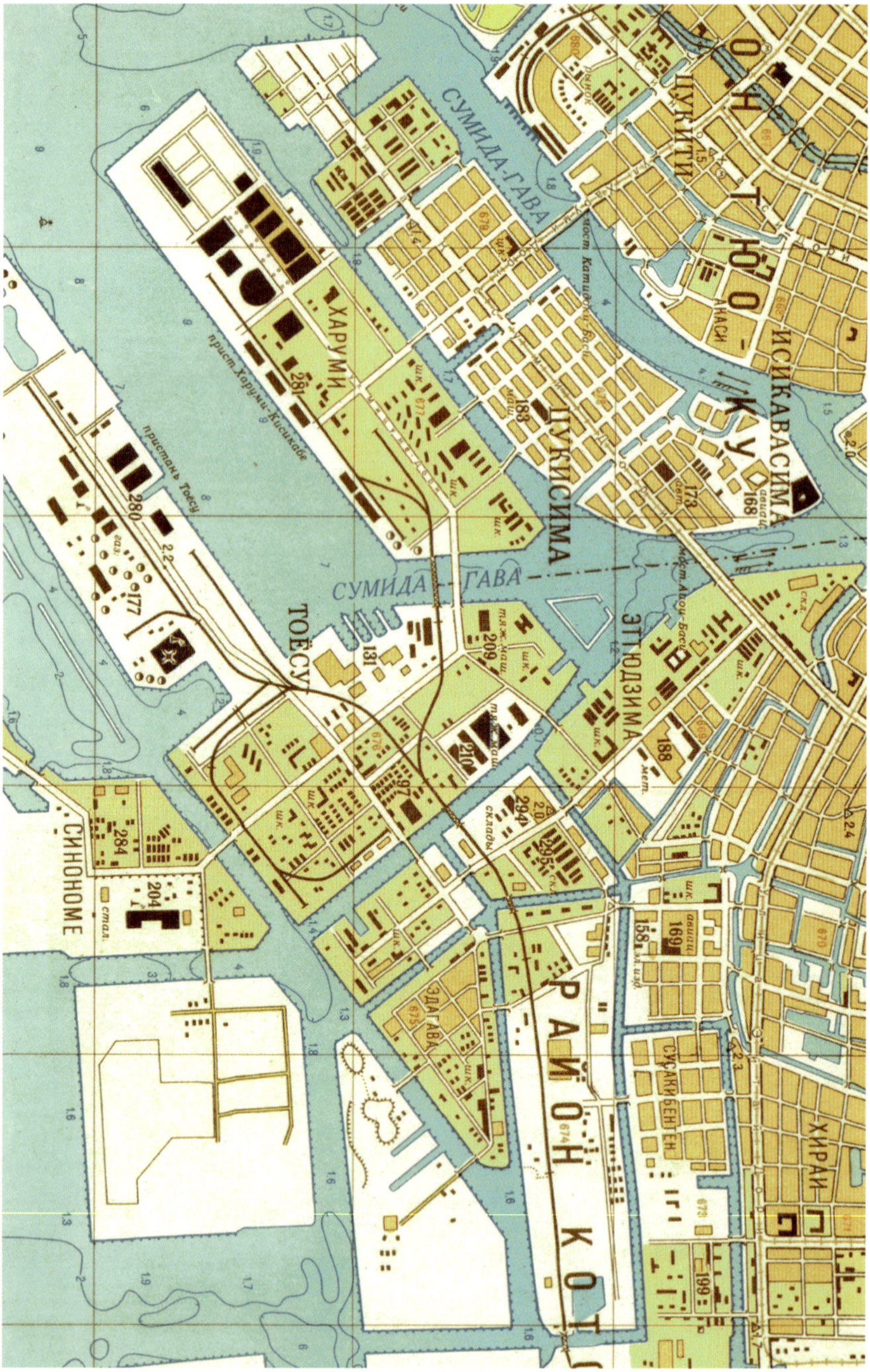
СУМИДА-ГАВА
ЦУКИТИ
ТЮО-КУ
ИСИКАВАСИМА
АКАСИ
ХАРУМИ
ЦУКИСИМА
СУМИДА-ГАВА
ТОЁСУ
СИНОНОМЕ
РАЙОН КОТО
СУСАКИБЕНТЕН
ХИРАИ

月島・豊洲

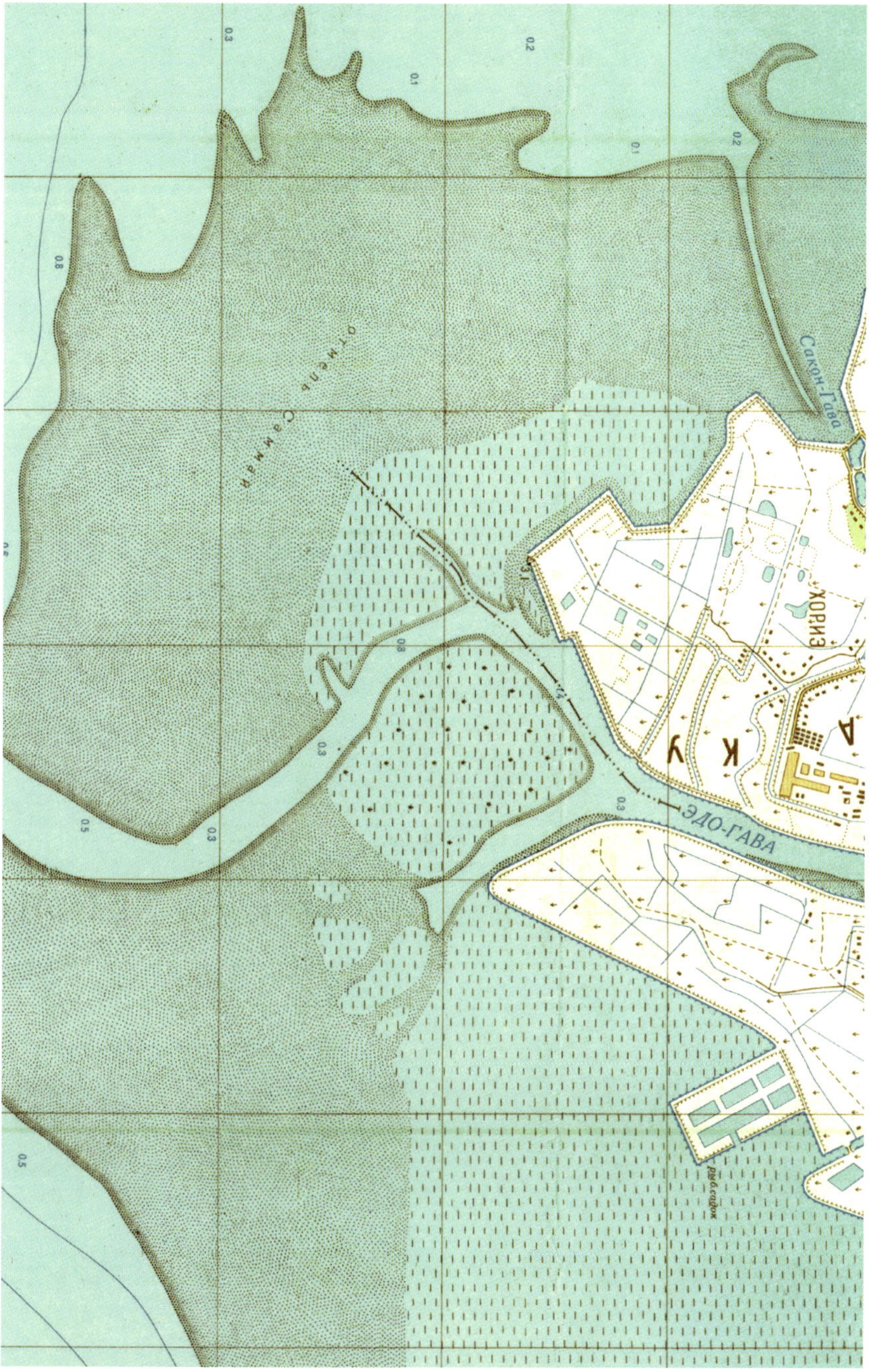

現在の葛西臨海公園・東京ディズニーリゾート

その他の情報源

51. ウェブサイトhttp://redatlasbook.comには、本書で紹介した地図やそれ以外の地図抜粋や詳細な一覧を参照できるリンク集がある。1997年9月の陸地測量部声明も収録。

52. ソ連製地図を閲覧できる主な図書館。

オクスフォード大学ボドリーアン図書館(英国)

大英図書館(英国)

ケンブリッジ大学図書館(英国)

米国議会図書館

ダブリン大学トリニティ・カレッジ図書館(アイルランド)

ラトビア国立図書館

53. オンラインでソ連製地図コレクションが閲覧できる図書館。

カタルーニャ地図・地質研究所(ICGC)　http://cartotecadigital.icc.cat/cdm/search/searchterm/govern%20sovietic/order/datea/lang/en_US

オーストラリア国立図書館　www.nla.gov.au

スタンフォード大学　http://library.stanford.edu/guides/soviet-military-topographic-map-sets

54. ソ連製地図原本複製は、ラトビア、リガにある地図販売店ヤナ・セタ(Jana Seta)で購入可能。https://www.karsuveikals.lv/en

55. ソ連製地図のデジタル画像は以下のサイトから無料でダウンロード、あるいは購入できる。

http://geospatial.com

http://www.landinfo.com

https://mapstor.com

http://maps.vlasenko.net

http://www.omnimap.com

Administration of Geodesy and Cartography under the Council of Ministers of the USSR, 1978).
39. Карта Офицера [Map officer] (Moscow: General Directorate of Combat Training of the Ground Forces, 1985).
40. Symbols on Topographic Maps 1:10,000 Scale (Moscow: Head of Geodesy and Cartography under the Council of Ministers and the Head of the Military Topographic Directorate of the General Staff, 1970).
41. T. V. Vereshchaka, Топографические Карты, Научные Основы Содержания [Topographic maps: the scientific foundations of their content] (Moscow: MAIK "Nauka/Interperiodika," 2002).

スウェーデン語

42. Walther Blaadh (pseud.), Sovjetisk Invasion av Sverige: Hur planerade Sovjet att invadera Sverige? Vad visste de? Hemliga kartor, planer och forband [Soviet invasion of Sweden: How the Soviet Union planned to invade Sweden? What did they know? Secret maps, plans and formations], ed. Simon Olsson (Stockholm: Swedish Association for Military History, 2015).
43. Joakim von Braun and Lars Gyllenhall, Ryska elitforband [Russian elite forces](Stockholm: Forlag Fischer, 2013). ソ連が作成したスウェーデンの地図が含まれる。

以下の論文は陸地測量部地図の研究を専門とするチャールズ・クローズ協会の機関誌『シートラインズ(Sheetlines)』(www.charlesclosesociety.org)に掲載されたもの。

44. John Cruickshank, "German-Soviet Friendship and the Warsaw Pact Mapping of Britain and Western Europe," Sheetlines 79 (August 2007): 23–43.
45. John Cruickshank, "Виды из Москвы—Views from Moscow," Sheetlines 82 (August 2008): 37–49.
46. John Cruickshank, "Khrushchev Preferred Bartholomew's Maps," Sheetlines 87 (April 2010): 31–34.
47. John Cruickshank, "How Big a Map Does It Take to Build Socialism?," Sheetlines 89 (December 2010): 5–12.
48. John Davies, "Uncle Joe Knew Where You Lived: Soviet Mapping of Britain," Sheetlines 72 (April 2005): 26–38; and Sheetlines 73 (August 2005): 6–20.
49. John Davies, "Comrade Baranow, the Bouncing Czech, Penkilan Head and the World Map," Sheetlines 78 (April 2007): 32–33.
50. David Watt, "Soviet Military Mapping," Sheetlines 74 (December 2005): 9–12.

Social Council, Seventh United Nations Conference on the Standardization of Geographical Names, 1998).
30. Michael Stankiewicz et al., The Evolution of Mathematical Bases of Polish Topographic Maps During the Recent 80 Years (Moscow: Proceedings of 23rd International Cartographic Conference, August 4–10, 2007).
31. Desmond Travers, Soviet Military Mapping of Ireland During the Cold War (Zurich: Parallel History Project on Co-operative Security [PHP], [n.d.]), http://www.php.isn.ethz.ch/lory1.ethz.ch/publications/areastudies/sovmilmap.html.
32. Dagmar Unverhau, ed., State Security and Mapping in the German Democratic Republic: Map Falsification as a Consequence of Excessive Secrecy? (Berlin: Lit Verlag, 2006).

フィンランド語
33. Erkki-Sakari Harju, Suomen sotilaskartoitus, 400 vuotta [Finnish military mapping, 400 years] (Helsinki: AtlasArt Oy, 2016).

ドイツ語
34. Militartopographie Lehrbuch fur Offiziere [Military topography textbook for officers] (Berlin: Verlag Des Ministeriums Fur Nationale Verteidigung, 1960). 東独と西独、NATO、フランス、英国、米国の地図の例と記号を紹介。
35. Gerhard L. Fasching, ed., Militarisches Geowesen der DDR von den Anfangen bis zur Wiedervereinigung [East German military-topographic service from inception to unification] (Wien: Bundesministerium fur Landesverteidigung, 2006). 図版と地図抜粋で軍事測量局の歴史を伝える。

ポーランド語
36. Wokowach Radzieckiej Doktryny Politycznej [In the shackles of Soviet political doctrine] (Warsaw: Wydawca Geodeta, 2010). ポーランド軍事測量局の歴史1945〜90年。

ロシア語
37. Fundamental Regulations for the Making of Topographic Maps at the Scales of 1:10,000, 1:25,000, 1:50,000 and 1:100,000 (Moscow: Head of the Military Topographic Directorate of the General Staff and the Head of the Main Administration for Geodesy and Cartography of the Ministry of Internal Affairs [MVD] of the USSR, Editorial-Publishing Department of the Military Topographic Service Moscow, 1956). 1984年版もあり。
38. Handbook on Cartographic and Map-Issuing Works; Part 4: Compilation and Preparation for Printing of Plans of Towns (Moscow: Chief of the Military-Topographic Directorate of the General Staff and by the Chief of the Main

www.pravdareport.com/news/russia/21-02-2003/21952-0.
17. "Where to Purchase Soviet Military Mapping," Information Sheet 1C, Cambridge University Library Map Department (UK). 2001年9月7日以降定期的に更新されている。最新版は2015年12月8日付(www.lib.cam.ac.uk/deptserv/maps/1CBUYSOV.DOC)。
18. P. Collier, D. Fontana, A. Pearson, and A. Ryder, "The State of Mapping in the Former Satellite Countries of Eastern Europe," Cartographic Journal 33, no. 2 (1996): 131–39.
19. John L. Cruickshank, "Mapping for a Multi-Lingual Military Alliance: The Case of East Germany," The Ranger [journal of the Defence Surveyors' Association, UK] (Winter 2009): 33–36.
20. John L. Cruickshank, "Military Mapping by Russia and the Soviet Union," in The History of Cartography, Vol. 6: Cartography in the Twentieth Century, ed. Mark Monmonier (Chicago: University of Chicago Press, 2015), 932–42.
21. A. J. Kent and P. Vujakovic, "Stylistic Diversity in European State 1:50,000 Topographic Maps," Cartographic Journal 46, no. 3 (2009): 179–213.
22. Nikolay N. Komedchikov [Institute of Geography, Russian Academy of Sciences, Moscow], "Copyright on Cartographic Works in the Russian Federation," ACTA Scientiarum Polonorum, Geodesia et Descriptio Terrarum 6, no. 3 (2007): 15–18.
23. Nikolay N. Komedchikov, "The General Theory of Cartography Under the Aspect of Semiotics," Trans Internet Zeitschrift fur Kulturwissenschaften [Trans Internet journal for cultural studies], no. 16 (2005), http://www.inst.at / trans/16Nr/07_6/komedchikov.
24. Greg Miller, Inside the Secret World of Russia's Cold War Map Makers, Wired .com, 2015, http://www.wired.com/2015/07/secret-cold-war-maps.
25. Clifford J. Mugnier, "Grids & Datums: Republic of Estonia," Photogrammetric Engineering & Remote Sensing (August 2007): 869–70. 1963年版のソ連の民間用地図について書かれている。
26. Bela Pokoly, ed., Cartography in Hungary 2003–2007 (Moscow: Proceedings of 14th General Assembly, August 4–9, 2007).
27. Alexey V. Postnikov, "Maps for Ordinary Consumers versus Maps for the Military: Double Standards of Map Accuracy in Soviet Cartography, 1917–1991," Cartography and Geographic Information Science 29, no. 3 (2002): 243–60.
28. Alexey V. Postnikov, Russia in Maps: A History of the Geographical Study and Cartography of the Country (Moscow: Nash Dom–L'Age D'Homme, 1996). ロシア国立図書館コレクションの文化遺産シリーズの一部。
29. Roskartografia (Russian State Mapping Service), Toponymic Data Files: Automated Data Processing Systems: Development of Russia's National Catalogue of Geographic Names (New York: United Nations Economic and

参考文献

英語

1. Conventional Signs and Abbreviations Used on USSR Military and Geodesy and Cartography Committee Maps, Series GSGS 5861 (Military Survey [UK], 1992).
2. “Copying Maps Costs AA £20m,” Guardian, March 6, 2001.
3. Foreign Maps, US Department of the Army Technical Manual TM 5-248 (1963). ソ連の地図作成事業、関係当局、当時の地図の特徴がまとめられている。
4. Glossary of Soviet Military and Related Abbreviations, US Department of the Army Technical Manual TM 30-546 (1957).
5. Red Army Maps of UK and Other Countries (catalog) (Kerry, Wales: David Archer Maps, 1996).
6. “Russia Jails ‘Spy’ for Handing Maps to US Intelligence,” BBC News, May 31, 2012.
7. Russian Military Mapping: A Guide to Using the Most Comprehensive Source of Global Geospatial Intelligence (Minneapolis: East View Press, 2005). ロシア軍教本2003年版の英訳。
8. “Russian Spy Jailed for Sending Secret Army Maps to US,” BBC News, May 13, 2010.
9. Soviet Topographic Map Symbols, US Department of the Army Technical Manual TM 30-548 (1958).
10. Specifications for Topographic Map in Scale 1:50,000, 2nd ed. (Riga: State Land Service of the Republic of Latvia Cartography Board, 2000).
11. Symbols on Land Maps, Aeronautical and Special Naval Charts, Standardization Agreement (STANAG) (Military Agency for Standardization, North Atlantic Treaty Organization [NATO], 2000). 非機密文書。
12. Terrain Analysis of Afghanistan (Minneapolis: East View Press, 2003). Translations of the topographic descriptions on the Soviet 1:200,000 sheets.
13. Terrain Analysis of Syria and Lebanon (Minneapolis: East View Press, 2015).
14. Terrain Analysis of Ukraine (Minneapolis: East View Press, 2014).
15. “UK Government’s Secret List of ‘Probable Nuclear Targets’ in 1970s Released,” Guardian, June 5, 2014.
16. “USSR Planned to Invade Sweden,” Pravda Online, February 21, 2003,

SK-63…座標系1963を参照

VTU…ソ連軍参謀本部軍事測量局を参照

【た】

【な】

【は】

事項索引

【は】

【さ】

【た】

【な】

【索引】

地名索引（*は地図を含む）

【あ】

【か】

ジョン・デイビス John Davies

英国陸地測量部による地図を研究対象とするチャールズ・クローズ協会の研究誌Sheetlinesの編集にたずさわる。ロンドン在住。

アレクサンダー・J・ケント Alexander J. Kent

英国カンタベリー・クライスト・チャーチ大学で教鞭をとる、地図製作および地理情報学の準教授。英国地図製作協会会長。

藤井留美 Rumi Fujii

翻訳者。上智大学外国語学部卒。『ザ・カリスマ ドッグトレーナー シーザー・ミランの犬と幸せ に暮らす方法55』『PHOTO ARK 鳥の箱舟』(日経ナショナル ジオグラフィック社)『外来種は本当に悪者か? 新しい野生 THE NEW WILD』(草思社)『100歳の美しい脳』(ディーエイチシー)ほか訳書多数。

レッド・アトラス

恐るべきソ連の世界地図

2019年3月25日　第1版1刷

著　者　ジョン・デイビス
　　　　アレクサンダー・J・ケント

翻　訳　藤井留美

編　集　尾崎憲和　葛西陽子

デザイン　セキネシンイチ制作室

ロシア語協力　ポポヴァ・エカテリーナ

制　作　オレンジ社

発行者　中村尚哉

発　行　日経ナショナル ジオグラフィック社
〒105-8308　東京都港区虎ノ門4-3-12

発　売　日経BPマーケティング

印刷・製本　加藤文明社

978-4-86313-435-5　Printed in Japan

本書はThe University of Chicago Press社の書籍The Red Atlasを翻訳したものです。内容については、原著者の見解に基づいています。